工业和信息化普通高等教育"十三五"规划教材立项项目

21世纪高等教育计算机规划教材

计算机网络技术基础（第2版）

Fundamentals of Computer Network Technology

周舸 李昕昕 主编

张志敏 唐宾徽 张慧娟 副主编

U0393237

人民邮电出版社

北京

图书在版编目（CIP）数据

计算机网络技术基础 / 周舸，李昕昕主编. -- 2版
. -- 北京：人民邮电出版社，2017.7（2020.6重印）
21世纪高等教育计算机规划教材
ISBN 978-7-115-45926-8

Ⅰ. ①计… Ⅱ. ①周… ②李… Ⅲ. ①计算机网络－
高等学校－教材 Ⅳ. ①TP393

中国版本图书馆CIP数据核字（2017）第124700号

内 容 提 要

本书是一本计算机网络技术的基础教程。全书共15章，前14章系统地介绍了计算机网络基础知识、数据通信技术、计算机网络体系结构与协议、局域网、广域网接入技术、网络互连技术、Internet基础知识、Internet接入技术、Internet的应用、移动IP与下一代Internet、网络操作系统、网络安全、网络管理、云计算与网联网等内容，最后一章为实验部分。为了让读者能够及时地检查学习效果，巩固所学知识，每章最后还附有丰富的习题。

本书既可作为高等院校计算机及相关专业网络基础课程的教材，也可作为非计算机专业的网络普及教材，还可作为计算机网络培训或技术人员自学的参考资料。

◆ 主　　编　周　舸　李昕昕
　　副 主 编　张志敏　唐宾徽　张慧娟
　　责任编辑　李育民
　　责任印制　焦志炜

◆ 人民邮电出版社出版发行　　北京市丰台区成寿寺路11号
　　邮编　100164　电子邮件　315@ptpress.com.cn
　　网址　http://www.ptpress.com.cn
　　固安县铭成印刷有限公司印刷

◆ 开本：787×1092　1/16
　　印张：21　　　　　　　　　　2017年7月第2版
　　字数：548千字　　　　　　　2020年6月河北第8次印刷

定价：54.00 元

读者服务热线：**(010)81055256**　印装质量热线：**(010)81055316**
反盗版热线：**(010)81055315**
广告经营许可证：京东市监广登字20170147号

前言

　　计算机网络是计算机技术与通信技术相结合的产物。经过半个多世纪的发展，网络技术取得了长足的进步，尤其是在过去的十几年里，计算机网络已经渗透到现代社会的方方面面，并以前所未有的方式改变着人们的生活。与此同时，社会对网络人才的需求越来越迫切，要求越来越多的人掌握计算机网络的基础知识。因此"计算机网络基础"已经成为当代大学生的一门重要课程。

　　本书第 1 版自 2014 年出版以来，受到了众多高等院校的欢迎，为了更好地满足广大高等院校的学生对网络知识学习的需要，作者结合近几年的教学改革实践、科研成果以及广大读者的反馈意见，对本书进行了仔细的修订。这次修订的主要内容如下。

　　（1）补充和更新了一些新知识。例如，增加了第 14 章云计算与物联网，更新了教材中一些过时的内容，如 Windows Server 2008 操作系统、IE10.0 浏览器，使本书内容更具全面性和前瞻性。

　　（2）增加了实验内容。全书精心设计了 11 个实验，包括理解网络的基本要素、双绞线接头的制作与应用、网络连接性能的测试、交换机和路由器的基本配置、交换机 VLAN 技术的配置、路由器的基本配置及静态路由、路由器动态路由协议的配置、WWW 服务、使用电子邮件、DHCP 和 DNS 服务器的安装与配置等内容，并在每个实验之后给出了可以进一步掌握该实验内容的练习与思考题。

　　（3）更新和补充了大量课后习题，并提供了习题的参考答案，有利于读者参加高水平的网络认证考试（如 CCNA、CCNP 等）。

　　在本书的修订过程中，作者始终贯彻介绍计算机网络中成熟的理论和新知识，基础理论以应用为目的，以必要、够用为度。本书经修订后，内容更全面，叙述更加准确和通俗易懂，更有利于教师的教学和读者的自学。为了让读者能够在较短的时间内掌握本书的内容，及时地检查自己的学习效果，巩固和加深对所学知识的理解，每章最后还附有丰富的习题。

　　全书参考总教学时数为 72 学时，其中理论 56 学时、实验 16 学时。各章的学时分配如下表所示。

章	名　称	学时数	章	名　称	学时数
第 1 章	计算机网络基础知识	2	第 9 章	Internet 的应用	2
第 2 章	数据通信技术	6	第 10 章	移动 IP 与下一代 Internet	2
第 3 章	计算机网络体系结构与协议	4	第 11 章	网络操作系统	2
第 4 章	局域网	8	第 12 章	网络安全	4
第 5 章	广域网接入技术	4	第 13 章	网络管理	2
第 6 章	网络互联技术	6	第 14 章	云计算与物联网	2
第 7 章	Internet 基础知识	8	第 15 章	网络实验	16
第 8 章	Internet 接入技术	4			

本书由周舸和李昕昕担任主编，张志敏、唐宾徽和张慧娟担任副主编。周舸编写了第 1～6 章、第 14～15 章以及各章习题，张慧娟编写了第 7～8 章李昕昕编写了第 9～11 章，唐宾徽编写了第 12～13 章，全书由周舸拟定大纲并统稿。

在本书的修订过程中得到了四川大学锦城学院计算机学院相关领导的大力支持，张志敏院长，周光峦教授都对本书的编写提出了很多宝贵的意见。何敏、高天等老师完成了部分文稿的录入工作，周沁、朱镕申等老师完成了部分图片的处理工作，陈爱琦、余欣等老师完成了部分文稿的校对工作。在此，向所有关心和支持本书出版的人表示衷心的感谢！

限于作者的学术水平，书中不妥之处在所难免，敬请读者批评指正，来信请至 zhou-ge@163.com。

周　舸

2017 年 5 月

目录

第1章
计算机网络基础知识

计算机网络是当今最热门的学科之一，在过去的几十年里取得了长足的发展。近十几年来，因特网（Internet）深入到了千家万户，网络已经成为一种全社会的、经济的、快速存取信息的必要手段。因此，网络技术对未来的信息产业乃至整个社会都将产生深远的影响。

为了帮助初学者对计算机网络有一个全面的、感性的认识，本章将从介绍计算机网络的发展历程入手，对网络的功能定义、分类、应用以及在我国的发展现状等进行系统的介绍。

本章的学习目标如下。

- 了解计算机网络产生的历史背景与发展的 4 个阶段。
- 掌握计算机网络的概念、特点和目标。
- 理解计算机网络的功能。
- 掌握计算机网络的分类。
- 理解计算机网络在当今社会的应用。
- 了解计算机网络在我国的发展现状。

1.1 计算机网络的产生与发展

计算机网络是现代通信技术与计算机技术相结合的产物。网络技术的进步正在对当前信息产业的发展产生着重要的影响。纵观计算机网络的发展历史可以发现，计算机网络与其他事物的发展一样，也经历了从简单到复杂、从低级到高级、从单机到多机的过程。在这一过程中，计算机技术和通信技术紧密结合，相互促进，共同发展，最终产生了计算机网络。计算机网络的发展大体上可以分为 4 个阶段：面向终端的通信网络阶段、计算机互连阶段、网络互连阶段、Internet与高速网络阶段。

1. 面向终端的通信网络阶段

1946 年，世界上第一台数字计算机 ENIAC 的问世是人类历史上划时代的里程碑，但最初的计算机数量稀少，并且非常昂贵。当时的计算机大都采用批处理方式，用户使用计算机首先要将程序和数据制成纸带或卡片，再送到中心计算机进行处理。1954 年，出现了一种被称为收发器（Transceiver）的设备，人们使用这种终端首次实现了将穿孔卡片上的数据通过电话线路发送到远地的计算机。此后，电传打字机也作为远程终端和计算机相连，用户可以利用计算机在远地电传打字机上输入自己的程序，而计算机计算出来的结果也可以传送到远地的电传打字机上并打印出来，计算机网络的基本原型就这样诞生了。

　　由于当初的计算机是为批处理而设计的，因此当计算机和远程终端相连时，必须在计算机上增加一个线路控制器（Line Controller）接口。随着远程终端数量的增加，为了避免一台计算机使用多个线路控制器，20 世纪 60 年代初期，出现了多重线路控制器（Multiple Line Controller），其可以和多个远程终端相连接，这样就构成了面向终端的第一代计算机网络。

　　在第一代计算机网络中，一台计算机与多台用户终端相连接，用户通过终端命令以交互的方式使用计算机系统，从而将单一计算机系统的各种资源分散到了多个用户手中，极大地提高了资源的利用率，同时也极大地刺激了用户使用计算机的热情，在一段时间内计算机用户的数量迅速增加。但这种网络系统也存在着两个缺点：一是其主机系统的负荷较重，既要承担数据处理任务，又要承担通信任务，导致了系统响应时间过长；二是对远程终端来讲，一条通信线路只能与一个终端相连，通信线路的利用率较低。

　　后来又出现了多机连机系统。这种系统的主要特点是在主机和通信线路之间设置前端处理机（First End Processor，FEP），如图 1-1 所示。前端处理机承担所有的通信任务，减轻了主机的负荷，极大地提高了主机处理数据的效率。另外，在远程终端较密集处增加了一个集中器（Concentrator）。集中器的一端用低速线路与多个终端相连，另一端则用一条较高速的线路与主机相连，如图 1-2 所示，这样就实现了多台终端共享一条通信线路，提高了通信线路的利用率。

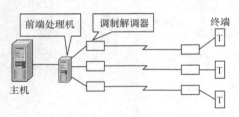

图 1-1　引入 FEP 的多机连机系统

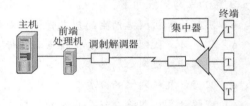

图 1-2　引入集中器的多机连机系统

　　多机连机系统的典型代表为 1963 年在美国投入使用的航空订票系统（SABRAI），其中心是设在纽约的一台中央计算机，2 000 个售票终端遍布全国，使用通信线路与中央计算机相连。

2. 计算机互连阶段

　　随着计算机应用的发展以及计算机的普及和价格的降低，出现了多台计算机互连的需求。这种需求主要来自军事、科学研究、地区与国家经济信息分析决策、大型企业经营管理，希望将分布在不同地点且具有独立功能的计算机通过通信线路互连起来，彼此交换数据、传递信息，如图 1-3 所示。网络用户可以通过计算机使用本地计算机的软件、硬件与数据资源，也可以使用连网的其他地方的计算机软件、硬件与数据资源，以达到计算机资源共享的目的。

图 1-3　计算机互连示意图

　　这一阶段研究的典型代表是美国国防部高级研究计划局（Advanced Research Projects Agency，ARPA）的 ARPANET（通常称为 ARPA 网）。ARPANET 是世界上第一个实现了以资源共享为目的的计算机网络，所以人们往往将 ARPANET 作为现代计算机网络诞生的标志，现在计算机网络的很多概念都来自于 ARPANET。

　　ARPRNET 的研究成果对推动计算机网络发展的意义是十分深远的。在 ARPANET 的基础之上，20 世纪 70～80 年代计算机网络发展十分迅速，出现了大量的计算机网络，仅美国国防部就资助建立了多个计算机网络。同时还出现了一些研究试验性网络、公共服务网络、校园网，如美国加利福尼亚大学劳伦斯原子能研究所的 OCTOPUS 网、法国信息与自动化研究所的 CYCLADES 网、国际气象监测网 WWWN、欧洲情报网 EIN 等。

　　在这一阶段中，公用数据网（Public Data Network，PDN）与局部网络（Local Network，LN）技术也得到了迅速的发展。总而言之，计算机网络发展的第二阶段所取得的成果对推动网络技术的成熟和应用极其重要，所研究的网络体系结构与网络协议的理论成果为以后网络理论的发展奠定了坚实的基础，很多网络系统经过适当修改与充实后至今仍在广泛使用。目前国际上应用广泛的 Internet 就是在 ARPANET 的基础上发展起来的。但是，20 世纪 70 年代后期，人们已经看到了计算机网络发展中出现的问题，即网络体系结构与协议标准的不统一限制了计算机网络自身的发展和应用。网络体系结构与网络协议标准必须走国际标准化的道路。

3. 网络互连阶段

　　计算机网络发展的第 3 个阶段——网络互连阶段是加速体系结构与协议国际标准化的研究与应用的时期。1984 年，经过多年卓有成效的工作，国际标准化组织（International Orgnization for Standar dization，ISO）正式制定和颁布了"开放系统互连参考模型"（Open System Interconnection Reference Model，OSI RM）。ISO/OSI RM 已被国际社会所公认，成为研究和制订新一代计算机网络标准的基础。OSI 标准使各种不同的网络互连、互相通信变为现实，实现了更大范围内的计算机资源共享。我国也于 1989 年在《国家经济系统设计与应用标准化规范》中明确规定选定 OSI 标准作为我国网络建设的标准。1990 年 6 月，ARPANET 停止运行。随之发展起来的国际 Internet 的覆盖范围已遍及全球，全球各种各样的计算机和网络都可以通过网络互连设备连入 Internet，实现全球范围内的数据通信和资源共享。

　　ISO/OSI RM 及标准协议的制定和完善正在推动计算机网络朝着健康的方向发展。很多大的计算机厂商相继宣布支持 OSI 标准，并积极研究和开发符合 OSI 标准的产品。各种符合 OSI RM 与协议标准的远程计算机网络、局部计算机网络与城市地区计算机网络已开始广泛应用。随着研究的深入，OSI 标准将日趋完善。

4. Internet 与高速网络阶段

　　目前，计算机网络的发展正处于第 4 个阶段。这一阶段计算机网络发展的特点是互连、高速、智能与更为广泛的应用。Internet 是覆盖全球的信息基础设施之一。对用户来说，Internet 是一个庞大的远程计算机网络，用户可以利用 Internet 实现全球范围的信息传输、信息查询、电子邮件、语音与图像通信服务等功能。实际上 Internet 是一个用网络互连设备实现多个远程网和局域网互连的国际网。

　　在 Internet 发展的同时，随着网络规模的增大与网络服务功能的增多，高速网络与智能网络（Intelligent Network，IN）的发展也引起了人们越来越多的关注和兴趣。高速网络技术的发展表现在宽带综合业务数据网（Broadband Integrated Service Digital Network，B-ISDN）、帧中继、异步传输模式（Asynchronous Transfer Mode，ATM）、高速局域网、交换式局域网与虚拟网络上。

1.2　计算机网络概述

1.2.1　计算机网络的基本概念

　　所谓计算机网络，就是把分布在不同地理区域的计算机与专门的外部设备用通信线路互连成一个规模大、功能强的网络系统，从而使众多的计算机可以方便地互相传递信息，共享硬件、软件、数据信息等资源。

计算机网络主要包含连接对象、连接介质、连接的控制机制和连接的方式 4 个方面。"对象"主要是指各种类型的计算机（如大型机、微型计算机、工作站等）或其他数据终端设备；"介质"是指通信线路（如双绞线、同轴电缆、光纤、微波等）和通信设备（如网桥、网关、中继器、路由器等）；"控制机制"主要是指网络协议和各种网络软件；"连接方式"主要是指网络所采用的拓扑结构（如星型、环型、总线型和网状型等）。

1.2.2　通信子网和资源子网

从功能上分，计算机网络系统可以分为通信子网和资源子网两大部分，计算机网络的结构如图 1-4 所示。通信子网提供数据通信的能力，资源子网提供网络上的资源以及访问的能力。

1. 通信子网

通信子网由通信控制处理机（Communication Control Processor，CCP）、通信线路和其他网络通信设备组成，主要承担全网的数据传输、转发、加工、转换等通信处理工作。

通信控制处理机在网络拓扑结构中通常被称为网络节点。其主要功能一是作为主机和网络的接口，负责管理和收发主机和网络所交换

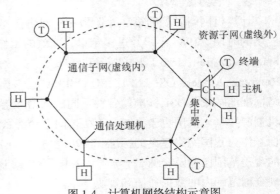

图 1-4　计算机网络结构示意图

的信息；二是作为发送信息、接收信息、交换信息和转发信息的通信设备，负责接收其他网络节点送来的信息，并选择一条合适的通信线路发送出去，完成信息的交换和转发功能。

通信线路是网络节点间信息传输的通道，通信线路的传输媒体主要有双绞线、同轴电缆、光纤、无线电和微波等。

2. 资源子网

资源子网主要负责全网的数据处理业务，向全网用户提供所需的网络资源和网络服务。资源子网主要由主机（Host）、终端（Terminal）、终端控制器、连网外部设备以及软件资源和信息资源等组成。

主机是资源子网的重要组成单元，既可以是大型机、中型机、小型机，也可以是局域网中的微型计算机。主机是软件资源和信息资源的拥有者，一般通过高速线路和通信子网中的节点相连。

终端是直接面向用户的交互设备。终端的种类很多，如交互终端、显示终端、智能终端、图形终端等。

连网外部设备主要是指网络中的一些共享设备，如高速打印机、绘图仪和大容量硬盘等。

1.3　计算机网络的功能

社会及科学技术的发展为计算机网络的发展提供了更加有利的条件。计算机网络与通信网的结合，可以使众多的个人计算机不仅能够同时处理文字、数据、图像、声音等信息，还可以使这些信息四通八达，及时地与全国乃至全世界的信息进行交换。计算机网络的主要功能归纳起来主要有以下几点。

1. 数据通信

数据通信是计算机网络最基本的功能，为网络用户提供了强有力的通信手段。计算机网络建设的主要目的之一就是使分布在不同物理位置的计算机用户相互通信和传送信息（如声音、图形、图像等多媒体信息）。计算机网络的其他功能都是在数据通信功能基础之上实现的，如发送电子邮件、远程登录、连机会议、WWW 等。

2. 资源共享

（1）硬件和软件的共享。计算机网络允许网络上的用户共享不同类型的硬件设备，通常有打印机、光驱、大容量的磁盘以及高精度的图形设备等。软件共享通常是指某一系统软件或应用软件（如数据库管理系统），如果占用的空间较大，则可将其安装到一台配置较高的服务器上，并将其属性设置为共享，这样网络上的其他计算机即可直接利用，极大地节省了计算机的硬盘空间。

（2）信息共享。信息也是一种宝贵的资源，Internet 就像一个浩瀚的海洋，有取之不尽、用之不竭的信息与数据。每一个连入 Internet 的用户都可以共享这些信息资源（如，各类电子出版物、网上新闻、网上图书馆和网上超市等）。

3. 均衡负荷与分布式处理

当网络中某台计算机的任务负荷太重时，可将任务分散到网络中的各台计算机上进行，或由网络中比较空闲计算机分担负荷。这样既可以处理大型的任务，使其中一台计算机不会负担过重，又提高了计算机的可用性，起到了均衡负荷和分布式处理的作用。

4. 提高计算机系统的可靠性

提高计算机系统的可靠性也是计算机网络的一个重要功能。在计算机网络中，每一台计算机都可以通过网络为另一台计算机备份以提高计算机系统的可靠性。这样，一旦网络中的某台计算机发生了故障，另一台计算机可代替其完成所承担的任务，整个网络可以照常运转。

1.4　计算机网络的分类和拓扑结构

1.4.1　计算机网络的分类

用于计算机网络分类的标准很多，如拓扑结构、应用协议、传输介质、数据交换方式等。但是，这些标准只能反映网络某方面的特征，不能反映网络技术的本质。最能反映网络技术本质特征的分类标准是网络的覆盖范围。按网络的覆盖范围可以将网络分为局域网（Local Area Network，LAN）、广域网（Wide Area Network，WAN）、城域网（Metropolitan Area Network，MAN）和国际互联网（Internet），如表 1-1 所示。

表 1-1　　　　　　　　　　　　　　不同类型网络之间的比较

网 络 种 类	覆 盖 范 围	分 布 距 离
局域网	房间	10 m
	建筑物	100 m
	校园	1 km
广域网	国家	100 km 以上
城域网	城市	10 km 以上
国际互联网	洲或洲际	1 000 km 以上

（1）局域网。局域网的地理分布范围在几千米以内，一般局域网络建立在某个机构所属的一个建筑群内或一个学校的校园内部，甚至几台计算机也能构成一个小型局域网络。由于局域网的覆盖范围有限，数据的传输距离短，因此局域网内的数据传输速率都比较高，一般在 10～100Mbit/s，现在高速的局域网传输速率可达到 1 000 Mbit/s。

（2）广域网。广域网也称为远程网，是远距离的、大范围的计算机网络。这类网络的作用是实现远距离计算机之间的数据传输和信息共享。广域网可以是跨地区、跨城市、跨国家的计算机网络，覆盖范围一般是几百千米到几千千米的广阔地理区域，通信线路大多借用公用通信网络（如公用电话网 PSTN）。由于广域网涉辖的范围很大，连网的计算机众多，因此广域网上的信息量非常大，共享的信息资源极为丰富。但是广域网的数据传输速率比较低，一般在 64 kbit/s～2 Mbit/s。

（3）城域网。城域网的覆盖范围在局域网和广域网之间，一般为几千米到几十千米，通常在一个城市内。

（4）国际互联网。Internet 并不是一种具体的网络技术，而是将同类和不同类的物理网络（局域网、广域网和城域网）通过某种协议互连起来的一种高层技术。

1.4.2　计算机网络的拓扑结构

拓扑（Topology）是从图论演变而来的，是一种研究与大小形状无关的点、线、面特点的方法。网络拓扑结构是指用传输介质互连各种设备的物理布局，通俗地讲就是这个网络看起来是一种什么形式。将工作站、服务器等网络单元抽象为"点"，网络中的通信介质抽象为"线"，从拓扑学的观点来看计算机和网络系统就形成了点和线组成的几何图形，从而抽象出网络系统的具体结构。网络拓扑结构并不涉及网络中信号的实际流动，而只是关心介质的物理连接形态。网络拓扑结构对整个网络的设计、功能、可靠性和成本等方面具有重要的影响。

常见的计算机网络拓扑结构有星型、环型、总线型、树型和网状型。

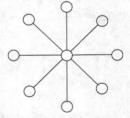

图 1-5　星型拓扑结构

（1）星型拓扑网络。在星型拓扑网络结构中，各节点通过点到点的链路与中央节点连接，如图 1-5 所示。中央节点可以是转接中心，起到连通的作用；也可以是一台主机，此时具有数据处理和转接的功能。星型拓扑网络的优点是很容易在网络中增加和移动节点，容易实现数据的安全性和优先级控制；缺点是属于集中控制，对中央节点的依赖性大，一旦中央节点有故障就会引起整个网络的瘫痪。

（2）环型拓扑网络。在环型拓扑网络中，节点通过点到点的通信线路连接成闭合环路，如图 1-6 所示。环中数据将沿一个方向逐站传送。环型拓扑网络结构简单，传输延时确定，但是环中每个节点与连接节点之间的通信线路都会成为网络可靠性的屏障。环中某一个节点出现故障就会造成网络瘫痪。另外，对于环型网络，网络节点的增加和移动以及环路的维护和管理都比较复杂。

（3）总线型拓扑网络。在总线型拓扑网络中，所有节点共享一条数据通道，如图 1-7 所示。一个节点发出的信息可以被网络上的每个节点接收。由于多个节点连接到一条公用信道上，所以必须采取某种方法分配信道，以决定哪个节点可以优先发送数据。

总线型网络结构简单，安装方便，需要铺设的线缆最短，成本低，并且某个站点自身的故障一般不会影响整个网络，因此是普遍使用的网络之一。其缺点是实时性较差，总线上的故障会导致全网瘫痪。

（4）树型拓扑网络。在树型拓扑结构中，网络的各节点形成了一个层次化的结构，如图 1-8 所示。

树中的各个节点通常都为主机，树中低层主机的功能和应用有关，一般都具有明确定义功能，如数据采集、变换等；高层主机具备通用的功能，以便协调系统的工作，如数据处理、命令执行等。一般来说，树型拓扑网络的层次数量不宜过多，以免转接开销过大，使高层节点的负荷过重。若树型拓扑结构只有两层，就变成了星型结构，因此，可以将树型拓扑结构视为星型拓扑结构的扩展结构。

（5）网状型拓扑网络。在网状型拓扑网络中，节点之间的连接是任意的，没有规律，如图 1-9 所示。其主要优点是可靠性高，但结构复杂，必须采用路由选择算法和流量控制方法。广域网基本上都是采用网状型拓扑结构。

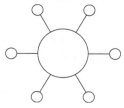 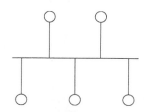 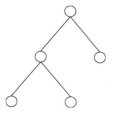 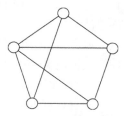

图 1-6 环型拓扑结构　　图 1-7 总线型拓扑结构　　图 1-8 树型拓扑结构　　图 1-9 网状型拓扑结构

1.5　计算机网络的应用

随着现代信息社会进程的推进及通信和计算机技术的迅猛发展，计算机网络的应用也越来越普及，如今计算机网络几乎深入到社会的各个领域。Internet 已成为家喻户晓的网络名称，成为当今世界上最大的计算机网络，同时也是一条贯穿全球的"信息高速公路主干道"。计算机网络主要提供如下服务，通过这些服务人们可以将计算机网络应用于社会的方方面面。

1. 计算机网络在企事业单位中的应用

计算机网络可以使企事业单位和公司内部实现办公自动化，做到各种软、硬件资源共享。如果将内部网络连入 Internet 还可以实现异地办公。例如，通过 WWW 或电子邮件，公司就可以很方便地与分布在不同地区的子公司或其他业务单位建立联系，不仅能够及时地交换信息，还实现了无纸办公。在外的员工通过网络可以与公司保持通信，得到公司的指示和帮助。企业可以通过 Internet 收集市场信息并发布企业产品信息。

2. 计算机网络在个人信息服务中的应用

计算机网络在个人信息服务中的应用与单位网络的工作方式不同：家庭和个人一般拥有一台或几台微型计算机，通过电话交换网或光纤连到公共数据网；家庭和个人一般希望通过计算机网络获得各种信息服务。一般来说，个人通过计算机网络获得的信息服务主要有以下 3 类。

（1）远程信息的访问。可以通过 WWW 方式访问各类信息系统，包括政府、教育、艺术、保健、娱乐、科学、体育、旅游等各方面的信息，甚至是各类的商业广告。随着报纸走向在线与个人化，人们可以通过网络查看报纸或新闻，或是通过频道技术自动下载感兴趣的内容。

目前，一种很广泛的应用是个人财务服务。很多人通过网络接收账单、管理银行账户以及处理投资。通过计算机网络进行家庭购物变得越来越普遍，目前美国提供这类服务的公司有好几千家，通过网络公布各种商品的价格、规格与性能，人们可以从网上看到各种商品的照片，通过在线方式向公司定购商品。

（2）个人与个人之间的通信。20 世纪个人与个人之间通信的基本工具是电话，21 世纪个人与个人之间通信的基本工具则是计算机网络。电子邮件目前已被广泛应用。初期的电子邮件用于传送文本文件，后来进一步用于传送语音与图像文件。

现在 Internet 上存在很多新闻组，参加新闻组的人可以在网上对某个感兴趣的问题进行讨论，或是阅读有关方面的资料，这是计算机网络应用中很受欢迎的一种通信方式。

（3）家庭娱乐。家庭娱乐正在对信息服务业产生着巨大的影响，可以让人们在家里点播电影和电视节目。目前，一些发达国家已经开展了这方面的服务。新的电影可能成为交互式的，观众在看电影时可以不时地参与到电影情节中去。家庭电视也可以成为交互式的，观众可以参与到猜谜等活动之中。

家庭娱乐中最重要的应用在游戏上。目前，已经有很多人喜欢上了多人实时仿真游戏。如果使用虚拟现实的头盔与三维、实时、高清晰度的图像，就可以共享虚拟现实的很多游戏和训练。

3. 网络在商业上的应用

随着计算机网络的广泛应用，电子资料交换（Electronic Data Interchange，EDI）已成为国际贸易往来的一个重要手段，以一种共同认可的资料格式使分布在全球各地的贸易伙伴通过计算机传输各种贸易单据，代替了传统的贸易单据，节省了大量的人力和物力，提高了效率。例如，网上商店实现了网上购物、网上付款的网上消费梦想。

总之，随着网络技术的发展和各种网络应用的需求，计算机网络应用的范围和领域在不断地扩大、拓宽，许多新的计算机网络应用系统不断地被开发出来，如远程教学、远程医疗、工业自动控制、电子博物馆、数字图书馆、全球情报检索与信息查询、电视会议、电子商务等。计算机网络技术的迅速发展和广泛应用必将对 21 世纪的经济、教育、科技、文化的发展以及人们的工作和生活产生重要的影响。

1.6　三大网络介绍

当前，在我国通信、计算机信息产业以及广播电视领域中，实际运行并具有影响力的三大网络是电信网络、广播电视网络和计算机网络。

1. 电信网络

电信网络是以电话网为基础逐步发展起来的。电话系统主要由 3 个部件组成。

（1）本地网络：主要使用双绞线进入家庭或业务部门，承载的是模拟信号。

（2）干线：通过光纤将交换局连接起来，承载的是数字信号。

（3）交换局：使电话呼叫从一条干线接入到另一条干线。

过去，整个电话系统中传输的信号都是模拟的。随着光纤、数字电路和计算机的出现，现在所有的干线和交换设备几乎都是数字的，仅剩下本地回路仍然是模拟的。之所以优先选择数字传输，是因为它不需要像模拟传输那样，当一个长途呼叫的信号经过了许多次放大之后，还需要重新精确地产生模拟信号。对数字传输而言，只需要能够正确地区分信号 0 和 1 即可。这种特性使得数字传输比模拟传输更加可靠，且维护更加方便，成本更低。

电信业务除了有传统的电话交换网（Public Switched Telephone Notwork，PSTN），还有数字数据网（Digital Data Network，DDN）、帧中继（Frame Relay，FR）网和异步传输模式（Asynchronous Transfer Mode，ATM）网等。在 DDN 中，它可提供固定或半永久连接的电路交换业务，适合提供实时多媒体通信业务。帧中继网是以统计复用技术为基础进行包传输、包交换的，速率一般在 64bit/s～2.048Mbit/s，适合提供非实时多媒体通信业务。在 ATM 网中，ATM 是支持高速数据网建设、运行的关键设备，可支持 25Mbit/s～4Gbit/s 数据的高速传输，不仅可以传输语音，还可以传输图像，包括静态图像和活动影像。电信网除上述几种网络外，还有 X.25 公共数据网、综合业务数字网（Integrated Services Digital Network，ISDN）及中国公用计算机网（CHINANET）等。

2. 广播电视网

广播电视网主要是指有线电视（Community Antenna Television，CATV）网，目前还是靠同轴电缆向用户传送电视节目，处于模拟水平阶段，但其网络技术设备先进，主干网采用光纤，贯通各城镇。

混合光纤同轴电缆（Hybrid Fiber-Coaxial，HFC）入户与电话接入方式相比，其优点是传输带宽约为电话线的一万倍，而且在有线电视同一根同轴电缆上，用户可以同时看电视、打电话、上网，且互不干扰。

目前，广播电视网的信息源是以单向实时及一点对多点的方式连接到众多用户的，用户只能被动地选择是否接收（主要是语音和图像）。利用混合光纤同轴电缆进行视频点播（Video On Demand，VOD）及通过 CATV 网接入 Internet 进行视频点播、通话等是 CATV 网今后的发展方向。它的主要业务除了广播电视传输之外，还包括电视点播、远程电视教育、远程医疗、电视会议、电视电话和电视购物等。

3. 计算机网络

计算机网络初期主要是局域网。广域网是在 Internet 大规模发展后才进入普通家庭的。目前计算机网络主要依赖于电信网，因此传输速率受到一定的限制。CHINANET 是依托强大的 CHINAPAC、CHINADDN 和 PSTN 等公用网，采用先进设备，而成为我国 Internet 的主干网的。在计算机网中，用户之间的连接可以是一对一的，也可以是一点对多点的，相互间的通信既有实时的，也有非实时的，但在大多数情况下是非实时的，采用的是存储转发方式。通信方式可以是双向交互的，也可以是单向的。主要提供的业务有文件共享、信息浏览、电子邮件、网络电话、视频点播、FTP 文件下载和网上会议等。

从以上 3 个网络所能提供的业务来看，在未来的信息社会，人们绝不会仅满足于使用传统的只能传话音的电话机、只能单向接收电视节目的电视机及仅能提供文件共享和上 Internet 的计算机，而是需要更多、更快、更直接的信息交流，同时包括语音、图像和数据在内的多媒体技术，这就需要将三网融合，即三网合一。所谓"三网合一"就是把现有的传统电信网、广播电视网和计算机网互相融合，逐渐形成一个统一的网络系统，由一个全数字化的网络设施来支持包括数据、语音和图像在内的所有业务的通信。近年来，三网合一逐渐成为最热门的话题之一，从全世界范围来看，也是现代通信和计算机网络发展的大趋势。

1.7　标准化组织

随着计算机通信、计算机网络和分布式处理系统的剧增，协议和接口的不断改进，迫切要求在不同公司制造的计算机之间，以及计算机与通信设备之间方便地互连和相互通信。因此，接口、协议、计算机网络体系结构都应遵循公共的标准。国际标准化组织及国际上的一些著名标准制定机构专门从事这方面标准的研究和制定。

1. ISO

国际标准化组织（International Organization for Standardization，ISO）是一个全球性的非政府组织，是国际标准化领域中一个十分重要的组织。ISO 的任务是促进全球范围内的标准化及其有关活动的开展，以利于国际间产品和服务的交流以及在知识、科学、技术和经济活动中发展国际间的相互合作。它显示了强大的生命力，吸引了越来越多的国家参与其活动。

ISO 制定了网络通信的标准，即开放系统互连（Open System Interconnection，OSI）。

2. ITU

国际电信联盟（International Telecommunications Union，ITU）是世界各国政府的电信主管部门之间协调电信事务方面的一个国际组织。ITU 的宗旨是维持和扩大国际合作，以改进和合理地使用电信资源，促进技术设施的发展及其有效的运用，以提高电信业务的效率，扩大技术设施的用途，并尽量使其在公众中得以普遍利用，协调各国行动，以达到上述目的。

在通信领域，最著名的国际电信联盟标准化部门（ITU-T）标准有 V 系列标准，如 V.32、V.33 和 V.42 标准对使用电话线传输数据做了明确的说明。除此之外，还有 X 系列标准，如 X.25、X.400 和 X.500 为公用数字网上传输数据的标准。ITU-T 的标准还包括电子邮件、目录服务、综合业务数字网（ISDN）、宽带 ISDN 等方面的内容。

3. IEEE

电气与电子工程师协会（Institute of Electronics Engineers，IEEE）由 1963 年美国电气工程师学会（American Institute of Electrical Engineers，AIEE）和美国无线电工程师学会（Institute of Radio Engineers，IRE）合并而成，是美国规模最大的专业学会。

IEEE 的最大成果是制定了局域网和城域网的标准，这个标准被称为 802 项目或 802 系列标准。

4. ANSI

美国国家标准学会（American National Standards Institute，ANSI）是由制造商、用户通信公司组成的非政府组织，是美国的自发标准情报交换机构，也是由美国指定的 ISO 投票成员。它致力于国际标准化事业和实现消费品方面的标准化。

5. EIA

美国电子工业协会（Electronic Industries Alliance，EIA）创建于 1924 年，当时名为无线电制造商协会（Radio Manufacturers Association，RMA），只有 17 名成员，代表不过 200 万美元产值的无线电制造业。而今，EIA 成员已超过 500 名，代表美国 2 000 亿美元产值的电子工业制造商成为纯服务性的全国贸易组织，总部设在弗吉尼亚的阿灵顿。EIA 广泛代表了设计生产电子元件、部件、通信系统和设备的制造商以及工业界、政府和用户的利益，在提高美国制造商的竞争力方面起到了重要的作用。

6. TIA

美国通信工业协会（Telecommunications Industry Association，TIA），是一个全方位的服务性国家贸易组织。其成员包括为美国和世界各地提供通信和信息技术产品、系统和专业技术服务的 900 余家大小公司，本协会成员有能力制造供应现代通信网中应用的所有产品。此外，TIA 还有一个分支机构——多媒体通信协会（Multi Media Telecommunications Association，MMTA）。TIA 还与美国电子工业协会有着广泛而密切的联系。

小　　结

（1）计算机网络是现代通信技术与计算机技术相结合的产物，网络技术的进步正在对当今的信息产业以及整个社会的发展产生着重要的影响。

（2）计算机网络的发展大体上可以分为 4 个阶段：面向终端的通信网络阶段、计算机互连阶段、网络互连阶段、Internet 与高速网络阶段。

（3）计算机网络是把分布在不同地理区域的计算机与专门的外部设备用通信线路互连成一个规模大、功能强的网络系统，从而使众多的计算机可以方便地互相传递信息，共享硬件、软件、数据信息等资源。

（4）从功能上说，计算机网络系统可以分为通信子网和资源子网两大部分。通信子网由通信控制处理机、通信线路和其他网络通信设备组成，主要承担全网的数据传输、转发、加工、转换等通信处理工作。资源子网由主机、终端、终端控制器、连网外部设备以及软件资源和信息资源等组成，主要负责全网的数据处理业务，向全网用户提供所需的网络资源和网络服务。

（5）以 Internet 为代表，标志着第 4 代计算机网络的兴起。目前，计算机网络的发展正处于第 4 阶段，这一阶段的特点是互连、高速、智能与更为广泛的应用。

（6）Internet 是覆盖全球的信息基础设施之一，是当今世界上最大的计算机网络，同时也是一条贯穿全球的"信息高速公路主干道"。对用户来说，Internet 是一个庞大的远程计算机网络，用户可以利用 Internet 实现全球范围的信息传输、信息查询、电子邮件、语音与图像通信服务等功能。

（7）计算机网络的主要功能有数据通信、资源共享、均衡负荷与分布式处理、提高计算机系统的可靠性。

（8）计算机网络的分类标准很多，如拓扑结构、应用协议、传输介质、数据交换方式等，但最能反映网络技术本质特征的分类标准是网络的覆盖范围。按网络的覆盖范围可以将网络分为局域网、广域网、城域网和 Internet。

（9）网络拓扑结构是指用传输介质互连各种设备的物理布局，并不涉及网络中信号的实际流动，而只是关心介质的物理连接形态。网络拓扑结构对整个网络的设计、功能、可靠性和成本等方面具有重要的影响。常见的计算机网络拓扑结构有星型、环型、总线型、树型和网状型。

（10）当今的计算机网络已经深入到了社会的各个领域，其应用范围主要在企事业单位、远程信息的访问、个人与个人间的通信、家庭娱乐以及电子商务等。

（11）当前，在我国通信、计算机信息产业以及广播电视领域中，实际运行并具有影响力的有3 大网络：电信网络、广播电视网络和计算机网络。

（12）"三网合一"就是把现有的传统电信网、广播电视网和计算机网互相融合，逐渐形成一个统一的网络系统，由一个全数字化的网络设施来支持包括数据、语音和图像在内的所有业务的通信。从全世界范围来看，三网合一是现代通信和计算机网络发展的大趋势。

（13）目前，国际上负责制定计算机网络标准的权威机构主要有 ISO（国际标准化组织）、ITU（国际电信联盟）、IEEE（电气与电子工程师协会）、ANSI（美国国家标准学会）、EIA（美国电子工业协会）、TIA（美国通信工业协会）等。

习 题 1

一、名词解释（在每个术语前的下划线上标出正确定义的序号）

_____ 1. 计算机网络　　　　　　　_____ 2. 局域网

_____ 3. 城域网　　　　　　　　 _____ 4. 广域网

_____ 5. 通信子网　　　　　　　 _____ 6. 资源子网

A. 用于有限地理范围（如一幢大楼），将各种计算机、外部设备互连起来的计算机网络

B. 由各种通信控制处理机、通信线路与其他通信设备组成，负责全网的通信处理任务

C. 覆盖范围从几十千米到几千千米，可以将一个国家、一个地区或横跨几个洲的网络互连起来

D. 可以满足几十千米范围内的大量企业、机关、公司的多个局域网互连的需要，并能实现大量用户与数据、语音、图像等多种信息传输的网络

E. 由各种主机、终端、连网外部设备、软件与信息资源组成，负责全网的数据处理业务，并向网络用户提供各种网络资源与网络服务

F. 把分布在不同地理区域的计算机与专门的外部设备用通信线路互连成一个规模大、功能强的网络系统，从而使众多的计算机可以方便地互相传递信息，共享硬件、软件、数据信息等资源

二、填空题

1. 计算机网络是_____技术和_____技术相结合的产物。

2. 计算机网络系统是由通信子网和_____组成的。

3. 局域网的英文缩写为_____，城域网的英文缩写为_____，广域网的英文缩写为_____。

4. 目前，实际存在与使用的广域网基本都是采用_____拓扑结构。

5. 以_____为代表，标志着第 4 代计算机网络的兴起。

6. 中国 Internet 的主干网是_____。

7. 目前，人们一直关注"三网融合"问题，"三网"是指_____、_____和_____。

8. 按照传输介质分类，计算机网络可以分为_____和_____。

三、单项选择题

1. 早期的计算机网络由_____组成系统。

　　A. 计算机—通信线路—计算机　　　　B. PC—通信线路—PC

　　C. 终端—通信线路—终端　　　　　　D. 计算机—通信线路—终端

2. 计算机网络中实现互连的计算机之间是_____进行工作的。

　　A. 独立　　　　　B. 并行　　　　　C. 相互制约　　　　D. 串行

3. 在计算机网络中处理通信控制功能的计算机是_____。

　　A. 通信线路　　　B. 终端　　　　　C. 主计算机　　　　D. 通信控制处理机

4. 在计算机和远程终端相连时必须有一个接口设备，其作用是进行串行和并行传输的转换，以及进行简单的传输差错控制，该设备是_____。

　　A. 调制解调器　　B. 线路控制器　　C. 多重线路控制器　　D. 通信控制器

5. 在计算机网络的发展过程中，_____对计算机网络的形成与发展影响最大。

　　A. ARPANET　　　B. OCTOPUS　　　C. DATAPAC　　　D. NOVELL

6. 一座大楼内的一个计算机网络系统属于_____。

    A. PAN　　　　　　　B. LAN　　　　　　C. MAN　　　　　　D. WAN

7. 下述对广域网的作用范围叙述最准确的是_____。

    A. 几千米到几十千米　　　　　　　　B. 几十千米到几百千米

    C. 几百千米到几千千米　　　　　　　D. 几千千米以上

8. 计算机网络的目的是_____。

    A. 提高计算机的运行速度　　　　　　B. 连接多台计算机

    C. 共享软、硬件和数据资源　　　　　D. 实现分布处理

9. 以通信子网为中心的计算机网络称为_____。

    A. 第 1 代计算机网络　　　　　　　　B. 第 2 代计算机网络

    C. 第 3 代计算机网络　　　　　　　　D. 第 4 代计算机网络

10. 如图 1-10 所示的计算机网络拓扑结构是_____。

    A. 总线型结构　　　　B. 环型结构　　　C. 网状型结构　　　D. 星型结构

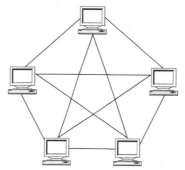

图 1-10　单项选择题 10 图

四、问答题

1. 什么是计算机网络？计算机网络由哪几部分组成？

2. 什么是通信子网和资源子网，分别有什么特点？

3. 计算机网络的发展可以分为几个阶段？每个阶段各有什么特点？

4. 简述计算机网络的主要功能。

5. 按照覆盖范围来分，计算机网络可以分为哪几类？

6. 局域网、城域网和广域网的主要特征是什么？

7. 计算机网络可以应用在哪些领域？分别举例说明。

第2章
数据通信技术

计算机网络是计算机技术与通信技术相结合的产物，而通信技术本身的发展也和计算机技术的应用有着密切的关系。数据通信就是以信息处理技术和计算机技术为基础的通信方式，为计算机网络的应用和发展提供了技术支持和可靠的通信环境。本章主要对数据通信的基本概念、传输介质的主要特性及应用、数据交换技术、数据传输技术、数据编码技术、差错控制技术等问题进行系统的讲述。读者学好本章的内容将对理解计算机网络中最基本的数据通信知识有很大的帮助。

本章的学习目标如下。
- 掌握数据通信的基本概念。
- 掌握网络传输介质的类型以及各类传输介质的特性和应用。
- 理解各类数据交换技术的基本工作原理和特点。
- 掌握频带传输的基本概念、调制解调器的基本工作原理及类型。
- 理解多路复用技术的分类和特点。
- 理解和掌握数据编码的类型和基本方法。
- 掌握数据差错的类型以及差错控制的常用方法。

2.1　数据通信的基本概念

2.1.1　信息、数据与信号

（1）信息的概念。通信的目的是交换信息（Information）。一般认为，信息是人们对现实世界事物存在方式或运动状态的某种认识。信息的载体可以是数值、文字、图形、声音、图像以及动画等。任何事物的存在都伴随着相应信息的存在，信息不仅能够反映事物的特征、运动和行为，还能够借助媒体（如空气、光波、电磁波等）传播和扩散。这里把"事物发出的消息、情报、数据、指令、信号等当中包含的意义"定义为信息。

（2）数据的概念。数据是指把事件的某些属性规范化后的表现形式，可以被识别，也可以被描述。数据按其连续性可分为模拟数据与数字数据。模拟数据取连续值，数字数据取离散值。

（3）信号的概念。在数据被传送之前，要变成适合于传输的电磁信号——模拟信号或数字信号。可见，信号（signal）是数据的电磁波表示形式，一般以时间为自变量，以表示信息（数据）的某个参量（振幅、频率或相位）为因变量。

模拟数据和数字数据都可用这两种信号来表示。模拟信号是随时间连续变化的信号，如图 2-1（a）所示，这种信号的某种参量，如振幅和频率，可以表示要传送的信息。例如，电视图像信号、语音信号、温度压力传感器的输出信号等。数字信号是指离散的信号，如图 2-1（b）所示，如计算机通信所使用的二进制代码"0"和"1"组成的信号。数字信号在通信线路上传输时要借助电信号的状态来表示二进制代码的值。电信号可以呈现两种状态，分别用"0"和"1"表示。

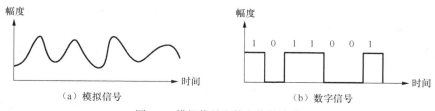

（a）模拟信号　　　　　　　　　　　（b）数字信号

图 2-1　模拟信号和数字信号波形

值得一提的是，模拟信号与数字信号是有着明显差别的两类信号，它们之间的区别可以这样描述：数字信号只包括"开"和"关"两种离散的状态；模拟信号则包括从"开"到"关"之间的所有状态。但是，模拟信号和数字信号之间并没有存在不可逾越的鸿沟，在一定条件下是可以相互转化的。模拟信号可以通过采样、量化、编码等步骤变成数字信号，而数字信号也可以通过解码、平滑等步骤恢复为模拟信号。

2.1.2　基带信号与宽带信号

信号的第二种分类方法是将信号分为基带信号（Baseband）和宽带信号（Broadband）。基带信号是指将计算机发送的数字信号"0"或"1"用两种不同的电压表示后直接送到通信线路上传输的信号。宽带信号是指基带信号经过调制后形成的频分复用模拟信号。

2.1.3　信道及信道的分类

1. 信道的概念

传输信息的必经之路称为信道（information channels），包括传输介质和通信设备。传输介质可以是有线传输介质，如电缆、光纤等，也可以是无线传输介质，如电磁波。

2. 信道的分类

信道可以按不同的方法进行分类，常见的分类方法如下。

（1）有线信道和无线信道。使用有线传输介质的信道称为有线信道，主要包括双绞线、同轴电缆和光缆等。以电磁波在空间传播的方式传送信息的信道称为无线信道，主要包括长波信道、短波信道和微波信道等。

（2）物理信道和逻辑信道。物理信道是指用来传送信号或数据的物理通路，网络中两个节点之间的物理通路称为通信链路，物理信道由传输介质及有关设备组成。逻辑信道也是一种通路，但一般是指人为定义的信息传输通路，在信号收、发点之间并不存在一条物理传输介质，通常把逻辑信道称为"连接"。

（3）数字信道和模拟信道。传输离散数字信号的信道称为数字信道，利用数字信道传输数字信号时不需要进行变换，通常需要进行数字编码；传输模拟信号的信道称为模拟信道，利用模拟信道传送数字信号时需要经过数字信号与模拟信号之间的变换。

2.1.4　数据通信的技术指标

（1）传输速率。传输速率是指信道上传输信息的速度，是描述数据传输系统的重要技术指标之一。传输速率一般有两种表示方法，即信号速率和调制速率。

信号速率是指单位时间内所传送的二进制位代码的有效位数，以每秒多少比特数计，单位为比特/秒（bit/s）。数字信号的速率通常用"比特/秒"来表示。

调制速率是指每秒传送的脉冲数，即波特率，单位为波特/秒（Baud/s），是指信号在调制过程中调制状态每秒钟转换的次数。一"波特"即模拟信号的一个状态，不仅表示一位数据，而且代表了多位数据。所以，"波特"与"比特"的意义是不同的，模拟信号的速率通常用"波特/秒"来表示。

（2）信道带宽。信道带宽是指信道中传输的信号在不失真的情况下所占用的频率范围，单位用赫兹（Hz）表示。为了更好地理解带宽的概念，不妨用人的听觉系统打个比方：人耳所能感受的声波范围是 20～20 000 Hz，低于这个范围的称为次声波，高于这个范围的称为超声波，人的听觉系统无法将次声波和超声波传递到大脑，所以用 20 000 Hz 减去 20 Hz 所得的值就好比是人类听觉系统的带宽。数据通信系统的信道传输的不是声波，而是电磁波（包括无线电波、微波、光波等），其带宽就是所能传输电磁波的最大有效频率减去最小有效频率所得到的值。

（3）信道容量。信道容量是衡量一个信道传输数字信号的重要参数。信道的传输能力是有一定限制的，某个信道传输数据的速率有一个上限，即单位时间内信道上所能传输的最大比特数，单位为比特/秒（bit/s），将其称为信道容量。无论采用何种编码技术，传输数据的速率都不可能超过信道容量上限，否则信号就会失真。

（4）信道带宽和信道容量的关系。理论分析证明，信道的容量与信道带宽成正比关系，即信道带宽越宽，信道容量就越大，所以人们有时愿意将"带宽"作为信道所能传送的"最高速率"的同义语，尽管这种叫法不太严格。

2.1.5　通信方式

通信方式是指通信双方的信息交互的方式，在设计一个通信系统时，还要回答以下 3 个问题。

- 是采用单工通信方式，还是采用半双工或全双工通信方式？
- 是采用串行通信方式，还是采用并行通信方式？
- 是采用同步通信方式，还是采用异步通信方式？

1. 单工、半双工与全双工通信

按照信号传送方向与时间的关系，可以将数据通信分为以下 3 种方式。

（1）单工通信。单工通信是指通信双方只能由一方将数据传输给另一方，数据信号只能沿一个方向传输，发送方只能发送不能接收，接收方只能接收而不能发送，任何时候都不能改变信号的传送方向，如图 2-2 所示。例如，有线电视广播就是一种单工通信方式，电视台只能发送信息，用户的电视机只能接收信息。

（2）半双工通信。半双工通信是指通信的双方都可以发送和接收信息，但不能同时发送（当然也不能同时接收），只能交替进行。这种通信方式是一方发送信息，另一方接收信息，一段时间后再反过来（通过开关装置进行切换），如图 2-3 所示。例如，对讲机和步话机的工作方式就是典型的半双工通信。

图 2-2　单工通信方式　　　　　　　　　图 2-3　半双工通信方式

（3）全双工通信。全双工通信是指通信的双方可以同时发送和接收信息。全双工通信需要两条信道，一条用来接收信息，另一条用来发送信息，其通信效率很高，但结构复杂、成本高，如图 2-4 所示。例如，在电话系统中，用户既可以打电话，又可以接电话。在正常的电话通信过程中，通话的一方在说话，另一方在听电话，当然在不同的时刻，说话和听电话的双方是可以相互

图 2-4　全双工通信方式

转换的，这时的电话通信就属于半双工的通信方式。如果通话的双方发生争吵，同时发表意见，采用的就是全双工通信方式。

目前大多数网络中的通信都实现了全双工通信。

2. 串行通信和并行通信

计算机通常是用 8 位二进制代码（1 字节）来表示一个字符。按照字节使用的信道数，可以将数据通信分为以下两种方式。

（1）串行通信。在数据通信中，可以采用图 2-5 所示的方式，将待传送的每个字符的二进制代码按由低到高的顺序，依次发送，这种工作方式称为串行通信。由于计算机内部都采用并行通信，因此，数据在发送之前，要先将计算机中的字符进行并/串转换，在接收端再通过串/并转换，还原成计算机的字符结构，这样才能实现串行通信。串行通信的优点是收、发双方只需要一条传输信道，易于实现，成本低；缺点是速度比较慢。在远程数据通信中，一般都采用串行通信方式。

（2）并行通信。并行通信是指数据以成组的方式在多个并行信道上同时进行传输。常用的方式是将构成 1 个字符代码的几位二进制比特分别通过几条并行的信道同时传输，例如，并行传输中一次传送 8 比特，如图 2-6 所示。并行传输的优点是速度快，但发送与接收端之间有若干条线路，费用高，仅适合于近距离和高速数据通信的环境下使用。

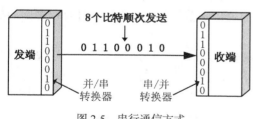

图 2-5　串行通信方式

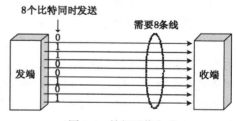

图 2-6　并行通信方式

3. 同步技术

同步是数字通信中必须要解决的一个重要问题。所谓同步，就是要求通信的收发双方在时间基准上保持一致。在串行通信中，通信双方交换数据，需要有高度的协同动作，彼此间传输数据的速率、每个比特持续的时间和间隔都必须相同。下面举个例子来说明同步的重要性。

甲打电话给乙，当甲拨通电话并确定对方就是他要找的人时，双方就可以进入通话状态。在通话过程中，甲要讲清楚每个字，在每讲完一句话时需要停顿一下。乙也要适应甲的说话速度，听清楚对方讲的每一个字，并根据讲话人的语气和停顿来判断一句话的开始与结束，这样才可能

听懂对方所说的每句话，这就是人们在电话通信过程中需要解决的"同步"问题。

与人们通过电话进行通信的过程相似，在数据通信过程中，收发双方同样也要解决同步问题，只是问题更复杂一些。常用的同步技术有以下两种。

（1）异步通信方式。在异步方式中，每传送 1 个字符都要在每个字符码前加 1 个起始位，以表示字符代码的开始；在字符代码和校验位后面加 1 或 2 个停止位，表示字符结束。接收方根据起始位和停止位来判断一个新字符的开始和结束，从而起到通信双方的同步作用，如图 2-7 所示。异步方式的实现比较简单，但每传输一个字符都需要多使用 2～3 位，所以适合于低速通信。

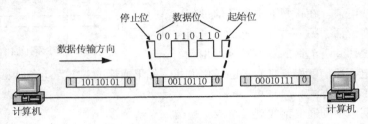

图 2-7　异步通信方式

（2）同步通信方式。在同步方式中，传输的信息格式是一组字符或一个二进制位组成的数据块（帧）。对这些数据，不需要附加起始位和停止位，而是在发送一组字符或数据块之前先发送一个同步字符 SYN（以 01101000 表示）或一个同步字节（01111110），用于接收方进行同步检测，从而使收发双方进入同步状态。在同步字符或字节之后，可以连续发送任意多个字符或数据块，发送数据完毕后，再使用同步字符或字节来标识整个发送过程的结束，如图 2-8 所示。

图 2-8　同步通信方式

在同步传送时，由于发送方和接收方将整个字符组作为一个单位传送，且附加位又非常少，从而提高了数据传输的效率。这种方法一般用在高速传输数据的系统中，如计算机之间的数据通信。

另外，在同步通信中，收发双方的时钟要严格地同步，而使用同步字符或同步字节，只是用于同步接收数据帧，只有保证了接收端接收的每一个比特都与发送端保持一致，接收方才能正确地接收数据，这就要使用位同步的方法。对于位同步，收发双方可以使用一个额外的专用信道发送同步时钟来保持双方同步，也可以使用编码技术将时钟编码到数据中，在接收数据的同时就获取到同步时钟，两种方法相比，后者的效率更高，使用得最为广泛。

2.2　传输介质的主要特性和应用

网络上数据的传输需要有"传输媒体"，好比是车辆必须在公路上行驶一样，道路质量的好坏会影响到行车的安全舒适。同样，网络传输介质的质量好坏也会影响数据传输的质量。

2.2.1　传输介质的主要类型

常用的网络传输介质可分为两类：一类是有线的，另一类是无线的。有线传输介质主要有双绞线（Twisted Pair，包括屏蔽双绞线和非屏蔽双绞线）、同轴电缆（Coaxial Cable）及光纤（Fiber Optics），如图 2-9 所示；无线传输介质有无线电波、红外线等。

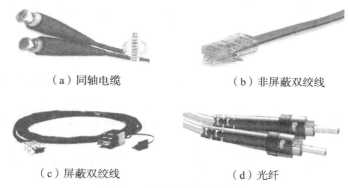

（a）同轴电缆　　　　　　　　　　（b）非屏蔽双绞线

（c）屏蔽双绞线　　　　　　　　　　（d）光纤

图 2-9　常用的有线传输介质

2.2.2　双绞线

1. 双绞线的物理特性

双绞线是由相互绝缘的两根铜线按一定扭矩相互绞合在一起的类似于电话线的传输媒体，每根铜线加绝缘层并有颜色标记，如图 2-10 所示。成对线的扭绞旨在使电磁辐射和外部电磁干扰减到最小。双绞线的性能好、价格低，因此是目前使用最广泛的传输介质。

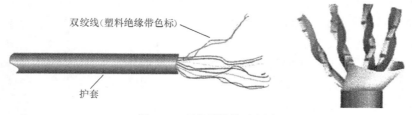

双绞线（塑料绝缘带色标）

护套

图 2-10　双绞线结构示意图

双绞线可以用于传输模拟信号和数字信号，传输速率根据线的粗细和长短而变化。一般来讲，线的直径越大，传输距离就越短，传输速率也就越高。

局域网中使用的双绞线分为屏蔽双绞线（Shielded Twisted Pair，STP）和非屏蔽双绞线（Unshielded Twisted Pair，UTP）两类。两者的差异在于屏蔽双绞线在双绞线和外皮之间增加了一个铅箔屏蔽层，如图 2-11（a）所示，目的是提高双绞线的抗干扰性能，但其价格是非屏蔽双绞线的两倍以上。屏蔽双绞线主要用于安全性要求较高的网络环境中，如军事网络、股票网络等，而且使用屏蔽双绞线的网络为了达到屏蔽的效果，所有的插口和配套设施均使用屏蔽的设备，否则就达不到真正的屏蔽效果，所以整个网络的造价会比使用非屏蔽双绞线的网络高出很多，因此至今一直未被广泛使用。非屏蔽双绞线如图 2-11（b）所示。

2. 非屏蔽双绞线的类型

按照 EIA/TIA（电气工业协会/电信工业协会）568A 标准，非屏蔽双绞线共分为 6 类。

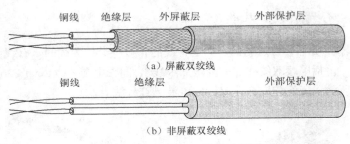

图 2-11　STP 与 UTP 结构示意图

1 类线：可用于电话传输，但不适合数据传输，这一级电缆没有固定的性能要求。

2 类线：可用于电话传输和最高为 4 Mbit/s 的数据传输，包括 4 对双绞线。

3 类线：可用于最高为 10 Mbit/s 的数据传输，包括 4 对双绞线，常用于 10 Base-T 以太网的语音和数据传输。

4 类线：可用于 16 Mbit/s 的令牌环网和大型 10 Base-T 以太网，包括 4 对双绞线。其测试速度可达 20 Mbit/s。

5 类线：既可用于 100 Mbit/s 的快速以太网连接又支持 150 Mbit/s 的 ATM 数据传输，包括 4 对双绞线，是连接桌面设备的首选传输介质。

超 5 类线：比 5 类线具有更小的信号衰减、串扰和时延误差，其主要用途是保证 5 类线更好地支持 1 000 Base－T 千兆位以太网。

6 类线：在外形上和结构上与 5 类和超 5 类双绞线都有一定的差别，与 5 类和超 5 类线相比，它具有传输距离长、传输损耗小、耐磨、抗干扰能力强等特性，常用在千兆位以太网和万兆位以太网中。

图 2-12　6 类 UTP

其中，计算机网络常用的是 3 类线（CAT3）、5 类线（CAT5）、超 5 类线（CAT5e）和 6 类线（CAT6）。5 类线和 3 类线最主要的区别是：一方面，5 类线大大增加了每单位长度的绞合次数；另一方面，5 类线在线对间的绞合度和线对内两根导线的绞合度都经过了精心的设计，并在生产中加以严格的控制，使干扰在一定程度上抵消，从而提高了线路的传输质量。6 类线增加了绝缘的十字骨架，电缆的直径更粗，将双绞线的 4 对线分别置于十字骨架的 4 个凹槽内，保持 4 对双绞线的相对位置，如图 2-12 所示，从而提高了电缆的平衡特性和抗干扰性，而且传输的衰减也更小。

使用双绞线组网时必须要使用 RJ-45 水晶头，如图 2-13 所示。另外，还需要一个非常重要的设备——集线器（Hub），如图 2-14 所示。

图 2-13　RJ-45 水晶头

图 2-14　集线器

2.2.3 同轴电缆

1. 同轴电缆的物理特性

同轴电缆也是一种常用的传输介质。这种电缆在实际中的应用很广泛，如有线电视网。组成同轴电缆的内外两个导体是同轴的，如图 2-15 所示，"同轴"之名正是由此而来。同轴电缆的外导体是一个由金属丝编织而成的圆柱形的套管，内导体是圆形的金属芯线，一般都采用铜制材料。内外导体之间填充着绝缘介质。同轴电缆可以是单芯的，也可以将多条同轴电缆安排在一起形成同轴电缆。

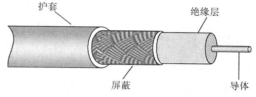

图 2-15 同轴电缆结构示意图

同轴电缆绝缘效果佳、频带宽、数据传输稳定、价格适中、性价比高，因此是早期局域网中普遍采用的一种传输介质。

同轴电缆又可分为两类：细缆和粗缆。经常提到的 10 Base-2 和 10 Base-5 以太网就是分别使用细同轴电缆和粗同轴电缆组网的。

使用同轴电缆组网时需要在两端连接 50 Ω 的反射电阻，这就是通常所说的终端匹配器。

同轴电缆组网的其他连接设备随细缆与粗缆的差别而不尽相同，即使名称一样，其规格、大小也是有差别的。

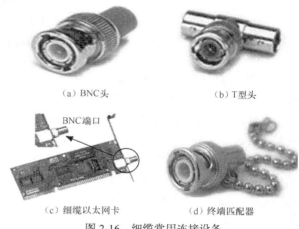

（a）BNC头　　（b）T型头　　BNC端口　　（c）细缆以太网卡　　（d）终端匹配器

图 2-16 细缆常用连接设备

2. 细缆连接设备及技术参数

采用细缆组网时，除了需要电缆外，还需要 BNC 头、T 型头、带 BNC 端口的以太网卡、终端匹配器等，如图 2-16 所示。

采用细缆组网的技术参数如下。

- 最大的网段长度：185 m。
- 网络的最大长度：925 m。
- 每个网段支持的最大节点数：30 个。
- BNC、T 型连接器之间的最小距离：0.5 m。

3. 粗缆连接设备及技术参数

粗缆连接设备包括转换器（粗缆上的接线盒）、DIX 连接器及电缆、N 系列插头和 N 系列匹配器，如图 2-17 所示。使用粗缆组网时，网卡必须有 DIX 接口（一般标有 DIX 字样）。

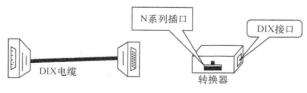

图 2-17 粗缆连接设备示意图

采用粗缆组网的技术参数如下。

- 最大的网段长度：500 m。
- 网络的最大长度：2 500 m。
- 每个网段支持的最大节点数：100 个。
- 收发器之间的最小距离：2.5 m。
- 收发器电缆的最大长度：50 m。

2.2.4 光纤

1. 光纤的物理特性

光纤由纤芯、包层和保护层组成，如图 2-18 所示。每根光纤只能单向传送信号，因此要实现双向通信，光缆中至少应包括两条独立的导芯，一条发送，另一条接收。光纤两端的端头都是通过电烧烤或化学环氯工艺与光学接口连接在一起的。一根光缆可以包括两根至数百根光纤，并用加强芯和填充物来提高机械强度。

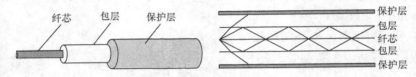

纤芯　包层　保护层　　　　　　　　　　　保护层　包层　纤芯　包层　保护层

图 2-18　光纤的结构示意图

光束在玻璃纤维内传输，防磁防电，传输稳定，质量高。由于可见光的频率大约是 10^{14} Hz，因而光传输系统可使用的带宽范围极大，多适用于高速网络和骨干网。

光纤传输系统中的光源可以是发光二极管（Light-Emitting Diode，LED），也可以是注入式二极管（Inject Light Diode，ILD）。当光通过这些器件时发出光脉冲，光脉冲通过光缆从而传输信息。光脉冲出现表示为 "1"，不出现表示为 "0"。在光缆的两端都要有一个装置来完成电/光信号和光/电信号的转换，接收端将光信号转换成电信号时，要使用光电二极管（Position Intrinsic-Negative，PIN）检波器或 APD 检波器。一个典型的光纤传输系统的结构示意图如图 2-19 所示。

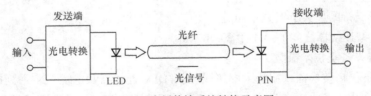

发送端　　　　　　　　　　　　　　　　接收端
输入　光电转换　　　　　光纤　　　　　光电转换　输出
　　　　　　　LED　　光信号　　PIN

图 2-19　光纤传输系统结构示意图

根据使用的光源和传输模式的不同，光纤分为单模和多模两种。如果光纤做得极细，纤芯的直径细到只有光的一个波长，那么光纤就成了一种波导管，这种情况下光线不必经过多次反射式的传播，而是一直向前传播，如图 2-20 所示，这种光纤称为单模光纤。多模光纤的纤芯比单模的粗，一旦光线到达光纤表面发生全反射后，光信号就由多条入射角度不同的光线同时在一条光纤中传播，如图 2-21 所示，这种光纤称为多模光纤。

单模光纤性能很好，传输速率较高，在几十千米内能以好几吉比特每秒的速率传输数据，但其制作工艺比多模更难，成本较高；多模光纤成本较低，但性能比单模光纤差一些。

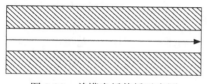

图 2-20　单模光纤传播示意图

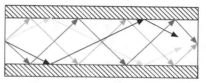

图 2-21　多模光纤传播示意图

2. 光纤的特点

光纤的很多优点使其在远距离通信中起着重要的作用。光纤与同轴电缆相比有如下优点。

- 光纤有较大的带宽，通信容量大。
- 光纤的传输速率高，能超过千兆位每秒。
- 光纤的传输衰减小，连接的距离更远。
- 光纤不受外界电磁波的干扰，适宜在电气干扰严重的环境中使用。
- 光纤无串音干扰，不易被窃听和截取数据，因而安全保密性好。

目前，光缆通常用于高速的主干网络，若要组建快速网络，光纤则是最好的选择。

2.2.5　双绞线、同轴电缆与光纤的性能比较

双绞线、同轴电缆与光纤的性能比较如表 2-1 所示。

表 2-1　　　　　　　　　　　双绞线、同轴电缆与光纤的性能比较

传 输 介 质		价　格	电 磁 干 扰	频 带 宽 度	单段最大长度
双绞线	UTP	最便宜	高	低	100 m
	STP	一般	低	中等	100 m
同轴电缆		一般	低	高	185 m/500 m
光纤		最高	没有	极高	几十千米

2.3　无线通信技术

2.3.1　电磁波谱

1862 年，英国物理学家麦克斯韦通过大量的实验证明了电磁波的存在，并断言电磁波的传播速度等于光速，光波就是一种电磁波。这使人们对无线电波、光波、X 射线、γ 射线的内在联系有了深刻的认识，揭示了电磁波谱的秘密。

描述电磁波的参数有 3 个：波长（Wavelength）、频率（Frequency）和光速（Speed of Light）。波长和频率的关系为

$$c = \lambda f$$

其中，c 为光速，λ 为波长，f 为频率。

电磁波的传播有两种方式：一种是在有限空间领域内传播，即通过有线方式传播，用前面所介绍的 3 种传输介质（双绞线、同轴电缆和光纤）来传输电磁波的方式就属于有线传播方式；另一种是在自由空间中传播，即通过无线方式传播。

图 2-22 所示是电磁波的频谱图。从图中的电磁波谱可以看到，按照频率由低到高的顺序排列，不同频率的电磁波可以分为无线电（Radio）、红外线（Infrared）、可见光（Visible light）、紫外线（Ultraviolet）、X 射线（X-rays）和 γ 射线。人们现在已经利用了无线电、微波、红外线以及可见光这几个波段进行通信。紫外线和更高的波段目前还没有用于通信。

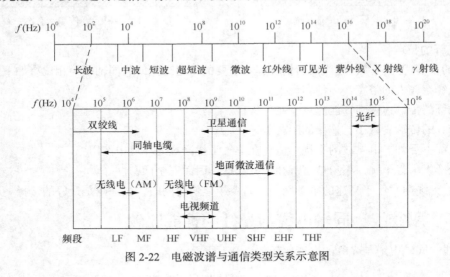

图 2-22　电磁波谱与通信类型关系示意图

ITU（国际电信联盟）根据不同的频率（或波长）将不同的波段进行了划分和命名。例如，LF 波长是从 1～10 km（对应于 30～300 kHz）。LF、MF 和 HF 分别是低频、中频和高频，更高的频段中的 VHF、UHF、SHF 和 EHF 表示甚高频、特高频、超高频和极高频。无线电的频率与带宽的对应关系如表 2-2 所示。

表 2-2　　　　　　　　　　　　　　无线电的频率和带宽的对应关系

频 带 划 分	频 率 范 围	频 带 划 分	频 率 范 围
低频（LF）	30 kHz～300 kHz	特高频（USF）	300 MHz～3 GHz
中频（MF）	300 kHz～3 MHz	超高频（SHF）	3 GHz～30 GHz
高频（HF）	3 MHz～30 MHz	极高频（EHF）	>30 GHz
甚高频（VHF）	30 MHz～300 MHz		

2.3.2　无线通信概述

采用有线方式传输数据有一个共同的缺点，即需要一根线缆连接计算机，这在很多场合下是不方便的。在当今的信息时代，人们对信息的需求是无止境的，很多人需要随时与社会或单位保持在线连接，需要利用笔记本计算机、掌上型计算机随时随地获取信息。对于这些移动用户，双绞线、同轴电缆和光纤都无法满足其要求，而无线通信可以解决上述问题。

无线通信是指信号通过空间传输，不被约束在一个物理导体内。无线通信实际上就是无线传输系统，主要包括微波通信、卫星通信和移动通信等。

无线电被广泛应用于通信的原因是传播距离很远，很容易穿过建筑物，而且无线电波是全方向传播的，因此无线电波的发射和接收装置不必要求精确对准。

无线电波的传播特性与频率有关。在低频上，无线电波能轻易地绕过一般障碍物，但其能量随着传播距离的增大而急剧下降。在高频上，无线电波趋于直线传播并易受障碍物的阻挡，还会被雨水吸收。所有频率的无线电波都很容易受到其他电子设备的各种电磁干扰。

中、低频的无线电波（频率在 1 MHz 以下）沿着地球表面传播，如图 2-23（a）所示。在这些波段上的无线电波很容易穿过一般建筑物。用中、低频无线电波进行数据通信的主要问题是通信带宽较低。

高频和甚高频（频率在 3 MHz～1 GHz）无线电波将被地球表面吸收，但是到达离地球表面大约 100～500 km 高度的带电粒子层的无线电波将被反射回地球表面，如图 2-23（b）所示。可以利用无线电波的这种特性来进行数据通信。

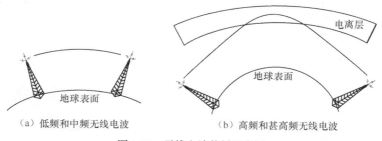

（a）低频和中频无线电波　　　　　　（b）高频和甚高频无线电波

图 2-23　无线电波传播示意图

2.3.3　微波通信

微波通信是利用无线电波在对流层的视距范围内进行信息传输的一种通信方式，使用的频率范围一般在 2GHz～400 GHz。在长途线路上，其典型的工作频率为 2 GHz、4 GHz、8 GHz 和 12 GHz。微波通信的工作频率很高，与通常的无线电波不一样，微波只能沿直线传播，所以微波的发射天线和接收天线必须精确对准。如果两个微波塔相距太远，一方面地球表面会阻挡信号，另一方面微波长距离传送会发生衰减，因此每隔一段距离就需要一个微波中继站，如图 2-24 所示。

中继站之间的距离与微波塔的高度成正比。由于受地形和天线高度的限制，两个中继站之间的距离一般为 30～50 km。而对于 100 m 高的微波塔，中继站之间的距离可以达到 80 km。

图 2-24　微波通信示意图

微波通信按所提供的传输信道可分为模拟和数字两种类型，分别简称为"模拟微波"与"数字微波"。目前，模拟微波通信主要采用频分多路复用技术和频移键控调制方式，其传输容量可达 30～6 000 个电话信道。数字微波通信发展较晚，目前大都采用时分多路复用技术和相移键控调制方式。与数字电话一样，数字微波的每个话路的数据传输速率为 64 kbit/s，无论是模拟微波还是数字微波，都可以利用其中的一个话路来传输数字信号，利用模拟微波的一个话路来传输数字信号时，其数据传输速率可达 9 600 bit/s，而利用数字微波的一个话路传输数字信号时，其数据传输速率可达到 64 kbit/s。目前数字微波通信被大量运用于计算机之间的数据通信。

微波通信在传输质量上比较稳定，由于频率很高，因此可同时传送大量的信息。与同轴电缆相比，微波通信不需要铺设电缆，所以其成本要低得多，在当前的长途通信方面是一种十分重要的手段。微波通信的缺点是在雨雪天气传输时会被吸收，从而造成损耗，而且微波的保密性也不如电缆和光缆好，对于保密性要求比较高的应用场合需要另外采取加密措施。

2.3.4　卫星通信

常用的卫星通信方法是在地面站之间利用 36 000 km 高空的同步地球卫星作为中继器的一种微波接力通信。通信卫星就是太空中无人值守的用于微波通信的中继器。

卫星通信可以克服地面微波通信距离的限制。一个同步卫星可以覆盖地球的 1/3 以上的表面，只要在地球赤道上空的同步轨道上，等距离地放置 3 颗相隔 120°的卫星就可以覆盖地球上的全部通信区域，如图 2-25 所示。这样，地球上的各个地面站之间就都可以互相通信了。

由于卫星信道频带宽，因此也可采用频分多路复用技术分为若干子信道。有些用于地面站向卫星发送，称为上行信道；有些用于由卫星向地面转发，称为下行信道。如图 2-26 所示。

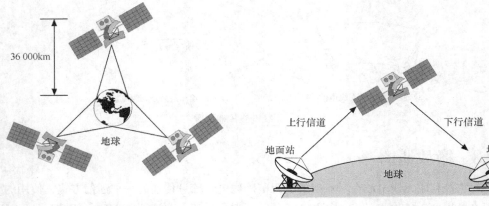

图 2-25　卫星通信示意图　　　　　　　　图 2-26　上行信道和下行信道

卫星通信的优点是通信容量很大，距离远，信号所受到的干扰也比较小，通信比较稳定；缺点是传播延迟时间长。由于各地面站的天线仰角并不相同，因此不管两个地面站之间的地面距离是多少，从发送站通过卫星转发到接收站的传播延迟时间都为 270 ms，这相对于地面电缆传播延迟时间约 6 μs/km 来说，特别是相对于近距离的站点，要相差几个数量级。

在卫星通信领域中，甚小口径天线地球站（Very Small Aperture Terminal，VSAT）已被大量使用。VSAT 是指采用小口径的卫星天线的地面接收系统，这种小站的天线直径一般不超过 1 m，因而价格便宜。在 VSAT 卫星通信网中，需要有一个比较大的中心站来管理整个卫星通信网。VSAT 按其承担的服务类型可以分为两类：一类是以数据传输为主的小型数据地球站（Personal Earth Station，PES），对于这些 VSAT 系统，所有小站间的数据通信都要经过中心站进行存储转发；另一类是以语音传输为主并且兼容数据传输的小型电话地球站（Telephone Earth Station，TES），对于这些能够进行电话通信的 VSAT 系统，小站之间的通信在呼叫建立阶段要通过中心站，但在连接建立之后，两个小站间的通信就可以直接通过卫星进行了。

2.3.5　移动通信

移动物体与固定物体，移动物体与移动物体之间的通信，都属于移动通信，例如，人、汽车、轮船、飞机等移动物体之间的通信。移动物体之间的通信通常依靠移动通信系统（Mobile Telecommunications System，MTS）来实现，目前实际应用的移动通信系统主要包括：蜂窝移动通信系统、无绳电话系统、无线电寻呼系统、AdHoc 网络系统以及卫星移动通信系统等。

移动通信系统的发展通常分为以下几代。

1G（The First Generation）。1G 系统又称为类比式移动电话系统（Advanced Mobile Phone System，AMPS），自 20 世纪 80 年代起开始使用。该系统的通话方式是蜂窝电话标准，仅限语音的传送。

2G（The Second Generation）。2G 系统又称为数字移动通信系统，对语音以数字化方式传输，除具有通话功能外，还引入了短信（Short message service，SMS）功能。

3G（The Third Generation）。3G 系统又称为多媒体移动通信系统，它是一种将无线通信与互联网多媒体通信相结合的新一代移动通信系统。3G 系统能够处理图像、声音、视频等多媒体信息，提供网页浏览、电话会议、电子商务信息等多种服务。

4G（The Forth Generation）。目前的移动通信系统刚刚步入 4G 时代，4G 系统的主要目标是多功能集成的宽带移动通信系统，并提高移动装置无线访问互联网的速度。

2.4　数据交换技术

通信子网是由若干网络节点和链路按照一定的拓扑结构互连起来的网络。中间的这些交换节点有时又称为交换设备，这些交换设备并不处理流经的数据，而只是简单地把数据从一个交换设备传送到另一个交换设备，直至到达目的地。子网是为所有进入子网的数据提供一条完整的传输路径的通路，实现这种数据通路的技术就称为"数据交换技术"。

一般按照通信子网中的网络节点对进入子网的数据所实施的转发方式的不同，可以将数据交换方式分为电路交换和存储转发交换两大类。常用的交换技术有电路交换、报文交换和分组交换 3 种。

2.4.1　电路交换

电路交换（Circuit Switching）方式与电话交换方式的工作过程很类似。两台计算机通过通信子网交换数据之前，首先要在通信子网中通过交换设备间的线路连接，建立一条实际的专用物理通路。

用此方式的交换网能为任意一个入网数据提供一条临时的专用物理通路，由通路上各节点在空间上或时间上完成信道转接而构成，为源主机（输出端）和宿主机（接收端）之间建立起一条直通的、独占的物理线路。因此，在通路连接期间，不论这条线路有多长，交换网为一对主机提供的都是点到点链路上的数据通信，即建立连接的两端设备独占这条线路进行数据传输，直至该连接被释放。公用电话网的交换方式采用的就是电路交换，通话双方一旦建立通话，则可以一直独占这条线路，直至通话结束，释放连接，这时其他用户才能使用这条线路。

电路交换方式最重要的特点是在一对主机之间建立起一条专用的数据通路。通信过程包括线路建立、数据传输和线路释放 3 个过程，如图 2-27 所示。通路建立时需要一定的呼叫建立时间。一旦通路建立，在各个节点上几乎没有延时，因此适用于实时或交互式会话类通信，如数字语音、传真等通信业务。但由于通路建立时，线路是专用的，即使是空闲的，其他用户也不能使用，因此线路利用率不高。由于通信子网中的各个节点（交换设备）不能存储数据，也不能改变数据内容，并且不具备差错控制能力，因而整个系统不具备存储数据的能力，无法发现与纠正传输过程中发生的数据差错，系统效率较低。在电路交换方式的基础上，人们提出了存储转发交换方式。

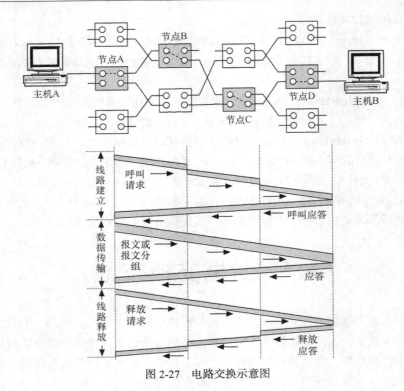

图 2-27　电路交换示意图

2.4.2　存储转发交换

存储转发交换（Store-and-Forward Switching）是指网络节点（交换设备）先将途经的数据按传输单元接收并存储下来，然后选择一条适当的链路转发出去。根据转发的数据单元的不同，存储转发交换又分为报文交换和分组交换。

1. 报文交换

报文交换（Message Switching）是指网络的每一个节点（交换设备）先将整个报文（Message）完整地接收并存储下来，然后选择合适的链路转发到下一个节点。每个节点都对报文进行存储转发，最终到达目的地，如图 2-28 所示。

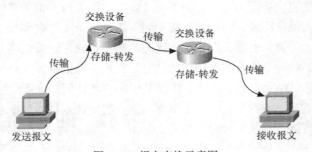

图 2-28　报文交换示意图

在报文交换中，中间设备必须有足够的内存，以便将接收到的整个报文完整地存储下来，然后根据报文的头部控制信息，找出报文转发的下一个交换节点。若一时没有空闲的链路，报文就只好暂时存储，并等待发送。因此，一个节点对于一个报文所造成的时延往往不确定。

报文数据在交换网中完全是按接力式传送的。通信的双方事先并不知道报文所要经过的传输通路，但每个报文确实经过了一条逻辑上存在的通路。由于按接力方式工作，任何时刻一份报文只占用一条链路的资源，不必占用通路上的所有链路资源，提高了网络资源的共享性。报文交换方式虽然不要求呼叫建立线路和释放线路的过程，但每一个节点对报文数据的存储转发时间比较长。报文交换方式适合于非实时的通信业务，如电报；而不适合于传输实时的或交互式的业务，如话音、传真等。另外，由于报文交换是以整个报文作为存储转发单位的，因此，当报文传输出现错误需要重传时，必须重传整个报文。

2. 分组交换

分组交换又称包交换（Packet Switching），与报文交换同属于存储转发式交换。两者之间的差别在于参与交换的数据单元长度不同。在分组交换网络中，计算机之间要交换的数据不是作为一个整体进行传输，而是划分为大小相同的许多数据分组来进行传输，这些数据分组称为"包"（Packet）。每个分组除含有一定长度需要传输的数据外，还包括一些控制信息，其中包括分组将被发送的目的地址。一个分组的最大长度通常被限制在 1 000～2 000 bit。这些数据分组可以通过不同的路由器先后到达同一目的地址，数据分组到达目的地后进行合并还原，以确保收到的数据在整体上与发送的数据完全一致。

这种通信方式类似于"单页邮局"的模式。假设单页邮局规定每封信只能用一页纸，写长信的人就必须给每页信纸编号，放在不同的信封中；收信人在收到信件后，必须按信纸的顺序整理合并，才能读到完整的信件。

在分组交换中，根据网络中传输控制协议和传输路径的不同，可分为两种方式：数据报（Datagram）分组交换和虚电路（Virtual Circuit）分组交换。

（1）数据报分组交换。在数据报方式中，每个报文分组又称为数据报。每个数据报在传输的过程中都要进行路径选择，各个数据报可以按照不同的路径到达目的地。在发送方，每个数据报的分组顺序与每个数据报到达目的地的顺序是不同的。在接收方，再按分组的顺序将这些数据报组合成一个完整的报文，如图 2-29 所示。

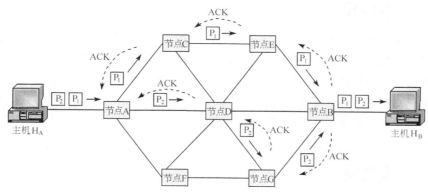

图 2-29　数据报分组交换示意图

（2）虚电路分组交换。虚电路方式试图将数据报方式与电路交换方式结合起来，发挥两种方式的优点，达到最佳的数据交换效果。数据报在分组发送之前，发送方和接收方之间不需要预先建立连接；而在虚电路方式中，发送分组之前，首先必须在发送方和接收方建立一条通路。在这一点上，虚电路方式和电路交换方式相同。整个通信过程分为 3 个阶段：虚电路建立，数据传输，虚电路拆除。但与电路交换不同的是，虚电路建立阶段建立的通路不是一条专用的物理线路，而只是一条路径，在每个分组沿此路径转发的过程中，经过每个节点时仍然需要存储，并且等待队列输出。通路建立后，每个分组都由此路径都达目的地，如图 2-30 所示。因此在虚电路交换中，各个分组是按照发送方的分组顺序依次到达目的地的，这一点又和数据报分组交换不同。

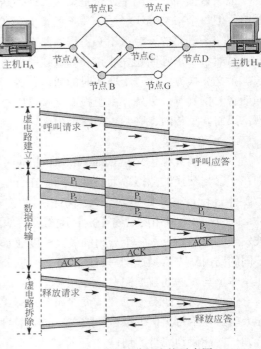

图 2-30　虚电路分组交换示意图

与报文交换相比，分组交换把整个要传输的数据分成了若干分组，而每一个分组又包含有大量的传输控制信息，因此分组交换的通信方式会明显地降低数据通信的效率。但分组交换却有以下 3 个优点。

① 通信线路是公用的，每个分组都不会占用太长的通信线路时间，有利于合理分配通信线路，兼顾网络上各个主机的通信要求。

② 数据传输难免会出错，若某些分组出现传输错误，只需重传该分组即可，而不需要重传整个数据，有利于迅速进行数据纠错。

③ 能够有效地改善报文传输时的时延现象，网络信道利用率较高。

2.5　数据传输技术

2.5.1　基带传输技术

所谓基带，是指基本频带，即数字信号占用的基本频带。基带传输是指在通信线路上原封不动地传输由计算机或终端产生的"0"或"1"数字脉冲信号。这样一个信号的基本频带可以从直流成分到数兆赫兹，频带越宽，传输线路的电容电感等对传输信号波形衰减的影响就越大。

基带传输是一种最简单的传输方式，近距离通信的局域网一般都采用这种方式。基带传输系统的优点是安装简单、成本低；缺点是传输距离较短（一般不超过 2 km），传输介质的整个带宽都被基带信号占用，并且任何时候只能传输一路基带信号，信道利用率低。

2.5.2　频带传输技术

1. 频带传输的概念

频带传输也称为宽带传输，是指将数字信号调制成音频信号后再发送和传输，到达接收端时再把音频信号解调成原来的数字信号。将这种利用模拟信道传输数字信号的方法称为频带传输技术。

采用频带传输时，调制解调器（Modem）是最典型的通信设备，要求在发送和接收端都安装调制解调器。当调制解调器作为数据的发送端时，将计算机的数字信号转换成能在电话线上传输的模拟信号；当调制解调器作为数据的接收端时，将电话线上的模拟信号转换为能在计算机中识别的数字信号，如图 2-31 所示。这样不仅使数字信号可用电话线路传输，还可以实现多路复用，提高信道利用率。

2. 调制解调器的基本功能

在频带传输中，计算机通过 Modem 与电话线连接。Modem 主要有以下两个功能。

图 2-31　通过 Modem 传输数据

（1）所谓调制功能，就是将计算机输出的"1"和"0"脉冲信号调制成相应的模拟信号，以便在电话线上传输。所谓解调功能，就是将电话线传输的模拟信号转化成计算机能识别的由"1"和"0"组成的脉冲信号。调制和解调的功能通常由一块 DSP（数字信号处理）芯片来完成。

（2）数据压缩和差错控制。为了提高 Modem 的传输速度和有效数据传输率，目前许多 Modem 都采用数据压缩和差错控制技术。数据压缩指的是发送端的 Modem 在发送数据以前先将数据进行压缩，而接收端的 Modem 收到数据后再将数据还原，从而提高了 Modem 的有效数据传输率。差错控制指的是将数据传输中的某些错码检测出来，并采用某种方法进行纠正，以提高 Modem 的实际传输质量。

这些功能通常由一块控制芯片来完成。当这两部分功能都由固化在 Modem 中的硬件芯片来完成时，即 Modem 的所有功能都由硬件来完成，这种 Modem 称为硬 Modem，也称为硬"猫"。当 Modem 的硬件芯片中只固化了 DSP 芯片，其协议控制部分由软件来完成时，这种 Modem 称为半软 Modem；如果两部分功能都由软件来完成，这种 Modem 就称为全软 Modem。

硬"猫"由于其硬件设备中有两块芯片，结构也复杂一些，价格自然比软"猫"要高。软"猫"的所有功能由软件来实现，不需要买硬件，自然价格便宜，并且可以进行软件的升级，但软"猫"要占用主机的系统资源，其缺少的芯片所担任的工作是靠主机 CPU 来完成的，并且完成的效果也不十分令人满意。

3. 调制解调器的分类与标准

（1）调制解调器的分类。Modem 有各种各样的分类方法，下面简单讨论其中有代表性的几种。

① 按接入 Internet 方式的不同进行分类，可将 Modem 分为拨号 Modem 和专线 Modem。拨号 Modem 主要用于 PSTN（Public Switched Telephone Network，公用电话网）上传输数据，具有在性能指标较低的环境中进行有效操作的特殊性能。多数拨号 Modem 具备自动拨号、自动应答、自动建立连接和自动释放连接等功能。专线 Modem 主要用在专用线路或租用线路上，不必带有自动应答和自动释放连接功能。专线 Modem 的数据传输率比拨号 Modem 要高。

② 按数据传输方式进行分类，可将 Modem 分为同步 Modem 和异步 Modem。同步 Modem 能够按同步方式进行数据传输，速率较高，一般用在主机到主机的通信上。同步 Modem 需要同步电路，故设备复杂、造价昂贵。异步 Modem 是指能随机地以突发方式进行数据传输的 Modem，所传输的数据以字符为单位，用起始位和停止位表示一个字符的起止。异步 Modem 主要用于终端到主机或其他低速通信的场合，故电路简单、造价低廉。目前市场上的大多数 Modem 都支持这两种数据传输方式。

③ 按通信方式进行分类，可将 Modem 分为单工、半双工和全双工 3 种。单工 Modem 只能接收或发送数据。半双工 Modem 可收可发，但不能同时接收和发送数据。全双工 Modem 则可同时接收和发送数据。在这 3 类 Modem 中，只支持单工方式的 Modem 很少，而大多数 Modem 都支持半双工和全双工方式。全双工工作方式比半双工工作方式的优越之处在于不需要线路换向时

间，因此响应速度快、延迟小。全双工的缺点是双向传输数据时需要占用共享线路的带宽，故设备复杂、价格昂贵。相对来说，支持半双工方式的 Modem 具有设备简单、造价低的优点。

④ 按接口类型进行分类，可将 Modem 分为外置 Modem、内置 Modem、PC 卡式移动 Modem 等。外置 Modem 的背面有与计算机、电话线等设备连接的接口和电源插口，安装、拆卸比较方便，可随时带走，也可接于任何地方的任何一台计算机。外置 Modem 的面板上有一排指示灯，根据指示灯的状态，可以很方便地判断 Modem 的工作状态和数据传输情况。内置 Modem 则是直接插入计算机的扩展插槽，不占空间，也不像外置 Modem 那样需要独立的电源，与计算机的连接是通过主板与总线连接，相对来讲数据传输速度要高于外置 Modem，但是占用了计算机的扩展槽。

（2）调制解调器的标准。Modem 的品牌很多，每种 Modem 都有其遵循的标准，这些标准用来规定 Modem 所采用的调制方式以及所支持的数据传输率。Modem 的标准有 CCITT（Consultative Committee for International Telegraph and Telephone，国际电报电话咨询委员会）指定的 V 系列标准，主要表现在以下 3 个方面。

① 数据传输速率标准。Modem 数据传输速率方面的主要标准如下。

- V.17：调制标准，数据传输速率最高可达 14 400 bit/s，如果线路质量差，可能会降到 12 000 bit/s。
- V.21：全双工数据传输标准，传输速率为 300 bit/s。
- V.22：速率为 600 bit/s 和 1 200 bit/s 的全双工 Modem 的标准。
- V.22bis：速率为 2 400 bit/s 的全双工 Modem 的标准。
- V.32：速率为 9 600 bit/s 的全双工 Modem 的标准。
- V.32bis：主要将 V.32 的标准提高到 7 200 bit/s、12 000 bit/s 或 14 400 bit/s。
- V.34：速率为 28.8 kbit/s、33.6 kbit/s 的 Modem 标准。
- V.90：速率为 56 kbit/s 的 Modem 标准。

值得注意的是，在 V.90 的 56 kbit/s 国际标准出现之前，3COM 公司提出了 X2 协议，Rockwell 和 Lucent 公司提出了 K56Flex 协议，均支持 56 kbit/s，但是 X2 和 K56Flex 两者互不兼容。1998 年，国际电信联盟（International Telecommunication Unit，ITU）将 X2 和 K56Flex 结合在一起，统一了 56 kbit/s Modem 的国际标准为 V.90。不仅可以向下兼容 V.34 和 V.32bis 等协议，其最大的优点还在于 ISP（Internet 服务供应商）和 PSTN（公用电话网）的连接部分直接使用数字线路，减少了模拟信号和数字信号间转换对速度的影响。

② 差错控制标准。目前流行着两种差错控制协议：MNP 和 LAPM。MNP 不是国际标准协议，是由 Microcom 公司制定的，一共分为 5 级，即 MNP1～MNP5。其中，MNP1～MNP4 属于差错控制协议，MNP5 属于数据压缩协议。CCITT 将 MNP4 作为 V.42 差错控制标准的附件，而将高级数据链路控制协议 HDLC 的一个子集 LAPM 列入了正本。Modem 通过差错控制协议来提高数据传输的可靠性。

③ 数据压缩标准。数据压缩协议是建立在差错控制协议基础之上的。数据压缩协议主要有 V.42bis 和 MNP5。CCITT 制定的 V.42bis 支持 4：1 的压缩标准。例如，支持 V.34（速率为 28.8 kbit/s）标准的 Modem，若同时支持 V.42bis 标准，则 Modem 的传输速率可达到 100 kbit/s。MNP5 可以实现 2：1 的压缩比。

2.5.3 多路复用技术

多路复用是指在数据传输系统中，允许两个或多个数据源共享同一个传输介质，把若干个彼此无关的信号合并为一个在一个共用信道上进行传输，就像每一个数据源都有自己的信道一样。也就是说，利用多路复用技术可以在一条高带宽的通信线路上同时传播声音、数据等多个有限带宽的信号，目的就是能够充分利用通信线路的带宽，减少不必要的铺设或架设其他传输介质的费用。

1. 多路复用技术的类型

多路复用一般可分为以下 3 种基本形式。

① 频分多路复用（Frequency Division Multiplexing，FDM）。

② 时分多路复用（Time Division Multiplexing，TDM）。

③ 波分多路复用（Wavelength Division Multiplexing，WDM）。

2. 频分多路复用

任何信号都只占据一个宽度有限的频率，而信道可以被利用的频率比一个信号的频率宽得多，频分多路复用恰恰就是采用了这个优点，利用频率分割的方式来实现多路复用。

频分多路复用技术的工作原理是：多路数字信号被同时输入到频分多路复用编码器中，经过调制后，每一路数字信号的频率分别被调制到不同的频带，但都在模拟线路的带宽范围内，并且相邻的信道间用"警戒频带"隔离，以防相互干扰。这样就可以将多路信号合起来放在一条信道上传输。接收方的频分多路复用解码器再将接收到的信号恢复成调制前的信号，如图 2-32 所示。

频分多路复用主要用于宽带模拟线路中。例如，有线电视系统中使用的传输介质是 75 Ω 的粗同轴电缆，用于传输模拟信号，其带宽可达到 300～400 MHz，并可划分为若干个独立的信道。一般每一个 6 MHz 的信道可以传输一路模拟电视信号，则该带宽的有线电视线路可划分为 50～80 个独立的信道，同时传输 50 多个模拟电视信号。

3. 时分多路复用

如前所述，频分多路复用是以信道频带作为分割对象，通过为多个信道分配互不重叠的频率范围的方法来实现多路复用，因而更适用于模拟信号的传输。时分多路复用则是以信道传输的时间作为分割对象，通过为多个信道分配互不重叠的时间片的方法来实现多路复用。因此，时分多路复用更适合于数字信号的传输。时分多路复用技术的工作原理是：将信道用于传输的时间划分为若干个时间片，每个用户占用一个时间片，在其占有的时间片内，用户使用通信信道的全部带宽来传输数据，如图 2-33 所示。

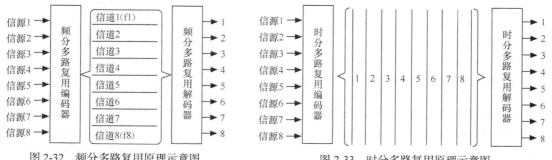

图 2-32　频分多路复用原理示意图　　　　图 2-33　时分多路复用原理示意图

4. 波分多路复用

在光纤信道上使用的频分多路复用的一个变种就是波分多路复用。图 2-34 所示就是一种在光纤上获得波分多路复用的原理示意图。在这种方法中，两根光纤连到一个棱柱或衍射光栅，每根光纤里的光波处于不同的波段上，两束光通过棱柱或衍射光栅合到一根共享的光纤上，到达目的地后，再将两束光分解开来。

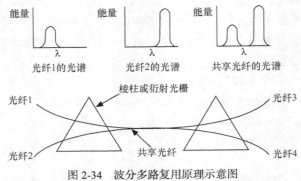

图 2-34　波分多路复用原理示意图

　　只要每个信道有各自的频率范围并且互不重叠，信号就能以波分多路复用的方式通过共享光纤进行远距离传输。波分多路复用与频分多路复用的区别在于：波分多路复用是在光学系统中利用衍射光栅来实现多路不同频率的光波信号的分解和合成，并且光栅是无源的，因而可靠性非常高。

2.6　数据编码技术

2.6.1　数据编码的类型

　　前面已经讲到，数据是信息的载体，计算机中的数据是以离散的"0""1"二进制比特序列方式表示的。为了正确地传输数据，就必须对原始数据进行编码，而数据编码类型取决于通信子网的信道所支持的数据通信类型。

　　根据数据通信类型的不同，通信信道可分为模拟信道和数字信道两类。相应地，数据编码的方法也分为模拟数据编码和数字数据编码两类。

　　网络中基本的数据编码方式归纳如图 2-35 所示。

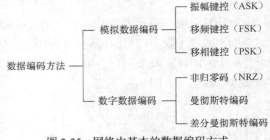

图 2-35　网络中基本的数据编码方式

2.6.2　数字数据的模拟信号编码

　　公共电话线是为了传输模拟信号而设计的，为了利用廉价的公共电话交换网实现计算机之间的远程数据传输，就必须首先将发送端的数字信号调制成能够在公共电话网上传输的模拟信号，经传输后再在接收端将模拟信号解调成对应的数字信号。实现数字信号与模拟信号转换的设备是调制解调器。数据传输过程如图 2-36 所示。

图 2-36　远程系统中的调制解调器

模拟信号传输的基础是载波，载波可以表示为

$$u(t)=V\sin(\omega t+\varphi)$$

由上式可以看出，载波具有 3 大要素：幅度 V、频率 ω 和相位 φ。可以通过变化载波的 3 个要素来进行编码。这样就出现了 3 种基本的编码方式：振幅键控法（Amplitude Shift Keying，ASK）、移频键控法（Frequency-Shift Keying，FSK）和移相键控法（Phase Shift Keying，PSK）。

（1）振幅键控法。ASK 方式就是通过改变载波的振幅 V 来表示数字"1"和"0"。例如，保持频率 ω 和相位 φ 不变，V 不等于 0 时表示"1"，V 等于 0 时表示"0"，如图 2-37（a）所示。

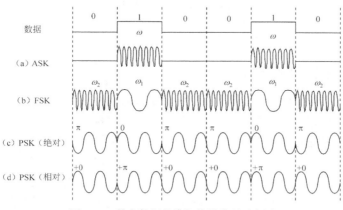

图 2-37　数字数据的模拟信号编码示意图

（2）移频键控法。FSK 方式就是通过改变载波的角频率 ω 来表示数字"1"和"0"。例如，保持振幅 V 和相位 φ 不变，ω 等于某值时表示"1"，ω 等于另一个值时表示"0"，如图 2-37（b）所示。

（3）移相键控法。PSK 方式就是通过改变载波的相位 φ 来表示数字"1"和"0"。如果用相位的绝对值表示数字"1"和"0"，则称为绝对调相，如图 2-37（c）所示；如果用相位的相对偏移值表示数字"1"和"0"，则称为相对调相，如图 2-37（d）所示。PSK 可以使用多于二相的相移，利用这种技术，可以对传输速率起到加倍的作用。

2.6.3　数字数据的数字信号编码

数字信号可以利用数字通信信道来直接传输（即基带传输），此时需要解决的问题是数字数据的数字信号表示以及收发两端之间的信号同步两个方面。

在基带传输中，数字数据的数字信号编码主要有以下 3 种方式。

（1）非归零码（Non-Return to Zero，NRZ）。非归零码可以用低电平表示"0"，用高电平表示"1"。必须在发送 NRZ 码的同时，用另一个信号同时传送同步时钟信号，如图 2-38（a）所示。

（2）曼彻斯特编码（Manchester）。其编码规则是：每比特的周期 T 分为前 $T/2$ 与后 $T/2$。前 $T/2$ 传送该比特的反码，后 $T/2$ 传送该比特的原码，如图 2-38（b）所示。

（3）差分曼彻斯特编码（Difference Manchester）。其编码规则是：每比特的值根据开始边界是否发生电平跳变来决定。一个比特开始处出现电平跳变表示"0"，不出现跳变表示"1"，每比特中间的跳变仅用来作为同步信号，如图 2-38（c）所示。

差分曼彻斯特编码和曼彻斯特编码都属于"自含时钟编码"，发送时不需要另外发送同步信号。

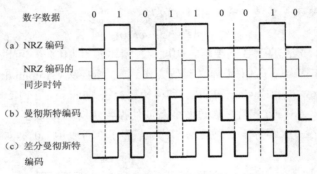

图 2-38　数字数据的数字信号编码示意图

2.6.4　脉冲编码调制

脉冲编码调制（Pulse Code Modulation，PCM）是将模拟数据数字化的主要方法，其最大的特点是把连续输入的模拟数据变换为在时域和振幅上都离散的量，然后将其转化为代码形式传输。

PCM 一般通过采样、量化和编码 3 个步骤将连续变化的模拟数据转换为数字数据。

1. 采样

每隔固定的时间间隔，采集模拟数据的瞬时值作为样本，这一系列连续的样本可用来代表模拟数据在某一区间随时间变化的值。采样频率以采样定理为依据，即当以高过两倍有效信号频率对模拟信号进行采样时，所得到的采样值就包含了原始信号的所有信息。采样过程如图 2-39（a）所示。

2. 量化

量化是将采样样本幅度按量化级决定取值的过程。经过量化后的样本幅度为离散值，而不是连续值。量化之前，要规定将信号分为若干量化级，如可分为 8 级、

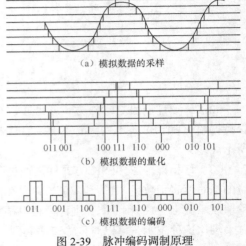

图 2-39　脉冲编码调制原理

16 级以及更多的量化级，这要根据精度来决定。精度高的可分为更多的级别。为便于用数字电路实现，其量化电平数一般为 2 的整数次幂，这样有利于采用二进制编码表示。量化过程如图 2-39（b）所示。

3. 编码

编码是用相应位数的二进制码来表示已经量化的采样样本的级别，如量化级是 64，则需要 8 位编码。经过编码后，每个样本就由相应的编码脉冲表示。编码过程如图 2-39（c）所示。

2.7　差错控制技术

2.7.1　差错产生的原因与差错类型

1. 差错产生的原因

我们通常将发送的数据与通过通信信道后接收到的数据不一致的现象称为传输差错，简称

为差错。

差错的产生是无法避免的。信号在物理信道中传输时，线路本身电器特性造成的随机噪声、信号幅度的衰减、频率和相位的畸变、电器信号在线路上产生反射造成的回音效应、相邻线路间的串扰以及各种外界因素（如大气中的闪电、开关的跳火、外界强电流磁场的变化、电源的波动等）都会造成信号的失真。在数据通信中，将会使接收端收到的二进制数位和发送端实际发送的二进制数位不一致，从而造成由"0"变成"1"或由"1"变成"0"的差错，如图 2-40 所示。

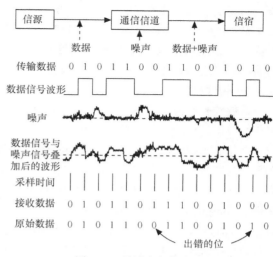

图 2-40　差错产生的过程

差错控制的目的和任务就是面对现实承认传输线路中的出错情况，分析差错产生的原因和差错类型，采取有效的措施，即差错控制方法来发现和纠正差错，以提高信息的传输质量。

2. 差错的类型

传输中的差错都是由噪声引起的。噪声有两大类：一类是信道固有的、持续存在的随机热噪声；另一类是由外界特定的短暂原因所造成的冲击噪声。

热噪声由传输介质导体的电子热运动产生，是一种随机噪声，所引起的传输差错为随机差错，这种差错的特点是所引起的某位码元（二进制数字中每一位的通称）的差错是孤立的，与前后码元没有关系。热噪声导致的随机错误通常较少。

冲击噪声是由外界电磁干扰引起的，与热噪声相比，冲击噪声幅度较大，是引起传输差错的主要原因。冲击噪声所引起的传输差错为突发差错，这种差错的特点是前面的码元出现了错误，往往会使后面的码元也出现错误，即错误之间有相关性。

2.7.2　误码率的定义

误码率是指二进制码元在数据传输系统中被传错的概率，在数值上近似等于 $P_e=N_e/N$。其中 N 为传输的二进制码元总数，N_e 为被传错的码元数。

在理解误码率定义时应注意以下 3 个问题。

（1）误码率是衡量数据传输系统正常工作状态下传输可靠性的参数。

（2）对于一个实际的数据传输系统，不能笼统地说误码率越低越好，要根据实际传输要求提出误码率指标；在数据传输速率确定后，误码率越低，传输系统设备越复杂，造价也越高。

（3）对于实际数据传输系统，如果传输的不是二进制码元，则要换算成二进制码元来计算。

在实际的数据传输系统中，人们需要一种通信信道进行大量、重复测试，才能求出该信道的平均误码率，或者给出某些特殊情况下的平均误码率。根据测试，目前电话线路在 300 bit/s～2 400 bit/s 传输速率时，平均误码率在 10^{-4}～10^{-6}。而计算机通信的平均误码率要求低于 10^{-9}。因此，普通通信信道如不采取差错控制技术是不能满足计算机通信要求的。

2.7.3　差错的控制

提高数据传输质量的方法有两种。第一种方法是：改善通信线路的性能，使错码出现的概率降低到满足系统要求的程度。但这种方法受经济上和技术上的限制，达不到理想的效果。第二种方法是：虽然传输中不可避免地会出现某些错码，但可以将其检测出来，并用某种方法纠正检出的错码，以达到提高实际传输质量的目的。第二种方法最为常用的是采用抗干扰编码和纠错编码。目前广泛采用的有奇偶校验码、方块码和循环冗余码等。

1. 奇偶校验

奇偶校验称为字符校验、垂直奇偶校验（Vertical Redundancy Check，VRC）。奇偶校验是以字符为单位的校验方法，是最简单的一种校验方法。在每个字符编码的后面另外增加一个二进制位，该位称为校验位。其主要目的是使整个编码中 1 的个数成为奇数或偶数。如果使编码中 1 的个数成为奇数则称为奇校验；反之，则称为偶校验。

例如，字符 R 的 ASCII 编码为 1010010，后面增加一位进行奇校验 10100100（使 1 的个数为奇数），传送时其中一位出错，如传成了 10110100，奇校验就能检查出错误。若传送有两位出错时，如 10111100，奇校验就不能检查出错误了。实际传输过程中，偶然一位出错的机会最多，故这种简单的校验方法还是很有用处的。但这种方法只能检测错误，不能纠正错误，不能检测出错在哪一位，故一般只能用于通信要求较低的环境。

2. 方块校验

方块校验又称为报文校验、水平垂直奇偶校验（Level Redundancy Check，LRC）。这种方法是在奇偶校验方法的基础上，在一批字符传送之后，另外增加一个检验字符，该检验字符的编码方法是使每一位纵向代码中 1 的个数也成为奇数（或偶数）。例如：

		奇偶校验位（奇校验）
字符 1	1010010	0
字符 2	1000001	1
字符 3	1001100	0
字符 4	1010000	1
字符 5	1001000	1
字符 6	1000010	1
方块校验字符（奇校验）	1111010	1

采用这种方法之后，不仅可以检验出 1 位、2 位或 3 位的错误，还可以自动纠正 1 位出错，使误码率降至原误码率的百分之一到万分之一，纠错效果十分显著，因此方块校验适用于中、低速传输系统和反馈重传系统中。

3. 循环冗余码校验

循环冗余码（Cyclic Redundancy Code，CRC）是使用最广泛并且检错能力很强的一种检验码。CRC 的工作方法是在发送端产生一个循环冗余码，附加在信息位后面一起发送到接收端，接收端收到的信息按发送端形成循环冗余码同样的算法进行校验，若有错，需重发。该方法不产生奇偶校验码，而是把整个数据块当成一串连续的二进制数据。从代数结构来说，把各位看成是一个多项式的系数，则该数据块就和一个 n 次的多项式相对应。

例如，信息码 110001 有 6 位（从第 0 位到第 5 位），表示成多项式 $M(X)=X^5+X^4+X^0$，6 个多项式的系数分别是 1、1、0、0、0、1。

（1）生成多项式。在 CRC 校验时，发送和接收应使用相同的除数多项式 $G(X)$，称为生成多项式。CRC 生成多项式由协议规定，目前已有多种生成多项式列入国际标准中，例如：

CRC—12　　　　　　$G(X)=X^{12}+X^{11}+X^3+X^2+X+1$

CRC—16　　　　　　$G(X)=X^{16}+X^{15}+X^2+1$

CRC—CCITT　　　　$G(X)=X^{16}+X^{12}+X^5+1$

CRC—32　　　　　　$G(X)=X^{32}+X^{26}+X^{22}+X^{16}+X^{12}+X^{11}+X^{10}+X^8+X^7+X^5+X^4+X^2+X+1$

生成的多项式 $G(X)$ 的结构及验错效果都是经过严格的数学分析与试验之后才确定的。要计算信息码多项式的校验码，生成多项式必须比该多项式短。

（2）CRC 校验的基本思想和运算规则。循环冗余校验的基本思想是：把要传送的信息码看成是一个多项式 $M(X)$ 的系数，在发送前，将多项式用生成多项式 $G(X)$ 来除，将相除结果的余数作为校验码跟在原信息码之后一同发送出去。在接收端，把接收到的含校验码的信息码再用同一个生成多项式来除，如果在传送过程中无差错，则应该除尽，即余数应为 0；若除不尽，则说明传输过程中有差错，应要求对方重新发送一次。

CRC 校验中求余数的除法运算规则是：多项式以 2 为模运算，加法不进位，减法不借位。加法和减法两者都与异或运算相同。长除法同二进制运算是一样的，只是做减法时按模 2 进行，如果减出的值最高位为 0，则商为 0；如果减出的值最高位为 1，则商为 1。

（3）CRC 检验和信息编码的求取方法。设 r 为生成多项式 $G(X)$ 的阶。

① 在数据多项式 $M(X)$ 的后面附加 r 个 "0"，得到一个新的多项式 $M'(X)$。

② 用模 2 除法求得 $M'(X)/G(X)$ 的余数。

③ 将该余数直接附加在原数据多项式 $M(X)$ 的系数序列的后面，结果即为最后要发送的检验和信息编码多项式 $T(X)$。

下面是一个求数据编码多项式 $T(X)$ 的例子。

假设准备发送的数据信息码是 1101，即 $M(X)=X^3+X^2+1$，生成多项式 $G(X)=X^4+X+1$，计算信息编码多项式 $T(X)$。

这里　　　　　　　　$M(X)=1101$

　　　　　　　　　　$G(X)=10011$

　　　　　　　　　　$r=4$

故信息码附加 4 个 0 后形成新的多项式。

$$M'(X) = 11010000$$

用模 2 除法求得 $M'(X)/G(X)$ 的余数的过程为

```
                    1100
        10011) 11010000
               10011
               10010
               10011
                00010
                00000
                 00100
                 00000
                  0100
```

将余数 0100 直接附加在 $M(X)$ 的后面求得要传输的信息编码多项式 $T(X)=11010100$。

采用 CRC 校验后，其误码率比方块码可再降低 1~3 个数量级，故在数据通信系统中应用较多。CRC 校验用软件实现比较麻烦，而且速度也很慢，但用硬件的移位寄存器和异或门实现 CRC 编码、译码和检错则简单且快速。

小　结

（1）数据通信是指在不同计算机之间传送表示数字、字符、语音、图像的二进制代码 "0" "1" 比特序列的过程。数据通信是以信息处理技术和计算机技术为基础的通信方式，为计算机网络的应用和发展提供了技术支持和可靠的通信环境。

（2）数据是指把事件的某些属性规范化后的表现形式，可以被识别，也可以被描述，数据按其连续性可分为模拟数据与数字数据。信号是数据的电磁波表示形式，根据在传输介质上传输的信号类型，信号可分为数字信号和模拟信号。

（3）信道是指传输信息的必经之路，信道可分为物理信道和逻辑信道两种。物理信道是指用来传送信号或数据的物理通路，由传输介质及相关设备组成。逻辑信道也是一种通路，但一般是指人为定义的信息传输通路，在信号收、发点之间并不存在一条物理传输介质，通常把逻辑信道称为"连接"。

（4）数据传输速率是描述数据传输系统的重要技术指标之一，传输速率的表示方法一般有两种，即信号速率和调制速率。信号速率是指单位时间内所传送的二进制位代码的有效位数，单位为比特/秒，数字信号的速率通常用"比特"来表示。调制速率是指每秒传送的脉冲数，单位为波特，模拟信号的速率通常用"波特"来表示。带宽是指信道中传输的信号在不失真的情况下所占用的频率范围，单位用赫兹表示。信道容量是指单位时间内信道上所能传输的最大比特数。信道带宽与信道容量成正比关系，即信道带宽越宽，信道的容量就越大。

（5）按照信号传送的方向与时间的关系可以将数据通信分为 3 种，单工通信、半双工通信和全双工通信；按照字节使用的信道数，可以将数据通信分为 2 种，串行通信和并行通信；按照同步技术，可以将数据通信分为 2 种，异步通信和同步通信。

（6）常用的网络传输介质可分为两类：一类是有线的，另一类是无线的。有线传输介质主要有双绞线、同轴电缆及光缆；无线传输介质主要有无线电波、红外线等。传输介质的特性对网络中数据通信质量的影响很大。双绞线是局域网中使用最广泛的传输介质。光纤由于具有高数据传输速率、信号衰减小、连接的范围广、抗干扰能力强、安全保密性好等优点，因而成为一种最有前途的传输介质。

（7）按照通信子网中的网络节点对进入子网的数据所实施的转发方式的不同，可将数据交换方式分为两大类：电路交换和存储转发交换。电路交换的特点是：速度快但系统效率低且无数据纠错能力。目前，网络中计算机之间的数据交换主要是采用存储转发方式下的分组交换技术。分组交换又可以分为数据报分组交换和虚电路分组交换，两者的区别是：在数据报分组交换中，同一报文的不同分组可以通过通信子网中不同的路径从原节点传送到目的节点；在虚电路分组中，同一报文的不同分组都是通过相同路径传送到目的地的。

（8）在数据通信技术中，将利用数字信道原封不动地传输由计算机或终端产生的 0 或 1 数字脉冲信号的方法称为基带传输；而将利用模拟信道传输数字信号的方法称为频带传输或宽带传输。调制解调器是频带传输中最典型的通信设备，能够实现数字信号和模拟信号间的转换。

（9）多路复用技术是指把若干个彼此无关的信号合并为一个在一个共用信道上进行传输，以充分利用通信线路的带宽，减少不必要的铺设或架设其他传输介质的费用的技术。多路复用技术一般有 3 种基本形式：频分多路复用、时分多路复用和波分多路复用。

（10）数据传输的信道分为模拟信道和数字信道两类，相应地，数据编码的方法也分为两类：模拟数据编码与数字数据编码。模拟数据编码主要有 3 种方式：振幅键控、移频键控和移相键控。数字数据编码也主要有 3 种方式：非归零码、曼彻斯特编码和差分曼彻斯特编码。

（11）通常将发送的数据与通过通信信道后接收到的数据不一致的现象称为差错。差错的产生是无法避免的。采用抗干扰编码和纠错编码能有效地控制差错，降低误码率。循环冗余编码是目前应用最广、检错能力最强的一种编码方法。接收端可以通过校验码来检测传送的数据帧是否出错，一旦发现传输错误，则立即要求发送端重新发送。

习　题　2

一、名词解释（在每个术语前的下划线上标出正确定义的序号）

_____ 1. 基带传输　　　　　　　_____ 2. 频带传输

_____ 3. 电路交换　　　　　　　_____ 4. 数据报

_____ 5. 虚电路　　　　　　　　_____ 6. 单工通信

_____ 7. 半双工通信　　　　　　_____ 8. 全双工通信

A. 两台计算机进行通信前，首先要在通信子网中建立实际的物理线路连接的方法

B. 同一报文中的所有分组可以通过预先在通信子网中建立的传输路径来传输的方法

C. 在数字通信信道上直接传输基带信号的方法

D. 在一条通信线路中信号只能向一个方向传送的方法

E. 在一条通信线路中信号可以双向传送，但同一时间只能向一个方向传送的方法

F. 利用模拟通信信道传输数字信号的方法

G. 同一报文中的分组可以由不同的传输路径通过通信子网的方法

H. 在一条通信线路中可以同时双向传输数据的方法

二、填空题

1. 传输数据时，以原封不动的形式把来自终端的信息送入线路，将这种方式称为_____。

2. 通信系统中，通常称调制前的信号为_____信号，调制后的信号为宽带信号。

3. 根据使用的光源和传输模式，光纤可分为_____和_____两种。

4. 局域网中使用的双绞线可分为_____和_____两类。

5. 当通信子网采用_____方式时，需要首先在通信双方之间建立起物理链路；当采用_____方式时，需要首先在通信双方之间建立起逻辑链路。

6. 多路复用技术包括频分多路复用、_____和_____。

7. 家庭中使用的有线电视可以收看很多电视台的节目，有线电视使用的是_____技术。

8. 数字数据转换为模拟信号有 3 种基本方法，即振幅键控法、移频键控法和_____。

9. PCM 编码过程是采样、_____和_____。

10. 数据传输中所产生的差错主要是由突发噪声和_____引起的。

11. _____是在通信系统中衡量可靠性的指标，其定义是二进制码元在传输系统

中被传错的概率。

三、单项选择题

1. 在常用的传输介质中，带宽最大、信号传输衰减最小、抗干扰能力最强的一类传输介质是_____。

    A. 双绞线   B. 光纤   C. 同轴电缆   D. 无线信道

2. 在脉冲编码调制方法中，如果规定的量化级是 64 个，则需要使用_____位编码。

    A. 7   B. 6   C. 5   D. 4

3. 波特率等于_____。

    A. 每秒传送的比特数   B. 每秒传送的周期数
    C. 每秒传送的脉冲数   D. 每秒传送的字节数

4. 下列陈述中，不正确的是_____。

    A. 电路交换技术适用于连续、大批量的数据传输
    B. 与电路交换方式相比，报文交换方式的效率较高
    C. 报文交换方式在传输数据时需要同时使用发送器和接收器
    D. 不同速率和不同电码之间的用户不能进行电路交换

5. 两台计算机利用电话线路传输数据信号时需要的设备是_____。

    A. 调制解调器   B. 网卡   C. 中继器   D. 集线器

6. 误码率是描述数据通信系统质量的重要参数之一，在下面有关误码率的说法中_____是正确的。

    A. 误码率是衡量数据通信系统在正常工作状态下传输可靠性的重要参数
    B. 当一个数据传输系统采用 CRC 校验技术后，这个数据传输系统的误码率为 0
    C. 采用光纤作为传输介质的数据传输系统的误码率可以达到 0
    D. 如果用户传输 1KB 信息时没有发现传输错误，那么该数据传输系统的误码率为 0

7. 一种用载波信号相位移动来表示数字数据的调制方法称为_____键控法。

    A. 移相   B. 振幅   C. 移频   D. 混合

8. 将物理信道的总频带分割成若干个子信道，每个子信道传输一路模拟信号，这种技术是_____。

    A. 时分多路复用   B. 频分多路复用   C. 波分多路复用   D. 统计时分多路复用

9. 报文交换与分组交换相比，报文交换_____。

    A. 有利于迅速纠错   B. 出错时需要重传整个报文
    C. 把整个数据分成了若干分组   D. 出错时无须重传整个报文

10. 下列叙述中正确的是_____。

    A. 时分多路复用是将物理信道的总带宽分割成若干个子信道，该物理信道同时传输各子信道的信号
    B. 虚电路传输方式类似于邮政信箱服务，数据报类似于长途电话服务
    C. 在多路复用技术的方法中，从性质来看，频分多路复用较适用于模拟信号传输，时分多路复用较适用于数字信号传输
    D. 即使采用数字通信方式，也要同模拟通信方式一样，必须使用调制解调器

四、问答题

1. 什么是数字信号，什么是模拟信号？两者的区别是什么？

2. 什么是信道？信道可以分为哪两类？

3. 什么是传输速率？表示传输速率的基本方法有哪两种，分别适用于什么场合？

4. 电路交换和存储/转发式交换各有什么特点？

5. 通过比较，说明双绞线、同轴电缆与光纤 3 种常用传输介质的特点。

6. 简述调制解调器的基本工作原理。

7. 简述波分多路复用技术的工作原理和特点。

8. 数字信号的编码方式有哪几种，各有何特点？

9. 控制字符 SYN 的 ASCII 码编码为 100110，画出 SYN 的 FSK、NRZ、曼彻斯特编码和差分曼彻斯特编码 4 种编码方法的信号波形。

10. 什么是差错？差错产生的原因有哪些？

11. 利用生成多项式 $G(X)=X^4+X^3+1$，计算信息码 1011001 的编码多项式 $T(X)$。

12. 某一个数据通信系统采用 CRC 校验方式，并且生成多项式 $G(X)$ 的二进制比特序列为 11001，目的节点接收到的二进制比特序列为 110111001（含 CRC 校验码）。判断传输过程中是否出现了差错并说明理由。

第 3 章
计算机网络体系结构与协议

计算机网络是一个十分复杂的系统，涉及计算机技术、通信技术、多媒体技术等多个领域。这样一个复杂而庞大的系统要高效、可靠地运转，网络中的各个部分必须遵守一整套合理而严谨的结构化管理规则。计算机网络就是按照高度结构化的设计思想，采用功能分层原理的方法来实现的。

本章将从介绍网络体系结构和网络协议的基本概念入手，详细讨论 OSI 参考模型和 TCP/IP 参考模型的层次结构和层次功能，并对两类参考模型进行比较，最终得出一种适合于学习的网络参考模型。

本章的学习目标如下。

- 理解和掌握网络体系结构和网络协议的基本概念。
- 掌握 OSI 参考模型的层次结构和各层的功能。
- 掌握 OSI 参考模型与 TCP/IP 参考模型层次间的对应关系。
- 掌握 TCP/IP 参考模型各层的功能。
- 理解 OSI 参考模型与 TCP/IP 参考模型的区别。

3.1 网络体系结构与协议概述

3.1.1 网络体系结构的概念

体系结构（Architecture）是研究系统各部分组成及相互关系的技术科学。计算机网络体系结构是指整个网络系统的逻辑组成和功能分配，定义和描述了一组用于计算机及其通信设施之间互连的标准和规范的集合。研究计算机网络体系结构的目的在于定义计算机网络各个组成部分的功能，以便在统一的原则指导下进行计算机网络的设计、建造、使用和发展。

3.1.2 网络协议的概念

从最根本的角度上讲，协议就是规则。例如，在公共交通公路上行驶的各种交通工具需要遵守交通规则，这样才能减少交通阻塞，有效地避免交通事故的发生。又如，不同国家的人使用的是不同的语言，如果事先不约定好使用同一种语言，那么进行沟通时将会非常困难。

在计算机网络的通信过程中，数据从一台计算机传输到另一台计算机称为数据通信或数据交换。同理，网络中的数据通信也需要遵守一定的规则，以减少网络阻塞，提高网络的利用率。网络协议就是为进行网络中的数据通信或数据交换而建立的规则、标准或约定。连网的计算机以及网络设备之间要进行数据与控制信息（一种用于控制设备如何工作的数据）的成功传递就必须共同遵守网络协议。

网络协议主要由以下 3 个要素组成。

（1）语法（Syntax）。语法规定了通信双方"如何讲"，即确定用户数据与控制信息的结构与格式。

（2）语义（Semantics）。语义规定通信的双方准备"讲什么"，即需要发出何种控制信息，完成何种动作以及做出何种应答。

（3）时序（Timing）。时序又可称为"同步"，规定了双方"何时进行通信"，即事件实现顺序的详细说明。

下面以两个通话人为例来说明网络协议的概念。

甲要打电话给乙，首先甲拨通乙的电话号码，对方电话振铃，乙拿起电话，然后甲、乙开始通话，通话完毕后，双方挂断电话。在这个过程中，甲、乙双方都遵守了打电话的协议。其中，电话号码是"语法"的一个例子，一般电话号码由 8 位阿拉伯数字组成，如果是长途还要加区号，国际长途还有国家代码等；甲拨通乙的电话后，乙的电话会振铃，振铃是一个信号，表示有电话打进，乙选择接电话，这一系列的动作包括了控制信号、相应动作等，就是"语义"的例子；"时序"的概念更好理解，因为甲拨通了电话，乙的电话才会响，乙听到铃声后才会考虑要不要接，这一系列事件的因果关系十分明确，不可能没有人拨乙的电话而乙的电话会响，也不可能在电话铃没响的情况下，乙拿起电话却从话筒里传出甲的声音。

3.1.3 网络协议的分层

计算机网络是一个非常复杂的系统，因此网络通信也比较复杂。网络通信的涉及面极广，不仅涉及网络硬件设备（如物理线路、通信设备、计算机等），还涉及各种各样的软件，所以用于网络的通信协议必然很多。实践证明，结构化设计方法是解决复杂问题的一种有效手段，其核心思想就是将系统模块化，并按层次组织各模块。因此，在研究计算机网络的结构时，通常也按层次进行分析。

1. 分层的好处

计算机网络中采用分层体系结构，主要有以下一些好处。

（1）各层之间可相互独立。高层并不需要知道低层是采用何种技术来实现的，而只需要知道低层通过接口能提供哪些服务。每一层都有一个清晰、明确的任务，实现相对独立的功能，因而可以将复杂的系统性问题分解为一层一层的小问题。当属于每一层的小问题都解决了，那么整个系统的问题也就接近于完全解决了。

（2）灵活性好，易于实现和维护。如果把网络协议作为一个整体来处理，那么任何方面的改进必然都要对整体进行修改，这与网络的迅速发展是极不协调的。若采用分层体系结构，由于整个系统已被分解成了若干个易于处理的部分，那么这样一个庞大而又复杂的系统的实现与维护也就变得容易控制了。当任何一层发生变化时（如技术的变化），只要层间接口保持不变，则其他各层都不会受到影响。另外，当某层提供的服务不再被其他层需要时，可以将该层直接取消。

（3）有利于促进标准化。这主要是因为每一层的协议已经对该层的功能与所提供的服务做了明确的说明。

2. 各层次间的关系

前面已经讲到了，网络协议都是按层的方式来组织的，每一层都建立在下一层之上。不同的网络，其层次数、各层的名字、内容和功能都不尽相同。然而，在所有的网络中，每一层的目的都是向上一层提供一定的服务，而上一层根本不需要知道下一层是如何实现服务的。

每一对相邻层次之间都有一个接口（Interface），接口定义了下层向上层提供的原语操作（即命令）和服务，相邻两个层次都是通过接口来交换数据的。当网络设计者在决定一个网络应包括多少层、每一层应当做什么的时候，其中一个很重要的考虑就是要在相邻层次之间定义一个清晰的接口。为达到这些目的，又要求每一层能完成一组特定的有明确含义的功能。低层通过接口向高层提供服务。只要接口条件不变、低层功能不变，低层功能的具体实现方法与技术的变化就不会影响整个系统的工作。计算机网络的层次模型如图 3-1 所示。

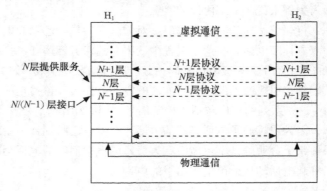

图 3-1　计算机网络的层次模型

每一层中的活动元素通常称为实体（Entity）。实体既可以是软件实体（如一个进程），也可以是硬件实体（如智能输入/输出芯片）。不同通信节点上的同一层实体称为对等实体（Peer Entity）。例如，网络中一个通信节点上的第 3 层与另一个通信节点上的第 3 层进行对话时，通话双方的两个进程就是对等实体，通话的规则即为第 3 层上的协议。在计算机网络中，正是对等实体利用该层的协议在互相通信。但是在实际的通信过程中，数据并不是从节点 1 的第 3 层直接传送到节点 2 的第 3 层，而是每一层都把数据和控制信息交给下一层，直到第 1 层。第 1 层下面是物理传输介质，进行实际的数据传输。对等实体间的通信过程如图 3-2 所示。

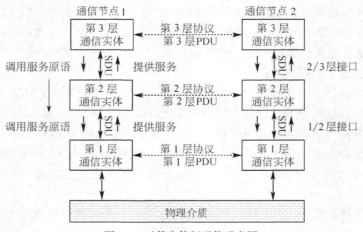

图 3-2　对等实体间通信示意图

3. 层次间的关系举例

下面通过一个例子更好地说明网络通信的实质。

假设有甲、乙两个董事长（第 3 层中的对等实体），董事长甲是中国人，在成都；董事长乙是法国人，在巴黎，他们要进行对话。两个董事长的办公室都有两位工作人员：翻译（第 2 层中的对等实体）和秘书（第 1 层中的对等实体）。两者的对话过程如图 3-3 所示。

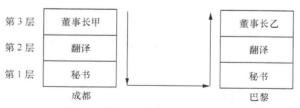

图 3-3　甲、乙董事长的对话过程

董事长甲希望向董事长乙表达他的看法。那么，甲把"我认为我们应该合作完成这项工程"这一信息通过甲与其翻译的交接处（第 3 层与第 2 层之间的接口）传给甲的翻译。翻译根据翻译协会规定的方法（第 2 层的协议）把这句话翻译成英文"I think we should cooperate to do this project"。（注意：甲不必关心其翻译是通过什么工具进行的。）

接下来，董事长甲的翻译把该英文信息通过他与秘书的交接处（第 2 层与第 1 层之间的接口）交给董事长甲的秘书，以传递到巴黎。（注意：董事长甲的翻译不必关心秘书是用传真的方式还是用电子邮件的方式把英语句子传递到董事长乙的秘书那里，假定甲的秘书是用传真这种通信方式把翻译传递来的英文信息传到董事长乙的公司。）

董事长乙的秘书从传真机上取出传真纸，通过他与乙的秘书的交接处（第 1 层与第 2 层之间的接口）把那句英文交给董事长乙的翻译；董事长乙的翻译将其翻译成法语后通过他与乙的交接处（第 2 层与第 3 层之间的接口）再传给董事长乙，从而完成甲与乙的通信。（注意：董事长乙也不需要了解他的翻译是如何进行的。）

从上面这个例子可以看出：每层的实体所遵循的协议与其他层的实体所遵循的协议完全无关，在通信过程中，只要求该层的功能不变以及该层与其他层的接口保持不变。而且，低层的每一层都可能增加一些被对等实体所需要的信息，但这些信息一般不会被传递到对等实体之上的层。

3.1.4　其他相关概念

1. 服务

服务位于层次接口的位置，表示低层为上层提供哪些操作功能，至于这些功能是如何实现的，完全不是服务考虑的范畴。

2. 面向连接服务和无连接服务

服务分为面向连接服务和无连接服务。面向连接服务就像打电话，有一个明显的拨通电话、讲话、再挂断电话的过程，即面向连接服务的提供者要进行建立连接、维护连接和拆除连接的工作。这种服务的最大好处就是能够保证数据高速、可靠和顺序地传输。无连接服务就像发电报，电报发出后并不能马上确认对方是否已收到。因此，无连接服务不需要维护连接的额外开销，但是可靠性较低，也不能保证数据的顺序传输。

3. 服务访问点（Service Access Point）

服务访问点是相邻两层实体之间通过接口调用服务或提供服务的联系点。

4. 协议数据单元（Protocol Data Unit，PDU）

协议数据单元是对等实体之间通过协议传送的数据单元。

5. 接口数据单元（Interface Data Unit，IDU）

接口数据单元是相邻层次之间通过接口传送的数据单元，接口数据单元又称为服务数据单元（Service Data Unit，SDU）。

3.2 OSI 参考模型

3.2.1 OSI 参考模型的概念

在 20 世纪 70 年代中期，美国 IBM 公司推出了系统体系结构（System Network Architecture，SNA）。以后 SNA 又不断进行了版本更新，它是一种世界上广泛使用的体系结构。随着全球网络应用的不断发展，不同网络体系结构的网络用户之间需要进行网络的互连和信息的交换。1984 年，国际标准化组织（International Organization for Standardization，ISO）发表了著名的 ISO/IEC 7498 标准，定义了网络互连的 7 层框架，这就是开放系统互连参考模型，即 ISO/OSI RM（Reference Model of Open System Interconnection）。这里的"开放"是指只要遵循 OSI 标准，一个系统就可以与位于世界上任何地方、同样遵循 OSI 标准的其他任何系统进行通信。OSI 参考模型的结构如图 3-4 所示。

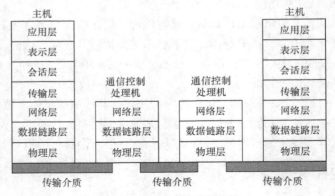

图 3-4   OSI 参考模型的结构

ISO/OSI 只给出了一些原则性的说明，并不是一个具体的网络。OSI 参考模型将整个网络的功能划分成 7 个层次，最高层为应用层，面向用户提供网络应用服务；最低层为物理层，与通信介质相连实现真正的数据通信。两个用户计算机通过网络进行通信时，除物理层之外，其余各对等层之间均不存在直接的通信关系，而是通过各对等层的协议来进行通信。只有两个物理层之间通过通信介质进行真正的数据通信。

在 OSI 标准的制定过程中，采用的方法是将整个庞大而复杂的问题划分为若干个容易处理的小问题。这就是分层体系结构方法，分层的原则如下。

（1）根据不同层次的抽象分层。

（2）每层应当实现一个定义明确的功能。

（3）每层功能的选择应该有助于制定网络协议的国际标准。

（4）各层边界的选择应尽量减少跨过接口的通信量。

（5）层数应足够多，以避免不同的功能混杂在同一层中，但也不能太多，否则体系结构会过于庞大。

3.2.2 OSI 参考模型各层的功能

ISO 已经为各层制定了标准，各个标准作为独立的国际标准公布。下面以从低层到高层的顺序依次介绍 OSI 参考模型的各层。

1. 物理层

物理层（Physical Layer）是 OSI 参考模型的最低层。物理层的主要任务就是透明地传送二进制比特流，即经过实际电路传送后的比特流没有发生变化。但是物理层并不关心比特流的实际意义和结构，只是负责接收和传送比特流。作为发送方，物理层通过传输介质发送数据；作为接收方，物理层通过传输介质接收数据。物理层的另一个任务就是定义网络硬件的特性，包括使用什么样的传输介质以及与传输介质连接的接头等物理特性。

物理层定义的典型规范代表有 EIA/TIA RS-232、EIA/TIA RS-449、V.35、RJ-45 等。

值得注意的是，传送信息所利用的物理传输介质，如双绞线、同轴电缆、光纤等，并不在物理层之内而是在物理层之下。

2. 数据链路层

数据链路层（Data Link Layer）是 OSI 参考模型的第 2 层。数据链路层的主要任务是在两个相邻节点间的线路上无差错地传送以帧（Frame）为单位的数据，使数据链路层对网络层显现为一条无差错线路。由于物理层仅仅接收和传送比特流，并不关心比特流的意义和结构，所以数据链路层要产生和识别帧边界。另外，数据链路层还提供了差错控制与流量控制的方法，保证在物理线路上传送的数据无差错。广播式网络在数据链路层还要处理新的问题，即如何控制各个节点对共享信道的访问。

数据链路层协议的代表有 SDLC、HDLC、PPP、STP、帧中继等。

3. 网络层

网络层（Network Layer）是 OSI 参考模型的第 3 层，在这一层，数据的单位为数据分组（Packet）。网络层的关键问题是如何进行路由选择，以确定数据分组（数据包）如何从发送端到达接收端。如果在子网中同时出现的数据分组太多，将会互相阻塞，影响数据的正常传输。因此，拥塞控制也是网络层的功能之一。

另外，当数据分组需要经过另一个网络以到达目的地时，第二个网络的寻址方法、分组长度、网络协议可能与第一个网络不同，因此，网络层还要解决异构网络的互连问题。

网络层协议的代表有 IP、IPX、RIP、OSPF 等。

4. 传输层

传输层（Transport Layer）是 OSI 参考模型的第 4 层。传输层从会话层接收数据，形成报文（Message），并且在必要时将其分成若干个分组，然后交给网络层进行传输。

传输层的主要功能是：为上一层进行通信的两个进程之间提供一个可靠的端到端服务，使传输层以上的各层看不见传输层以下的数据通信细节，传输层以上的各层不再关心信息传输的问题。端到端是指进行相互通信的两个节点不是直接通过传输介质连接起来的，相互之间有很多交换设备（如路由器）。这样的两个节点之间的通信就称为端到端通信。

传输层协议的代表有 TCP、UDP、SPX 等。

5. 会话层

会话层（Session Layer）是 OSI 参考模型的第 5 层。会话层允许不同机器上的用户建立会话关系，主要是针对远程访问，主要任务包括会话管理、传输同步以及数据交换管理等。会话一般都是面向连接的，如当文件传输到中途时建立的连接突然断掉，是从文件的开始重传还是断点续传，这个任务由会话层来完成。

会话层协议的代表有 NetBIOS、ZIP（AppleTalk 区域信息协议）等。

6. 表示层

表示层（Presentation Layer）是 OSI 参考模型的第 6 层。表示层关心的是所传输的信息的语法和语义。表示层的主要功能是：用于处理在多个通信系统之间交换信息的表示方式，主要包括数据格式的转换、数据加密与解密、数据压缩与恢复等。

表示层协议的代表有 ASCII、ASN.1、JPEG、MPEG 等。

7. 应用层

应用层（Application Layer）是 OSI 参考模型的最高层。应用层为网络用户或应用程序提供各种服务，如文件传输、电子邮件、网络管理和远程登录等。

应用层协议的代表有 Telnet、FTP、HTTP、SNMP 等。

3.2.3　OSI 参考模型中的数据传输过程

图 3-5 所示为 OSI 参考模型中的数据传输过程。

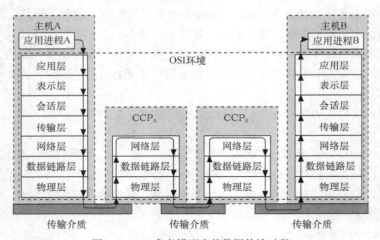

图 3-5　OSI 参考模型中的数据传输过程

从图 3-5 中可以看出，OSI 参考模型中的数据传输过程包括以下几步。

（1）应用进程 A 将要发送的数据传送到应用层、表示层直至物理层。

（2）物理层通过连接该主机系统与通信控制处理机 CCP_A 的传输介质将数据传送到通信控制处理机 CCP_A。

（3）通信控制处理机 CCP_A 的物理层接收到主机 A 传送的数据后，通过数据链路层检查是否存在传输错误，然后通过网络层的路由选择，确定下一个节点是通信控制处理机 CCP_B。

（4）通信控制处理机 CCP_A 将数据传送到通信控制处理机 CCP_B，CCP_B 采用相同的方法将数据传送到主机 B。

（5）主机 B 将接收到的数据从物理层向高层传送直至应用层。最后将数据传送给主机 B 的应用进程 B。

在整个通信过程中，需要注意的一点是：虽然数据的实际传输方向是垂直的，但从用户的角度来看却好像数据一直是水平传输的。例如，当发送方主机的传输层从会话层得到数据后，形成报文，并把报文发送给接收方主机的传输层。从发送方主机传输层的观点来看，实际上必须先把报文传给本机的网络层，但这只是一个技术细节问题。这就如同一位说汉语的外交官在联合国大会上发言时，他认为自己是在向在座的其他国家外交官讲话，事实上，他只是在向同声翻译讲话。

3.3　TCP/IP 参考模型

3.3.1　TCP/IP 概述

说到 TCP/IP 的历史，不得不谈到 Internet 的历史。20 世纪 60 年代初期，美国国防部委托高级研究计划局（Advanced Research Pojects Agency，ARPA）研制广域网络互连课题，并建立了 ARPANET 实验网络，这就是 Internet 的起源。ARPANET 的初期运行情况表明，计算机广域网络应该有一种标准化的通信协议，于是在 1973 年 TCP/IP 诞生了。虽然 ARPANET 并未发展成为公众可以使用的 Internet，但是 ARPANET 的运行经验表明，TCP/IP 是一个非常可靠且实用的网络协议。当现代 Internet 的雏形——美国国家科学基础网（NSFNET）于 20 世纪 80 年代末出现时，借鉴了 ARPANET 的 TCP/IP 技术。借助于 TCP/IP 技术，NSFNET 使越来越多的网络互连在一起，最终形成了今天的 Internet。TCP/IP 也因此成为了 Internet 上广泛使用的标准网络通信协议。

TCP/IP 标准由一系列的文档定义组成，这些文档定义描述了 Internet 的内部实现机制，以及各种网络服务或服务的定义。TCP/IP 标准并不是由某个特定组织开发的，实际上是由一些团体所共同开发的，任何人都可以把自己的意见作为文档发布，但只有被认可的文档才能最终成为 Internet 标准。

作为一套完整的网络通信协议，TCP/IP 实际上是一个协议簇。除了其核心协议——TCP 和 IP 之外，TCP/IP 簇还包括一系列其他协议，包含在 TCP/IP 簇的 4 个层次中，形成了 TCP/IP 栈，如图 3-6 所示。

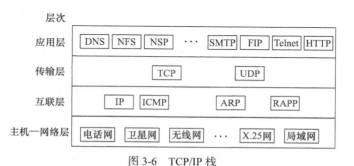

图 3-6　TCP/IP 栈

3.3.2　TCP/IP 参考模型各层的功能

与 OSI 参考模型所不同的是，TCP/IP 参考模型是在 TCP 与 IP 出现之后才提出来的。两者之间的层次对应关系如图 3-7 所示。

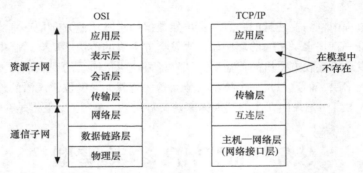

图 3-7　OSI 参考模型与 TCP/IP 参考模型的层次对应关系

　　TCP/IP 参考模型的主机—网络层与 OSI 参考模型的数据链路层和物理层相对应；TCP/IP 参考模型的互连层与 OSI 参考模型的网络层相对应；TCP/IP 参考模型的传输层与 OSI 参考模型的传输层相对应；TCP/IP 参考模型的应用层与 OSI 参考模型的应用层相对应。

　　根据 OSI 模型的经验，会话层和表示层对大多数应用程序没有用处，所以 TCP/IP 参考模型将其排除在外。TCP/IP 参考模型各层次的功能如下。

1. 主机—网络层

　　主机—网络层（Host to Network Layer）是 TCP/IP 参考模型中的最低层。事实上，TCP/IP 参考模型并没有真正定义这一部分，只是指出在这一层上必须具有物理层和数据链路层的功能，以实现从网络层传送下来的数据发送到目的主机的网络层。至于在这一层上使用哪些标准，则不是 TCP/IP 参考模型所关心的。

　　在主机—网络层中包含了多种网络层协议，如以太网协议（Ethernet）、令牌环网协议（Token Ring）、分组交换网协议（X.25）等。

2. 互连层

　　互连层（Internet Layer）是 TCP/IP 参考模型中的第 2 层，是整个 TCP/IP 参考模型的关键部分。互连层提供的是无连接的服务，主要负责将源主机的数据分组（Packet）发送到目的主机。源主机与目的主机既可以在同一个物理网内，也可以不在一个物理网内。

　　互连层上定义了正式的数据分组格式和协议，即网际协议（Internet Protocol，IP）。除了 IP 之外，还包括一些用于互连层的控制协议，如 Internet 控制报文协议（Internet Control Message Protocol，ICMP）、地址解析协议（Address Resolution Protocol，ARP）、反向地址解析协议（Reverse Address Resolution Protocol，RARP）等。这些协议将在第 7 章中进行详细的介绍。

　　互连层的主要功能包括以下几点。

　　（1）处理来自传输层的分组发送请求。在接收到分组发送请求之后，将分组装入 IP 数据报，填充报头，选择发送路径，然后将数据报发送到相应的网络。

　　（2）处理接收到的数据报。在接收到其他主机发送的数据报之后，检查目的地址，若需要转发，则选择发送路径，转发出去；如果目的地址为节点 IP 地址，则除去报头，将分组交送到传输层处理。

　　（3）进行流量控制与拥塞控制。

3. 传输层

　　传输层（Transport Layer）是 TCP/IP 参考模型中的第 3 层。传输层的主要功能是使发送方主机和接收方主机上的对等实体可以进行会话。从这一点上看，TCP/IP 参考模型的传输层和 OSI

参考模型的传输层功能类似。

在传输层上定义了以下两个端到端的协议。

（1）传输控制协议。传输控制协议（Transmission Control Protocol，TCP）是一个面向连接的协议，允许从源主机发出的字节流无差错地传送到网络上的其他主机上。在发送端，TCP 把应用层的字节流分成多个报文段并传给互连层。在接收端，TCP 把收到的报文段再封装成字节流，送往应用层。TCP 同时还要处理流量控制，以避免高速发送方主机向低速接收方主机发送的报文过多而造成接收方主机无法处理的情况。

（2）用户数据报协议。用户数据报协议（User Datagram Protocol，UDP）是一个不可靠的、无连接的协议。UDP 主要用于不需要数据分组顺序到达的传输环境中，同时也被广泛地应用于只有一次的、客户/服务器（Client/Server，C/S）模式的请求应答查询，以及快速传送比准确传送更重要的应用程序（如传输语音或影像）中。

4. 应用层

应用层（Application Layer）是 TCP/IP 参考模型的最高层。应用层负责向用户提供一组常用的应用程序，如电子邮件、远程登录、文件传输等。应用层包含了所有 TCP/IP 簇中的高层协议，如文件传输协议（File Transfer Protocol，FTP）、电子邮件协议（Simple Mail Transfer Protocol，SMTP）、超文本传输协议（Hyper Text Transfer Protocol，HTTP）、简单网络管理协议（Simple Network Management Protocol，SNMP）和域名系统协议（Domain Name System，DNS）等。

应用层协议一般可以分为 3 类：一类是依赖于面向连接的 TCP，如文件传输协议、电子邮件协议等；一类是依赖于无连接的 UDP，如简单网络管理协议；还有一类则既依赖于 TCP 又依赖于 UDP，如域名系统协议。

3.4   OSI 参考模型与 TCP/IP 参考模型

3.4.1   两种模型的比较

OSI 参考模型和 TCP/IP 参考模型有很多相似之处，都是基于独立的协议栈的概念（按照层次结构思想对计算机网络模块化的研究，形成了一组从上到下单向依赖关系的栈式结构），而且层的功能也大体相似。除了这些基本的相似之外，两个模型也有很多差别。

OSI 模型有 3 个主要概念：服务、接口和协议。

每一层都为上一层提供一些服务。服务定义该层做什么，而不管上面的层如何访问或该层如何工作。某一层的接口告诉其上面的进程如何访问接口，接口定义了需要什么参数以及预期结果是什么。同样，接口也和该层如何工作无关。某一层中使用的协议是该层的内部事务，可以使用任何协议，只要能完成工作（如提供规定的服务）即可，并且某一层协议的改变不会影响到其他层。

这些思想和现代的面向对象的编程技术非常吻合。一个对象（如同一个层）有一组方法（操作），该对象外部的进程可以使用这些方法。这些方法的语义定义了该对象所提供的服务。方法的参数和结果就是该对象的接口。对象内部的代码即是协议，并且在该对象外部是不可见的。

TCP/IP 参考模型最初没有明确区分服务、接口和协议。后来，人们试图将其改变以便接近于 OSI。因此，OSI 参考模型中的协议比 TCP/IP 参考模型的协议具有更好的隐藏性（在技术发生变化时能相对比较容易地替换掉）。而最初把协议分层的主要目的之一就是希望能做这样的替换。

OSI 参考模型产生在协议发明之前。这意味着该模型没有偏向于任何特定的协议，因此非常通用；不利的方面是设计者在协议方面没有太多的经验，因此不知道该把哪些功能放在哪一层好。TCP/IP 则恰好相反，首先出现的是协议，模型实际上是对已有协议的描述。因此，不仅不会出现协议不能匹配模型的情况，而且配合得还相当好。

两个模型间明显的差别是层的数量：OSI 模型有 7 层，而 TCP/IP 参考模型只有 4 层。两者都有互连（网络）层、传输层和应用层，但其他层并不相同。另一个差别是面向连接的和无连接的通信。OSI 参考模型在网络层支持无连接和面向连接的通信，但在传输层仅有面向连接的通信。而 TCP/IP 参考模型在网络层仅有无连接通信方式，但在传输层支持两种方式，这就给了用户选择的机会。

3.4.2　OSI 参考模型的缺点

无论是 OSI 参考模型和协议还是 TCP/IP 参考模型和协议，都不是十全十美的，都存在着一定的缺陷。下面介绍 OSI 参考模型的缺点。

（1）模型和协议都存在缺陷。实践证明，OSI 参考模型的会话层和表示层对于大多数应用程序来说都没有用。

（2）某些功能的重复出现。OSI 参考模型的某些功能（如寻址、流量控制和出错控制）在各层重复出现。为了提高效率，出错控制应该在高层完成，因此在低层不断重复是低效的、完全不必要的。

（3）结构和协议复杂。由于 OSI 参考模型的结构和协议太复杂，因此最初的实现又大又笨拙，而且很慢。不久以后，人们就把 "OSI" 和 "低质量" 联系起来了。虽然随着时间的推移，产品有了很大改进，但之前的印象还残留在人们的记忆里。

3.4.3　TCP/IP 参考模型的缺点

TCP/IP 参考模型的第一次实现是作为 Berkeley UNIX 的一部分流行开来的。TCP/IP 的成功已为其赢得大量投资和用户，其地位日益巩固，但是 TCP/IP 参考模型也有自己的问题。

（1）TCP/IP 参考模型没有明显地区分服务、接口和协议的概念。因此，对于使用新技术来设计新网络，TCP/IP 参考模型则不是一个很好的模板。

（2）由于 TCP/IP 参考模型是对已有协议的描述，因此完全不是通用的，并且不适合描述除 TCP/IP 参考模型之外的其他任何协议。

（3）主机—网络层在分层协议中根本不是通常意义下的层，只是一个接口，处于网络层和数据链路层之间。这里把接口和层的关系模糊了。

（4）TCP/IP 参考模型不区分（甚至不提及）物理层和数据链路层，但这两层的功能完全不同。物理层主要负责透明地传送二进制比特流，并定义网络硬件的特性；而数据链路层的工作是在两个相邻节点间的线路上无差错地传送以帧为单位的数据。一个好的网络模型应该将物理和数据链路层作为分离的两层，TCP/IP 参考模型却没有这么做。

3.4.4　网络参考模型的建议

从前面的分析来看，OSI 的 7 层协议体系结构既复杂又不实用，但其概念清楚；TCP/IP 的协议得到了全世界的承认，但是并没有一个完整的体系结构。因此，在学习计算机网络的体系结构时可以采用一种折中的办法，即把 OSI 参考模型的会话层与表示层去掉，从而形成一种原理体系结构，只有 5 层，如图 3-8 所示。

目前，OSI 标准已被我国采用为计算机网络体系结构的发展方向。我国已明确了在计算机网络的发展中要等效或等同采用 OSI 国际标准作为我国国家标准的方针。但是，考虑到目前以及近期内大量的计算机产品仍然是非 OSI 标准，而越来越广泛使用的 UNIX 系统产品中的网络协议都是以 TCP/IP 为核心，为确保近期的使用、紧跟国际技术发展的潮流以及将来能以最小代价逐步过渡和升级，我国计算机科学研究者同时也在研究 OSI 协议与 TCP/IP 的转换技术，以期在 TCP/IP 的网络环境中实现 OSI 协议。

| 应用层 |
| 传输层 |
| 网络层 |
| 数据链路层 |
| 物理层 |

图 3-8　网络参考模型的一种建议

小　结

（1）计算机网络体系结构是指整个网络系统的逻辑组成和功能分配，定义和描述了一组用于计算机及其通信设施之间互连的标准和规范的集合。

（2）网络协议是指为进行网络中的数据交换而建立的规则、标准或约定。网络中的计算机以及网络设备之间要进行数据通信就必须共同遵循网络协议。

（3）网络协议的 3 要素包括语法、语义和同步。语法，即数据与控制信息的结构或格式；语义，即需要发出何种控制信息、完成何种动作以及做出何种应答；同步，即事件实现顺序的详细说明。

（4）网络协议采用的是分层体系结构。实践证明，这种结构化的分析手段是解决复杂网络问题的有效方法。对网络协议进行分层至少有以下好处：各层之间可相互独立，灵活性好，易于实现和维护，有利于促进标准化。

（5）相邻层次之间有一个接口，接口定义了下层向上层提供的命令和服务，相邻两个层次都是通过接口来交换数据的。层次与层次之间相互独立，上一层不需要知道下一层是如何实现服务的，并且每一层的协议都与其他层的协议无关。

（6）1984 年，国际标准化组织正式制定和颁布了“开放系统互联参考模型”。“开放”的含义是只要遵循 OSI 标准，一个系统就可以与位于世界上任何地方、同样遵循 OSI 标准的其他任何系统进行通信。

（7）OSI 参考模型将整个网络的功能划分成 7 个层次，由下往上分别为物理层、数据链路层、网络层、传输层、会话层、表示层、应用层。其中，物理层与通信介质相连，实现真正的数据通信；应用层面向用户，提供各种网络应用服务。

（8）TCP/IP 是当今 Internet 上广泛使用的标准网络通信协议。TCP/IP 是一组协议的代名词，其核心协议是 TCP 和 IP，除此之外还包括许多其他协议，共同组成了 TCP/IP 簇。

（9）TCP/IP 参考模型是当今国际上公认的网络标准，是对 OSI 参考模型的应用和发展。TCP/IP 参考模型共分为 4 层，由下往上分别为主机—网络层、互连层、传输层和应用层。

（10）TCP/IP 簇中的所有协议都包含在 TCP/IP 参考模型的 4 个层次中。其中，应用层包含了所有 TCP/IP 簇中的高层协议。这些协议又可分为 3 类：依赖于面向连接的 TCP，如电子邮件协议；依赖于无连接的 UDP，如简单网络管理协议；既依赖于 TCP 又依赖于 UDP 的协议，如域名系统协议。

（11）无论是 OSI 参考模型和协议还是 TCP/IP 参考模型和协议，都不是十全十美的，都存在着一定的缺陷。为了取长补短，在学习网络体系结构的时候往往采取一种折中的方法，即去掉 OSI 参考模型中的会话层与表示层，保留物理层和数据链路层，从而形成一种 5 层网络参考模型。

习 题 3

一、名词解释（在每个术语前的下划线上标出正确定义的序号）

_____ 1. 数据链路层   _____ 2. 接口

_____ 3. 应用层   _____ 4. 网络层

_____ 5. 传输层   _____ 6. 通信协议

_____ 7. 网络体系结构   _____ 8. TCP/IP

A. 定义下层向上层提供的原语操作（即命令）和服务

B. 为进行网络中的数据交换而建立的规则、标准或约定

C. 负责选择路由，以确定分组如何从发送者到接收者的层

D. Internet 上广泛使用的标准网络通信协议，由一系列的文档定义组成，这些文档定义描述了 Internet 的内部实现机制以及各种网络服务

E. 在上一层进行通信的两个进程之间提供一个可靠的端到端服务，使该层以上的各层看不见该层以下的数据通信细节

F. TCP/IP 参考模型的最高层，主要负责向用户提供一组常用的应用程序

G. 在两个相邻节点间的线路上无差错地传送以帧为单位的数据；使该层对网络层显现为一条无错线路

H. 定义和描述了一组用于计算机及其通信设施之间互连的标准和规范的集合

二、填空题

1. 为进行网络中的数据交换而建立的规则、标准或约定称为_____。

2. 网络协议的 3 要素是_____、_____和_____。

3. 在 OSI 参考模型中，为数据分组提供在网络中路由功能的层是_____，提供建立、维护和拆除端到端连接的层是_____。

4. 在 TCP/IP 参考模型中，与 OSI 参考模型的网络层对应的是_____。

5. 在 OSI 参考模型中，传输的比特流划分为帧的是_____层。

6. 在 TCP/IP 簇中，_____是建立在 IP 上的无连接的端到端的通信协议。

7. TCP 和 IP 是 TCP/IP 簇中的两个核心协议，TCP 的全称是_____，IP 的全称是_____。

8. 数据压缩和解密是 OSI 参考模型_____层的功能。

9. 网络层的数据传输单位是_____，传输层的数据传输单位是_____。

10. 在 OSI 参考模型中，会话层的主要功能是_____和_____。

三、单项选择题

1. _____不属于计算机网络体系结构的特点。

     A. 是抽象的功能定义

     B. 是以高度结构化的方式设计的

  C.　是分层结构，是网络各层及其协议的集合

  D.　在分层结构中，上层必须知道下层是怎样实现的

2.　在 OSI 参考模型中，同一节点内相邻层次之间通过_____来进行通信。

  A.　协议   B.　接口   C.　应用程序   D.　进程

3.　在 OSI 参考模型中，与 TCP/IP 参考模型的主机—网络层对应的是_____。

  A.　网络层   B.　应用层   C.　传输层   D.　物理层和数据链路层

4.　网络层提供的面向连接服务，在数据交换时_____。

  A.　必须先提供连接，在该连接上传输数据，数据传输完成后释放连接

  B.　必须先建立连接，在该连接上只用于传输命令/响应，传输后释放连接

  C.　不需要建立连接，传输数据所需要的资源动态分配

  D.　不需要建立连接，传输数据所需要的资源事先保留

5.　在 TCP/IP 簇中，TCP 是一种_____协议。

  A.　主机—网络层 B.　应用层   C.　数据链路层   D.　传输层

6.　下面关于 TCP/IP 的叙述中，_____是错误的。

  A.　TCP/IP 成功地解决了不同网络之间难以互连的问题

  B.　TCP/IP 簇分为 4 个层次：主机—网络层、互连层、传输层、应用层

  C.　IP 的基本任务是通过互连网络传输报文分组

  D.　Internet 中的主机标识是 IP 地址

7.　TCP 对应于 OSI 参考模型的传输层，下列说法中正确的是_____。

  A.　在 IP 的基础上，提供端到端的、面向连接的可靠传输

  B.　提供一种可靠的数据流服务

  C.　当传输差错干扰数据或基础网络出现故障时，由 TCP 来保证通信的可靠

  D.　以上均正确

8.　在应用层协议中，_____既依赖于 TCP 又依赖于 UDP。

  A.　SNMP   B.　DNS   C.　FTP   D.　IP

9.　通信子网不包括_____。

  A.　物理层   B.　数据链路层   C.　传输层   D.　网络层

10.　关于网络体系结构，以下描述中_____错误的。

  A.　物理层完成比特流的传输

  B.　数据链路层用于保证端到端数据的正确传输

  C.　网络层为分组通过通信子网选择适合的传输路径

  D.　应用层处于参考模型的最高层

11.　TCP/IP 协议簇中没有规定的内容是_____。

  A.　主机的寻址方式   B.　主机的操作系统

  C.　主机的命名机制   D.　信息的传输规则

12.　互操作性是指在不同环境下的应用程序可以相互操作，交换信息。要使采用不同数据格式的各种计算机之间能够相互理解，这一功能是由_____来实现的。

  A.　应用层   B.　表示层   C.　会话层   D.　传输层

四、问答题

1.　什么是网络协议？网络协议在网络中的作用是什么？

2.　网络协议采用层次结构模型有什么好处？简述网络层次间的关系。

3.　ISO 在制定 OSI 参考模型进行层次划分的原则有哪些？

4.　在开放系统互连参考模型中，"开放"的含义是什么？由下往上 OSI 参考模型共分为哪几层？

5.　分别简述 OSI 参考模型各层的主要功能和特点。

6.　描述在 OSI 参考模型中数据传输的基本过程。

7.　TCP/IP 仅仅包含 TCP 和 IP 两个协议吗？为什么？

8.　描述 OSI 参考模型与 TCP/IP 参考模型层次间的对应关系，并简述 TCP/IP 各层次的主要功能。

9.　为什么说 TCP 和 IP 为 Internet 提供了可靠传输保障？

10.　比较 OSI 参考模型与 TCP/IP 参考模型的异同点和各自的优缺点。

11.　在学习网络体系结构和网络协议时，应采取什么样的一种折中方法？

第 4 章
局域网

    局域网是一种在有限的地理范围内将大量微机及各种设备互连在一起以实现数据传输和资源共享的计算机网络。社会对信息资源的广泛需求以及计算机技术的广泛普及促进了局域网技术的迅猛发展。在当今的计算机网络技术中，局域网技术已经占据了十分重要的地位。

    本章将从介绍局域网的组成、主要技术、体系结构及协议标准入手，详细讨论传统局域网、交换式局域网、快速局域网、虚拟局域网以及无线局域网的工作原理、技术特点和组网技术。学好本章的内容将为掌握局域网应用技术奠定坚实的基础。

本章的学习目标如下。

- 了解局域网产生和发展的历史背景。
- 理解局域网的概念、特点及其硬、软件的基本组成。
- 掌握决定局域网特征的一些主要技术（包括传输介质、介质访问控制方法和拓扑结构）。
- 理解局域网参考模型及 IEEE 802 协议标准。
- 掌握传统局域网（传统以太网、令牌环网）和交换式局域网的基本工作原理和组网技术。
- 掌握快速局域网（快速以太网、千兆以太网）的基本工作原理和组网技术。
- 理解 ATM 技术的工作原理和技术特点。
- 掌握虚拟局域网和无线局域网的基本技术特点和组网技术。

4.1　局域网概述

    局域网是计算机网络的一种，在计算机网络中占有非常重要的地位。局域网既具有一般计算机网络的特点，又有自己的特征。局域网是在一个较小的范围（一个办公室、一幢楼、一个学校等）内，利用通信线路将众多的微机及外部设备连接起来，以达到资源共享、信息传递和远程数据通信的目的。对于微机用户来讲，了解和掌握局域网尤为重要。

    局域网的研究工作始于 20 世纪 70 年代，1975 年美国 Xerox（施乐）公司推出的实验性以太网（Ethernet）和 1974 年英国剑桥大学研制的剑桥环网（Cambridge Ring）是最初局域网的典型代表。20 世纪 80 年代初期，随着通信技术、网络技术和微机的发展，局域网技术得到了迅速的发展和完善，一些标准化组织也致力于局域网的有关协议和标准的制定。20 世纪 80 年代后期，局域网的产品进入专业化生产和商品化的成熟阶段，获得了大范围的推广和普及。进入 20 世纪 90 年代，局域网步入了更高速的发展阶段，已经渗透到了社会的各行各业，使用已相当普遍。局域网技术是当今计算机网络研究与应用的一个热点，也是目前非常活跃的技术领域之一，其发展推动着信息社会不断前进。

4.2 局域网的特点及其基本组成

1. 局域网的特点

概括地讲，局域网主要具有以下特点。

（1）覆盖的地理范围比较小。局域网主要用于单位内部连网，范围在一座办公大楼或集中的建筑群内，一般在几千米范围内。

（2）信息传输速率高、时延小，并且误码率低。局域网的传输速率一般为 10～100 Mbit/s，传输时延也一般在几毫秒至几十毫秒。由于局域网一般都采用有线传输介质传输信息，并且两个站点之间具有专用通信线路，因此误码率低，仅为 10^{-12}～10^{-8}。

（3）局域网一般为一个单位所建，在单位或部门内部控制管理和使用，由网络的所有者负责管理和维护。

（4）便于安装、维护和扩充。由于局域网应用的范围小，网络上运行的应用软件主要为本单位服务，因此，无论从硬件系统还是软件系统来讲，网络的安装成本都较低、周期短，维护和扩充都十分方便。

（5）一般侧重于共享信息的处理，通常没有中央主机系统，而带有一些共享的外部设备。

2. 局域网的基本组成

简单地说，局域网的基本组成包括网络硬件和网络软件两大部分。

（1）网络硬件。网络硬件主要包括网络服务器、工作站、外部设备、网卡、传输介质。此外，根据传输介质和拓扑结构的不同，还需要集线器（Hub）、集中器（Concentrator）等，如果要进行网络互连，还需要网关、网桥、路由器、中继器以及网间互连线路等。

① 服务器。在局域网中，服务器可以将 CPU、内存、磁盘、数据等资源提供给各个网络用户使用，并负责对这些资源进行管理，协调网络用户对这些资源的使用。因此，要求服务器具有较高的性能，包括较快的数据处理速度、较大的内存、较大容量和较快访问速度的磁盘等。

② 工作站。工作站是网络各用户的工作场所，通常是一台微机或终端，也可以是不配有磁盘驱动器的"无盘工作站"。工作站通过插在其中的网络接口板——网卡，经传输介质与网络服务器相连，用户通过工作站就可以向局域网请求服务和访问共享资源。工作站可以有自己单独的操作系统并独立工作，通过网络从服务器中取出程序和数据后，用自己的 CPU 和内存进行运算处理，处理结果还可以再存到服务器中去。在考虑网络工作站的配置时，主要注意以下几个方面。

- CPU 的速度和内存的容量。
- 总线结构和类型。
- 磁盘控制器及硬盘的大小。
- 扩展槽的数量和所支持的网卡类型。
- 工作站网络软件要求。

③ 外部设备。外部设备主要是指网络上可供网络用户共享的设备，通常网络上的共享外部设备包括打印机、绘图仪、扫描器、Modem 等。

④ 网卡。网卡用于把计算机同传输介质连接起来，进而把计算机连入网络，每一台连网的计算机都需要有一块网卡。网卡的基本功能包括基本数据转换、信息包的装配和拆装、网络存取控

制、数据缓存、生成网络信号等。一方面，网卡要和主机交换数据；另一方面，数据交换还必须以网络物理数据的路径和格式来传送或接收数据。如果网络与主机 CPU 之间速率不匹配，就需要缓存以防数据丢失。由于网卡处理数据包的速度比网络传送数据的速度慢，也比主机向网卡发送数据的速率慢，因而往往成为网络与主机之间的瓶颈。

⑤ 传输介质。局域网中常用的传输介质主要有同轴电缆、双绞线和光缆。

（2）网络软件。网络软件也是计算机网络系统中不可缺少的重要资源。网络软件所涉及和解决的问题要比单机系统中的各类软件都复杂得多。根据网络软件在网络系统中所起的作用不同，可以将其分为 5 类：协议软件、通信软件、管理软件、网络操作系统和网络应用软件。

① 协议软件。用以实现网络协议功能的软件就是协议软件。协议软件的种类非常多，不同体系结构的网络系统都有支持自身系统的协议软件，体系结构中的不同层次上也有不同的协议软件。对某一协议软件来说，将其划分到网络体系结构中的哪一层是由协议软件的功能决定的。

② 通信软件。通信软件的功能是使用户在不必详细了解通信控制规程的情况下，能够对自己的应用程序进行控制，同时又能与多个工作站进行网络通信，并对大量的通信数据进行加工和管理。目前，几乎所有的通信软件都能很方便地与主机连接，并具有完善的传真功能、文件传输功能和自动生成原稿功能等。

③ 管理软件。网络系统是一个复杂的系统，对管理者而言，经常会遇到许多难以解决的问题。网络管理软件的作用就是帮助网络管理者便捷地解决一些棘手的技术难题，如避免服务器之间的任务冲突、跟踪网络中用户的工作状态、检查与消除计算机病毒、运行路由器诊断程序等。

④ 网络操作系统。局域网的网络操作系统（Network Operating System，NOS）就是网络用户和计算机网络之间的接口，网络用户通过网络操作系统请求网络服务。网络操作系统具有处理机管理、存储管理、设备管理、文件管理以及网络管理等功能，与微机的操作系统有着很密切的关系。目前较流行的局域网操作系统有微软公司的 Windows 2000 Server、Windows Server 2003，Novell 公司的 Netware 等。

⑤ 网络应用软件。网络应用软件是在网络环境下，直接面向用户的网络软件，是专门为某一个应用领域而开发的软件，能为用户提供一些实际的应用服务。网络应用软件既可以用于管理和维护网络本身，也可以用于一个业务领域，如网络数据库管理系统、网络图书馆、远程网络教学、远程医疗、视频会议等。

4.3　局域网的主要技术

局域网所涉及的技术很多，但决定局域网性能的主要技术有传输介质、拓扑结构和介质访问控制方法。

4.3.1　局域网的传输介质

局域网常用的传输介质有双绞线、同轴电缆、光纤、无线电波等。早期的传统以太网中使用最多的是同轴电缆，随着技术的发展，双绞线和光纤的应用日益普及，特别是在快速局域网中，双绞线依靠其低成本、高速度和高可靠性等优势获得了广泛的使用，引起了人们的普遍关注。光纤主要应用在远距离、高速传输数据的网络环境中，光纤的可靠性很高，具有许多双绞线和同轴电缆无法比拟的优点，随着科学技术的发展，光纤的成本不断降低，今后的应用必将越来越广泛。

4.3.2　局域网的拓扑结构

前面已经讲到了网络拓扑结构的基本含义以及常见的一些网络拓扑结构。网络拓扑结构对整个网络的设计、功能、可靠性、成本等方面具有重要的影响。目前，大多数局域网使用的拓扑结构主要有星型、环型、总线型和网状型等多种。星型、环型和网状型拓扑结构使用的是点到点连接，总线型使用的是多点连接。下面介绍几种常见的拓扑结构。

1.　星型（Star）

这种结构是目前在局域网中应用得最为普遍的一种，在企业网络中采用的几乎都是这一方式。星型网络几乎是 Ethernet（以太网）网络专用，由网络中的各工作站节点设备通过一个网络集中设备（如集线器或交换机）连接在一起，各节点呈星状分布。这类网络目前用得最多的传输介质是双绞线。星型网络基本连接如图 4-1 所示。

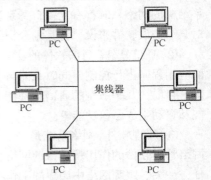
图 4-1　星型网络示意图

星型网络主要有以下几个特点。

（1）容易实现、成本低。星型结构网络所采用的传输介质一般都是通用的双绞线，它相对于同轴电缆和光纤来说比较便宜。这种拓扑结构主要应用于 IEEE 802.2、IEEE 802.3 标准的以太局域网中。

（2）节点扩展、移动方便。节点扩展时只需要从集线器或交换机等集中设备中拉一条线即可，而要移动一个节点只需要把相应节点设备移到新节点即可，而不会像环型网络那样"牵其一而动全局"。

（3）维护容易。一个节点出现故障不会影响其他节点的连接，可任意拆走故障节点。

（4）采用广播信息传送方式。任何一个节点发送信息时，在整个网络中的其他节点都可以收到。这在网络方面存在一定的隐患，但在局域网中使用影响不大。

（5）对中央节点的可靠性和冗余度要求很高。每个工作站直接与中央节点相连，如果中央节点发生故障，全网则趋于瘫痪。所以，通常要采用双机热备份，以提高系统的可靠性。

2.　环型（Ring）

环型网络是用一条传输链路将一系列节点连成一个封闭的环路，如图 4-2 所示。实际上，大多数情况下这种拓扑结构的网络不会是所有计算机连接成真正物理上的环型，在一般情况下，环的两端是通过一个阻抗匹配器来实现环的封闭，因为在实际组网过程中因地理位置的限制不可能真正做到环的两端物理连接。

在环型网络中信息流只能单方向进行传输，每个收到信息包的节点都向下游节点转发该信息包。当信息包经过目标节点时，目标节点根据信息包中的目标地址判断出自己是接收方，并把该信息复制到自己的接收缓冲区中。

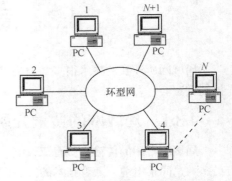
图 4-2　环型网络示意图

为了决定环上的哪个节点可以发送信息，平时在环上流通着一个名为"令牌"（Token）的特殊信息包，只有得到"令牌"的节点才可以发送信息，当一个节点发送完信息后就把"令牌"向下传送，以便下游的节点可以得到发送信息的机会。环型网络的优点是能够高速运行，而且为了避免冲突其结构相当简单。

环型网络主要有以下几个特点。

（1）实现简单，投资小。从图 4-2 中可以看出，组成网络的设备除了各工作站、传输介质——同轴电缆和其他一些连接器材外，没有价格昂贵的节点集中设备，如集线器和交换机。但也正因为如此，这种网络所能实现的功能最为简单，仅能当成一般的文件服务模式。

（2）传输速度较快。在令牌环网中允许有 16 Mbit/s 的传输速度，比普通的 10 Mbit/s 的以太网要快。当然随着以太网的广泛应用和以太网技术的发展，以太网的速度也得到了极大的提高，目前普遍都能提供 100 Mbit/s 的传输速度，远比 16 Mbit/s 要高。

（3）维护困难。从网络结构可以看到，整个网络各节点之间直接串联，任何一个节点出了故障都会造成整个网络的中断、瘫痪，维护起来非常不便。另一方面，因为同轴电缆所采用的是插针式的接触方式，所以非常容易造成接触不良和网络中断，故障查找起来也非常困难。

（4）扩展性能差。环型结构决定了其扩展性能远不如星型结构好，如果要新添加或移动节点，就必须中断整个网络，在环的两端做好连接器后才能连接。

3.　总线型（Bus）

总线拓扑结构所采用的传输介质一般是同轴电缆（包括粗缆和细缆），也有采用光缆作为总线型传输介质的，所有的节点都通过相应的硬件接口直接与总线相连，如图 4-3 所示。总线型网络采用广播通信方式，即任何一个节点发送的信号都可以沿着总线介质传播，而且能被网络上其他所有节点所接收。

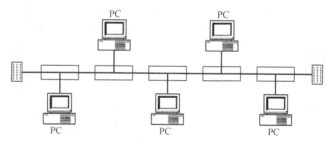

图 4-3　总线型网络示意图

总线型网络主要有以下几个特点。

（1）组网费用低。从示意图中可以看出，这样的结构一般不再需要额外的互连设备，直接通过一条总线进行连接，所以组网费用较低。

（2）网络用户扩展较灵活。需要扩展用户时只需要添加一个接线器即可，但受通信介质本身物理性能的局限，总线的负载能力是有限度的。所以，总线结构网络中所能连接的节点数量是有限的。如果工作站节点的个数超出了总线的负载能力，就需要采用分段等方法，并加入相应的网络附加部件，使总线负载符合容量要求。

（3）维护较容易。单个节点失效不影响整个网络的正常通信。但是如果总线一旦发生故障，则整个网络或者相应的主干网段就断了。

（4）由于网络各节点共享总线带宽，因此，数据传输速率会随着接入网络的用户的增多而下降。

（5）若有多个节点需要发送数据信息，一次仅能允许一个节点发送，其他节点必须等待。

4.3.3　介质访问控制方法

所谓介质访问控制，就是控制网上各工作站在什么情况下才可以发送数据，在发送数据过程中，如何发现问题以及出现问题后如何处理等管理方法。介质访问控制技术是局域网最关键的一项基本技术，将对局域网的体系结构和总体性能产生决定性的影响。经过多年的研究，人们提出了许多种介质访问控制方法，但目前被普遍采用并形成国际标准的方法只有以下 3 种。

（1）带有碰撞检测的载波侦听多路访问（Carrier Sense Multiple Access With Collision Detection，CSMA/CD）方法，将在 4.5.1 小节中进行详细介绍。

（2）令牌环（Token Ring）方法，将在 4.5.2 小节中进行详细介绍。

（3）令牌总线（Token Bus）方法。

4.4 局域网体系结构与 IEEE 802 标准

随着微机和局域网的日益普及和应用，各个网络厂商所开发的局域网产品也越来越多。为了使不同厂商生产的网络设备之间具有兼容性和互换性，以便用户更灵活地进行网络设备的选择，用很少的投资就能构建一个具有开放性和先进性的局域网，国际标准化组织开展了局域网的标准化工作。1980 年 2 月，局域网标准化委员会，即 IEEE 802 委员会（Institute of Electrical and Electronic Engineers，电器与电子工程师协会）成立。该委员会制定了一系列局域网标准。IEEE 802 委员会不仅为一些传统的局域网技术（如以太网、令牌环网、FDDI 等）制定了标准，近年来还开发了一系列新的局域网标准，如快速以太网、交换式以太网、吉比特以太网等。局域网的标准化极大地促进了局域网技术的飞速发展，并对局域网的进一步推广和应用起到了巨大的推动作用。

4.4.1 局域网参考模型

由于局域网是在广域网的基础上发展起来的，所以局域网在功能和结构上都要比广域网简单得多。IEEE 802 标准所描述的局域网参考模型遵循 OSI 参考模型的原则，只解决了最低两层——物理层和数据链路层的功能以及与网络层的接口服务。网络层的很多功能（如路由选择等）是没有必要的，而流量控制、寻址、排序、差错控制等功能可放在数据链路层实现，因此该参考模型中不单独设立网络层。IEEE 802 参考模型与 OSI 参考模型的对应关系如图 4-4 所示。

物理层的功能是在物理介质上实现位（也称为比特流）的传输和接收、同步前序的产生与删除等，该层还规定了所使用的信号、编码和传输介质，规定了有关的拓扑结构和传输速率等。有关信号与编码通常采用曼彻斯特编码；传输介质为双绞线、同轴电缆和光缆；网络拓扑结构多为总线型、星型和环型；传输速率为 10 Mbit/s、100 Mbit/s 等。

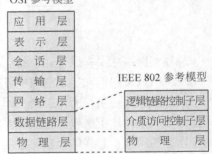

图 4-4 IEEE 802 参考模型与 OSI 参考模型的对应关系

数据链路层又分为逻辑链路控制（Logic Link Control，LLC）和介质访问控制（Media Access Control，MAC）两个功能子层。这种功能划分主要是为了将数据链路功能中与硬件相关和无关的部分分开，降低研制互连不同类型物理传输接口数据设备的费用。

MAC 子层的主要功能是控制对传输介质的访问。IEEE 802 标准制定了多种介质访问控制方法，同一个 LLC 子层能与其中任意一种介质访问控制方法（如 CSMA/CD、Token Ring、Token Bus）接口。

LLC 子层的主要功能是向高层提供一个或多个逻辑接口，具有帧的发送和接收功能。发送时把要发送的数据加上地址和循环冗余校验 CRC 字段等封装成 LLC 帧，接收时把帧拆封，执行地址识别和 CRC 校验功能，并且还有差错控制和流量控制等功能。该子层还包括某些网络层的功能，如数据报、虚电路、多路复用等。

4.4.2　IEEE 802 局域网标准

1980 年 2 月，IEEE 成立了专门负责制定局域网标准的 IEEE 802 委员会。该委员会开发了一系列局域网（Local Area Network，LAN）和城域网（Metropolitan Area Network，MAN）标准，广泛使用的标准有以太网（Ethernet）、令牌环网（Token Ring）、无线局域网、虚拟网等。IEEE 802 委员会于 1985 年公布了 5 项标准 IEEE 802.1～IEEE 802.5，同年被 ANSI 采用作为美国国家标准，ISO 也将其作为局域网的国际标准，对应标准为 ISO 8802，后来又扩充了多项标准文本。

IEEE 802 标准系列包含以下部分。

（1）IEEE 802.1——局域网概述、体系结构、网络管理和网络互连。

（2）IEEE 802.2——逻辑链路控制（Logical Link Control，LLC）。

（3）IEEE 802.3——CSMA/CD 介质访问控制标准和物理层技术规范。

（4）IEEE 802.4——令牌总线（Token-Passing Bus）介质访问控制标准和物理层技术规范。

（5）IEEE 802.5——令牌环网介质访问控制方法和物理层技术规范。

（6）IEEE 802.6——城域网介质访问控制方法和物理层技术规范。

（7）IEEE 802.7——宽带技术。

（8）IEEE 802.8——光纤技术。

（9）IEEE 802.9——综合业务数字网（ISDN）技术。

（10）IEEE 802.10——局域网安全技术。

（11）IEEE 802.11——无线局域网介质访问控制方法和物理层技术规范。

各标准之间的关系如图 4-5 所示。

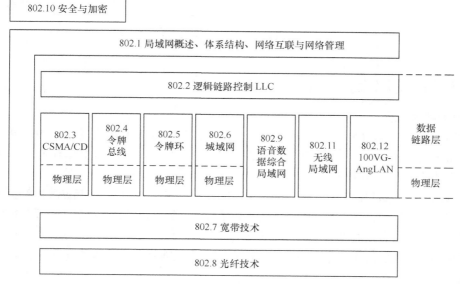

图 4-5　IEEE 802 各标准之间的关系

在 IEEE 802 标准中，IEEE 802.3 以太网（Ethernet）协议和 IEEE 802.5 令牌环协议应用得最为广泛。IEEE 802.3 标准是在 Ethernet 标准上制定的，因此现在人们通常也将 IEEE 802.3 局域网统称为 Ethernet。Token Ring 是由美国 IBM 公司率先推出的环型基带网络，IEEE 802.5 标准就是在 IBM Token Ring 的基础上制定的，两者之间无太大的差别。Token Ring 比较适合在传输距离远、负载重以及实时性要求高的环境中使用，其网络的总体性能要优于 Ethernet，但 Token Ring 网络的价格要贵一些。

4.5　局域网组网技术

不同类型的局域网（如以太网、令牌环网、交换式以太网等）所采用的网络拓扑结构、使用的传输介质和网络设备是不同的。从目前的发展情况来看，局域网可以分为共享式局域网（Shared LAN）和交换式局域网（Switched LAN）两大类。共享式局域网可分为 Ethernet、Token Ring、Token Bus 与 FDDI，以及在此基础上发展起来的 Fast Ethernet、Fast Token Ring、FDDI II 等。交换式局域网又可以分为 Switched Ethernet 与 ATM，以及在此基础上发展起来的虚拟局域网。局域网产品类型与相互间的关系如图 4-6 所示。

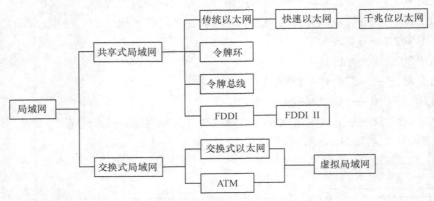

图 4-6　局域网产品类型与相互之间的关系

4.5.1　传统以太网

1. 以太网的标准

以太网是最早的局域网，是由 Xerox（施乐）公司创立的，其雏形是该公司 1975 年研制的实验型 Ethernet。1980 年 DEC、Intel 和 Xerox 3 家公司联合设计了 Ethernet 技术规范，简称 DIX（3 家公司名字的首字母）1.0 规范。

以太网的相关产品非常丰富，1983 年推出了粗同轴电缆以太网产品，后来又陆续推出了细同轴电缆、双绞线、CATV 宽带同轴电缆、光缆和多种媒体的混合以太网产品，以及目前的千兆以太网。以太网产品大多发展成熟、基于标准化、价格适中，得到业界几乎所有经销商的支持，再加上传输速率高、网络软件丰富、系统功能强、安装维护方便等优点，使其成为当今国际最流行、最畅销的局域网。

表 4-1 列出了近 20 年来以太网标准的发展情况。

表 4-1 以太网标准的发展

以太网标准	批准时间	传输媒体	传输速率	网段长度	拓扑结构
10 Base-5	1983	50 Ω 同轴电缆（粗）	10 Mbit/s	500 m	总线型
10 Base-2	1988	50 Ω 同轴电缆（细）	10 Mbit/s	185 m	总线型
1 Base-5	1988	100 Ω 2 对线 3 类	1 Mbit/s	250 m	星型
10 Base-T	1990	100 Ω 2 对线 3 类	10 Mbit/s	100 m	星型
10 Broad-36	1988	75 Ω 同轴电缆	10 Mbit/s	1 800 m	总线型
10 Base-F	1992	光缆	10 Mbit/s	2 000 m	星型
100 Base-T	1995	100 Ω 2 对线 5 类	100 Mbit/s	100 m	星型

注：10 Base-5 中 10 代表传输速率为 10 Mbit/s，Base 代表基带传输（有的为 Broad，Broad 代表宽带传输），5 表示每段最长为 500 m（有的为 2，表示每段最长为 200 m，实际为 185 m），其他依此类推。

2. 以太网的工作原理

目前，总线型局域网——以太网（Ethernet）的核心技术是 CSMA/CD，即带有碰撞检测的载波侦听多路访问方法。这种方法主要用来解决多节点如何共享公共总线的问题。在 Ethernet 中，任何节点都没有可以预约的发送时间，发送都是随机的，而且网络中根本不存在集中控制的节点，网络中的节点都必须平等地争用发送时间。CSMA/CD 属于随机争用型介质访问控制方法，这种方法的特点可以简单地概括为 4 点：先听后发，边听边发，冲突停止，随机延迟后重发。CSMA/CD 能有效地解决总线型局域网络中的冲突问题，所以后来成为 IEEE 802 标准之一，即 IEEE 802.3 标准。下面介绍 CSMA/CD 的含义以及工作过程。

由于整个总线不是采用集中式控制，所以总线上每个节点在利用总线发送数据时首先要侦听总线的忙闲状态。如果侦听到总线上已经有数据信号传输，则为总线忙，其他节点不发送信息，以免破坏这种传输；如果侦听到总线上没有数据信号传送，则为总线空闲，可以发送信息到总线上。

所谓"碰撞检测"，是指当一个节点占用总线发送信息时要一边发送一边检测总线，查看是否有碰撞的产生。如果出现以下两种情况之一，则数据传送失败。

（1）总线上有两个或两个以上的节点同时侦听到线路空闲，然后同时发送数据。

（2）总线上一个节点 A 刚发送了数据，节点 B 还没有来得及收到，但此时节点 B 检测到线路空闲而发送数据到总线上。

当检测到总线上有冲突产生时，各节点停止发送数据，随机延迟一段时间后重新发送。这个随机延迟时间的选择是一个问题，如果各节点都选择一个较短的时间，那么再次碰撞的可能性很大；反之，如果各节点的随机延迟时间的范围都很大，那么虽然可以极大地降低再次冲突的概率，但是平均等待时间又会变长，导致数据传输的效率大大下降。为了决定随机时间，通常采用二进制后退算法（Binary Exponential Back Off）。该算法的基本思想是随着碰撞次数的增多，延迟时间将成倍增加，从而使各节点在有冲突发生时产生不同的随机延迟时间，以减少冲突再次发生的概率。

3. 传统以太网组网技术

以太网的组网非常灵活，既可以使用粗、细同轴电缆组成总线型网络，也可以使用双绞线组成星型网络（10 Base-T），还可以将同轴电缆的总线型网络和双绞线的星型网络混合连接起来。下面介绍几种以太网的组网方法。

（1）粗缆以太网（10 Base-5 Ethernet）。粗缆以太网使用粗同轴电缆（由于外部绝缘层为黄色，通常又称为黄缆），单段最大段长为 500 m，当用户节点间的距离超过 500 m 时，可通过中继器将几个网段连接在一起，但中继器的数量最多为 4 个，网段的数量最多为 5 段，因此网络的最大长度可达 2 500 m。粗缆以太网的网络连接如图 4-7 所示。

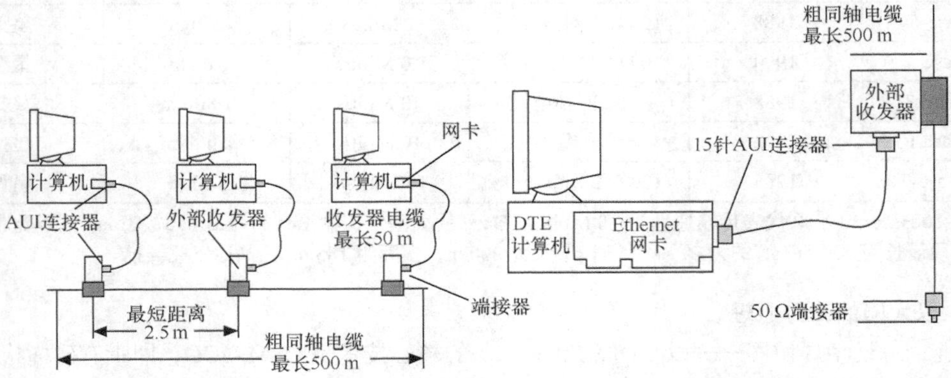

图 4-7　粗缆以太网示意图

建立一个粗缆以太网需要一系列硬件设备，主要设备如下。

① 网络适配器——插在计算机的扩展插槽里，适配器上面有一个 DIX 连接器插座（AUI 接口），用于和外部网络收发器连接。

② 外部收发器（Transceiver Unit）——粗缆以太网上的每个节点通过安装在干线电缆上的外部收发器与网络进行连接。外部收发器负责将节点的信号发送到粗缆或从粗缆上接收信号送回节点。另外，还能检测电缆上是否有信号传输以及是否存在冲突。在连接粗缆以太网时，用户可以选择任何一种标准的以太网（IEEE 802.3）类型的外部收发器。

③ 收发器电缆——用于收发器与网卡间的连接，主要用于传输数据和控制信号，并对收发器提供电源，通常又称为 AUI 电缆。

④ DIX 接口——一对 15 针的 D 型插头座，收发器电缆通过 DIX 插头与网卡上的 DIX 插座相连接。DIX 连线引脚功能如表 4-2 所示。

表 4-2　DIX 接口引脚功能表

引　脚　号	功　　能	引　脚　号	功　　能
1	屏蔽层	9	碰撞（−）
2	碰撞（+）	10	发送（−）
3	发送（+）	12	接收（−）
5	接收（+）	13	+12V
6	电源地		

⑤ 中继器（Repeater）——主要用来扩展总线同轴电缆的长度，作为物理层连接设备，具有接收、放大、整形和转发同轴电缆中数据信号的作用。

⑥ N 系列插头、圆形连接器和网络终端器——N 系列插头通常装接在粗同轴电缆的两端，以便与 N 系列终端器和 N 系列圆形连接器连接。N 系列圆形连接器用于连接两段粗同轴电缆线。网络电缆的两端应各连接一个 50 Ω 的 N 系列终端器，以减小网络上的噪声。

（2）细缆以太网（10 Base-2 Ethernet）。细缆以太网使用细同轴电缆，如果不使用中继器，最大细缆的段长不能超过 185 m。如果实际需要的细缆长度超过 185 m，则需使用支持 BNC 头的中继器。与粗缆以太网一样，在细缆以太网中，中继器的数量最多也只能为 4 个，网段的数量最多为 5 段，因此网络的最大长度为 925 m。两个相邻的 BNC T 型连接器之间的距离应是 0.5 的整数倍，并且最小距离为 0.5 m。细缆以太网的网络连接如图 4-8 所示。

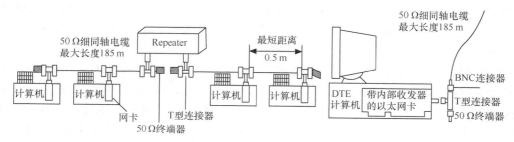

图 4-8 细缆以太网示意图

在使用细缆组建以太网时，需要使用以下基本硬件设备。

① 带有 BNC 接口的以太网卡——网卡上有一个 BNC（细同轴电缆）连接器插座，用于通过 BNC T 型连接器与细同轴电缆相连。

② BNC 连接器插头——每段电缆线的两端应各装接一个 BNC 连接器插头，以便与 T 型连接器或圆形连接器连接。

③ BNC T 型连接器——T 型连接器又称为 T 型头，是一个三通连接器，两端插头用于连接两段细同轴电缆，中间插头与网卡上的 BNC 连接器插座连接。

④ BNC 终端器（又称终端匹配器）——细缆总线网的两端各连接一个 50 Ω 的 BNC 终端匹配器，以阻塞网络上的干扰。

与粗缆以太网相比，细缆以太网具有造价低、安装方便等优点，但是细缆以太网的故障率普遍较高，整个系统的可靠性也因此受到了影响。所以，细缆以太网多用于小规模网络环境当中。

（3）双绞线以太网（10 Base-T Ethernet）。采用非屏蔽双绞线的 10 Base-T Ethernet 也称为双绞线以太网，T 表示拓扑结构为星型，组网的关键设备是集线器。当使用非屏蔽双绞线进行网络连接时，最大的电缆长度为 100 m，即 Hub 到各节点的距离或 Hub 与 Hub 间的距离不超过 100 m，网络连接如图 4-9 所示。

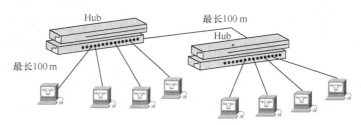

图 4-9 双绞线以太网示意图

组建双绞线以太网要采用的硬件设备主要有以下几种。

① 带有 RJ-45 插头的以太网卡——这类网卡上有一个称为 RJ-45 的插座，因此也被称为 RJ-45 网卡。RJ-45 插座用于连接双绞线。

② 集线器——星型网络的中心，是多路双绞线的汇集点。Hub 的主要功能是接收、放大、广播数据信号，作用和中继器类似。在连接两个或两个以上的网络节点时，必须通过双绞线把各节点连接到 Hub 上。这样的以太网在物理结构上看似星型结构，但在逻辑上仍然是总线型结构，而且在 MAC 层仍然采用 CSMA/CD 介质访问控制方法。当 Hub 收到某个节点发送的帧时，立即将帧通过广播形式中继或转发到其他所有端口。Hub 一般提供两类接口：一类是 RJ-45 双绞线接口，可以有多个（8、12、16 或 32），每一个接口支持来自网络节点的连接；另一类可以是连接粗缆的 AUI 接口、连接细缆的 BNC 接口，还可以是光纤接口。集线器的产品种类较多，可分为有源 Hub、无源 Hub、智能 Hub、堆叠式 Hub、交换式 Hub 等。

③ 双绞线——10 Base-T 中使用的双绞线既可以是屏蔽双绞线（Shielded Twisted Pair，STP），也可以是非屏蔽双绞线（Unshielded Twisted Pair，UTP）。目前最常用的是非屏蔽 5 类 4 对双绞线。这类双绞线不但价格便宜、安装方便，而且 5 类 UPT 支持 100 Mbit/s 的传输速率，可以很容易地升级到 100 Base-TX。双绞线在连接时只使用到了 4 对线中的两对，其中发送和接收数据各用一对。双绞线的两端各装有一个 RJ-45 头，分别连接网卡和 Hub。RJ-45 头中有 8 个引脚，连接时只用到了 1、2、3、6 这 4 个引脚，且两端必须一一对应。RJ-45 头的引脚功能如表 4-3 所示。

表 4-3　　　　　　　　　　　　　　　RJ-45 头的引脚功能

引 脚 号	功 能	引 脚 号	功 能
1	数据发送（＋）	5	未用
2	数据发送（－）	6	数据接收（－）
3	数据接收（＋）	7	未用
4	未用	8	未用

4.5.2　IBM 令牌环网

令牌环网是由 IBM 公司在 20 世纪 70 年代初开发的一种网络技术，目前已经发展成为除 Ethernet IEEE 802.3 之外最为流行的局域网组网技术。IEEE 802.5 规范与 IBM 公司开发的令牌环网几乎完全相同，并且相互兼容。事实上，IEEE 802.5 规范制定之初正是选取了 IBM 的令牌环网作为参照模型，并在随后的过程中根据 IBM 令牌环网的发展不断地进行了调整。通常，令牌环网指的就是 IBM 公司的令牌环网。

1. 令牌环网的结构和组成

令牌环网示意图如图 4-10（a）所示，工作站以串行方式顺序相连，形成一个封闭的环路结构。数据顺序通过每一个工作站，直至到达数据的原发者才停止。在改进型的环型结构中，工作站并未直接与物理环相连，而是将所有的终端站都连接到一种被称为多站访问单元（Multi Station Access Unit，MSAU）的设备上，称为 IBM 8228。多台 MSAU 设备连接在一起形成一个大的圆形环路，如图 4-10（b）所示，一台 MSAU 最多可以连接 8 个工作站。

构成令牌环网所需的基本部件包括多站访问单元、网卡、服务器、工作站、传输介质、连接附加设备等。

（1）多站访问单元。从 4.3.2 小节局域网的拓扑结构中可知，环型局域网的可靠性、可维护性和扩展性都较差，网络中任何一点故障（电缆、网卡、工作站等）都会破坏环网的正常运转，并且在网中每添加或移动一个节点，就必须中断网络，十分麻烦。IBM 令牌环网设计的 MASU 可以彻底解决环型局域网所存在的问题。采用 MSAU 所连接的令牌环网，在物理上是星型结构，从形式和作用上看类似于以太网中的集线器，而在通信的逻辑关系上却又是闭合的环路。

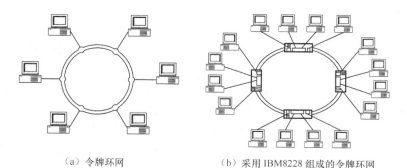

　（a）令牌环网　　　　　　　　　（b）采用 IBM8228 组成的令牌环网

图 4-10　令牌环网

　　IBM 8228 MSAU 共有 10 个插头，如图 4-11 所示。首尾两个插头分别是入环端口（Ring In,
RI）和出环端口（Ring Out，RO），每个 RO 要用电缆连接下一个 MSAU
的 RI 端口，最后一个 MSAU 的 RO 端口则要与第一个 MSAU 的 RI
端口相连，以构成一个闭合的环路。MSAU 中间的 8 个插头用于连接
工作站，接入令牌环网的工作站只需与其中任意一个插头连接即可。
如果哪个工作站或网卡出现了故障，只需将连接电缆从 MSAU 上拔下
即可，其余的工作站能照常组成一个闭合的环路继续工作。

图 4-11　IBM 8228 MSAU

　　（2）网卡。IBM 令牌环网的网卡有 4 Mbit/s 和 16 Mbit/s 两种型号，但在同一个环中所有网
卡的速度必须相同。如果在 4 Mbit/s 的网络上使用了 16 Mbit/s 的网卡，那么网卡会自动切换到
4 Mbit/s 进行操作，而在 16 Mbit/s 网络上只能运行 16 Mbit/s 的网卡。

　　（3）传输介质。IBM 令牌环网最初使用的传输介质是 150 Ω 的屏蔽双绞线。目前除这种介质
以外，通过使用无源滤波设备也可以使用 100 Ω 的非屏蔽双绞线来实现 4 Mbit/s 和 16 Mbit/s 的数
据传输。

　　2. 令牌环网的工作原理

　　令牌环网和 IEEE 802.5 是两种最主要的基于令牌传递机制的网络技术。令牌是一种特殊的
MAC 控制帧，通常是一个 8 位的包，其中有一位标志令牌的忙/闲状态。当环正常工作时，令牌
总是沿着环单向逐节点传送，获得令牌的节点可以向网络发送数据，如果接收到令牌的节点不需
要发送任何数据，将会把接收到的令牌传递给网络中的下一个节点。每个节点保留令牌的时间不
得超过网络规定的最大时限。令牌环网的基本工作过程如图 4-12 所示。

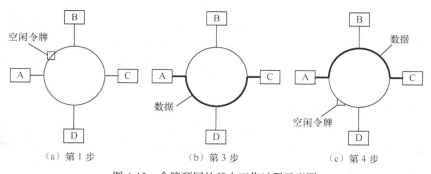

　（a）第 1 步　　　　　　　（b）第 3 步　　　　　　　（c）第 4 步

图 4-12　令牌环网的基本工作过程示意图

第1步：空闲令牌沿环流动，如果节点A要发送数据给节点C，A截获令牌并将其数据帧附在令牌上，如图4-12（a）所示。

第2步：当携带数据帧的令牌继续环行时，后面的每个节点都校验数据帧。

第3步：目的节点C辨认出此数据帧，接收，把数据拷贝至自己的缓冲区，并将一个收据信号附在令牌上，随后令牌继续环行，如图4-12（b）所示。

第4步：当源节点A收到收据信号后，把数据从环上清除并解除令牌的忙状态，于是空闲令牌又重新发送到下一个节点，过程重新开始，如图4-12（c）所示。

令牌环的主要优点在于访问方式的可调整性和确定性，各节点既具有同等访问环的权力，也可以采取优先权操作和带宽保护。因此，令牌环网适用于重负载、实时性强的分布控制应用环境当中，实现高速传输。

令牌环网的主要缺点是有较复杂的令牌维护要求。空闲令牌的丢失将降低环路的利用率，令牌重复也会破坏网络的正常运行，故必须选一个节点作为监控站。如果监控站失效，竞争协议将保证很快地选出另一个节点作为监控站（每个站点都具有成为监控站的能力）。当监控站正常运行时，单独负责判断整个环的工作是否正确。

令牌环网潜在的问题是：其中任何一个节点连接出问题都会使网络失效，因此可靠性较差；另外，节点入环、退环都要暂停环网工作，灵活性差。

4.5.3 交换式以太网

1. 交换式以太网的产生

近年来，随着电视会议、远程教育、远程诊断等多媒体应用的不断发展，人们对网络带宽的要求越来越高，传统的共享式局域网（传统以太网、令牌环网等）已越来越不能满足多媒体应用对网络带宽的要求。

所谓共享式局域网，是指网络建立在共享介质的基础上，网络中的所有节点去竞争和共享网络带宽。随着用户数的增多，每个用户分到的网络带宽必然会减少，并且每个节点只有占领了整个网络传输通道后才能与其他站点进行通信，而在任何时候最多只允许一个节点占用通道，其他节点只能等待。各节点对公共信道的访问由MAC协议（CSMA/CD、Token Ring等）控制，MAC协议能有效地处理网络中的各种冲突，但是也正因为这些协议的控制增加了网络延时，影响了网络的效率，降低了网络带宽的利用率。根据一般常识，在一个共享的以太网网段中，如果网络负载较重（用户数目超过50个时），其CSMA/CD协议将会极大地影响网络效率，系统的响应速度会急剧下降。

面对这样的问题，可以使用网关、网桥、路由器等网络互连设备将网络进行分割，以达到隔离网络、减小流量、降低网络上的冲突和提高网络带宽的目的。但是过多的网段微化会带来设备投资的增加和管理上的难度，而且也不能从根本上解决网络带宽。为了克服网络规模和网络性能之间的矛盾，人们提出了将共享式局域网改为交换式局域网，这就导致了交换式以太网的产生。

2. 交换式以太网的结构和特点

交换式以太网（Switched Ethernet）的核心设备是以太网交换机（Ethernet Switch）。以太网交换机有多个端口，每个端口可以单独与一个节点连接，并且每个端口都能为与之相连的节点提供专用的带宽，这样每个节点就可以独占通道，独享带宽。交换式以太网的结构如图4-13所示。

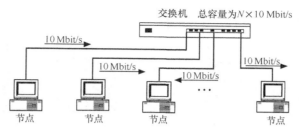

图 4-13　交换式以太网的结构示意图

交换式以太网主要有以下几个特点。

（1）独占通道，独享带宽。例如，一台端口速率为 100 Mbit/s 的以太网交换机共连接有 10 台计算机，这样每台计算机都有一条 100 Mbit/s 的传输通道，都独占 100 Mbit/s 带宽，那么网络的总带宽通常为各个端口的带宽之和 1 000 Mbit/s。由此可知，在交换式以太网中，随着网络用户的增多，网络带宽不仅不会减少，反而增加，即使在网络负荷很重的情况下也不会导致网络性能的下降。因此，交换式以太网从根本上解决了网络带宽问题，能满足不同用户对网络带宽的需要。

（2）多对节点间可以同时进行数据通信。在传统的共享式局域网中，数据的传输是串行的，在任何时候最多只允许一个节点占用通道进行数据通信。交换式以太网则允许接入的多个节点间同时建立多条通信链路，同时进行数据通信，所以交换式以太网极大地提高了网络的利用率。

（3）可以灵活配置端口速度。在传统的共享式局域网中，不能在同一个局域网中连接不同速度的节点。在交换式以太网中，由于节点独占通道，独享带宽，用户可以按需配置端口速率。在交换机上不仅可以配置 10 Mbit/s、100 Mbit/s 的端口，还可以配置 10 Mbit/s、100 Mbit/s 的自适应端口来连接不同速率的节点。

（4）便于管理和调整网络负载的分布。在传统的局域网中，一个工作组通常是在同一个网段上，多个工作组之间通过实现互连的网桥或路由器来交换数据，工作组的组成和拆离都要受节点所在网段物理位置的严格限制。而交换式以太网可以构造虚拟局域网（Virtual Local Area Network，VLAN），即逻辑工作组，以软件方式来实现逻辑工作组的划分和管理。同一逻辑工作组的成员不一定要在同一个网段上，既可以连接到同一个局域网交换机上，也可以连接到不同的局域网交换机上，只要这些交换机是互连的即可。这样，当逻辑工作组中的某个节点要移动或拆离时，只需要简单地通过软件设定，而不需要改变其在网络中的物理位置。因此，交换式以太网可以方便地对网络用户进行管理，合理地调整网络负载的分布，提高网络的利用率。

（5）能保护用户的现有投资，可以与现有网络兼容。以太网交换技术是基于以太网的，保留了现有以太网的基础设施，而不必把还能工作的设备淘汰掉，这样有效地保护了用户的现有投资，节省了资金。不仅如此，交换式以太网与传统以太网和快速以太网等现有网络完全兼容，能够实现无缝连接。

3. 以太网交换机

（1）以太网交换机的工作原理。下面通过一个实例来详细阐述以太网交换机的内部结构和工作过程。

图 4-14 所示的以太网交换机有 6 个端口。其中，端口 1、4、5、6 分别连接了节点 A、B、C 和 D，交换机的"端口号/MAC 地址映射表"就可以根据以上端口号与节点 MAC 地址的对应关系建立起来。如果节点 A 与节点 D 同时要发送数据，那么可以分别在数据帧的目的地址字段（Destination Address，DA）中填上该帧的目的地址。

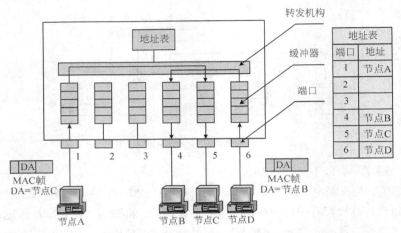

图 4-14 交换机的结构与工作过程

如果节点 A 要向节点 C 发送数据帧，那么该帧的目的地址 DA=节点 C；节点 D 要向节点 B 发送，那么该帧的目的地址 DA=节点 B。当节点 A 和节点 D 同时通过交换机传送数据帧时，交换机的交换控制中心根据"端口号/MAC 地址映射表"的对应关系找出对应数据帧目的地址的输出端口号，为节点 A 到节点 C 建立端口 1 到端口 5 的连接，同时为节点 D 到节点 B 建立端口 6 到端口 4 的连接。这种端口之间的连接可以根据需要同时建立多条，即可在多个端口之间建立多个并行连接。

（2）以太网交换机的数据交换方式。以太网交换机的数据交换方式主要有直接交换和存储转发两种。

① 直接交换（Cut Through）：交换机只要接收到数据帧，便立即获取该帧的目的地址，启动系统内部的"端口号/MAC 地址映射表"转换成相应的输出端口，将该数据帧转发出去。由于不需要存储，因此这种交换方式速度较快，延迟很小。

这种方式有 3 个缺点。

● 不检查数据帧的完整性和正确性，在整个数据帧的传递过程中并不十分可靠。因为数据帧在传输途中可能发生碰撞而损坏，这样采用直接交换方式的交换机将把这个已损坏的数据帧传至另一个网络。

● 由于没有缓存，不能将具有不同速率的输入/输出端口直接接通。

● 当以太网络交换机的端口增加时，交换矩阵变得越来越复杂，实现起来比较困难。

② 存储转发（Store and Forward）：这种方式是应用最为广泛的一种数据交换方式。当数据帧到达以太网交换机时，交换机首先完整地接收该数据帧并存储下来，然后进行 CRC 校验，检查数据帧是否有损坏。如果数据完整无误，则取出数据帧的目的地址，通过映射表转换成输出端口将数据帧转发出去。这种数据的传递方式比直接交换方式的延迟大，但是具有数据帧的差错检测能力。尤为重要的是可以支持不同速度的输入/输出端口间的转换，保持高速端口与低速端口间的协同工作。

③ 改进后的直接交换：改进后的直接交换方式则将两者结合起来，在接收到数据帧的 64 字节后判断该帧的帧头字段是否正确，如果正确则转发出去。这种方法对于短的数据帧来说，其交换延迟时间与直接交换比较接近；而对于长的数据帧来说，由于只对数据帧的地址字段与控制字段进行差错检验，因此交换延迟时间也将会减少。

4.6　快速网络技术

　　局域网技术发展的直接推动力是微机的飞速发展以及数据库、多媒体技术的广泛应用。在过去的 20 年中，计算机的速度提高了数百万倍，而网络的速度只提高了几千倍。今天，人们对计算机网络的传输速率及其他性能的要求越来越高，如果 Ethernet 仍旧保持以前 10 Mbit/s 的数据传输速率，显然是远远不能满足需要的。

　　目前，提供高速传输的网络有快速以太网、吉比特以太网、ATM 网络等，它们都能实现 100 Mbit/s 以上的传输速率，是提高网络传输速率的有效途径。

4.6.1　快速以太网组网技术

1. 快速以太网的发展和 IEEE 802.3u

　　随着局域网应用的深入，人们对局域网提出了更高的要求。1992 年，IEEE 重新召集了 802.3 委员会，指示制定一个快速的局域网协议。但在 IEEE 内部出现了以下两种截然不同的观点。一种观点是建议重新设计 MAC 协议和物理层协议，使用一种"请求优先级"的介质访问控制策略，采用一种具有优先级、集中控制的介质访问控制方法，比 CSMA/CD 控制方法更适合于多媒体信息的传输。支持这种观点的人组成自己的委员会，建立了局域网标准，即 IEEE 802.12，常被称为 100VG-AnyLAN。但是这种标准不兼容原来的以太网，所以后来的发展不大。另一种观点则建议保留原来以太网的体系结构和介质访问控制方法（CSMA/CD）不变，设法提高局域网的传统速度。

　　后来 IEEE 802.3 委员会之所以决定保持传统局域网的原状，主要考虑到下面 3 个原因：①与现存成千上万个以太网相兼容，保护用户现有的投资；②担心制定新的协议可能会出现不可预见的困难；③不需要引入更多新技术便可完成这项工作。标准的制定工作进展非常顺利，1995 年 6 月由 IEEE 正式通过，并发布了称之为 802.3u 的标准。

　　在技术上 802.3u 并不是什么新的标准，而只是现有 802.3 的延伸，人们称之为快速以太网（Fast Ethernet）。快速以太网的概念很简单，保留了 802.3 的帧格式、接口、软件算法规则以及 CSMA/CD 协议，只是将数据传输速率从 10 Mbit/s 提高到 100 Mbit/s，相应的位时（bit 的传输延迟时间）从 100 ns 减小到 10 ns。从技术上讲，快速以太网可以完全照搬原来的 10 Base-5 和 10 Base-2 标准，只将最大电缆长度减少到原来的 1/10 并仍能检测到冲突。由于使用 UTP 的 10 Base-T 的连线方式具有明显的优点，所以快速以太网是完全基于 10 Base-T 而设计的，使用集线器，而不再使用 BNC 连接器和同轴电缆。

2. 快速以太网的协议结构

　　100 Base-T 是现行 IEEE 802.3 标准的扩展，在 MAC 子层使用现有的 802.3 介质访问控制方法 CSMA/CD，物理层做了一些必要的调整，定义了 3 种物理子层（Physical Layer PHY）。MAC 子层通过一个媒体独立接口（Media Independent Interface，MII）与其中的一个物理子层相连接。MII 和 10 Base-T 中的连接单元接口一样，提供单一的接口，能支持任何符合 100 Base-T 标准的网络设备。MII 将物理层和 MAC 子层分割开来，这样物理层的各种变化（如传输介质和信号编码方式的变化）就不会影响到 MAC 子层。快速以太网的协议结构如图 4-15 所示。

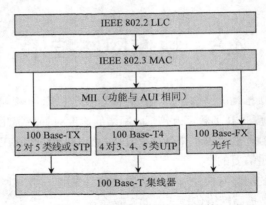

图4-15 快速以太网的协议结构

3. 快速以太网的3种物理层标准

目前，100 Base-T主要有以下3种物理层标准，如表4-4所示。

表4-4 快速以太网3种物理层标准的比较

物理层标准	电 缆 类 型	电 缆 对 数	接 口 类 型	最大距离（m）	支持全双工
10 Base-TX	5类UTP 1类STP	2对双绞线	RJ-45或DB9	100	是
10 Base-T4	3、4、5类UTP	4对双绞线	RJ-45	100	否
10 Base-FX	多模/单模光纤	一对光纤	MIC，ST，SC	200，2 000	是

（1）100 Base-TX。100 Base-TX需要2对高质量的双绞线：一对用于发送数据，另一对用于接收数据。这两对双绞线既可以是5类非屏蔽双绞线UTP，也可以是1类屏蔽双绞线STP。100 Base-TX网络节点与集线器的最大距离一般不超过100 m。

（2）100 Base-T4。100 Base-T4支持4对3类、4类或5类非屏蔽双绞线，一对专门用于发送，一对专门用于接收，另两对则是双向的。100 Base-T4网络节点与集线器的最大距离也是100 m。一般把100 Base-T4和100 Base-TX统称为100 Base-T。

（3）100 Base-FX。100 Base-FX的标准电缆类型是内径为62.5 μm、外径为125 μm的多模光缆。光缆仅需一对光纤：一路用于发送数据，一路用于接收数据。100 Base-FX可将网络节点与服务器的最大距离增加到200 m，而使用单模光纤时可达2 km。100 Base-FX主要用于高速局域网的主干网，以提高网络主干速度。

4.6.2 吉比特以太网组网技术

1. 吉比特以太网概述

吉比特以太网（Gigabit Ethernet）是近几年推出的高速局域网技术，以适应用户对网络带宽的需求，在局域网组网技术上与ATM形成竞争格局。吉比特以太网是IEEE 802.3以太网标准的扩展，为IEEE 802.3z，其数据传输率为1 000 Mbit/s，即1 Gbit/s，也因此得名为吉比特以太网。

以太网技术是当今应用最为广泛的网络技术，然而随着网络通信流量的不断增加，传统以太网在客户机/服务器计算环境中已很不适应。用户对网络信息量日益增长的需要与通信的拥塞之间的矛盾推动了快速网络的迅速发展。快速以太网（100 Base-T）以其高可靠性、易扩展性和低成本等优势成为了当今现有高速局域网方案中的首选技术。但是在桌面视频会议、3D图形、高清晰度图像等应用领域，快速以太网往往又显得力不从心，人们不得不继续寻求更高带宽的局域网。

从目前的发展来看，最合适的解决方案是吉比特以太网。吉比特以太网与快速以太网相比，有其明显的优点。吉比特以太网的速度 10 倍于快速以太网，但其价格只为快速以太网的 2～3 倍。吉比特以太网可从现有的传统以太网和快速以太网的基础上平滑地过渡得到，用户无须再进行网络培训和额外的网络协议的投资，也没有必要掌握新的配置、管理与故障排除技术，应用起来十分方便。

吉比特以太网还可以将现有的 10 Mbit/s 以太网和 100 Mbit/s 快速以太网连接起来，现有的 100 Mbit/s 以太网可通过吉比特以太网交换机与吉比特以太网相连，从而组成更大容量的主干网，长期困扰网络的主干拥挤问题可以得到很好的解决。吉比特以太网虽然在数据、语音、视频等实时业务方面还不能提供真正意义上的服务质量（QoS）保证，但吉比特以太网的高带宽能克服传统以太网的一些弱点，提供更高的服务性能。总之，吉比特以太网未来发展和应用的前景十分广阔。

2. 吉比特以太网的协议结构

1996 年 8 月，IEEE 802.3 委员会成立了 802.3z 工作组，主要研究使用多模光纤和 STP 的吉比特以太网物理层标准。1997 年，IEEE 又成立了 802.3ab 工作组，主要研究使用单模光纤和 UTP 的吉比特以太网物理层标准。IEEE 802.3z 在 1998 年获得了 IEEE 802 委员会的正式批准，成为了吉比特以太网的标准。IEEE 802.3z 只定义了 MAC 子层和物理层。在 MAC 子层，吉比特以太网与以太网和快速以太网一样，使用 CSMA/CD 方法。物理层则做了一些必要的调整，定义了新的物理层标准 1 000 Base-T。1 000 Base-T 标准定义了吉比特媒体独立接口（Gigabit Media Independent Interface，GMII），GMII 和快速以太网中的 MII 类似，同样都将物理层和 MAC 子层分割开来，这样物理层的各种变化（如传输介质和信号编码方式的变化）就不会影响到 MAC 子层了。吉比特以太网的协议结构如图 4-16 所示。

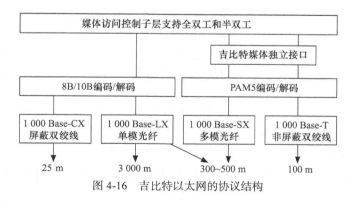

图 4-16　吉比特以太网的协议结构

3. 吉比特以太网的物理层标准

目前，1 000 Base-T 主要有以下 4 种物理层标准。

（1）1 000 Base-CX。1 000 Base-CX 标准使用的是 150 Ω 的屏蔽双绞线，采用 8B/10B 编码方式，传输速率为 1.25 Gbit/s，传输距离为 25 m，主要用于集群设备的连接，如一个交换机房的设备互连。

（2）1 000 Base-T。1 000 Base-T 标准使用的是 4 对 5 类非屏蔽双绞线，采用 PAM5 编码方式，传输距离为 100 m，主要用于结构化布线中同一层建筑的通信，从而可以利用以太网或快速以太网中已铺设的 UTP 电缆。

（3）1 000 Base-SX。1 000 Base-SX 标准使用的是 62.5 μm 和 50 μm 两种直径、工作波长为 850 nm 的多模光纤，采用 8B/10B 编码方式，传输距离为 300～500 m，适用于建筑物中同一层的短距离主干网。

（4）1 000 Base-LX。1 000 Base-LX 标准使用的是 62.5 μm 和 50 μm 两种直径的多模光纤和直径为 5μm、工作波长为 1 300 nm 的单模光纤，采用 PAM5 编码方式，最大传输距离可达 3 000 m，主要用于校园主干网。

4. 吉比特以太网的技术特点

（1）简易性。吉比特以太网保持了传统以太网的技术原理、安装实施和管理维护的简易性，这是其成功的基础之一。

（2）技术过渡的平滑性。吉比特以太网保持了传统以太网的主要技术特征，采用 CSMA/CD 媒体控制方法，采用相同的帧格式及帧的长度，支持全双工、半双工工作方式，以确保平滑过渡。

（3）网络可靠性。保持了传统以太网的安装、维护方法，采用中央集线器和交换机的星型结构和结构化布线方法，以确保吉比特以太网的可靠性。

（4）可管理性和可维护性。采用简易网络管理协议，即传统以太网的故障查找和排除工具，以确保吉比特以太网的可管理性和可维护性。

（5）低成本性。网络成本包括设备成本、通信成本、管理成本、维护成本及故障排除成本。由于继承了传统以太网的技术，使吉比特以太网的整体成本下降了许多。

（6）支持新应用与新数据类型。随着计算机技术和应用的发展，出现了许多新的应用模式，对网络提出了更高的要求。为此，吉比特以太网必须具有支持新应用与新数据类型的能力。

4.6.3　ATM 技术

ATM 技术问世于 20 世纪 80 年代末，是近几年来迅速崛起的一种极具革命性的高速网络技术，这种技术提供了新颖的网络传输解决方案，并且是一种综合多项服务的技术。

1. ATM 的工作原理

ATM 是在分组交换技术上发展起来的快速分组交换技术，充分吸取了分组交换高效率和线路交换高速的优点，克服了分组交换和线路交换方式的局限性，成为了宽带综合业务数字网（B-ISDN）的传递方式。

ATM 把不同长度的信息分割成一个个长度固定的小的数据碎片——信元（Cell）来加以传送，分割数据和传送数据的步骤都是靠硬件来完成的，非常快速。每个信元有 53 个字节长，其中 5 个字节为信元头（Header），其余 48 个字节为用户数据信息（User Data）部分。信元头字段包括信元的控制信息（如虚拟路径标识符、路由选择交换信息等）。ATM 信元结构如图 4-17 所示。

图 4-17　ATM 信元结构

在实际工作中，ATM 是采用虚电路方式来进行数据传递的。当 ATM 网中的一个工作站（发送方主机）要传送数据到另一个工作站（接收方主机）时，发送方主机首先将根据对网络带宽的需求，发出连接建立请求。ATM 交换机接收到该请求后，将根据当前网络状况选择从发送方主机到接收方主机的路径，并构造出相应的路由表。这样就在两个主机之间建立了虚拟连接，但这种连接只是一种逻辑连接，因为 ATM 网只需要为这条虚电路分配必要的网络带宽，而不需要建立真正的物理链路。仅当有足够的可用带宽时，ATM 交换机才允许连接。信元到达 ATM 交换机时，再根据信元头部分的虚拟路径标识符（Virtual Path Identifier，VPI）从路由表中选择一个表项，该表项将决定应将该信元送到哪个输出端口。同时，新的 VPI 值可能放入该信元，然后信元传至下一交换机。

2. ATM 技术的特点

（1）灵活、可变的带宽。在 ATM 中，用户可直接通过交换机按需建立虚电路，发送方可以对本次传输所需的服务质量（Quality of Service，QoS）提出要求，ATM 交换机在确认有足够的网络资源时，将批准这一请求，使用户获得所需的带宽和一定的服务质量保证，有了这一保证，用户的多媒体信息便不会受到网上数据流量的影响，这对于传送实时的、交互式的信息（如语音、视频等）特别有利。

（2）对传输距离的依赖小，使局域网和广域网之间的区别变模糊。传统的网络技术在传输距离上都有很大的限制，正是由于这些距离上的差异才有了局域网和广域网的区别。ATM 可以在很大的距离范围内（从几米到数千千米之外）传送各种各样的实时数据，并可用于广域网、城域网、校园主干网和大楼主干网等，从而使局域网和广域网的区别趋于消失。

（3）具有很高的数据传输速率，并可支持不同速率的各种业务。ATM 支持的速率可以从桌面级的 25 Mbit/s 到 24 Gbit/s，这样高的传输速率对于提高网络性能、适应多媒体信息的传输是非常有好处的，并且 ATM 可以工作在任何一种不同的速度下，使用不同的传输介质和传输技术。

（4）可在局域网和广域网中提供一种单一的网络技术，实现完美的网络集成。这种无缝集成将很有可能会淘汰今天所使用的网桥和路由器。

4.7　VLAN

4.7.1　VLAN 概述

1. 什么是 VLAN

在传统的局域网中，通常一个工作组（Workgroup）是在同一个网段上，每个网段可以是一个逻辑工作组或子网。多个逻辑工作组之间通过实现互连的网桥或路由器来交换数据。当一个逻辑工作组的节点要转移到另一个逻辑工作组时，就需要将节点计算机从一个网段撤下，连接到另一个网段上，甚至需要重新进行布线。因此，逻辑工作组的组成就要受节点所在网段的物理位置限制。

VLAN（Virtual Local Area Network，虚拟局域网）是建立在交换技术基础上的。有人曾说："交换式局域网是 VLAN 的基础，VLAN 是交换式局域网的灵魂。"这句话很好地说明了 VLAN 和交换式局域网间的关系。如果将网络上的节点按工作性质与需要来划分若干个"逻辑工作组"，那么一个"逻辑工作组"就是一个 VLAN。VLAN 以软件方式实现逻辑工作组的划分和管理，逻辑工作组的节点组成不受物理位置的限制。同一个逻辑工作组的成员不一定要连接在同一个物理网段上，既可以连接在同一个局域网交换机上，也可以连接在不同的局域网交换机上，只要这些交换机是互连的就可以。当一个节点从一个逻辑工作组转移到另一个逻辑工作组时，只需要简单地通过软件设定，而不需要改变其在网络中的物理位置。同一个逻辑工作组的节点可以分布在不同的物理网段上，但彼此通信就像在同一个物理网段上一样。

VLAN 结构示意图如图 4-18 所示。

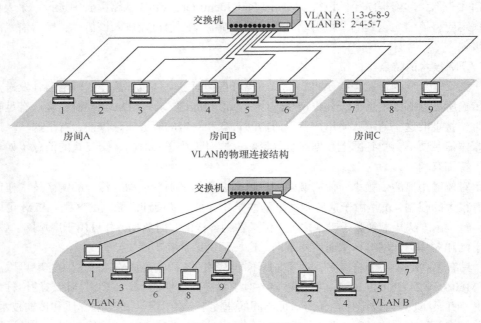

图 4-18　VLAN 示意图

2. VLAN 的标准

1996 年 3 月，IEEE 802 委员会发布了 IEEE 802.1Q VALN 标准。该标准包括 3 个方面：①VLAN 的体系结构说明；②为在不同设备厂商生产的不同设备之间交流 VLAN 信息而制定的局域网物理帧的改进标准；③VLAN 标准的未来发展展望。

IEEE 802.1Q 标准提供了对 VLAN 明确的定义及其在交换式网络中的应用。该标准的发布确保了不同厂商产品的互操作能力，并在业界获得了广泛的推广，成为了 VLAN 发展史上的重要里程碑。IEEE 802.1Q 的出现打破了 VLAN 依赖于单一厂商的僵局，从一个侧面推动了 VLAN 的迅速发展。目前，该标准已得到全世界主要网络厂商的广泛支持。

3. VLAN 的优点

VLAN 与普通局域网从工作原理上相比没有什么不同的地方，但从用户使用和网络管理的角度来看，VLAN 具有以下一些明显的优点。

（1）控制网络的广播风暴。控制网络的广播风暴有两种方法：网络分段和 VLAN 技术。通过网络分段，可将广播风暴限制在一个网段中，从而避免影响其他网段的工作；采用 VLAN 技术，可将某个交换端口划分到某个 VLAN 中，一个 VLAN 的广播风暴不会影响到其他 VLAN 的性能。

（2）确保网络的安全性。共享式局域网之所以很难保证网络的安全性，是因为只要用户连接到一个集线器的端口，就能访问集线器所连接网段上的所有其他用户。VLAN 之所以能确保网络的安全性，是因为 VLAN 能限制个别用户的访问以及控制广播组的大小和位置，甚至锁定某台设备的 MAC 地址。

（3）简化网络的管理。网络管理员能借助 VLAN 技术轻松地管理整个网络。例如，需要为一个学校内部的行政管理部门建立一个工作组网络，其成员可能分布在学校的各个地方，此时，网络管理员只需设置几条命令就能很快地建立一个 VLAN，并将这些行政管理人员的计算机设置到 VLAN 中。

4.7.2　VLAN 的组网方法

交换技术本身涉及网络的多个层次，因此 VLAN 也可以在网络的不同层次上实现。不同的 VLAN 组网方法的区别主要表现在对 VLAN 成员的定义方法上，通常有以下 4 种。

1. 用交换机端口号定义 VLAN

许多早期的 VLAN 都是根据局域网交换机的端口号来定义 VLAN 成员的。VLAN 从逻辑上把局域网交换机的端口号划分为不同的虚拟子网，各虚拟子网相对独立，其结构如图 4-19（a）所示。图 4-19（a）中局域网交换机端口 1、2、3、7、8 组成 VLAN1；端口 4、5、6 组成 VLAN2。VLAN 也可以跨越多个交换机，如图 4-19（b）所示。局域网交换机 1 的 1、2 端口和局域网交换机 2 的 4、5、6、7 端口组成 VLAN1；局域网交换机 1 的 3、4、5、6、7、8 端口和局域网交换机 2 的 1、2、3、8 端口组成 VLAN2。

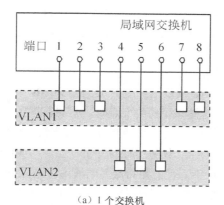

（a）1 个交换机

（b）多个交换机

图 4-19　用交换机端口定义 VLAN 成员

用局域网交换机端口号划分 VLAN 成员是最通用的方法。但是，纯粹用端口号定义 VLAN

时，不允许不同的 VLAN 包含相同的物理网段或交换端口号。例如，交换机1的端口1属于 VLAN1 后，就不能再属于 VLAN2。用端口号定义 VLAN 的缺点是：当用户从一个端口移动到另一个端口时，网络管理者必须对 VLAN 成员进行重新配置。

2. 用 MAC 地址定义 VLAN

采用节点的 MAC 地址来定义 VLAN 的优点是：由于节点的 MAC 地址是与硬件相关的地址，所以用节点的 MAC 地址定义的 VLAN 允许节点移动到网络其他物理网段。由于节点的 MAC 地址不变，所以该节点将自动保持原来的 VLAN 成员地位。从这个角度看，基于 MAC 地址定义的 VLAN 可以被视为基于用户的 VLAN。

用 MAC 地址定义 VLAN 的缺点是：要求所有用户在初始阶段必须配置到至少一个 VLAN 中，初始配置通过人工完成，随后就可以自动跟踪用户。但在大规模网络中，初始化时把成千个用户配置到某个 VLAN 中显然是很麻烦的。

3. 用网络层地址定义 VLAN

使用节点的网络层地址（如 IP 地址）来定义 VLAN 具有独特的优点。首先，允许按照协议类型来组成 VLAN，这有利于组成基于服务或应用的 VLAN；其次，用户可以随意移动工作站而无需重新配置网络地址，这对于 TCP/IP 用户特别有利。

与用 MAC 地址定义 VLAN 或用端口号定义 VLAN 的方法相比，用网络层地址定义 VLAN 的缺点是性能较差。检查网络层地址比检查 MAC 地址要花费更多的时间，因此用网络层地址定义 VLAN 的速度会比较慢。

4. 用 IP 广播组定义 VLAN

这种 VLAN 的建立是动态的，代表了一组 IP 地址。VLAN 中由称为代理的设备对 VLAN 中的成员进行管理。当 IP 广播包要送达多个目的节点时，就动态建立 VLAN 代理，这个代理和多个 IP 节点组成 IP 广播组 VLAN。网络用广播信息通知各 IP 站节点，表明网络中存在 IP 广播组，节点如果响应信息，就可以加入 IP 广播组，成为 VLAN 中的一员，与 VLAN 中的其他成员通信。IP 广播组中的所有节点属于同一个 VLAN，但只是特定时间段内特定 IP 广播组的成员。IP 广播组 VLAN 的动态特性有很高的灵活性，可以根据服务灵活地组建，而且可以跨越路由器形成与广域网的互连。

4.8　WLAN

4.8.1　WLAN 概述

1. 什么是 WLAN

目前主流应用的无线网络分为 GPRS 手机无线网络和无线局域网（Wireless Local Area Network，WLAN）两种方式。GPRS 手机无线网络是一种借助移动电话网络接入 Internet 的无线上网方式，只要用户所在的城市开通了 GPRS 上网业务，那么用户就可以在任何一个角落上网，是目前真正意义上的一种无线网络。不过，由于 GPRS 上网资费过高、速率较慢（最快仅相当于 56 kbit/s 的 Modem），所以用户群较小。因此，无线网络的应用主要还是以无线局域网为主。

无线局域网与有线网络的用途十分类似，最大的不同在于传输介质的不同——无线局域网利用电磁波取代了网线。通常情况下，有线局域网主要依赖同轴电缆、双绞线或光缆作为其主要传输介质，但有线网络在某些场合要受到布线的限制。布线改线工程量大、线路容易损坏、网络中各节点移动不便等问题都严重限制了用户连网。无线局域网就是为了解决有线网络的以上问题而出现的。

2. WLAN 的常见标准

WLAN 的常见标准有以下 4 种。

① IEEE 802.11a，使用 5 GHz 频段，最大传输速率约为 54 Mbit/s，与 802.11b 不兼容。

② IEEE 802.11b，使用 2.4 GHz 频段，最大传输速率约为 11 Mbit/s。

③ IEEE 802.11g，使用 2.4 GHz 频段，最大传输速率约为 54 Mbit/s，可向下兼容 802.11b。

④ IEEE 802.11n，使用 2.4 GHz 频段，最大传输速率约为 300Mbit/s，可向下兼容 802.11b/g。

目前 IEEE 802.11 g/n 两种标准最常用。

3. WLAN 的常用设备

（1）无线网卡。既然无线局域网中没有了网线，而改用电磁波方式在空气中发送和接收数据，那么起到信号接收作用的无线网卡显然是一个必不可少的部件。目前，无线网卡主要分为以下 3 种类型。

① PCMCIA 无线网卡，如图 4-20 所示，仅适用于笔记本电脑，支持热插拔，能非常方便地实现移动式无线接入。

② PCI 接口无线网卡，如图 4-21 所示，适用于普通的台式计算机，但要占用主机的 PCI 插槽。

图 4-20　PCMCIA 无线网卡

图 4-21　PCI 接口无线网卡

③ USB 接口无线网卡，如图 4-22 所示，适用于笔记本电脑和台式计算机，支持热插拔。不过，由于笔记本电脑一般都内置 PCMCIA 无线网卡，因此，USB 无线网卡通常被用于台式计算机。

（2）无线接入点。有了无线信号的接收设备，自然还要有无线信号的发射源——AP（Wireless Access Point，无线接入点）才能构成一个完整的无线网络环境，如图 4-23 所示。AP 所起的作用就是给无线网卡提供网络信号。AP 主要分不带路由功能的普通 AP 和带路由功能的 AP 两种。前者是最基本的 AP，仅仅提供一个无线信号发射的功能；而路由 AP 可以实现为拨号接入 Internet 的 ADSL 等宽带上网方式提供自动拨号功能，简单地说，就是当客户机开机时，网络就可自动接通 Internet，而无须再手动拨号，并且路由 AP 还具备相对完善的安全防护功能。

图 4-22　USB 接口无线网卡

图 4-23　无线接入点

4.8.2　WLAN 的实现

简单地讲，无线局域网的组建可分为以下两个步骤完成。

（1）将无线 AP 通过网线与网络接口相连，如 LAN 或 ADSL 宽带网络接口等。

（2）为配置了无线网卡的笔记本电脑提供无线网络信号，当搜索到该无线网络并连接之后，搭载无线网卡的笔记本电脑就可以在有效的信号覆盖范围内登录局域网络或 Internet。WLAN 组网示意图如图 4-24 所示。

由于目前高速无线网络还无法像手机信号那样进行普及性公共发射，只属于一种小范围的发射行为，如一个公司、一个校园、一个家庭等。因此，用户只能在信号的有效覆盖范围内实现无线上网，实现从信号发射端到计算机的无线。

值得一提的是，在组建有线局域网时，通常是用网线直接连接计算机和网络端口或是用网线将多台计算机连接在与网络端口相连的 Hub/Switch 上。而在无线环境中，网线实际连接的是 AP 和网络端口，计算机则是通过无线网卡接收 AP 发射的信号来上网的，AP 实际所起的主要作用是将连接 Hub/Switch 与计算机之间的网线"虚化"成了无线信号。因此在设备投资上，相对于传统有线网络而言，只是追加了无线网络设备的投资而已，其他费用并未增加。

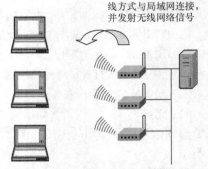

（a）无线 AP 通过传统网线方式与局域网连接，并发射无线网络信号

（b）配备有线网卡的计算机接收无线 AP 发出的无线信号便可接入局域网络或 Internet

图 4-24 WLAN 组网示意图

4.8.3 WLAN 组网实例——家庭无线局域网的组建

下面通过一个具体的例子详细地介绍家庭无线局域网的组建方法和步骤。

例如，某用户家中原来有两台台式计算机，一台放在书房，与 ADSL 宽带连接；另一台放在小孩房间，未连接宽带。后来又新购置了一台笔记本电脑，准备放在客厅或阳台。为了让一家三口能够各自使用一台计算机上网，不必为争用书房那台计算机上网而烦恼，可考虑组建一个家庭局域网来共享 ADSL 宽带。若是设置一个有线局域网，则会影响居室美观，也不好走线。因此，建立一个家庭无线局域网是最理想的选择。

1. 方案设计

网络结构如图 4-25 所示。ADSL Modem 连接到宽带无线路由器，书房台式计算机（PC1）用网线（直通双绞线）连接到宽带无线路由器的以太网接口（LAN）；小孩房间的台式计算机（PC2）购置一块无线网卡连接至宽带无线路由器；笔记本电脑自带无线网卡，也通过无线连接至宽带无线路由器。

2. 设备的选定及安装

需要新添加的设备主要是一台宽带无线路由器和一块无线网卡。这里以 TP-LINK TL-WR745N 无线路由器以及 TP-LINK TL-WN220M USB 无线网卡为例。设备的摆放和安装要充分考虑整个房间的布局，尤其是宽带无线路由器的摆放位置是非常讲究的，应遵循以下一些原则。

- 尽量将无线路由摆放在整个房子的中央。

- 不要把无线宽带路由摆放在彩电、冰箱、微波炉和功放等大功率电器旁边。

- 安装无线宽带路由的房间尽量不要关门，因为无线路由器的室内有效距离是指不隔墙的数据，如果障碍物较多，信号就衰减得比较厉害。

假设居室结构如图 4-26 所示，由于书房在整个房子的中间，所以正好安置无线路由器。设备的安装过程也比较简单，具体安排步骤如下。

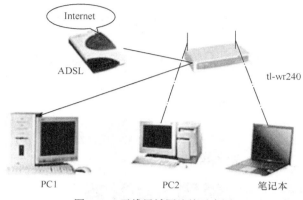

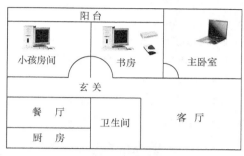

图 4-25 无线局域网连接示意图　　　　　　　图 4-26 居室结构图

（1）将 ADSL Modem 通过附带的网线（交叉双绞线）连接到宽带无线路由器 TL-WR745N 的 WAN 端口。

（2）将书房的台式计算机用网线（直通双绞线）直接连接到 TL-WR745N 的 LAN 端口。

（3）将 TL-WN220M 无线网卡插入小孩房间的台式计算机的 USB 端口。

（4）安装无线网卡附带光盘中的驱动程序和工具软件。笔记本电脑因为有无线网卡无须硬件安装。

3. 宽带无线路由器的配置

由于 TP-LINK TL-WR745N 提供了 Web 管理界面，因此可以通过书房的台式计算机（PC1）来配置无线宽带路由器。

在 IE 地址栏里输入"192.168.1.1"，按回车键，就进入 TL-WR745N 的 Web 管理页面（TL-WR745N 的用户名和密码默认都为 admin）。其管理页面提供了简单明了的中文菜单，用户只需做简单的修改，其他绝大多数选项用默认设置即可。需要改动设置的主要有以下几个地方。

（1）PPPoE 连接设置。如图 4-27 所示，单击左侧"网络参数"选项，再单击"WAN 口设置"，打开对话框，并进行如下设置。

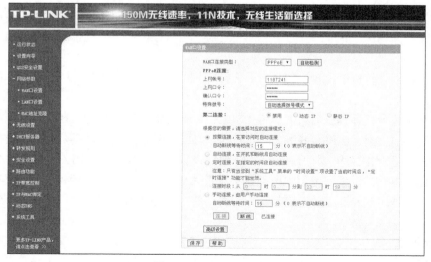

图 4-27 PPPoE 设置窗口

- WAN 口连接类型：选择 "PPPoE"。
- 上网账号和口令：填入用户在电信局申请 ADSL 服务时所注册的合法用户名和密码。
- 特殊拨号：选择 "自动选择拨号模式"。

（2）无线设置。单击左侧 "无线设置" 选项，再单击 "基本设置"，打开对话框，如图 4-28 所示，设置如下几个项目。

- SSID 号：填入自行命名的无线网络名称，如 "zhouge"。
- 信道：选择 "自动"。
- 模式：选择 "11bgn mixed"。
- 频带带宽：选择 "自动"，并开启 "无线功能" 和 "SSID 广播功能"。

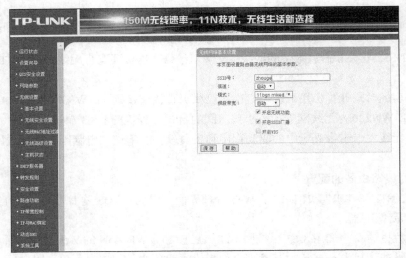

图 4-28　无线参数设置窗口

设置完成后，单击 "保存" 按钮，这样无线宽带路由器的配置就完成了。

4. 计算机的设置

计算机的设置包括对书房的台式计算机、小孩房间的台式计算机和笔记本电脑的设置。由于 TL-WR745N 的默认 IP 地址为 192.168.1.1，所以要对所有连网计算机的 TCP/IP 属性进行设置，将其 IP 地址设置为 192.168.1.2～192.168.1.255，使其和 TL-WR745N 处于同一个网段，具体设置如下。

（1）书房台式计算机的设置。把书房台式计算机的 IP 地址设置为 192.168.1.2，网关设置为 192.168.1.1。

（2）小孩房间台式计算机的设置。将 USB 无线网卡插入计算机的 USB 接口，启动工具软件后，从可用网络中找到已经设置好的无线宽带路由器 TL-WR745N，选中该网络并选择连接即可。连接好之后，再进行 TCP/IP 属性设置，将 IP 地址设置为 192.168.1.3，网关设置为 192.168.1.1。

（3）笔记本电脑的设置。笔记本电脑由于自带无线网卡，因此可直接在可用网络中找到无线宽带路由器 TL-WR745N，选中连接即可。然后将 IP 地址设置为 192.168.1.4，网关设置为 192.168.1.1。

5. 安全设置

为了保证网络安全，有必要进行简单的安全设置。TL-WR745N 无线宽带路由器提供了多重安全防护，如禁止 AP 广播网络名称、MAC 地址（物理地址）过滤、支持 64/128 位无线数据加密等。通常用户可以采用 MAC 过滤功能来保证无线网络的安全。

由于每个无线网卡都有唯一的物理地址，因此可以在 TL-WR745N 中手动设置一组允许访问的 MAC 地址列表，实现物理地址过滤。不在 MAC 地址列表的网卡将被无线宽带路由拒之门外。MAC 地址过滤设置如图 4-29 所示。

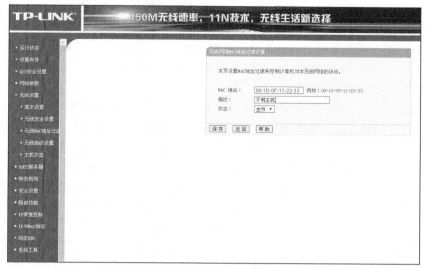

图 4-29　MAC 地址过滤设置窗口

小　　结

（1）局域网技术是计算机网络中重要的技术之一，不仅涉及基础理论，还是实用技术中最常用、最重要的技术部分。

（2）局域网是一种在有限的地理范围内将大量微机及各种设备互连在一起以实现数据传输和资源共享的计算机网络。局域网与广域网的最大区别在于覆盖的地理范围不同。局域网覆盖的仅仅是一个有限的地理范围，如一个办公室、一幢楼、一个学校等。因此，局域网的数据传输速率比广域网要高，而时延和误码率都比广域网要低。

（3）从局域网的组成来看，局域网由硬件和软件两部分组成。其中，硬件部分包括网络服务器、工作站、外部设备、网络接口卡、传输介质等。软件部分包括协议软件、通信软件、管理软件、网络操作系统和网络应用软件。

（4）局域网的网络拓扑结构主要有星型、环型和总线型 3 种。采用的网络传输介质主要有双绞线、同轴电缆和光缆。

（5）介质访问控制技术是局域网中最关键的一项技术。目前，在局域网中普遍采用的介质访问控制方法有 3 种：带有碰撞检测的载波侦听多路访问方法、令牌环方法、令牌总线方法。

（6）IEEE 802 各标准之间的关系。

（7）以太网在逻辑链路控制子层采用 802.2 标准，在介质访问控制子层采用 CSMA/CD 方法。针对不同的传输介质，在物理层分别为 10 Mbit/s 的传统以太网、100 Mbit/s 的快速以太网和 1 000

Mbit/s 的吉比特以太网制定了多种物理层标准。

（8）以太网的核心技术是带有碰撞检测的载波侦听多路访问方法，这种方法的特点是：先听后发，边听边发，冲突停止，随机延迟后重发。

（9）交换式以太网从根本上改变了"共享介质"的工作方式，以太网交换机是交换式以太网的核心设备。交换机的每个端口可以单独与一个节点连接，并且每个端口都能为与之相连的节点提供专用的带宽。因此，交换式以太网可以增加网络带宽，改善局域网的性能与服务质量。

（10）令牌环网是除以太网之外最为流行的局域网络，令牌环网的工作遵循 IEEE 802.5 标准。在环网中，信息只能单方向进行传输，并且环上流通着一个称为"令牌"的特殊信息包，只有获得"令牌"的节点才可以发送信息。

（11）ATM 技术是一种快速分组交换技术的国际标准，基于该技术的网络是一种能同时将数据、语音、视频等信号进行传输的新一代网络系统。ATM 技术将信元作为数据传输的基本单位，每个信元的长度为 53 个字节，其中信元头占 5 个字节，用户数据占 48 个字节。

（12）网络上的节点若按工作性质与需要来划分成若干"逻辑工作组"，那么一个"逻辑工作组"就是一个 VLAN。VLAN 以软件方式实现逻辑工作组的划分和管理，逻辑工作组的节点组成不受物理位置的限制。当一个节点从一个逻辑工作组转移到另一个逻辑工作组时，只需要简单地通过软件设定，而不需要改变其在网络中的物理位置，十分方便。

（13）根据 IEEE 802.1Q VALN 标准，VLAN 的组建主要有 4 种方式：用交换机端口号定义 VLAN、用 MAC 地址定义 VLAN、用网络层地址定义 VLAN 和采用 IP 广播组定义 VLAN。

（14）无线局域网利用电磁波作为信息传输的主要介质，是为了解决有线网络中所存在的布线改线工程量大、线路容易损坏、网络中各节点移动不便等问题而出现的。

（15）无线局域网的常见标准包括 IEEE 802.11 a/b/g3 种，所需上网设备有无线网卡和无线接入点。

习 题 4

一、名词解释（在每个术语前的下划线上标出正确定义的序号）

_____ 1. 以太网　　　　　　　_____ 2. 令牌环网
_____ 3. 快速以太网　　　　　_____ 4. 吉比特以太网
_____ 5. 交换式局域网　　　　_____ 6. CSMA/CD
_____ 7. ATM

A. MAC 子层采用 CSMA/CD 方法，物理层采用 100 Base 标准的局域网

B. 符合 IEEE 802.3 标准，MAC 层采用 CSMA/CD 方法的局域网

C. 符合 IEEE 802.5 标准，MAC 层采用令牌控制方法的环型局域网

D. 带有碰撞检测的载波侦听多路访问，可以减少或避免计算机发送数据时产生的冲突

E. 一种快速分组交换技术的国际标准，基于该技术的网络是一种能同时将数据、语音、视频等信号进行传输的新一代网络系统

F. 通过交换机多端口之间的并发连接实现多节点间数据并发传输的局域网

G. MAC 子层采用 CSMA/CD 方法，物理层采用 1 000 Base 标准的局域网

二、填空题

1. 局域网可采用多种传输介质，如_____、_____和_____等。
2. 组建局域网通常采用 3 种拓扑结构，分别是_____、_____和_____。
3. 决定局域网特性的主要技术一般认为有 3 个，它们是_____、_____和_____。
4. 局域网通常采用的传输方式是_____。
5. 异步传输模式（Asynchronous Transfer Mode，ATM）实际上是两种交换技术的结合，这两种交换技术是_____和_____。
6. 粗缆以太网的单段最大长度为_____m，网络的总长度最大为_____m。
7. IEEE802.11 标准定义了_____技术规范。
8. Ethernet 局域网是基带系统，采用_____编码。
9. 一个 B 类地址的子网掩码是 255.255.255.224，可以划分_____个子网。
10. 如果将符合 10BASE-T 标准的 4 个 Hub 连接起来，那么在这个局域网中相隔最远的两台计算机之间的最大距离为_____。

三、单项选择题

1. 在共享式以太网中，采用的介质访问控制方法是_____。
   A. 令牌总线方法　　B. 令牌环方法　　C. 时间片方法　　D. CSMA/CD 方法
2. _____在逻辑结构上属于总线型局域网，在物理结构上可以看成星型局域网。
   A. 令牌环网　　B. 广域网　　C. 因特网　　D. 以太网
3. 以下关于组建一个多集线器 10 Mbps 以太网的配置规则，_____是错误的。
   A. 可以使用 3 类非屏蔽双绞线　　B. 每一段非屏蔽双绞线的长度不能超过 100 m
   C. 多个集线器之间可以堆叠　　D. 网络中可以出现环路
4. 交换式以太网的核心设备是_____。
   A. 中继器　　B. 以太网交换机　　C. 集线器　　D. 路由器
5. IEEE 802.2 协议中 10 Base-T 标准规定在使用 5 类 UTP 时，从网卡到集线器的最大距离为_____。
   A. 100 m　　B. 185 m　　C. 300 m　　D. 500 m
6. 在一个采用粗缆作为传输介质的以太网中，两个节点之间的距离超过 500 m，那么最简单的方法是选用_____来扩大局域网覆盖范围。
   A. 路由器　　B. 网桥　　C. 网关　　D. 中继器
7. 在快速以太网中，支持 5 类 UTP 的标准是_____。
   A. 100 Base-T4　　B. 100 Base-FX　　C. 100 Base-TX　　D. 100 Base-CX
8. 在 VLAN 的划分中，不能按照_____定义其成员。
   A. 交换机端口　　B. MAC 地址　　C. 操作系统类型　　D. IP 地址
9. 以下关于各种网络物理拓扑结构的叙述中错误的是_____。
   A. 在总线型结构中，任何一个节点的故障都不影响其他节点完成数据的发送和接收
   B. 环型网上每台 MSAU 包括入口和出口电缆，每次信号经过一台设备后都要被重新发送一次，所以衰减小
   C. 星型网络容易形成级联形式
   D. 网状型拓扑结构的所有设备之间采用点到点通信，没有争用信道现象，带宽充足

10. 下面有关令牌环网络的描述正确的是_____。

    A. 数据沿令牌环网的一个方向传输，令牌就是要发送的数据

    B. 数据沿令牌环网的一个方向传输，令牌就是要接收的数据

    C. 数据沿令牌环网的一个方向传输，得到令牌的计算机可以发送数据

    D. 数据沿令牌环网的一个方向传输，得到令牌的计算机可以接收数据

11. 对于现有的 10 Mbit/s 的共享式以太网，如果要保持介质访问控制方法、帧结构不变，最廉价的升级方案是_____。

    A. ATM   B. 帧中继   C. 100 Base-TX   D. ISDN

12. 局域网中使用得最广泛的是以太网，下面关于以太网的叙述正确的是_____。

    A. ①和②   B. ③和④   C. ①、③和④   D. ①、②、③和④

    ① 以 CSMA/CD 方式工作的典型的总线型网络

    ② 不需要路由功能

    ③ 采用广播方式进行通信（网上所有节点都可以接收同一信息）

    ④ 传输速率通常可达 10～100 Mbit/s

13. 下面不是 ATM 技术主要特征的是_____。

    A. 信元传输   B. 面向无连接   C. 统计多路复用   D. 服务质量保证

14. 以下选项中_____是正确的 Ethernet MAC 地址。

    A. 00-01-AA-08   B. 00-01-AA-08-0D-80

    C. 1203   D. 192.2.0.1

15. 局域网交换机首先完整地接收一个数据帧，然后根据校验结果确定是否转发，这种交换方法称为_____。

    A. 直接交换   B. 存储转发交换   C. 改进的直接交换   D. 查询交换

16. 交换机能比集线器提供更好的网络性能的主要原因是_____。

    A. 使用差错控制机制减少出错率   B. 使用交换方式支持多对用户同时通信

    C. 使网络的覆盖范围更大   D. 无需设置，使用更方便

四、问答题

1. 什么是局域网？局域网的主要特点是什么？

2. 局域网由哪两大部分组成？

3. 局域网的物理拓扑结构有哪几种形式，分别有哪些特点？

4. 什么是介质访问控制方法？目前被普遍采用并成为国际标准的有哪几种？

5. 什么是 CSMA/CD？简述 CSMA/CD 的特点和基本工作原理。

6. IEEE 802 协议规定的以太网标准有哪些？双绞线以太网的拓扑结构和介质访问控制方式是什么？

7. 相对于共享式以太网，交换式以太网的优势有哪些？

8. 简述吉比特以太网 4 种物理层标准的主要特点以及应用环境。

9. 什么是令牌？简述令牌环网的基本工作原理。

10. 什么是 ATM？ATM 网络与传统的网络有什么区别？简述 ATM 技术的基本工作原理及其技术特点。

第5章
广域网接入技术

在强大的社会需求刺激下以及相关领域技术不断进步的支持下，计算机网络新技术层出不穷，令人眼花缭乱。快速以太网方兴未艾，吉比特以太网已被炒得热火朝天，ATM 技术更是声势逼人，面对众多的选择，如何在网络需要、投资强度、技术成熟性、网络构造复杂性和先进性等方面进行比较、权衡就成了一个难题。

为了让读者对当今网络新技术有更深一步的了解，本章将从广域网的特点入手，详细介绍常见的几种广域网接入技术，并对各类数据通信网络在当今信息服务中的众多应用问题进行全面的探讨。

本章的学习目标如下。

● 理解广域网的特点和体系结构。

● 理解和掌握 DDN（数字数据网）的技术特点及其主要应用领域。

● 理解和掌握 ISDN（综合业务数字网）常见的两种连接类型及其技术特点。

● 理解和掌握 B-ISDN（宽带综合业务数字网）的技术特点以及与 ISDN 的区别。

● 理解和掌握 PSDN（分组交换数据网）的技术特点及其主要应用领域。

● 理解和掌握帧中继的技术特点及其主要应用领域。

5.1 广域网概述

1. 广域网的定义和特点

广域网也称为远程网，通常是指覆盖广阔物理范围的、能连接多个城市或国家并能提供远距离通信的数据通信网。在个人计算机和局域网广泛使用后，广域网就成为了实现局域网之间远距离互连和跨地域数据通信的主要手段。广域网主要具有以下几个特点。

（1）跨越的地理范围广，可从几千米到几万千米。

（2）数据传输速率比局域网低，而信号的传播延迟却比局域网要大得多。广域网的典型速率是 56 kbit/s～155 Mbit/s，传播延迟可从几毫秒到几百毫秒（使用卫星信道时）。

（3）网络结构较复杂，一般都为网状型拓扑结构。

（4）通常利用公用通信网络（如 PSTN、DDN、ISDN、模拟电话线路等）提供的信道进行数据传输。

（5）主要用于实现局域网的远程互连、远距离计算机之间的数据通信以及更大范围的资源共享。

2. 广域网的结构

广域网是由许多交换机以及连接这些交换机的传输线路组成的。广域网交换机实际上就是一台计算机，由处理器和输入/输出设备进行数据包的收发处理。交换机之间都是点到点连接，但为了提高网络的可靠性，通常一个交换机要与多个交换机相连。鉴于经济上的考虑，广域网都不采用局域网普遍采用的多点接入技术。

目前，大部分广域网都采用存储转发方式进行数据交换，也就是说，广域网是基于报文交换或分组交换技术的（传统的公用电话交换网除外）。广域网中的交换机先将发送给自己的数据包完整地接收下来，然后经过路由选择找出一条传输线路，最后交换机将接收到的数据包发送到该线路上，依此类推，直到将数据包发送到目的节点。在广域网的整个数据传输过程中，路由选择是一个特别重要的问题。

广域网一般最多只包含OSI参考模型的底下3层，即物理层、数据链路层和网络层。与局域网不同的是，局域网使用的协议主要集中在数据链路层，广域网的协议则在网络层。

5.2　常见的广域网接入技术

上一节提到了广域网所采用的传输技术主要是报文交换和分组交换，因此通常要借用一些电信部门的通信网络系统作为其通信链路。下面介绍几种常见的广域网接入技术。

5.2.1　数字数据网（DDN）

1. DDN 概述

随着国民经济的飞速发展，金融、证券、海关、外贸等集团用户和租用数据专线的部门、单位大幅度增加，数据库及其检索业务也迅速发展，现代社会对电信业务的依赖性越来越强。DDN（Digital Data Network，数字数据网）正是适应了这些业务发展的一种新兴通信网络，将数万、数十万条以光缆为主体的数字电路通过数字电路管理设备构成了一个传输速率高、质量好、网络时延小、流量高的数据传输基础网络。

DDN是利用数字信道来传输数据信号的数据传输网，既可用于计算机之间的通信，也可用于传送数字化传真、数字语音和数字图像等信号。其主要功能是向用户提供半永久性连接的数字数据传输信道。所谓半永久连接，是指DDN所提供的信道是非交换型的，用户之间的通信通常是固定的。一旦用户提出修改申请，在网络允许的情况下就可以对传输速率、传输目的地和传输路由进行修改。由于数据沿途不进行复杂的软件处理，因此延时较短，避免了分组网中传输时延大并且不固定的缺点。DDN还采用交叉连接装置，可根据用户需要在约定的时间内接通所需带宽的线路，信道容量的分配在计算机控制下进行，具有极大的灵活性，使用户可以开通种类繁多的信息业务，传输任何合适的信息。

DDN所采用的传输媒介有光缆、数字微波、卫星信道以及用户端可用的普通电缆和双绞线。

2. DDN 的特点

（1）传输速率高，网络时延小。DDN采用了时分多路复用技术，根据事先约定的协议，用户数据信息在固定的时间片内以预先设定的通道带宽和速率进行顺序传输，只需按时间片识别通道就可以准确地将数据信息送到目的终端。信息是顺序到达目的终端的，所以目的终端不必对信息进行重组，因而减小了时延。目前，DDN可达到的最高传输速率为155 Mbit/s，平均时延小于450 μs。

（2）传输质量较高。DDN 的主干传输为光纤传输，用户之间有专有的固定连接，高速安全。

（3）协议简单。采用交叉连接技术和时分复用技术，由智能化程度较高的用户端设备来完成协议的转换，本身不受任何规程的约束，因此是一个全透明的、面向各类数据用户的通信网络。

（4）灵活的连接方式。DDN 可以支持数据、语音、图像传输等多种业务，不仅可以和用户终端设备进行连接，也可以和用户网络连接，为用户提供灵活的组网环境。

（5）网络运行管理简便，电路可靠性高。DDN 的网络管理中心能以图形化的方式对网络设备进行集中监控，电路的连接、测试、路由迂回均由计算机自动完成，使网络管理趋于智能化，并使电路安全可靠。

3. DDN 的应用

DDN 的应用领域十分广泛，其中较为典型的有以下两个。

（1）DDN 在计算机连网中的应用。DDN 作为计算机数据通信连网传输的基础，提供点对点、一点对多点的大容量信息传送通道，如利用全国 DDN 网组成的海关、外贸系统网络就是一个典型的例子。各省的海关、外贸中心首先通过省级 DDN，经长途 DDN 到达国家 DDN 骨干核心节点。国家网络管理中心按照各地所需通达的目的地分配路由，建立一个灵活的、全国性的海关外贸数据信息传输网络，并且可以通过国际出口局与海外公司互通信息，足不出户就可以进行外贸交易。

此外，通过 DDN 线路进行局域网互连的应用也较广泛。一些海外公司设立在全国各地的办事处在本地先组成内部局域网络，通过路由器等网络设备经本地、长途 DDN 与公司总部的局域网相连，实现资源共享、文件传送和其他各种事务处理等业务。

（2）DDN 在金融业中的应用。DDN 不仅适用于气象、公安、铁路、医院等行业，也涉及证券业、银行、金卡工程等实时性较强的数据交换。

通过 DDN 将银行的自动提款机（Automatic Teller Machine，ATM）连接到银行系统大型计算机主机。银行一般租用 64 kbit/s DDN 线路将各个营业点的 ATM 进行全市乃至全国连网。在用户提款时，对用户的身份验证、提取款额、余额查询等工作都是由银行主机来完成的。这样就形成了一个可靠、高效的信息传输网络。

通过 DDN 网发布证券行情也是许多券商采取的方法。证券公司租用 DDN 专线与证券交易中心实行连网，大屏幕上的实时行情随着证券交易中心的证券行情变化而动态地改变，而远在异地的股民们也能在当地的证券公司同步操作来决定自己的资金投向。

4. 中国公用数字数据网（CHINADDN）

CHINADDN 是中国电信经营管理的中国公用数字数据网，于 1994 年 10 月正式开通，是中国的中、高速信息国道。目前，网络已覆盖到全国所有省会城市及 3 000 多个县级市和乡镇，可以方便地为社会各界提供市内、国内和国际 DDN 的各种业务。

CHINADDN 网络结构可分为国家级 DDN、省级 DDN、地市级 DDN。

国家级 DDN 网（各大区骨干核心）的主要功能是建立省际业务之间的逻辑路由，提供长途 DDN 业务以及国际出口。

省级 DDN（各省）的主要功能是建立本省内各市业务之间的逻辑路由，提供省内长途和出入省的 DDN 业务。

地市级 DDN（各级地方）主要是把各种低速率或高速率的用户复用起来进行业务的接入和接出，并建立彼此之间的逻辑路由。各级网络管理中心负责用户数据的生成及网络的监控、调整、告警处理等维护工作。

5.2.2　综合业务数字网（ISDN）

在 ISDN（Integrated Services Digital Network，综合业务数字网）产生以前，各类不同的公众网同时并存，分别提供不同的业务，形成了相对独立的格局。例如，电话网提供语音业务、用户电报网提供文字通信业务、线路交换和分组交换网提供数据传输业务等。人们迫切地希望能应用一种单一网络向公众提供不同的业务。ISDN 正是在这种需求的背景下以及计算机技术、通信技术、VLSI 技术飞速发展的前提下产生的。

1. ISDN 概述

ISDN 是一种信息通信网，是国际电信联盟（International Telecommunication Union，ITU）为了在数字线路上传输数据而开发的。与 PSTN 一样，ISDN 通过电话载波线路进行拨号连接，但又和 PSTN 截然不同，独特的数字链路可以同时支持语音、数据、图形、视频等多种业务的通信。

所有的 ISDN 连接都基于两种信道：B 信道和 D 信道。B 信道采用线路交换技术，通过 ISDN 来传输用户数据和话音，如视频、音频和其他类型的数据。单个 B 信道的最大传输速率是 64 kbit/s，每个 ISDN 连接的 B 信道数目可以不同。D 信道采用分组交换技术，通过 ISDN 来传输控制信号和网络管理等指令信号。单个 D 信道的最大传输速率是 16 kbit/s，每个 ISDN 只能使用一个 D 信道。

常用的 ISDN 连接有两种类型：基本速率接口（Basic Rate Interface，BRI）和基群速率接口（Primary Rate Interface，PRI）。BRI 使用两个 B 信道和一个 D 信道，即 2B+D。这两个 B 信道被网络按两个独立的连接来处理，并能同时传输相互独立的一路话音和一路数据，或者同时为两路数据，允许用户在打电话的同时进行计算机通信。大部分 ISDN 家庭用户都使用了 BRI 连接类型，这是一种经济的 ISDN 连接方式。PRI 有两种标准：北美洲和日本的标准是使用 23 个 B 信道和一个 D 信道，即 23B+D，能够达到的最大吞吐量为 1.544 Mbit/s。我国和欧洲的标准是使用 30 个 B 信道和一个 D 信道，即 30B+D，能够达到的最大吞吐量为 2.048 Mbit/s。20 世纪 80 年代后期，ITU 提出了第 3 种 ISDN 连接类型，即宽带 ISDN（B-ISDN），能够提供比 BRI 和 PRI 更高的通信容量，将在下一节进行详细的介绍。

ISDN 的用户端设备又称为终端设备（Terminal Equipment，TE），终端设备包括个人计算机、电话机、传真机等。终端设备又分为两类：带标准 ISDN 接口的设备，称为 TE1；非标准 ISDN 接口的设备，称为 TE2。对于标准 ISDN 接口的 TE1 设备，可直接连到 ISDN 线路上，而非标准 ISDN 接口的 TE2 设备，则需要一个终端适配器（Terminal Adapter，TA）将 TE2 设备信号转换成 ISDN 兼容的格式，如图 5-1 所示。该终端适配器实际上是一个 ISDN 卡，其作用是使用全数字化技术在 ISDN 线路上发送和接收数据。

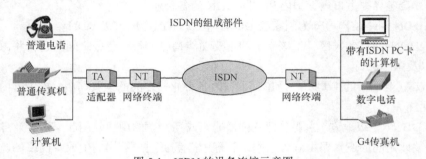

图 5-1　ISDN 的设备连接示意图

2. ISDN 的特点

（1）高质量、高速度的数据传输。ISDN 能够提供点到点的数字连接，即终端节点之间的传输信道已完全数字化，所以噪声、串音及信号衰弱失真等这些受距离与链路数增加的影响都非常小，数据在传输的比特误码特性和信号失真特性都比电话线路至少改善了 10 倍，具有很好的传输性能。而且 ISDN 还提供了 64 kbit/s、128 kbit/s 的高速数据传输能力，以往利用调制解调器在电话线上传输数据，其最高速率不过 4.8 kbit/s 或 9.6 kbit/s，而 ISDN 一条信息通路的传输能力就比电话线高了 10 倍以上。

（2）综合的通信业务。ISDN 用一个网络为用户提供各种通信业务，如语音、数据、传真、图像、会议电视、电子信箱等。ISDN 能够综合现有各种公用网的业务，并提供方便用户的许多新业务。这些业务在传统上是通过一系列专业网络分别提供的，如传真网提供传真业务、电话网提供语音业务、用户电报网提供文字通信业务、线路交换和分组交换网提供数据传输业务等。对于用户来说，ISDN 利用一条用户线路就可以在上网的同时拨打电话、收发传真，就像两条电话线一样。通过配置适当的终端设备，还可以实现会议电视功能，极大地方便了人们之间的沟通和交流。

（3）标准化的用户接口。ISDN 能够提供多种业务的关键在于使用标准化的用户接口。该接口有基本速率接口和基群速率接口。基本速率接口有两条 64 kbit/s 的信息通路和一条 16 kbit/s 的信号通路，基群速率接口有 23 条或 30 条 64 kbit/s 的信息通路和一条 16 kbit/s 的信号通路。标准化的接口能够保证终端间的互通。一个 ISDN 的基本速率用户接口最多可以连接 8 个终端，而且使用标准化的插座易于各种终端的接入。

（4）适宜的费用。由于使用单一的网络来提供多种业务，ISDN 极大地提高了网络资源的利用率，以低廉的费用向用户提供业务。同时用户不必购买和安装不同的设备和线路接入不同的网络，只需要使用一对用户线、一个入网接口就能获得语音、文字、图像、数据在内的各种综合业务，极大地节省了投资。

（5）网络互通性强。ISDN 能与电话网、分组交换网、因特网、局域网等网络广泛连接。

3. ISDN 的应用

前面已经提到，ISDN 支持范围广泛的各类业务，不仅可以提供语音业务，还可以提供数据、图像和传真等各种非语音业务。不仅可以在用户需要通信时提供即时连接，还可以提供专线业务，用户可以根据需要将业务应用于不同的领域。

ISDN 的应用领域几乎涉及有通信需求的各行各业和信息交换的各种方式，为用户在语音通信、电视会议、计算机连网、远端接入局域网、文件传递、传真、远程医疗诊断、远程教学、销售点业务（Point of Sales，POS）、多媒体信息通信、接入帧中继和快速接入 Internet 等方面都带来了很大的方便。

5.2.3　宽带综合业务数字网（B-ISDN）

为了克服目前综合业务数字网络（ISDN）速率的局限性，人们从 20 世纪 80 年代初期就开始寻求一种更新的网络，这种网络能够提供高速的信息传送能力，能够适应现有的和将来可能的各种业务。并且应该是灵活和有效的。20 世纪 80 年代以来，光纤通信技术和 VLSI 技术的发展为宽带通信网的建设奠定了基础。在市场需求方面，随着社会的进步，人们的经济、文化生活日益活跃，提出了一些新的电信业务需求和应用，如视频点播（Video On Demand，VOD）和高速数据传输等。由于这些信息需要的网络能力是现有网络——窄带综合业务数字网（N-ISDN）难以满足的，因此必须寻求一种新的网络。基于 ATM 技术的宽带综合业务数字网应运而生。

1. B-ISDN 概述

随着用户信息传送量和传送速率的不断提高，传统的 ISDN（N-ISDN）已无法满足用户的需求。在这种情况下，人们提出了宽带 ISDN，即 B-ISDN。B-ISDN 是能够提供综合业务的宽带数字网络。所谓宽带，是指传输、交换和接入的宽带化。设计 B-ISDN 的目标是将语音、数据、动态和静态图形以及 N-ISDN 提供的所有服务综合在一个通信网中，以满足用户的各类传输要求。B-ISDN 可以提供视频点播、电视会议、高速局域网互连以及高速数据传输等业务。

B-ISDN 要处理很广范围内各种不同速率和传输质量的需求，需要解决两大技术难题：一是高速传输，二是高速交换。光纤通信技术已经给前者提供了良好的支持，而异步传输模式又为实现高速交换提供了广阔的前景，使 B-ISDN 网络的诞生成为现实。ATM 技术的基本思想是让所有的信息都以一种长度较小且大小固定的信元进行传输。在 B-ISDN 中采用信元交换技术主要有以下几个好处。

（1）既适合处理固定速率的业务（如电话、电视），又适合处理可变速率的业务（如数据传输）。

（2）在数据传输率极高的情况下，信元交换比传统的多路复用技术更容易实现。

（3）信元交换能够提供广播机制，使其能够支持需要广播的业务。

2. N-ISDN 和 B-ISDN 的比较

概括起来讲，N-ISDN 与 B-ISDN 的区别主要表现在以下 3 个方面。

（1）使用的传输介质不同。N-ISDN 是建立在原有的电话网和分组网基础上的，而 B-ISDN 是以光纤作为传输介质的。利用光纤作为传输介质，一方面保证了所提供的业务的质量，另一方面又减少了网络运行中的诊断、纠错、重发等许多环节，从而提高了网络的传输速率。

（2）采用的数据传输技术不同。N-ISDN 采用的是时分多路复用技术，而 B-ISDN 采用的是 ATM 技术。

（3）对网络传输信道的利用方式不同。N-ISDN 对网络信道的分配及数据传输速率是预先规定的，而在 B-ISDN 中可以做到按需分配网络资源，使要传输的信息动态地占用信道，具有极大的灵活性。

5.2.4 分组交换数据网（PSDN）

1. PSDN 概述

分组交换数据网（Packed Switched Data Network，PSDN）是一种以分组作为基本数据单元进行数据交换的通信网络。PSDN 采用分组交换的数据传输技术，以 CCITT（International Telephone and Telegraph Consultative Committee，国际电报电话咨询委员会）X.25 协议为基础，通常又称为 X.25 网。目前比较典型的分组交换数据网有 DATAPAC、CHINAPAC、TRANSPAC 等。其中，CHINAPAC（中国公用分组交换网）是我国在 1989 年开通并投入使用的。

通过 X.25 网不仅可以将距离很远的局域网互连起来，还允许不同速率、不同协议的用户终端进行通信，在短时间内传送突发式信息，因此是应用非常广泛的一种广域网接入技术。但是，由于 X.25 网是在物理链路传输质量很差的情况下开发出来的，为了保障数据传输的可靠性，在每一段链路上都要执行差错校验和出错重传，因此网络的传输速率比较低。

X.25 是一组协议，于 1976 年 3 月正式成为国际标准，规定了分组终端与分组交换网的接口规程。从 ISO/OSI 的体系结构来看，X.25 对应于 OSI 参考模型中的底下 3 层，包括物理层协议、数据链路层协议和网络层协议。

物理层协议是 X.21，用于定义主机与物理网络之间物理、电气、功能以及过程特性。

数据链路层协议包括帧格式定义和差错控制等，一般采用的是高级数据链路控制协议（High-level Data Link Control，HDLC）。

网络层协议描述了主机与网络之间的相互作用，主要负责处理分组定义、寻址、流量控制以及拥塞控制等问题。网络层的主要功能是允许用户建立虚电路，然后在已建立的虚电路上发送最大长度为 128 个字节的数据报文。网络层一般都采用分组级协议（Packet Level Protocol，PLP）。

2. PSDN 的特点

（1）线路利用率高。在分组交换中采用了"虚电路"技术，所以在一条物理链路上可提供多条信息通路，为多个用户同时使用，因此通信线路的利用率较高。

（2）可以实现不同协议和不同速率的终端之间相互通信。由于分组交换网以 X.25 协议为基础，为用户提供标准接口，且网络能够提供协议转换功能，因此不同码型、不同协议的终端之间能互相通信。分组交换网还能够对数据进行存储转发，不同速率的终端之间也可以进行数据通信。

（3）传输质量高，误码率低。由于分组交换具有差错检测和纠错的能力，因此误码率极小，一般都低于 10^{-10}。

3. PSDN 提供的基本业务功能

分组交换数据网可提供两种基本业务功能，即交换虚电路（Switched Virtual Circuit，SVC）和永久虚电路（Permanent Virtual Circuit，PVC）。

（1）交换虚电路。交换虚电路类似于电话交换，即用户双方通信前要临时建立一条虚电路供数据传输，通信完毕后要拆除该虚电路，供其他用户使用，适用于数据量小、随机性强的场合。

（2）永久虚电路。永久虚电路是指在两个用户之间建立固定的虚电路连接，用户间需要通信时无须再建立连接，可直接进行数据传输，就像使用专线一样。永久虚电路适用于用户间的通信比较频繁、通信量较大的场合。

4. PSDN 的应用

（1）利用分组网组建本系统的管理信息网。随着科学技术的发展，计算机在机关、企事业单位更加普及。将计算机连网，使数据能准确、高速、可靠地在网内传输，达到资源共享已成为各个部门适应社会竞争的关键。由于分组交换网成本低、组网灵活、易于实施，适合不同机型、不同速率的客户通信，很快就为许多部门所接受，银行总行利用分组交换网组建自上而下的管理信息系统，使总行能在规定的时间内采集到全部分支行的经营管理信息。另外，机关部委也可以利用分组网将本单位各种业务管理信息、统计报表等及时地送到决策者手中，从而使管理决策达到了规范化的高水平。

（2）利用分组网进行中低速连网，从而实现本系统的实时业务处理。国民经济各部门都有自己不同的计算机应用系统，如金融系统的通存通兑、电子汇兑、资金清算、自动取款机业务、销售点业务（POS）等。证券公司的行情发布以及公安部门的户籍、身份证管理等都可以在分组网上开展。分组网在提高工作效率的同时将带来极大的经济效益。

（3）利用分组网接入增值业务网。通过分组网可接入数据通信的增值业务网，如 POS 网业务、电子信箱业务、国际 Internet 业务等。

5.2.5　帧中继（Frame Relay）

1. 帧中继概述

分组交换数据网的协议 X.25 是建立在原有的速率较低、误码率较高的电缆传输介质之上的。

为了保证数据传输的可靠性，X.25协议包括了差错控制、流量控制、拥塞控制等功能，但这种复杂的执行过程必然要增大网络传输的延迟时间。针对这种情况，人们提出了另一种技术——帧中继技术，即在数据传输速率高、误码率低的光纤上使用简单的协议以减小网络传输延迟，将必要的差错控制功能交给用户设备完成。

帧中继又称为快速分组交换技术，是在OSI的数据链路层上用简化的方法传送和交换数据单元的一种技术。帧中继仅包含物理层和数据链路层协议，省去了X.25网络层的协议，将X.25分组网中通过节点间分组重发和流量控制等措施来纠正差错和防止拥塞的处理过程交给智能终端去实现，从而大大缩短了节点的时延、提高了数据传输速度、有效地利用了高速数据信道。同时，帧中继还采用分组交换网中的虚电路技术，充分利用了网络资源，因而帧中继最适合于应用在吞吐量高、时延低、突发性强的数据传输业务中。

与分组交换网相比，帧中继在强调可靠性的同时更注重数据的快速传输。帧中继可提供2~45 Mbit/s的高速宽带数据业务，并且总体性能高于分组交换网，因而受到了各国的高度重视，并已成为窄带通信向宽带高速通信方向发展的最佳方案之一。

2. 帧中继的应用

（1）局域网的互连。由于帧中继具有支持不同数据传输速率的能力，因而非常适合于处理局域网之间的突发数据流量。传统的局域网互连每增加一条端到端的线路，就要在路由器上增加一个端口；而基于帧中继的局域网互连只要求局域网内每个用户至网络间有一条带宽足够的线路即可。这样在既不增加物理线路也不占用物理端口的情况下，就可以达到增加数据传输通道的目的，并且对用户性能也不会造成影响。

目前，帧中继多应用于银行、证券等金融机构以及大型企业、政府部门的总部与各地分支机构的局域网之间的互连。

（2）图像和文件的传输。由于帧中继使用的是虚电路，信号通路及带宽都可以动态分配，既能保证用户所需的带宽，又能获得满意的传输时延，因此非常适合于大流量的文件传输和突发性的使用。目前，帧中继在远程医疗、金融机构及CAD/CAM（计算机辅助设计/计算机辅助生产）的图像传输、计算机图像图表查询等业务方面都得到了普遍的应用。例如，医疗机构要传送一张X胸透照片往往需要8 Mbit/s的数据传输速率，如果用分组网传送，端到端时延过长，用户难以接受；用DDN电路传送费用又太高；而帧中继的高速率、低时延、带宽动态分配的特点就非常适合于此类业务。

（3）组建虚拟专用网（Virtual Private Network，VPN）。帧中继可以将网络上的部分节点划分为一个分区，并设置相对独立的网管，对分区内的数据流量及各种资源进行管理。分区内的各节点共享分区内资源，之间的数据处理相对独立，这种分区结构就是虚拟专用网。组建虚拟专用网对集团用户十分有利，采用虚拟专用网所需费用比组建一个实际的专用网经济划算。

3. 中国公用帧中继网（CHINAFRN）

中国公用帧中继网是我国第一个向公众提供服务的宽带数据通信网络，可以方便地为用户提供市内、国内和国际帧中继专线的各种服务，并且面向社会提供高速数据和多媒体通信业务。

中国公用帧中继网选用了在通信领域比较成熟的ATM技术作为基本网络技术。一方面可以使整个网络达到较高的技术水平，另一方面又可以向用户提供基于分组交换、帧中继及TCP/IP技术的网络难以提供的宽带实时性业务，同时也便于今后向B-ISDN的过渡。

目前，中国公用帧中继骨干网的一期工程已顺利完成，网络已覆盖到全国所有省会城市、绝大部分地市和部分县市。其网络管理中心设在北京邮电部数据通信局，国际出口分别设在北京、上海和广州，并且在北京、上海、广州、成都、西安等 8 个中心城市建立了骨干枢纽，在其他 13 个城市建立了骨干节点。

中国公用帧中继骨干网采用的主要设备是 Ascend 公司的 B-STDX 9000 多业务交换机和 CBX 500 ATM 交换机，全网各节点间的中继电路由 CBX 500 提供，各节点中的 B-STDX 9000 通过 ATM 中继电路与本地 CBX 500 相连。帧中继网络内部使用 OSPF 动态路由算法，当网络出现故障时，受影响的虚电路将进行路由的自动迂回，保证业务不受影响，同时还提供端口和中继的备份功能。

现在的中国公用帧中继网已经成为了 CHINAPAC、CHINADDN 和 CHINANET 的骨干网，在进一步提高了网络通信的能力和水平的同时，也为这些网络及其他各部门组建的专网提供高速数据传输。中国公用帧中继骨干网的建设还在继续进行，二期建设已经全面展开，其覆盖范围将进一步扩大。同时随着业务的不断发展和网络应用水平的不断提高，中继电路的数量将增加，中继电路的速率也将得到很大的改善。该网还将实现与分组交换数据网和数字数据网的互连互通，通过这些网络对帧中继业务进行拓展，为用户提供更加高效、灵活、方便的各类信息服务。

5.2.6　数字用户线路 xDSL

xDSL 是 Bellcore 公司在 1987 年为推动视频点播业务而开发的数字用户线高速传输技术。基于双绞电话线的 xDSL 技术以其低成本实现用户线高速化而重新崛起，打破了高速通信由光纤独揽的局面。xDSL 接入技术利用的是现有的公用电话网中（Public Switched Telephone Network，PSTN）的用户线路部分（而不是整个网络），是基于公共电话网的扩充方案，可以最大限度地保护和利用已有的投资。因此，xDSL 技术是目前最受关注且最有可能在短期内普及的接入技术。

数字用户线路 xDSL 是 DSL（Digital Subscriber Line）的统称。其中，"x" 是不同种类的数字用户线路技术的统称。x 表示 A/H/S/C/I/V/RA 等不同的数据调制方式，利用不同的调制方式使数据或多媒体信息可以更高速地在电话线上传送，避免由于数据流量过大而对中心机房交换机和公共电话网（PSTN）造成拥塞。

各种数字用户线路技术的不同之处主要体现在速率、传输距离以及上下行是否对称 3 个方面。按上行（用户到网络）和下行（网络到用户）速率是否相同可将 DSL 分为对称 DSL 技术和非对称 DSL 技术，如表 5-1 所示。一般情况下，用户下载的数据量比较大，所以在速率非对称型 DSL 技术中下行信道的速率要大于上行信道的速率。

表 5-1　　　　　　　　　　　　xDSL 系列

类　型	名　称	类　型	名　称
对称 DSL 技术	SDSL（单线/对称数字用户线）	非对称 DSL 技术	ADSL（非对称数字用户线）
	HDSL（高速数字用户线）		VDSL（甚高速数字用户线）
	VADSL（超高速数字用户线）		RADSL（速率自适应数字用户线）
	MVL（多虚拟数字用户线）		

1. 对称 DSL 技术

在对称 DSL 技术中，常用的是 HDSL 和 SDSL。HDSL 和 SDSL 支持对称的 T1/E1（1.544 Mbit/s 和 2.048 Mbit/s）传输。其中，HDSL 的有效传输距离为 3～4 km，并且需要 2～4 对双绞电话线；SDSL 最大有效传输距离为 3 km，且只需一对双绞电话线。

总的来说，对称 DSL 技术一般适用于点对点连接应用，如文件传输、视频会议等收发数据量大致相同的工作。

2. 非对称 DSL 技术

ADSL、VDSL 和 RADSL 都属于非对称式传输，下面分别进行简单的介绍。

（1）ADSL。ADSL（Asymmetric Digital Subscriber Line）的中文全称是非对称数字用户线，是一种通过标准双绞电话线给家庭、办公室用户提供宽带数据服务的技术，并且还能实现电话、数据业务互不干扰。ADSL 接入方式充分利用了现有大量的市话用户电缆资源，而且可以在不影响开通传统业务的同时，在同一对用户双绞电话线上为大众用户提供各种宽带的数据业务。

当用户在电话线两端分别放置两个 ADSL Modem 时，在这段电话线上便产生了 3 个信息通道：一条是速率为 1.5～9 Mbit/s 的高速下行通道，用于用户下载信息；一条是速率为 16 kbit/s～1 Mbit/s 的中速双工通道，用于用户上传输出信息；还有一条是普通的老式电话服务通道，用于普通电话服务。这 3 个通道可以同时工作，传输距离可达 3～5 km。

ADSL 上网无须拨号，只需接通线路和电源即可，并且可以同时连接多个设备，包括 ADSL Modem、普通电话机和个人计算机等。ADSL 目前已经广泛地应用在了家庭上网当中。

（2）VDSL。与 ADSL 一样，VDSL（甚高速数字用户线）也是在同一对电话线路上为用户同时提供语音和高速数据服务的。从技术角度来看，VDSL 可视为 ADSL 的下一代数据传输技术，是 xDSL 技术中最快的一种。在一对双绞电话线上，VDSL 的上行数据传输速率为 13～52 Mbit/s，下行数据传输速率为 1.5～2.3 Mbit/s。但是 VDSL 的传输距离较短，只在几百米以内。

由于 VDSL 的传输速率很高，因此 VDSL 可同时传送多种宽带业务，如高清晰度电视（High Definition Television，HDTV）、可视化计算和高清晰度图像通信等。目前，国内很多城市的 VOD 就是采用这种接入技术实现的。VDSL 已经逐渐成为了一种具有高性价比的、光纤到家庭的替代方案。

（3）RADSL。RADSL 能够提供的速度范围与 ADSL 基本相同，但 RADSL 可以根据双绞电话线质量的优劣和传输距离的远近动态地调整用户的访问速度。这些特点使 RADSL 成为用于网上高速冲浪、视频点播（Video on Demand，VOD）、远程局域网络访问的理想技术，因为在这些应用中用户下载的信息往往比上载的信息（发送指令）要多得多。

小　结

（1）广域网是指覆盖广阔物理范围的、能连接多个城市或国家并能提供远距离通信的数据通信网。广域网是实现局域网之间远程互连和跨地域数据通信的主要手段。

（2）广域网与局域网的主要区别是：跨越的地理范围比局域网广；数据传输速率比局域网低，而信号的传播延迟却比局域网要大得多；局域网一般为星型、环型、总线型拓扑结构，而广域网一般都为网状型拓扑结构；局域网一般利用双绞线、同轴电缆和光纤来传输数据，而广域网通常还要借用公用通信网络（如 PSTN、DDN、ISDN 等）提供的信道进行数据传输。

（3）广域网的体系结构通常只包含 OSI 参考模型的底下 3 层，即物理层、数据链路层和网络层，并且广域网的协议主要集中在网络层。

（4）广域网所采用的数据交换技术主要是报文交换和分组交换，因此广域网通常要借用一些电信部门的通信网络系统作为通信链路，如 DDN、ISDN、B-ISDN、PSTN、ADSL 等。

（5）数字数据网是指将数万、数十万条以光缆为主体的数字电路通过数字电路管理设备连接起来所构成的一个数据传输基础网络。数字数据网具有传输质量高、传输速率快、网络时延小、可靠性强以及连接方式灵活等特点。

（6）综合业务数字网是指以综合数字网为基础的、能够提供端到端数字连接的信息通信网，用一个网络为用户提供了语音、数据、传真、图像、会议电视、电子信箱等多种通信业务。ISDN 具有数据传输速率高、综合的通信业务、标准化的用户接口以及网络互通性强等特点。

（7）宽带综合业务数字网是指能够提供综合业务的宽带数字网络。所谓宽带，是指传输、交换和接入的宽带化。B-ISDN 与 N-ISDN 的区别主要表现在：N-ISDN 是以目前使用的公用电话交换网为基础，而 B-ISDN 是以光纤作为主要传输介质；N-ISDN 采用时分多路复用技术，而 B-ISDN 采用 ATM 技术；N-ISDN 各通路及其速率是预先规定的，而 B-ISDN 的传输速率不是预先规定的，并可以做到按需分配网络资源，使要传输的信息动态地占用信道，因而具有更大的灵活性。

（8）分组交换数字网是一种以分组作为基本数据单元进行数据交换的通信网络。分组交换数字网采用分组交换的数据传输技术，并以 X.25 协议为基础，通常又称为 X.25 网。PSTN 的主要特点是：数据传输质量高，误码率低；线路的利用率高；可实现不同协议和不同速率的终端设备间的相互通信等。

（9）帧中继是一种在 X.25 基础上发展起来的新型数据传输网络，采用快速分组交换技术，并且在 OSI 的数据链路层上用简化的方法传送和交换数据单元。帧中继网具有吞吐量高、时延小、费用低、效率高和适合突发业务等特点。

（10）数字用户线是一种以普通双绞电话线作为传输介质的高速数字化传输技术。xDSL 是多种 DSL 技术的统称，包括 HDSL、SDSL、ADSL、VDSL 等，这些技术的主要区别体现在速率、传输距离以及上下行是否对称 3 个方面。ADSL 是目前最为成熟，也是最常用的一种 DSL 技术。

（11）非对称数字用户线是一种通过标准双绞电话线给家庭、办公室用户提供宽带数据服务的广域网接入技术，可在同一对用户双绞电话线上为大众用户提供各种宽带的数据业务。ADSL 的安装和使用十分简单，主要特点是：能够在普通电话线上高速传输数据；可以与电话机共存于一条电话线，并且打电话与数据服务互不干扰；提供了多种灵活的接入方式等。

习　题　5

一、名词解释（在每个术语前的下划线上标出正确定义的序号）

_____ 1. 数字数据网　　　　　　　_____ 2. 综合业务数字网

_____ 3. 宽带综合业务数字网　　　_____ 4. 帧中继网

_____ 5. 分组交换数据网　　　　　_____ 6. 非对称数字用户线路

_____ 7. 电缆调制解调器　　　　　_____ 8. 超高速数字用户线路

A. 在综合业务数字网标准化过程中产生的一种重要技术，是在数字光纤传输线路逐步替代原有的模拟线路、用户终端日益智能化的情况下，由 X.25 分组交换技术发展起来的一种传输技术

B. 在综合数字网的基础上，实现了用户线传输的数字化，使用户能够利用已有的一对电话线，连接各类终端设备，分别进行电话、传真、数据、图像等综合业务（多媒体业务）通信

C. 将数万、数十万条以光缆为主体的数字电路通过数字电路管理设备构成的一个传输速率高、质量好、网络时延小、高流量的数据传输基础网络

D. 将语音、数据、图像传输等多种服务综合在一个通信网中，覆盖从低速率、非实时传输要求到高速率、实时突发性等各类传输要求的数据通信网络

E. 一种以数据分组为基本数据单元进行数据交换的通信网络，由于使用 X.25 协议标准，故通常又称之为 X.25 网

F. 一种在普通电话线上传输数字信号的技术。这种技术利用了普通电话线上原本没有使用的传输特性，能够在现有电话线上传输高带宽数据以及多媒体和视频信息，并且允许数据和语音在一根电话线上同时传输

G. 一种利用有线电视网来提供数据传输的广域网接入技术，可以利用一条电视信道来实现数据的高速传输

H. 一种通过标准双绞电话线给家庭、办公室用户提供宽带数据服务的广域网接入技术，可在同一对用户双绞电话线上为大众用户提供各种宽带的数据业务

二、填空题

1. 计算机网络分为局域网和广域网的依据是_____。

2. DDN 向用户提供的是_____数字连接，不进行复杂的软件处理，延时短。

3. ISDN 是由_____发展起来的一个网络，提供端到端的数字连接以支持广泛的服务，包括声音的和非声音的，用户的访问是通过少量、多用途的用户网络接口实现的。

4. ISDN 具有比一般的电话线更高的传输率，目前常用的 B 信道速率是_____kbit/s，D 信道速率是_____kbit/s。

5. B-ISDN 是一种基于_____技术的宽带综合业务数字网。

6. 公用电话网的简称是_____。

7. X.25 是一组协议，对应于 OSI 参考模型中的底下 3 层。其中，物理层协议是_____，数据链路层协议是_____，网络层协议是_____。

8. X.25 分组交换网提供的网络服务有交换虚电路和_____两种基本业务功能。

9. 帧中继是一种快速的分组交换技术，是对_____协议进行简化和改进。

10. 帧中继采用虚电路技术，能充分利用网络资源，具有吞吐量大、实时性强等特点，特别适合于处理_____。

11. ADSL 的全称是_____，VDSL 的全称是_____。

12. Cable Modem 是一种利用_____来提供数据传输的广域网接入技术。

三、单项选择题

1. X.25 网是一种_____。

A. 局域网 　　　　　　B. 企业内部网 　　　　　C. 帧中继网 　　　　　D. 分组交换数据网

2. X.25 网内数据包传输经过每个节点时都必须对接收到的数据包采取应答（确认或否认）和重发措施纠正错误。这是保证数据传输的_____高，由此带来其工作效率低。

A. 效率 　　　　　　　B. 速率 　　　　　　　C. 通信量 　　　　　D. 可靠性

3. 综合业务数据网络是指_____。

A. 用户可以在自己的计算机上把电子邮件发送到世界各地

B. 在计算机网络中的各计算机之间传送数据

C. 将各种办公设备纳入计算机网络中，提供文字、声音、图像、视频等多种信息的传输

D. 让网络中的各用户可以共享分散在各地的各种软件、硬件资源

4. 随着光纤技术、多媒体技术、高分辨率动态图像与文件传输技术的发展，CCITT 希望设计出将语音、数据、静态与动态图像等所有服务综合于一个网中传输的通信网，这种通信网络是_____。

A. B-ISDN 　　　　B. Fast Ethernet 　　　　C. Internet 　　　　D. Switching LAN

5. 在 B-ISDN 中，_____进一步简化了网络功能，其网络不参与任何数据链路层功能，将差错控制与流量控制工作交给终端系统，使其具有很大的灵活性。

    A. 高速分组交换   B. ATM 技术   C. 高速电路交换   D. 光交换方式

6. 采用 DDN 专线连接方式和电话线连接方式将局域网连接到 Internet 上的区别是_____。

    A. 采用专线方式，局域网中的每台计算机可以拥有单独的 IP 地址，电话连接时，局域网中的所有计算机拥有一个共同的 IP 地址

    B. 采用专线方式，局域网中的每台计算机可以拥有一个共同的 IP 地址，电话连接时，局域网中的所有计算机拥有单独的 IP 地址

    C. 采用专线方式，只需要增加路由器和增加 DDN 专线，电话连接时只需要一个 Modem 和一条电话线

    D. 以上皆错

7. 下列网络连接方式中，带宽最窄、传输速度最慢的是_____。

    A. 普通电话拨号网   B. 以太网   C. 综合业务数字网   D. DDN 专线

8. HDLC 是面向_____的数据链路控制协议。

    A. 比特   B. 字符   C. 字节   D. 帧

四、问答题

1. 广域网的含义是什么？广域网有什么特点？
2. 简述数字数据网的技术特点。
3. 为什么称 ISDN 为综合业务数字网？
4. 同其他广域网接入方式相比，ISDN 的优点主要表现在哪些地方？BRI 和 PRI 分别是指什么？
5. 简述宽带综合业务数字网的主要技术特点。
6. 窄带综合业务数字网和宽带综合业务数字网的区别表现在哪些地方？
7. 简述 X.25 网的主要技术特点。
8. 简述帧中继的主要技术特点。为什么说帧中继是对 X.25 网络技术的继承？
9. 什么是 xDSL 技术？xDSL 包括哪些技术？这些技术的主要区别主要体现在什么方面？

第6章
网络互连技术

随着计算机技术、计算机网络技术和通信技术的飞速发展，以及计算机网络的广泛应用，单一网络环境已经不能满足社会对信息网络的要求，需要一个将多个计算机网络互连在一起的更大的网络，以实现更广泛的资源共享和信息交流。Internet 的巨大成功以及人们对接入 Internet 的热情都充分证明了计算机网络互连的重要性。网络互连的核心是网络之间的硬件连接和网间互连协议，掌握网络互连的基本知识是进一步深入学习网络应用技术的前提。本章将从介绍网络互连的基本概念入手，详细讨论网络互连的类型与层次，并对各典型网络互连设备（中继器、网桥、网关、路由器等）的功能、类型以及工作原理进行全面的探讨。

本章的学习目标如下。

- 理解网络互连的基本概念、类型和层次。
- 掌握中继器的功能和特点。
- 掌握网桥的功能、特点及分类。
- 掌握网关的功能和特点。
- 掌握路由器的功能和基本工作原理。
- 掌握路由协议的含义以及常用的内部协议和外部协议。
- 掌握路由器的基本配置方法。

6.1 网络互连的基本概念

6.1.1 网络互连概述

1. 网络互连的概念

随着计算机应用技术和通信技术的飞速发展，计算机网络得到了更为广泛的应用，各种网络技术丰富多彩，令人目不暇接。网络互连（Internetworking）技术是过去的 20 年中最为成功的网络技术之一。网络互连是指将分布在不同地理位置、使用不同数据链路层协议的单个网络通过网络互连设备进行连接，使之成为一个更大规模的互联网络系统。网络互联的目的是使处于不同网络上的用户间能够相互通信和相互交流，以实现更大范围的数据通信和资源共享。

2. 网络互联的优点

（1）扩大资源共享的范围。将多个计算机网络互连起来就构成了一个更大的网络——Internet。在 Internet 上的用户只要遵循相同的协议，就能相互通信，并且 Internet 上的资源也可以被更多的用户所共享。

（2）提高网络的性能。总线型网络随着用户数的增多，冲突的概率和数据发送延迟会显著增大，网络性能也会随之降低。如果采用子网自治以及子网互连的方法就可以缩小冲突域，有效提高网络性能。

（3）降低连网的成本。当同一地区的多台主机希望接入另一地区的某个网络时，一般都采用主机先行连网（构成局域网），再通过网络互连技术和其他网络连接的方法，可以大大降低连网成本。例如，某个部门有 N 台主机要接入公共数据网，可以向电信部门申请 N 个端口，连接 N 条线路来实现连网的目的，但成本远比 N 台主机先行连网，再通过一条或少数几条线路连入公共数据网要高。

（4）提高网络的安全性。将具有相同权限的用户主机组成一个网络，在网络互连设备上严格控制其他用户对该网的访问，从而可以实现提高网络的安全机制。

（5）提高网络的可靠性。设备的故障可能导致整个网络的瘫痪，而通过子网的划分可以有效地限制设备故障对网络的影响范围。

6.1.2　网络互连的要求

互连在一起的网络要进行通信，会遇到许多问题，如不同的寻址方式、不同的分组限制、不同的访问控制机制、不同的网络连接方式、不同的超时控制、不同的路由选择技术、不同的服务（面向连接服务和面向无连接服务）等。因此网络互连除了要为不同子网之间的通信提供路径选择和数据交换功能之外，还应采取措施屏蔽或者容纳这些差异，力求在不修改互连在一起的各网络原有结构和协议的基础上，利用网间互连设备协调和适配各个网络的差异。另外，网络互连还应考虑虚拟网络的划分、不同子网的差错恢复机制对全网的影响、不同子网的用户接入限制以及通过互连设备对网络的流量控制等问题。

在网络互连时，还应尽量避免为提高网络之间的传输性能而影响各个子网内部的传输功能和传输性能。从应用的角度看，用户需要访问的资源主要集中在子网内部，一般而言，网络之间的信息传输量远小于网络内部的信息传输量。

6.2　网络互连的类型和层次

6.2.1　网络互连的类型

目前，计算机网络可以分为局域网、城域网与广域网 3 种。因此，网络互连的类型主要有以下几种。

1. 局域网—局域网互连（LAN-LAN）

在实际的网络应用中，局域网—局域网互连是最常见的一种，其结构如图 6-1 所示。

局域网—局域网互连一般又可分为以下两种。

（1）同种局域网互连。同种局域网互连是指符合相同协议的局域网之间的互连。例如，两个以太网之间的互连，或是两个令牌环网之间的互连。

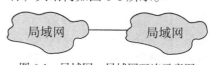

图 6-1　局域网—局域网互连示意图

（2）异种局域网互连。异种局域网互连是指不符合相同协议的局域网之间的互连。例如，一个以太网和一个令牌环网之间的互连，或是令牌环网和 ATM 网络之间的互连。

局域网—局域网互连可利用网桥来实现，但是网桥必须要支持互连网络使用的协议。

2. 局域网—广域网互连（LAN-WAN）

局域网—广域网互连也是常见的网络互连方式之一，结构如图 6-2 所示。局域网—广域网互连一般可以通过路由器（Router）或网关（Gateway）来实现。

3. 局域网—广域网—局域网互连（LAN-WAN-LAN）

将两个分布在不同地理位置的局域网通过广域网实现互连，也是常见的网络互连方式，结构如图 6-3 所示。局域网—广域网—局域网互连可以通过路由器和网关来实现。

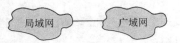

图 6-2　局域网—广域网互连示意图

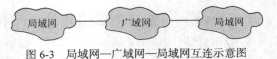

图 6-3　局域网—广域网—局域网互连示意图

4. 广域网—广域网互连（WAN-WAN）

广域网与广域网之间的互连可以通过路由器和网关来实现，结构如图 6-4 所示。

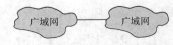

图 6-4　广域网—广域网互连示意图

6.2.2　网络互连的层次

根据 OSI 参考模型的层次划分，网络协议分别属于不同的层次，因此网络互连一定存在着互连层次的问题。根据网络层次结构模型，网络互连的层次可以做如下划分。

（1）物理层互连。物理层互连的设备是中继器。中继器在物理层互连中起到的作用是将一个网段传输的数据信号进行放大和整形，然后发送到另一个网段上，克服信号经过长距离传输后引起的衰减。

（2）数据链路层互连。数据链路层互连的设备是网桥。网桥一般用于互连两个或多个同一类型的局域网，其作用是对数据进行存储和转发，并且能够根据 MAC 地址对数据进行过滤，以实现多个网络系统之间的数据交换。

（3）网络层互连。网络层互连的设备是路由器。网络层互连主要是解决路由选择、拥塞控制、差错处理与分段技术等问题。

（4）高层互连。实现高层互连的设备是网关。高层互连是指传输层以上各层协议不同的网络之间的互连，高层互连所使用的网关大多是应用层网关，或称为应用程序网关（Application Gateway）。

6.3　典型网络互连设备

前面已经提到，网络互连的目的是为了实现网络间的通信和更大范围的资源共享。但是，不同的网络所使用的通信协议往往也不相同，因此网络间的通信必须要依靠一个中间设备来进行协议转换，这种转换既可以由软件来实现，也可以由硬件来实现。但是由于软件的转换速度较慢，因此，在网络互连中，往往都使用硬件设备来完成不同协议间的转换功能，这种设备称为网络互连设备。网络互连的方式有多种，相应的网络互连设备也不相同。常用的网络互连设备有中继器、网桥、路由器和网关等。

6.3.1　中继器

1．中继器的功能和特点

中继器是最简单的网络互连设备，常用于两个网络节点之间物理信号的双向转发工作。中继器工作在 OSI 参考模型的最底层——物理层，所以只能用来连接具有相同物理层协议的局域网。由于数据信号在长距离的传输过程中存在损耗，因此在线路上传输的信号功率会逐渐衰减，衰减到一定程度时将造成信号失真，从而会导致接收错误。中继器就是为解决这一问题而设计的，其主要作用就是负责将一个网段上传输的数据信号进行复制、整形和放大后再发送到另一个网段上去，以此来延长网络的长度，如图 6-5 所示。

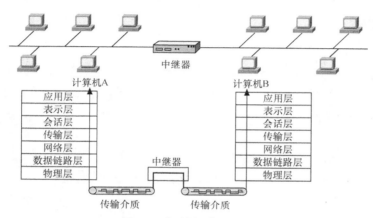

图 6-5　中继器工作示意图

从理论上讲，中继器的使用是无限的，网络也因此可以无限延长。事实上这是不可能的，因为网络标准中都对信号的延迟范围做了具体的规定，中继器只能在此规定范围内进行有效的工作，否则会引起网络故障。例如，在 10 Base-5 粗缆以太网的组网规则中规定：每个网段的最大长度为 500 m，最多可用 4 个中继器连接 5 个网段，其中只有 3 个网段可以挂接计算机终端，延长后的最大网络长度为 2 500 m。

中继器的主要特点可以归结为以下几点。

（1）中继器在数据信号传输过程当中只是起到一个放大电信号、延伸传输介质、将一个网络的范围扩大的作用，并不具备检查错误和纠正错误的功能。

（2）中继器工作在物理层，主要完成物理层的功能，所以中继器只能连接相同的局域网，即用中继器互连的局域网应具有相同的协议（如 CSMA/CD）和传输速率。

（3）中继器既可用于连接相同传输介质的局域网（如细缆以太网之间的连接），也可用于连接不同传输介质的局域网（如细缆以太网与双绞线以太网之间的连接）。

（4）中继器支持数据链路层及其以上各层的任何协议。

2．集线器

集线器是一种特殊的中继器，是一种多端口中继器，用于连接双绞线介质或光纤介质以太网系统，是组成 10 Base-T、100 Base-T 或 10 Base-F、100 Base-F 以太网的核心设备，如图 6-6 所示。

Hub 的使用起源于 20 世纪 90 年代初 10 Base-T

图 6-6　集线器

（双绞线以太网）标准的应用。由于双绞线的价格较低，并且 Hub 的可靠性和可扩充性很强，因此得到了迅速的普及。Hub 除了能够进行信号的转发之外，还克服了总线型网络的局限，提高了网络的可靠性。例如，在使用总线连接时，往往会因为 T 型接头的接触不良或者碰线，使整个网络无法正常工作，改用 Hub 就可以保证连接的可靠性，减少节点之间的互相干扰。

Hub 有无源 Hub、有源 Hub 和智能 Hub 之分。无源 Hub 的功能是：只负责将多段传输媒体连在一起，而不对信号本身做任何处理，对于每一段传输媒体，只允许扩展到最大有效距离的一半（通常为 100 m）。有源 Hub 和无源 Hub 相似，但有源 Hub 还具有信号放大、延伸网段的能力，起着中继器的作用。智能 Hub 除具有有源 Hub 的全部功能外，还将网络的很多功能集成到 Hub 中，如网络管理功能、网络路径选择功能等。

6.3.2　网桥

1. 网桥的功能和特点

网桥是一种在 OSI 参考模型的数据链路层实现局域网之间互连的设备。网桥在数据链路层对数据帧进行存储转发，将两个以上独立的物理网络连接在一起，构成一个单个的逻辑局域网络，以实现网络互连，如图 6-7 所示。

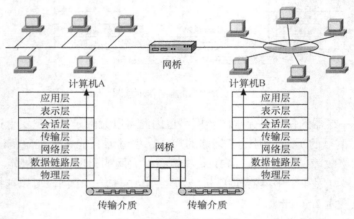

图 6-7　网桥工作示意图

网桥连接的两个局域网可以基于同一种标准（如 802.3 以太网之间的互连），也可以基于不同类型的标准（如 802.3 以太网与 802.5 令牌环网之间的互连），并且这些网络使用的传输介质可以不同（如粗、细同轴电缆以太网和光纤以太网的互连）。

网桥的主要作用是通过将两个以上的局域网互连为一个逻辑网，达到减少局域网上的通信量、提高整个网络系统性能的目的。网桥并不是复杂的网络互连设备，其工作原理也比较简单。当网桥收到一个数据帧后，首先将其传送到数据链路层进行分析和差错校验，根据该数据帧的 MAC 地址段来决定是删除这个帧还是转发这个帧。如果发送方和接收方处于同一个物理网络（网桥的同一侧），网桥则将该数据帧删除，不进行转发。如果发送方和接收方处于不同的物理网络，网桥则进行路径选择，通过物理层传输机制和指定的路径将该帧转发到目的局域网。在转发数据帧之前，网桥对帧的格式和内容不做或只做少量的修改。

和中继器相比，网桥的主要特点可以归结为以下几个。

（1）网桥可实现不同结构、不同类型局域网络的互连，并在不同的局域网之间提供转换功能；

而中继器只能实现同类局域网的互连。

（2）网桥不受定时特性的限制，可互连范围较大的网络（例如，可将多个距离较远的网络连接到主干网上，最远可达 10 km）；而中继器受 MAC 定时特性的限制，一般只能连接 5 个网段的以太网，并且不能超过一定距离。

（3）通过对网桥的设置，可起到隔离错误信息的作用，保证网络的安全；而中继器只能作为数字信号的整形放大器，并不具备检错、纠错功能。

（4）利用网桥可增加网上工作站的数目，因为网桥只占一个工作站地址，却可以将另一个网络上的许多工作站连接在一起；用中继器互连的以太网，随着用户数的增加，总线冲突增大，网络的性能必然会大大降低。

2．网桥的分类

可以根据网桥的不同特点对网桥的种类进行多种形式的划分，常用的分类方法主要有以下 3 种。

（1）根据连接的范围可将网桥分为本地网桥和远程网桥。本地网桥主要是用来提供同一地理区域内的多个局域网段之间的直接连接。远程网桥则是用于连接不同区域内的局域网段，一般都需要使用电话线路。

（2）根据是运行在服务器上还是作为服务器外的一个单独的物理设备可将网桥分为内桥和外桥。内桥又称为内部网桥，安装在文件服务器中，作为文件服务器的一部分来运行。实际上内桥是在服务器内插入多块网卡，每个网卡与一个子网相连，由网络操作系统管理。内桥安装方便，组网灵活，但使用时网桥软件会占用文件服务器的资源，从而导致服务器性能下降。

外桥又称为外部网桥，是作为一个独立设备的桥，即通过计算机或工作站内的专用硬件和固化软件来实现网络间的互联。外桥的优点是从一个网络转发到另一个网络的数据包全由硬件来完成，速度比内桥更快，并且不会影响文件服务器的性能。但是外桥作为一台专门的外部设备来使用，需要增加额外的投资。

（3）根据其路径选择方法可将网桥分为 IEEE 802 委员会制定的两种网桥类型：透明网桥（Transparent Bridge）和源路由网桥（Source Routing Bridge）。透明网桥类似于一个黑盒子，其存在和操作对网络主机完全是透明的。透明网桥的主要优点是易于安装，在使用时不用做任何配置就能正常工作。透明网桥与现有的 IEEE 802 产品完全兼容，能连接不同传输介质、不同传输速率的以太网，是当今应用最为广泛的一种网桥。但是，透明网桥由各网桥自己来决定路由选择，网络上的各节点不负责路由选择，因而不能获得最佳的数据传输路径。

源路由网桥要求网络各节点都参与路由选择，详细的路由信息放在数据帧的首部，网络上的每个节点在发送数据帧时都已经清楚地知道发往各个目的节点的路由。从理论上讲，源路由网桥能够选择最佳的数据传输路径，但是实际实现起来并不容易。

6.3.3　网关

网关是让两个不同类型的网络能够互相通信的硬件或软件。在 OSI 参考模型中，网关工作在 OSI 参考模型的 4～7 层，即传输层到应用层。网关是实现应用系统级网络互连的设备。Internet 是由无数相互独立的网络连接在一起构成的，大多数接入 Internet 的网络使用的通信协议都是 TCP/IP，可以直接与 Internet 上的主机进行通信，这样的网络要连入 Internet 通过路由器即可办到。但是也有一些网络使用的不是 TCP/IP，或者不能运行 TCP/IP，这样的网络要连接到 Internet 上就必须经过某种转换。实现这种转换功能的模块可以是硬件，也可以是软件，统称为网关。因此，网关不仅具有路由器的功能，还要实现异种网之间的协议转换。这就好比人们之间要进行语言交流就必须使用相同的语言，而当语言不同时，就必须有一个翻译来进行两种语言的转换。在 Internet 中，网关的作用相当于语言交流中的翻译，如图 6-8 所示。

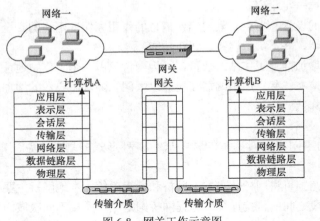

图 6-8　网关工作示意图

中继器、网桥和路由器都是属于通信子网范畴的网间互连设备，与实际的应用系统无关，而网关在很多情况下是通过软件的方法予以实现的，并且与特定的应用服务一一对应。换句话说，网关总是针对某种特定的应用，通用型网关是根本不存在的。这是因为网关的协议转换总是针对某种特殊的应用协议或者有限的特殊应用，如电子邮件、文件传输和远程登录等。

网关的主要功能是完成传输层以上的协议转换，一般有传输网关和应用程序网关两种。传输网关是在传输层连接两个网络的网关，应用程序网关是在应用层连接两部分应用程序的网关。网关既可以是一个专用设备，也可以用计算机作为硬件平台，由软件实现其功能。

目前，网关技术已成为网络用户使用大型主机资源的通用和经济的工具。例如，在一台计算机上安装网关软件，通过专用接口卡和通信线路与大型主机连接，其他网络用户可以使用仿真软件成为主机的终端并通过该网关访问大型主机，共享大型主机的资源（如交换文件、打印报表和处理数据等）。

6.3.4　路由器

1. 路由器的功能和基本工作原理

路由器工作在 OSI 参考模型的网络层，属于网络层的一种互连设备。一般说来，异种网络互连与多个子网互连都是采用路由器来完成的，如图 6-9 所示。全球最大的 Internet 就是使用路由器加专线技术将分布在各个国家的几千万个计算机网络互连在一起的。

所谓"路由"，是指将数据包从一个网络送到另一个网络的设备上的路径信息。路由的完成离不开两个最基本的步骤：第一个步骤是选择合适的路径，第二个步骤是数据包转发。

路由器的主要工作就是为经过路由器的每个数据包寻找一条最佳传输路径，并将该数据包有效地传送到目的站点，因此选择最佳路径的策略，即路由算法是路由器的关键所在。为了路由选择这项工作，在路由器中保存着各种传输路径的相关数据——路由表（Routing Table），供路由选择时使用。路由表是路由器选择路径的基础，表中保存着子网的标志信息、网上路由器的个数以及下一个路由器的地址等内容。

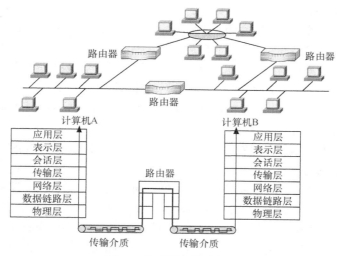

图 6-9　路由器工作示意图

路由表一般分为以下两种。

① 静态路由表（Static Routing Table），由系统管理员事先设置好固定的传输路径，一般是在系统安装时就根据网络的配置情况预先设定好，不会随未来网络结构的变化而改变。

② 动态路由表（Dynamic Routing Table），根据网络系统的运行情况而自动调整。路由器根据路由选择协议（Routing Protocol）提供的功能自动学习和记忆网络的运行情况，在需要时自动计算数据传输的最佳路径。

路由器的另一个重要功能是完成对数据包的传送，即数据转发。网络上各类信息的传送都是以数据包为单位进行的，数据包中除了包括要传送的数据信息外，还包括要传送信息的目的 IP 地址（网络层地址）。当一个路由器收到一个数据包时，将根据数据包中的目的 IP 地址查找路由表，根据查找的结果将此数据包送往对应端口。下一个路由器收到此数据包后继续转发，直至到达目的地。通常情况下，为每一个远程网络都建立一张路由表是不现实的，为了简化路由表，一般还要在网络上设置一个默认路由器。一旦在路由表中找不到目的 IP 地址所对应的路由器，就将该数据包交给网络的默认路由器来完成下一级的路由选择。

路由器还可充当数据包的过滤器，将来自其他网络的不需要的数据包阻挡在网络之外，从而减少网络之间的通信量，提高网络的利用率。

路由器的工作原理可以通过下面的例子来说明。

工作站 A 向工作站 B 传送信息，需要通过多个路由器接力传递，路由器的分布如图 6-10 所示。

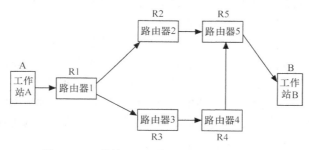

图 6-10　工作站 A、B 之间的路由选择示意图

路由器的工作原理如下。

（1）工作站 A 将工作站 B 的地址连同数据信息以数据包的形式发送给路由器 1。

（2）路由器 1 收到工作站 A 的数据包以后，先从报头中取出工作站 B 的地址，并根据路由表计算出发往工作站 B 的最佳路径 R1→R2→R5→B，并将该数据包发往路由器 2。

（3）路由器 2 重复路由器 1 的工作，并将数据包转发给路由器 5。

（4）路由器 5 同样取出工作站 B 的地址，发现工作站 B 就在该路由器所连接的网络上，于是将该数据包直接交给工作站 B。

（5）工作站 A 将数据包逐级转发给了目的工作站 B，一次通信过程宣告结束。

2. 路由器的主要品牌

路由器是局域网与 Internet 连接或远程局域网之间互连的关键产品，随着网络互连需求的不断增加，用户对路由器的需求量也随之大幅度增长。在国内路由器市场上，Cisco（思科）公司一直是市场的领导者，在高端路由器市场上处于绝对领导地位，Nortel、Juniper 等国外一些著名的路由器厂商也不断涌入中国市场。在中、低端市场，国产路由器在近年来也迅速崛起，华为、水星、迅捷、D-LINK、飞鱼星等已占据了一定市场份额，而一些知名的 IT 企业如方正、明基、清华、神州数码等也纷纷加入到了路由器市场，从而形成了一个群雄逐鹿的局面。下面，针对一些常见路由器品牌的技术性能与特点进行简单的介绍。

（1）Cisco 1800 系列路由器。Cisco 的路由器有多种系列，Cisco 1800 系列路由器是 Cisco 公司为中小型网络接入 Internet 而量身定做的，是中小企业和小型分支机构的理想选择。这是因为 Cisco 1800 系列除了有一个固定的广域网端口和一个固定以太网端口之外，还支持一个广域网接口卡，允许用户根据需要添加或改变广域网端口，使用非常灵活而且又保护了用户原有的投资。Cisco 1800 系列路由器包括 6 种：Cisco 1801、Cisco 1802、Cisco 1803、Cisco 1811、Cisco 1812 和 Cisco 1841。其中，前 5 种路由器都是使用固定配置，Cisco 1841 则是使用模块化配置。所有型号均带有可选的 Cisco IOS 防火墙特性集。值得一提的是，Cisco 1800 系列路由器能够借助多种先进的安全服务和管理功能支持思科自防御网络，这其中包括硬件加密加速、IPSec VPN（AES、3DES、DES）、防火墙保护、内部入侵防御系统（Intrusion Prevention System，IPS）、网络准入控制（Network Admission Control，NAC）和 URL 过滤支持等。为简化管理和配置，Cisco 1800 预装有基于 Web 的直观思科路由器和安全设备管理器（Security Device Manager，SDM）。

除 1800 系列外，Cisco 还有 1900 系列、2800 系列等多种接入路由器型号可供选择。

（2）华为 AR1200 系列路由器。华为自进入数据通信领域以来，已经推出了全系列的路由器产品。AR1200 系列路由器是面向中小企业的产品，接口丰富、灵活，报文处理能力强，配置维护简单。AR1200 系列包含以下几款设备：AR1220、AR1220V、AR1220W、AR1220VW、AR1220L、AR1220-D。AR1200 支持路由、交换、语音、安全、WLAN 等多种融合业务，能不断满足企业业务多元化的需求。同时其支持丰富的接入和上行接口，能适配多种终端，实现企业灵活接入。该系列路由器支持路由、交换、语音、安全、WLAN 等多种融合业务，采用多核 CPU 和无阻塞交换架构，产品性能业界领先，充分满足企业及分支机构网络未来多元化扩展及不断增长的业务需求。此外，该产品在满足低成本、高品质的同时，以客户为中心，通过 OSP 与第三方 IT 系统集成和对接，AR1200 为企业客户实现统一通信的业务体验，使客户、代理商、第三方和厂家都可以是开发者和使用者，真正实现业务价值链的共赢。

6.4　路　由　协　议

在路由器中，路由选择是通过路由器中的路由表来进行的，每个路由器都有一个路由表。路由表中定义了从该路由器到目的地的下一个路由器的路径。因此，路由选择是通过在当前路由器的路由表中找出对应于该数据包目的地址的下一个路由器来实现的。

要判定到达目的地的最佳路径，就要靠路由选择算法来实现。路由选择算法将收集到的不同信息填入路由表中，并通过不断更新和维护路由表使之正确反映网络的拓扑变化，最后由路由器根据量度来决定最佳路径。路由协议（Routing Protocol）是指实现路由选择算法的协议，常见的路由协议有路由信息协议（Routing Information Protocol，RIP）、开放式最短路径优先协议（Open Shortest Path First，OSPF）和边界网关协议（Border Gateway Protocol，BGP）等。

由一个 ISP（Internet 服务供应商）运营的网络称为一个自治域，自治域是一个具有统一管理机构、统一路由策略的网络。根据是否在一个自治域内部使用，路由协议又有内部网关协议（Interior Gateway Protocol，IGP）和外部网关协议（Exterior Gateway Protocol，EGP）之分。RIP 和 OSPF 是自治域内部采用的路由协议，属于内部网关协议。BGP 是多个自治域之间的路由协议，是一种外部网关协议。

6.4.1　路由信息协议（RIP）

1. RIP 概述

路由信息协议（Routing Information Protocol，RIP）是推出时间最长的路由协议，也是最简单的动态路由协议，最初是为 Xerox 网络系统而设计的，是 Internet 中常用的路由协议。

RIP 采用距离向量算法，即路由器根据距离选择路由，所以也称为距离向量协议。RIP 通过 UDP 报文交换路由信息，每隔 30 s 向外发送一次更新报文。如果路由器经过 180 s 没有收到更新报文，则将所有来自其他路由器的路由信息标记为不可达，若在其后的 120 s 内仍未收到更新报文，就将这些路由从路由表中删除。

RIP 使用跳数（Hop Count）来衡量到达目的地的距离，称为路由权（Routing Metric）。在 RIP 中，路由器到与之直接连接的网络的跳数为 0，通过一个路由器可达的网络的跳数为 1，其余依次类推。为限制收敛时间，RIP 规定 Metric 取值是 0～15 的整数，大于或等于 16 的跳数被定义为无穷大，即目的网络或主机不可达。

RIP 有 RIP-1 和 RIP-2 两个版本，RIP-2 支持明文认证和 MD5 密文认证，并支持变长子网掩码。为了提高性能、防止产生路由环路，RIP 支持水平分割（Split Horizon）、毒性逆转（Poison Reverse），并采用了触发更新（Triggered Update）机制。每个运行 RIP 的路由器管理一个路由数据库，该路由数据库包含了到网络所有可达目的地的一个路由项，这些路由项包含下列信息。

- 目的地址：主机或网络的地址。
- 下一条地址：为到达目的地，本路由器要经过的下一个路由器地址。
- 接口：转发报文的接口。
- Metric 值：本路由器到达目的地的开销，可取值 0～15 的整数。
- 定时器：该路由项最后一次被修改的时间。
- 路由标记：区分该路由为内部路由协议路由还是外部路由协议路由的标记。

2. RIP 的工作过程

RIP 的启动和运行的整个过程可描述如下。

（1）路由器 A 启动 RIP 时，以广播形式向其相邻路由器发送请求报文，相邻路由器收到请求报文后响应该请求，并回送包含本地路由器信息的响应报文。

（2）路由器 A 收到响应报文后，修改本地路由表，同时向相邻路由器发送触发修改报文。相邻路由器收到触发修改报文后，又向其各自的相邻路由器发送触发修改报文，在一连串的触发修改报文广播后，各路由器都能得到并保持最新的路由信息。

（3）RIP 每隔 30 s 向其相邻路由器广播本地路由表，相邻路由器在收到报文后对本地路由进行维护，选择一条最佳路由，再向其各自相邻网络广播修改信息，使更新的路由最终能达到全局有效。

RIP 作为 IGP 的一种，通过这些机制使路由器了解到整个网络的路由信息。

3. RIP 的局限性

虽然 RIP 简单、可靠、便于配置，目前已被大多数路由器厂商广泛使用，但还是有较大的局限性，主要体现在以下几个方面。

（1）支持站点的数量有限。RIP 允许的最大站点数为 15，任何超过 15 个站点的目的地均被标记为不能到达。而且 RIP 每隔 30 s 一次的路由信息广播也是造成网络广播风暴的重要原因之一。因此，RIP 只适用于较小的同构网络，如校园网和结构简单的地区性网络。

（2）依靠固定度量计算路由。RIP 不能实时更新度量值来适应网络发生的变化，在人为更新之前，由网络管理员定义的度量值始终是固定不变的。

6.4.2　内部路由协议（OSPF）

20 世纪 80 年代中期，RIP 已不能适应大规模异构网络的互连，OSPF 路由协议随之产生。OSPF 是网间工程任务组（The Internet Engineering Task Force，IETF）的内部网关协议工作组为 IP 网络而开发的一种路由协议。

OSPF 是一种基于链路状态的路由协议，需要每个路由器向其同一管理域的所有其他路由器发送链路状态广播信息，包括所有接口信息、所有的量度和其他一些变量等。利用 OSPF 的路由器首先必须收集有关的链路状态信息，并根据一定的路由选择算法计算出到达每个站点的最短路径。

与 RIP 不同的是，OSPF 将一个自治域再划分为区，相应地就产生了两种路由选择方式：当源工作站和目的工作站在同一区时，采用区内路由选择；当源工作站和目的工作站在不同区时，采用区间路由选择。这样大大减少了网络开销，并增强了网络的稳定性。当一个区内的路由器发生故障时并不影响自治域内其他区路由器的正常工作，也给网络的管理和维护带来了方便。

6.4.3　外部路由协议（BGP）

BGP 是一种不同自治系统的路由器之间进行通信的外部网关协议。BGP 既不是基于纯粹的链路状态算法，也不是基于纯粹的距离向量算法。其主要功能是与其他自治域的 BGP 交换网络可达信息，各个自治域可以运行不同的内部网关协议。

BGP 与 RIP 和 OSPF 的主要区别在于 BGP 使用 TCP 作为传输层协议。两个运行 BGP 的系统之间首先建立一条 TCP 连接，然后交换整个 BGP 路由表。一旦路由表发生变化，就发送 BGP 更新信息。BGP 更新信息包括网络号/自治域路径的成对信息，自治域路径包括到达某个特定网络需经过的自治域序列号，这些更新信息通过 TCP 传送出去，以保证传输的可靠性。

从本质上讲，BGP 还是一个距离向量协议，与 RIP 不同的是：RIP 使用跳数来衡量到达目的地的距离，BGP 则详细地列出了到每个目的地址的路由（自治系统到达目的地址的序列号），避免了一些距离向量协议中存在的问题，在实际应用中得到了广泛的使用。

6.5　路由器的基本配置

6.5.1　路由器的接口

路由器具有非常强大的网络连接和路由功能，可以与各种不同类型的网络进行物理连接。这就决定了路由器的接口技术非常复杂，越是高档的路由器其接口种类也就越多，因为路由器越高档所能连接的网络类型就越多。路由器的接口主要分为配置接口、局域网接口和广域网接口 3 类。

1. 配置接口

路由器的配置端口有两个，分别是"CONSOLE"和"AUX"。"CONSOLE"通常是在进行路由器的基本配置时通过专用连线与计算机连接用的；"AUX"则是用于路由器的远程配置连接的。

（1）CONSOLE 端口。CONSOLE 端口使用配置专用连线直接连接至计算机的串口，利用终端仿真程序（如 Windows 下的"超级终端"）进行路由器本地配置。路由器的 CONSOLE 端口多为 RJ-45 端口。

（2）AUX 端口。AUX 端口为异步端口，主要用于远程配置，也可用于拨号连接，还可通过收发器与 Modem 进行连接。由于 AUX 与 CONSOLE 端口用途各不相同，因此路由器通常同时提供这两个端口，如图 6-11 所示。

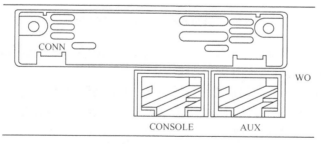

图 6-11　路由器配置接口示意图

2. 局域网接口

常见的以太网接口有 AUI、BNC 和 RJ-45 接口，另外 FDDI、ATM、吉比特以太网等都有相应的网络接口，下面分别介绍几种主要的局域网接口。

（1）AUI 端口。AUI 端口是用来与粗同轴电缆连接的接口，是一种"D"型 15 针接口，在令牌环网或总线型网络中比较常见。路由器可通过粗同轴电缆收发器实现与 10 Base-5 网络的连接，更多地则是借助于外接的收发转发器（AUI-to-RJ-45）实现与 10 Base-T 以太网络的连接。当然，也可借助于其他类型的收发转发器实现与细同轴电缆（10 Base-2）或光缆（10 Base-F）的连接。AUI 接口示意图如图 6-12 所示。

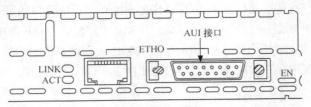

图 6-12　AUI 接口示意图

（2）RJ-45 端口。RJ-45 端口是最常见的端口，是人们常见的双绞线以太网端口。因为在快速以太网中也主要采用双绞线作为传输介质，所以根据端口的通信速率不同，RJ-45 端口又可分为 10 Base-T 网 RJ-45 端口和 100 Base-TX 网 RJ-45 端口两类。其中，10 Base-T 网的 RJ-45 端口在路由器中通常标识为"ETH"，如图 6-13 所示；100 Base-TX 网的 RJ-45 端口则通常标识为"10/100bTX"，如图 6-14 所示。

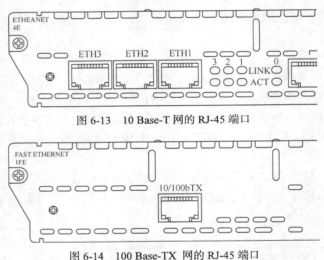

图 6-13　10 Base-T 网的 RJ-45 端口

图 6-14　100 Base-TX 网的 RJ-45 端口

两种 RJ-45 端口仅就端口本身而言是完全一样的，但端口中对应的网络电路结构是不同的，所以两个端口也不能随便交换。

（3）SC 端口。SC 端口是人们常说的光纤端口，主要用于与光纤的连接。光纤通常不直接与工作站相连，而是连接到具有光纤端口的快速以太网或吉比特以太网交换机上。这种端口一般在高档路由器上才有，都以"100b FX"标注，如图 6-15 所示。

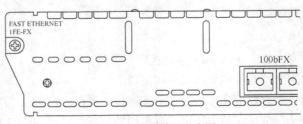

图 6-15　光纤端口示意图

3. 广域网接口

前面已经讲过，路由器不仅能实现局域网之间的连接，还能应用于局域网与广域网、广域网与广域网之间的互连。广域网规模大，网络环境复杂，因此决定了用于连接广域网的路由器端口速率较高，一般都要求在 100 Mbit/s 的快速以太网以上。下面介绍几种常见的广域网接口。

（1）RJ-45 端口。利用 RJ-45 端口也可以建立局域网与广域网之间的 VLAN，以及局域网与 Internet 的连接。如果使用路由器为不同 VLAN 提供路由，则可以直接利用双绞线连接至不同的 VLAN 端口。但要注意，这里的 RJ-45 端口所连接的网络一般不是 10 Base-T，而是速率为 100 Mbit/s 的快速以太网或吉比特以太网。图 6-16 所示为连接快速以太网的 RJ-45 端口。

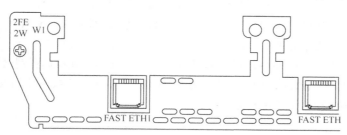

图 6-16　快速以太网端口示意图

（2）AUI 端口。AUI 端口是用于与粗同轴电缆连接的网络接口，也经常用于与广域网的连接。在 Cisco 2600 系列路由器上就提供了 AUI 与 RJ-45 两个广域网连接端口，如图 6-17 所示。用户可以根据自己的需要选择适当的类型。

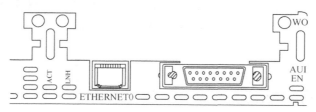

图 6-17　AUI 端口示意图

（3）高速同步串口。在路由器的广域网连接中，应用最多的端口是"高速同步串口"（SERIAL），如图 6-18 所示。这种端口主要用于连接 DDN、ISDN、帧中继、X.25 和 PSTN 等专线网络。这种同步端口对速率的要求非常高，因为该端口所连接的网络要求两端的数据传输必须实时同步。

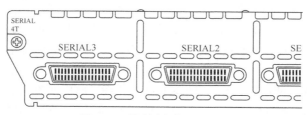

图 6-18　高速同步串口示意图

（4）异步串口。异步串口（ASYNC）主要应用于 Modem 或 Modem 池的连接，主要用于实现远程计算机通过公用电话网拨入网络，如图 6-19 所示。这种异步端口相对于上面介绍的同步端口而言，在速率要求上没有那么苛刻，并不要求网络的两端数据保持实时同步，只要能连续即可。

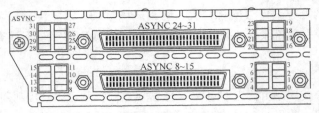

图 6-19　异步串口示意图

（5）ISDN BRI 端口。由于 ISDN 接入方式在连接速度上有其独特的一面，因而在当时 ISDN 刚兴起时得到了充分的应用。ISDN 有两种速率连接端口：一种是 ISDN BRI（基本速率接口），另一种是 ISDN PRI（基群速率接口）。

ISDN BRI 端口用于实现 ISDN 线路通过路由器与 Internet 或其他远程网络的连接，连接速率可达到 128 kbit/s。ISBN BRI 采用 RJ-45 标准，在与 ISDN NT1 的连接时使用 RJ-45-to-RJ-45 的直通双绞线。ISDN BRI 端口如图 6-20 所示。

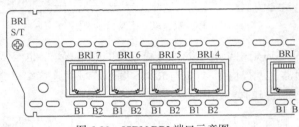

图 6-20　ISDN BRI 端口示意图

6.5.2　路由器的配置方法

以 Quidway（华为）系列路由器为例，可以通过 5 种方法来配置 Quidway 路由器：①CONSOLE 配置；②AUX 端口远程配置；③远程 Telnet 配置；④哑终端配置；⑤FTP 下载配置文件。由于 Telnet 视图和 FTP 视图都需要预先对路由器进行相应的配置才能生效，而通过 AUX 端口视图需要连接 Modem。所以，当第一次对路由器进行配置时，通过 CONSOLE 端口（配置口）配置是必然的选择。只有先通过 CONSOLE 端口对路由器进行配置，才能使用其他视图。

1. 通过 CONSOLE 端口配置

通过 CONSOLE 端口来配置路由器是一种最常用的配置方法，也是最基本的路由器视图。用户可以通过控制台端口，使用各种通信程序来访问路由器。下面简单地介绍如何使用 CONSOLE 端口来配置路由器。

（1）硬件环境搭配。使用路由器随机附带的配置电缆，将电缆的 RJ-45 头一端接在路由器的 CONSOLE 端口上，另一端 9 针（或 25 针）的 RS 232 接口接在 PC 的串行口上。

（2）在本地 PC 上创建超级终端。如果用户使用操作系统为 Windows 98/2000/XP 的计算机来配置路由器，则通过 CONSOLE 端口对路由器进行配置是不可缺少的。

进入操作系统，利用"开始"→"程序"→"附件"→"通信"菜单命令，运行"超级终端"，进入如图 6-21 所示的界面。用户可以为创建的"超级终端"取一个名字，如"Quidway"。同时，还要为其任意选择一个图标。设置完毕后，单击"确定"按钮，进入下一步。

（3）选择串口。选择与路由器相连的计算机的串口，这里的串口是指连接 CONSOLE 电缆的接口，串口号是固定的，否则"超级终端"中将看不到任何内容，如图 6-22 所示。

图 6-21　建立"超级终端"新连接

图 6-22　选择实际连接使用的串口

（4）端口设置。用户选择了实际连接的串口后，单击"确定"按钮，超级终端程序将会显示一个"端口设置"对话框。设置端口通信参数为 9 600bit/s、8 位数据位、1 位停止位、无校验、无流控，如图 6-23 所示。

最后，单击"确定"按钮，配置结束。系统将自动进入所创建的"超级终端"界面。若此时路由器尚未加电，则界面没有任何信息，如图 6-24 所示。打开路由器，超级终端将自动弹出登录信息。

图 6-23　设置端口通信参数

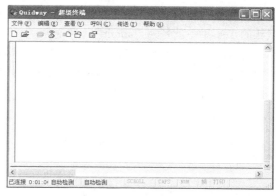

图 6-24　"超级终端"界面

2. 通过 AUX 端口搭建远程配置环境

当需要对远端的路由器进行配置时，可以通过拨号线路连接到需要配置的路由器上，可以是通过 CONSOLE 端口、AUX 端口或异步串口。

（1）首先在本地计算机的串口上连接 Modem，确保能与其他计算机建立拨号连接。

（2）将另一端的 Modem 连接到路由器的 CONSOLE 端口、AUX 端口或异步串口上，并将 Modem 加电。

（3）如果是连接在路由器的 CONSOLE 端口或 AUX 端口上，则无须在路由器上做任何配置，只需要通知对方先将 Modem 加电，然后再对路由器加电即可。

如果是接在路由器的异步串口上，则需要设置串口工作在交互方式下，配置命令如下。

```
[Quidway-Serial0/0] physical-mode async  ; 设置为异步模式
[Quidway-Serial0/0] async mode flow  ; 设置为交互模式
```

（4）设置好路由器的相关属性并建立好连接后，即可通过"超级终端"建立与远程路由器的拨号连接，如图 6-25 和图 6-26 所示。

图 6-25　使用"超级终端"建立拨号连接　　　　图 6-26　在远程主机上拨号连接

3．建立本地或远程的 Telnet 连接配置环境

（1）若建立本地配置环境，只需将本地计算机上的以太网接口通过局域网与路由器的以太网接口相连接；若建立远程配置环境，除了前面介绍的通过拨号线路建立连接外，还可以通过 Telnet 到对方的路由器上进行配置。然而，这需要具备一个前提：本地计算机必须能与远程路由器建立 Telnet 连接，并拥有合法的用户名和口令。然后，在 Telnet 窗口中输入对方路由器以太网口的 IP 地址，登录到对方的路由器进行配置。

（2）在路由器上设置 Telnet 相应端口的 IP 地址（假设 IP 为 192.168.1.5），具体配置如下。

```
[Quidway-Ethernet0/0] ip address 192.168.1.5  24
```

默认的 Telnet 登录名为"admin"，口令为"admin"。

（3）在本地计算机上运行 Telnet 客户端程序，输入 Telnet 到路由器以太网端口的 IP 地址，与路由器建立连接。认证通过后出现命令行提示符，如<Quidway>。如果出现"All user interfaces are used，please try later!"的提示，则提示用户当前所有端口都被占用，稍后再连接。

小　结

（1）网络互连是指将分布在不同地理位置、使用不同数据链路层协议的单个网络通过网络互连设备进行连接，使之成为一个更大规模的互连网络系统。网络互连的目的是使处于不同网络上的用户之间能够相互通信和相互交流，以实现更大范围的数据通信和资源共享。

（2）网络互连的类型主要有以下 4 种：局域网—局域网互连、局域网—广域网互连、局域网—广域网—局域网互连以及广域网—广域网互连。

（3）根据网络层次结构模型，网络互连的层次可以分为物理层互连、数据链路层互连、网络层互连以及在传输层及其以上各层实现互连。

（4）在网络互连中，往往采用不同的网络互连设备来实现不同网络间的连接。常用的网络互连设备有中继器、网桥、路由器和网关等。

（5）中继器是最简单的网络互连设备，工作在 OSI 参考模型的最底层——物理层，所以只能用来连接具有相同物理层协议的局域网。中继器的主要功能是放大物理信号、延伸传输介质、将一个网络的范围扩大，但是中继器并不具备检查错误和纠正错误的能力。

（6）网桥是在 OSI 参考模型的数据链路层上实现网络互连的设备，能够互连两个采用不同数据链路层协议、不同传输介质和不同传输速率的网络。网桥的主要功能是：实现不同结构、不同类型局域网络的互连；通过设置，隔离错误信息，保证网络的安全；增加网络上工作站的数目等。根据连接范围的不同，网桥可分为本地网桥和远程网桥；根据网桥是运行在服务器上还是作为服务器外的一个单独的物理设备，网桥可分为内桥和外桥；根据网桥路径选择方法的不同，又可将网桥分为透明网桥和源路由网桥。

（7）路由器是在 OSI 参考模型的网络层上实现网络互连的设备。异种网络间的互连与多个子网间的互连一般都是采用路由器来完成的。路由器具有数据包过滤、存储转发、路径选择和协议转换等功能。

（8）网关是在传输层及其以上高层上实现多个网络互连的设备。网关既可以是硬件也可以是软件，主要功能是完成传输层及其以上高层协议的转换。网关一般可分为两种：传输网关和应用程序网关。传输网关是指在传输层连接两个网络的网关；应用程序网关是指在应用层连接两部分应用程序的网关。

（9）路由选择算法是用于判定数据到达目的地的最佳路径的方法，而路由协议则是实现路由选择算法的一系列规则和约定。常见的路由协议有路由信息协议、开放式最短路径优先协议和边界网关协议等。

习 题 6

一、名词解释（在每个术语前的下划线上标出正确定义的序号）

_____1. 中继器　　　　　　　　　_____2. 网桥

_____3. 路由器　　　　　　　　　_____4. 路由协议

_____5. 网关　　　　　　　　　　_____6. 网络互连

A. 将分布在不同地理位置的网络或设备相连构成更大规模的网络系统

B. 在物理层实现网络互连的设备，具有放大物理信号、延伸传输介质、将一个网络的范围扩大的作用

C. 在网络层实现网络互连的设备，具有包过滤、存储转发、路径选择和协议转换等功能

D. 在数据链路层实现网络互连的设备，具有互连不同结构、不同类型的局域网络，隔离错误信息，保证网络的安全等功能

E. 在传输层及其以上高层实现网络互连的设备，主要功能是完成传输层及其以上高层协议的转换

F. 实现路由选择算法的一系列规则和约定

二、填空题

1. 网络互连的形式有局域网—局域网、局域网—广域网、_____和_____。

2. 桥连接器是一种存储转发设备，主要用于_____间的互连，桥连接器在数据链路层上对数据进行存储转发。

3. 网桥的功能就是在互连局域网之间存储、转发帧和实现_____转换。

4. 在中继系统中，中继器处于_____层。

5. 中继器具有完全再生网络中传送的原有_____信号的能力。

6. 根据连接的范围，网桥可分为_____和_____。

7. 高层互连是指_____层及其以上各层协议不同的网络之间的互连。

8. 路由器的功能包括包过滤、存储转发、_____和_____等。

9. 网关有时也称为信关，是用于_____转换的网间连接器。

10. 路由协议是指_____协议，常见的内部网关协议有_____和_____，外部网关协议有_____。

三、选择题

1. 在网络互连的层次中，_____是在数据链路层实现互连的设备。

  A. 网关   B. 中继器   C. 网桥   D. 路由器

2. 如果有多个局域网需要互连，并且希望将局域网的广播信息能很好地隔离开来，那么最简单的方法是采用_____。

  A. 中继器   B. 网桥   C. 路由器   D. 网关

3. 中继器的作用就是将信号_____，使其传播得更远。

  A. 缩小   B. 滤波   C. 整形和放大   D. 压缩

4. 对于 10 Base-5 以太网来说，一个网段长为 500 m，最多可有 5 个网络段，共 2 500 m，用于互连网段的设备是_____。

  A. 中继器   B. 网桥   C. 路由器   D. 网关

5. 从通信协议的角度来看，网桥在局域网之间存储转发数据帧是在_____上实现网络互连的。

  A. 物理层   B. 数据链路层   C. 网络层   D. 传输层

6. 下列有关集线器的说法正确的是_____。

  A. 利用集线器可将总线型网络转换为星型拓扑结构的网络

  B. 集线器只能和工作站相连

  C. 集线器只能对信号起传递作用

  D. 集线器不能实现网段的隔离

7. _____可以由文件服务器兼当网桥。

  A. 外桥   B. 内桥   C. 远程桥   D. 组合桥

8. 在不同网络之间实现分组的存储和转发，并在网络层提供协议转换的网间连接器，这种设备称为_____。

  A. 网关   B. 网桥   C. 路由器   D. 中继器

9. 各种网络在物理层互连时要求_____。

  A. 数据传输速率和链路协议都相同   B. 数据传输速率相同，链路协议可不同

  C. 数据传输速率可不同，链路协议相同   D. 数据传输速率和链路协议都可不同

10. 在下面关于网络技术的叙述中，_____是错误的。

  A. 中继器可用于协议相同但传输媒体不同的 LAN 之间的连接

  B. 网络中若集线器失效，则整个网络处于故障状态而无法运行

  C. 网桥独立于网络层协议，网桥最高层为数据链路层

  D. 中继器具有信号恢复、隔离功能，但没有一点管理功能

11. 在因特网中，路由器必须实现的网络协议为_____。

  A. IP   B. IP 和 HTTP   C. IP 和 FTP   D. HTTP 和 FTP

12. 在对 Quidway 路由器进行 CONSOLE 端口配置时，应选择超级终端的参数是_____。

  A. 数据位为 8 位，奇偶校验无，停止位为 1.5 位

B.　数据位为 8 位，奇偶校验有，停止位为 1.5 位

C.　数据位为 8 位，奇偶校验无，停止位为 1 位

D.　数据位为 8 位，奇偶校验有，停止位为 2 位

13.　可以通过_____对路由器进行配置。（此题多选）

A.　CONSOLE 端口进行本地配置　　　B.　AUX 端口进行本地配置

C.　Telnet 方式　　　　　　　　　　D.　FTP 方式

四、问答题

1.　什么是网络互连？网络互连的类型有哪几种形式？

2.　网络互连的目的是什么，有哪些基本要求？

3.　网络互连的常用设备有哪几种，分别工作在 OSI 参考模型的哪一层？

4.　什么是中继器？中继器从哪个层次上实现了不同网络的互连？简述中继器的功能和主要特点。

5.　什么是集线器？集线器可分为哪几类？彼此之间有什么区别？

6.　什么是网桥？网桥从哪个层次上实现了不同网络的互连？网桥和中继器的主要区别是什么？

7.　路由器从哪个层次上实现了不同网络的互连？简述路由器转发数据的过程。

8.　什么是网关？网关从哪些层次上实现了不同网络的互连？网关的主要功能是什么？

9.　什么是路由协议？常见的路由协议有哪些，各有什么特点？

第 7 章
Internet 基础知识

Internet 是目前世界上最大的计算机网络，确切地说是最大的全球互连网络，连接着全世界成千上万个网络。近 10 年来，Internet 向社会开放，已从单纯的研究工具演变为世界范围内个人及机构之间的重要信息交换工具。虽然 Internet 还只是人们所设想的"信息高速公路"的一个雏形，但从现在的发展和应用可以看到 Internet 对社会的巨大影响力。21 世纪是计算机与网络的时代，因此，掌握 Internet 基础知识是现代人必备的技能之一。

为了帮助初学者对 Internet 有一个全面的、感性的认识，本章将从介绍 Internet 的基本概念、基本特点及其产生的历史背景入手，并对 Internet 的物理结构、TCP/IP 结构、地址结构、子网掩码、域名系统以及接入方式等进行详细的介绍。很好地理解和学好本章的知识，将为进一步掌握 Internet 应用技术奠定良好的基础。

本章的学习目标如下。

- 理解 Internet 的基本概念和基本特点。
- 了解 Internet 产生和发展的历史背景。
- 掌握 Internet 的主要服务功能。
- 掌握 TCP/IP 结构以及 TCP/IP 簇中主要协议的功能。
- 掌握 IP 地址的含义、表示方法和分类。
- 掌握子网掩码的含义、划分和 3 类 IP 地址的标准子网掩码。
- 掌握域名地址的表示方式以及域名的解析过程。
- 理解 IPv4 的优缺点。
- 理解 IPv4 到 IPv6 的过渡方案以及 IPv6 的应用前景。

7.1　Internet 的产生和发展

7.1.1　ARPANET 的诞生

Internet 起源于美国国防部高级研究计划局于 1968 年主持研制的用于支持军事研究的计算机实验网 ARPANET，建网的初衷旨在帮助为美国军方工作的研究人员利用计算机进行信息交换。ARPANET 是世界上第一个采用分组交换的网络，在这种通信方式下，把数据分割成若干大小相等的数据包来传送，不仅一条通信线路可供用户使用，即使在某条线路遭到破坏时，只要还有迂回线路可供使用，便可正常进行通信。此外，主网没有设立控制中心，网上各台计算机都遵循统一的协议自主地工作。在 ARPANET 的研制过程中，建立了一种网络通信协议，称为 IP（Internet Protocol）。IP 的产生，使异种网络互连的一系列理论与技术问题得到了解决，并由此产生了网络共享、分散控制和网络通信协议分层等重要思想。对 ARPANET 的一系列研究成果标志着一个崭新的网络时代的开端，并奠定了当今计算机网络的理论基础。

与此同时，局域网和其他广域网的产生对 Internet 的发展也起到了重要的推动作用。随着 TCP/IP 的标准化，ARPANET 的规模不断扩大，不仅在美国国内有许多网络和 ARPANET 相连，而且在世界范围内很多国家也开始进行远程通信，将本地的计算机和网络接入 ARPANET，并采用相同的 TCP/IP。

7.1.2　NSFNET 的建立

1985 年美国国家科学基金（National Science Foundation，NSF）为鼓励大学与研究机构共享他们非常昂贵的 4 台计算机主机，希望通过计算机网络把各大学与研究机构的计算机与这些巨型计算机连接起来，于是利用 ARPANET 发展起来的 TCP/IP 将全国的 5 大超级计算机中心用通信线路连接起来，建立了一个名为美国国家科学基础网（NSFNET）的广域网。由于美国国家科学资金的鼓励和资助，许多机构纷纷把自己的局域网并入 NSFNET。NSFNET 最初以 56 kbit/s 的速率通过电话线进行通信，连接的范围包括所有的大学及国家经费资助的研究机构。1986 年 NSFNET 建设完成，正式取代了 ARPANET 而成为 Internet 的主干网。现在 NSFNET 已是 Internet 主要的远程通信设施的提供者，主通信干道以 45 Mbit/s 的速率传输信息。

7.1.3　全球范围 Internet 的形成与发展

除了 ARPANET 和 NSFNET 外，美国宇航局（National Aeronautics and Space Administration，NASA）和能源部的 NSINET、ESNET 也相继建成，欧洲、日本等也积极发展本地网络，于是在此基础上互连形成了现在的 Internet。在 20 世纪 90 年代以前，Internet 由美国政府资助，主要供大学和研究机构使用，但 20 世纪 90 年代以后，该网络商业用户数量日益增加，并逐渐从研究教育网络向商业网络过渡。近几年来 Internet 规模迅速发展，已经覆盖了包括我国在内的 160 多个国家，连接的网络数万个，主机达 600 多万台，终端用户上亿，并且以每年 15%～20% 的速度增长。今天，Internet 已经渗透到了社会生活的各个方面，人们通过 Internet 可以了解最新的新闻动态、旅游信息、气象信息和金融股票行情，可以在家进行网上购物，预订火车票飞机票，发送和阅读电子邮件，到各类网络数据库中搜索和查寻所需的资料等。

7.2　Internet 概述

7.2.1　Internet 的基本概念

在 IT 技术飞速发展的今天，人们可以真正感觉到世界开始变小了。通过计算机，人们能够访问到世界上最著名大学的图书馆，能够与远在地球另一端的人进行语音通信和视频聊天，能够看电影、听音乐、阅读各种多媒体杂志，还可以在家里买到所需要的任何商品……所有这一切都是通过世界上最大的计算机网络——Internet 来实现的。

什么是 Internet？Internet 通常又被称为"因特网""互联网"和"网际网"。Internet 是由成千上万个不同类型、不同规模的计算机网络通过路由器互连在一起组成覆盖世界范围的、开放的全球性网络。Internet 拥有数千万台计算机和上亿个用户，是全球信息资源的超大型集合体，所有采用 TCP/IP 的计算机都可加入 Internet，实现信息共享和相互通信。

与传统的书籍、报刊、广播、电视等传播媒体相比，Internet 使用更方便，查阅资料更快捷，内容更丰富。Internet 已在世界范围内得到了广泛的普及与应用，并且正在迅速地改变人们的工作方式和生活方式。

7.2.2 Internet 的特点

（1）Internet 是由全世界众多的网络互连组成的国际 Internet。组成 Internet 的计算机网络包括小规模的局域网、城市规模的城域网以及大规模的广域网。网络上的计算机包括 PC、工作站、小型机、大型机甚至巨型机。这些成千上万的网络和计算机通过电话线、高速专线、光缆、微波、卫星等通信介质连接在一起，在全球范围内构成了一个四通八达的网络。在这个网络中，其核心的几个最大的主干网络组成了 Internet 的骨架，主要属于美国 Internet 的供应商（Internet Service Provider，ISP），如 GTE、MCI、Sprint 和 AOL 的 ANS 等。通过相互连接，主干网络之间建立起一个非常快速的通信线路，承担了网络上大部分的通信任务。由于 Internet 最早是从美国发展起来的，所以这些线路主要在美国交织，并扩展到欧洲、亚洲和世界其他地方。

（2）Internet 是世界范围的信息和服务资源宝库。Internet 能为每一个入网的用户提供有价值的信息和其他相关的服务。通过 Internet，用户不仅可以互通信息、交流思想，还可以实现全球范围的电子邮件服务、WWW 信息查询和浏览、文件传输服务、语音和视频通信服务等功能。目前，Internet 已成为覆盖全球的信息基础设施之一。

（3）组成 Internet 的众多网络共同遵守 TCP/IP。TCP/IP 从功能、概念上描述 Internet，由大量的计算机网络协议和标准的协议簇所组成，但主要的协议是 TCP 和 IP。凡是遵守 TCP/IP 标准的物理网络，与 Internet 互连便成为全球 Internet 的一部分。

7.2.3 Internet 的组织机构

Internet 不受某一个政府或个人控制，但它本身却以自愿的方式组织了一个帮助和引导 Internet 发展的最高组织，即 Internet 协会（Internet Society，ISOC）。该协会成立于 1992 年，是非营利性的组织，其成员是由与 Internet 相连的各组织和个人组成的。Internet 协会本身并不经营 Internet，但它支持 Internet 体系结构委员会（Internet Architecture Board，IAB）开展工作，并通过 IAB 实施。IAB 负责定义 Internet 的总体结构和技术上的管理，对 Internet 存在的技术问题及未来将会遇到的问题进行研究。

IAB 下设的分支机构主要有 Internet 研究任务组（The Internet Research Task Force，IRTF）、Internet 工程任务组（The Internet Engineering Task Force，IETF）和 Internet 网络号码分配机构（The Internet Assigned Numbers Authority，IANA），它们的任务分别如下。

（1）IRTF：促进网络和新技术的开发和研究。

（2）IETF：解决 Internet 出现的问题，帮助和协调 Internet 的改革和技术操作，为 Internet 的各组织之间的信息沟通提高方便。

（3）IANA：对诸多注册 IP 地址和协议端口地址等 Internet 地址方案进行控制。

几乎所有的 Internet 的文字资料都可以在 RFC（Request For Comments）中找到，它的意思是"请求评论"。RFC 是 Internet 的工作文件，其主要内容除了包括对 TCP/IP 标准和相关文档的一系列注释和说明外，还包括政策研究报告、工作总结和网络使用指南等。

7.3　Internet 的主要功能与服务

7.3.1　Internet 的主要功能

Internet 的主要功能基本上可以归为 3 类：资源共享、信息交流和信息的获取与发布。在网络上的任何活动都与这 3 个基本功能有关。

（1）资源共享。充分利用计算机网络中提供的资源（包括软件、硬件和数据）是 Internet 建立的目标之一。计算机的许多资源是十分昂贵的，不可能为每个用户所拥有，如进行复杂运算的巨型计算机、大容量存储器、高速激光打印机等，但是用户可通过远程登录服务（Telnet）来共享网络计算机中的各类资源。如用户在家里或其他地方通过远程登录服务来访问单位的各种服务器，只要在这些服务器上拥有合法的账号，那么一旦登录到了服务器上，用户就可以在其权限范围内执行各种命令，这和坐在服务器前操作是完全一样的。

（2）信息交流。Internet 网上交流的方式很多，最常见的是通过电子邮件进行交流。与打电话和发传真相比，电子邮件可以说是既便宜又方便，一封电子邮件通常只需在几分钟内就可以发送到世界任何和 Internet 相连的地方。

此外，Internet 还提供了很多人们可以自由进行学术交流的方式和场所。例如，网络新闻（USENET）就是一个由众多趣味相投的用户共同组织起来的进行各种专题讨论的公共网络场所，通常也称之为全球性的电子公告板系统（Bulletin Board System，BBS）。通过 UESNET，用户可以发布公告、新闻、评论及各种文章供网上用户使用和讨论。网络当中的任何一个人都可以加入到所感兴趣的小组中去，和世界各地的同行们进行广泛的交流。

Internet 还提供了很多实时的、多媒体通信手段。例如，人们可以使用一些实时通信软件（微软的 MSN Messenger、腾讯的 QQ 等）和朋友进行聊天，还可以利用音频、视频系统（声卡、麦克风、摄像头、视频卡等）实现在线欣赏音乐、实时语音通信和桌面视频会议等。

（3）信息的获取与发布。Internet 是近年来出现的一种全新的信息传播媒体，为人们提供了一个了解世界、认识世界的窗口。Internet 实质上就是一个浩瀚的信息海洋，在 Internet 上，网络图书馆、网络新闻、网上超市、各类网络电子出版物等应有尽有。人们可以很方便地通过 WWW 方式来访问各类信息系统，获取有价值的信息资源。随着 Internet 的日益普及，许多政府部门、科研机构、企事业单位、高等学府都在 Internet 上设立了图文并茂、独具特色、内容不断更新的 WWW 网站，以此作为对外宣传自我、发展自我的重要手段。

随着 Internet 的不断发展和完善，今后 Internet 的功能还将不断增强，更多的信息服务会以 Internet 为媒体来进行，如远程教育、远程医疗、工业自动控制、全球情报检索与信息查询、电视会议、电子商务等。

7.3.2　Internet 的主要服务

Internet 在拥有丰富资源的同时，也提供了各种各样的服务方式，包括电子邮件（E-mail）、远程登录（Telnet）、文件传输（File Transfer Protocol，FTP），还包括 WWW、USENET、Archie、Gopher、WAIS 与 EC/EB 等信息查询工具。

1. 电子邮件（E-mail）服务

电子邮件简称 E-mail，是一种通过计算机网络与其他用户进行联系的快速、简便、高效、价廉的现代化通信手段，也是目前 Internet 用户使用最频繁的一种服务功能。

电子邮件系统是采用"存储转发"方式为用户传递电子邮件的。当用户通过 Internet 给某人发送邮件时，先要同为自己提供电子邮件服务的邮件服务器连机，然后将要发送的邮件与收信人的邮件地址输入到自己的电子邮箱中，电子邮件系统会自动根据收件人地址将用户的邮件通过网络一站站地送到对方的邮件服务器中；当邮件送到目的地后，接收方的邮件服务器会根据收件人的地址将电子邮件分发到相应的电子邮箱中，等候用户自行读取；用户可随时随地通过计算机连机的方式打开自己的电子邮箱来查阅邮件。电子邮件的具体工作过程如图 7-1 所示。

图 7-1　电子邮件的工作过程

2. 远程登录（Telnet）服务

Telnet 是一种最老的 Internet 应用，起源于 ARPNET，中文全称为"电信网络协议"。Telnet 给用户提供了一种通过其连网的终端登录远程服务器的方式。Telnet 使用的传输层协议为 TCP，使用的端口号为 23。Telnet 要求有一个 Telnet 服务器程序，此服务器程序驻留在主机上，用户终端通过运行 Telnet 客户机程序远程登录到 Telnet 服务器来实现资源的共享。

通过远程登录服务，用户可以通过自己的计算机进入 Internet 上的任何一台计算机系统中，远距离操纵其他机器以实现自己的需要。当然，要在远程计算机上登录首先要成为该系统的合法用户，并拥有要使用的那台计算机的相应用户名及口令。当用户通过客户端向 Telnet 服务器发出登录请求后，该 Telnet 服务器将返回一个信号，要求本地用户输入自己的登录名（Login Name）和口令（Password），只有返回的登录名与口令正确，登录才能成功。在 Internet 上，有些主机同时装载有寻求服务的程序和提供服务的程序，那么这些主机既可以作为客户端，也可以作为 Telnet 服务器使用。Telnet 的工作模式如图 7-2 所示。

图 7-2　Telnet 的工作模式

在 Internet 上，很多信息服务机构都提供开放式的远程登录服务。登录这些服务机构的 Telnet 服务器时，不需要事先设置用户账号，使用公开的用户名就可以进入系统。用户可以使用 Telnet 命令使自己的计算机暂时成为远程计算机的一个仿真终端。一旦用户成功地实现了远程登录，就可以像远程主机的本地终端一样进行工作，并可以使用远程主机对外开放的全部资源，如硬件、程序、操作系统、应用软件及信息资料等。

Telnet 也经常用于公共服务或商业目的，用户可以使用 Telnet 远程检索大型数据库、公众图书馆的信息资源或其他信息。

3. 文件传输（FTP）服务

Internet 上有许多公用的免费软件，允许用户无偿转让、复制、使用和修改。这些公用的免费软件种类繁多，从多媒体文件到普通的文本文件，从大型的 Internet 软件包到小型的应用软件和游戏软件，应有尽有。充分利用这些软件资源，能极大地节省软件编制时间，提高工作效率。用户要获取 Internet 上的免费软件，可以利用 FTP 服务这个工具。

FTP 服务是由 TCP/IP 的文件传输协议（File Transfer Protocol）支持的，是一种实时的连机服务。在进行文件传输时，本地计算机上启动客户程序，并利用客户程序与远程计算机系统建立连接，激活远程计算机系统上的 FTP 服务程序，本地 FTP 程序就成为一个客户，远程 FTP 程序则成为服务器，彼此通过 TCP 进行通信。

用户每次请求传输文件时，远程 FTP 服务器负责找到用户请求的文件，并利用 FTP 将文件通过 Internet 传送给客户。客户程序收到文件后，便将文件写到本地计算机系统的硬盘。文件传输一旦完成，客户程序和服务器程序就终止 TCP 连接。需要说明的是，FTP 客户机与服务器之间建立的连接是双重连接：一个是控制连接，主要用于传输 FTP 命令和服务器的回送信息；另一个是数据连接，主要用于数据传输，如图 7-3 所示。这样就可以将数据控制和数据传输分开，从而使 FTP 的工作更加高效。

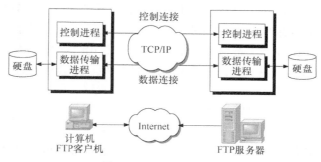

图 7-3　FTP 的工作模式

FTP 服务器通常由 IIS 和 Server-U 软件来构建，以便在 FTP 服务器和 FTP 客户端之间完成文件的传输。传输是双向的，既可以从服务器下载到客户端，也可以从客户端上传到服务器。FTP 服务器使用 21 作为默认的 TCP 端口号。用户可以采用两种方式登录到 FTP 服务器：一种是匿名登录（以英文单词"Anonymous"作为用户名，以自己的电子邮箱作为"口令"）；另一种是使用授权账号和密码登录。对于一般匿名登录的用户，FTP 需要加以限制，不宜开启过高的权限；而对于使用授权账号和密码登录的用户，管理员则可以根据不同的用户设置不同的访问权限。

现在越来越多的政府机构、公司、大学、科研单位将大量的信息以公开的文件形式存放在 Internet 中（如文本文件、二进制文件、图像文件、声音文件、数据压缩文件等），因此使用 FTP 几乎可以获取任何领域的信息。

4. WWW 服务

WWW 即万维网（World Wide Web），它并不是独立于 Internet 的另一个网络，而是一个基于超文本（Hypertext）方式的信息查询工具。其最大的特点是拥有非常友善的图形界面、非常简单的操作方法以及图文并茂的显示方式。

超文本技术是指将许多信息资源连接成一个信息网，由节点和超链接（Hyperlink）所组成的、方便用户在 Internet 上搜索和浏览信息的超媒体信息查询服务系统。超媒体（Hypermedia）是一个与超文本类似的概念，在超媒体中，超链接的两端既可以是文本节点，也可以是图像、语音等各种媒体数据。WWW 通过超文本传输协议（Hypertext Transfer Protocol，HTTP）向用户提供多媒体信息，所提供的基本单位是网页，每一网页中包含有文字、图像、动画、声音等多种信息。

WWW 系统采用客户机/服务器（Client/Server）结构。在服务器端，定义了一种组织多媒体文件的标准——超文本标识语言（Hypertext Markup Language，HTML），按 HTML 格式储存的文件被称为超文本文件，在每一个超文本文件中都是通过一些超链接把该文件与其他超文本文件连接起来而构成一个整体的。在客户端，WWW 系统通过使用浏览器（如微软公司的 Internet Explorer、网景公司的 Netscape 等）就可以访问全球任何地方的 WWW 服务器上的信息了。

5. 网络新闻（USENET）服务

网络新闻（USENET）是由许多有共同爱好的 Internet 用户为了相互交换意见而组成的一种无形用户交流网络，是按照不同的专题组织的。在 Internet 中分布着众多新闻服务器（News Server），志趣相同的用户可以借助这些新闻服务器来开展各种类型的专题讨论，世界各地的人们可以在一起讨论任何问题。

USENET 是由多个讨论组组成的一个大集合，迄今为止，包括全世界数以百万计的用户和上万种不同类型的讨论组。因为存在专题讨论组，因此有必要建立一套命名规则以便用户找到自己感兴趣的小组。这套命名规则通常将专题讨论组的名称分为以下 3 个部分。

（1）专题讨论组所属的大类。根据大类可以判断某一讨论组是关于社会的、科学的、娱乐的，还是其他内容的。例如，soc 表示社会类，sci 表示科学类，comp 表示计算机类，rec 表示娱乐类等。

（2）讨论组大类中的不同主题。例如，sci.physics 表示在 sci（科学）这个大类中的 physics（物理学）主题。

（3）不同主题下的特定领域。例如，rec.games.shooting 就是在 rec（娱乐）大类中 games（游戏）主题下的关于 shooting（射击）的讨论组。

6. 文件检索服务（Archie）

全球的文件浩如烟海，如果既知道文件在哪个站点，又知道具体的文件名，当然可以随手取得。但是如果不知道，逐个站点去查就太费时了。为了帮助用户在遍及全世界的近千个 FTP 服务器中寻找所需要的文件，Internet 上的一些计算机提供了一种文件检索服务器（Archie Server）。用户只需给出希望查找的文件类型及文件名，就可以通过 Archie 很快地找到存放地点。即使不知道文件全名，也可以通过只提供部分文件名、扩展名加通配符的方法或其他更灵活的方式查到符合要求的文件及存放地点。

7. 分类目录查询服务（Gopher）

Archie 文件检索服务主要是按文件名来组织的，但文件名不一定能反映文件的内容，何况有时往往还不知道文件名，为此美国明尼苏达大学研制出了一种名为 Gopher 的分类目录查询工具。Gopher 分类目录查询服务的好处在于按文件类别编排，一般以目录树的形式出现，查找起来比 Archie 更为方便。用户查到自己感兴趣的内容后，只需单击所需的文件，Gopher 就可将用户的请求自动转换成 FTP 或 Telnet 命令去将文件下载到用户的计算机上，就像在饭馆中点好了菜，服务员就会把菜自动地送到餐桌上一样。通过 Gopher，用户还可以对 Internet 上的远程连机信息系统进行实时访问。对于不熟悉网络资源、网络地址和网络查询命令的用户来说，利用 Gopher 在网上查询资料十分方便。

8. 广域信息查询服务（WAIS）

WAIS（Wide Area Information Service）是供用户查询分布在 Internet 上的各类数据库的一个

通用工具。由于 Internet 上数据库种类很多，并且内容也在不断更新，数量又一直在增长，因此有了 WAIS 这种工具，用户可以在不需要知道网上又增加了什么新东西的情况下来查找自己感兴趣的信息，使用起来非常方便。

WAIS 以各类文本数据库作为检索对象，用户只要选择好了数据库，再输入关键词，WAIS 服务器即可自动对数据库进行远程查询，并将结果送回供用户连机浏览。WAIS 搜索的结果是文章的题录，以菜单的形式把最确切的题录显示出来。根据这个题录，用户可以要求 WAIS 显示出自己最喜爱的文章。

9. 电子商务（EC/EB）

电子商务（Electronic Commerce/Electronic Business，EC/EB）是指在通信网络的基础上，利用计算机、软件所进行的一种经济活动。电子商务以 Internet 作为通信手段，使人们在计算机信息网络上建立企业形象，宣传产品和服务，同时进行电子交易和资金结算。

7.4　Internet 的结构

Internet 的结构一般包括物理结构和协议结构。物理结构通常是指物理连接的拓扑结构，协议结构是指 TCP/IP 的构成及层次。

7.4.1　Internet 的物理结构

Internet 的物理结构实际上是指连入 Internet 的网络之间的物理连接方式。Internet 采用的是客户机/服务器工作模式，凡是使用 TCP/IP 并能与 Internet 的任意主机进行通信的计算机，无论是何种类型、采用何种操作系统，均可看成是 Internet 的一部分。但严格地讲，用户并不是将自己的计算机直接连接到 Internet 上的，而是连接到其中的某个网络上（如校园网、企业网等），该网络再通过路由器、调制解调器等网络设备，并租用数据通信专线与广域网相连，成为 Internet 的一份子，如图 7-4 所示。这样各个网络上的计算机即可相互进行数据和信息传输。例如，用户的计算机通过拨号上网，连接到本地的某个 Internet 服务提供商的主机上，而 ISP 的主机通过高速专线与本国及世界各国各地区的无数主机相连。这样，用户仅通过 ISP 的主机即可访问 Internet。

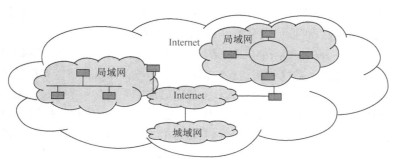

图 7-4　Internet 的物理结构

Internet 上的网络速度是有区分的。例如，某些计算机之间利用光缆建立了高速的网络连接，形成了 Internet 的主干网络，这些主干网络的连接速度远远快于 Internet 的平均速度，而其他计算机将以较低的速度连接到主干网的计算机上。

7.4.2　Internet 协议结构与 TCP/IP

1. Internet 的协议结构

Internet 使用的协议是 TCP/IP。在第 3 章已经讲到，TCP/IP 参考模型与 OSI 开放系统互连参考模型类似，也采用分层体系结构，自上而下分为 4 层。TCP/IP 并不仅仅包含 TCP 和 IP 两个协议，而是一组协议，所有的协议都包含在 TCP/IP 组的 4 个层次中。TCP/IP 与 OSI 7 层参考模型的对应关系如表 7-1 所示。

表 7-1　　　　　　　　　　　　　TCP/IP 与 OSI 参考模型间的对应关系

TCP/IP 参考模型	TCP/IP 簇	OSI 参考模型
应用层	Telnet、FTP、SMTP、HTTP、Gopher、SNMP、DNS 等	应用层
		表示层
		会话层
传输层	TCP、UDP	传输层
互连层	IP、ARP、RARP、ICMP	网络层
主机 – 网络层	Ethernet、X.25、ATM 等	数据链路层
		物理层

2. TCP/IP 簇

Internet 允许世界各地的网络接入作为其通信子网，而连入各个通信子网的计算机以及计算机所使用的操作系统都可以是不相同的。为了保证这样一个复杂和庞大的系统能够顺利、正常地运转，要求所有连入 Internet 的计算机都使用相同的通信协议，这个协议就是 TCP/IP。

TCP/IP 是美国的国防部高级计划研究局为实现 ARPANET 而开发的，也是很多大学及研究所多年的研究及商业化的结果。TCP/IP 是一组协议的代名词，其核心协议是 TCP 和 IP，除此之外还包括许多其他协议，共同组成了 TCP/IP 簇。

TCP/IP 具有以下一些特点。

- 开放的协议标准，可以免费使用，并且独立于具体的计算机硬件和操作系统。
- 可应用在各类计算机网络中，包括局域网、城域网、广域网，更适用于 Internet 中。
- 统一的网络地址分配方案，使所有 TCP/IP 设备在网络中都具有唯一的地址。
- 标准化的高层协议，可以提供多种可靠的用户服务。

（1）TCP。TCP 是一种面向连接的传输层协议，可以使网络提供一种可靠的数据流服务。面向连接服务共具有建立连接、数据传输和连接释放 3 个阶段，而且传输的数据是按顺序到达的，实现了一种"虚电路分组交换"的概念。在双方通信之前，先建立一条连接，就好像打电话时占有了一条完整的物理线路一样（虚电路分组交换中，通信链路是逐步被占用的）。连接建立后，用户就可以将报文按顺序发送给远端用户。远端用户对报文的接收也是按顺序进行的。数据发送完毕后，释放连接。

TCP 采用"带重传的肯定确认"技术来实现传输的可靠性。简单的"带重传的肯定确认"是指接收方每接收一次数据，就送回一个确认报文，发送者对每个发出去的报文都留一份记录，等收到确认信息之后再发出下一个报文分组。发送方在发出一个报文分组时，马上启动一个计时器，若计时器计数完毕，确认还未到达，则发送者重新传送该报文分组。简单的确认重传对网络带宽的浪费较大，因此 TCP 还采用一种称为"滑动窗口"的流量控制机制来提高网络的吞吐量，窗口的范围决定了发送方发送的但未被接收方确认的数据报的数量。每当接收方正确收到一则报文时，窗口便向前滑动，这种机制使网络中未被确认的数据报数量增加，从而提高了网络的吞吐量。

TCP 还可以识别重复信息，丢弃不需要的多余信息，使网络环境得到优化。如果发送方传送数据的速度远远快于接收方接收数据的速度，TCP 可以采用数据流控制机制减慢数据的传送速度，协调发送方和接收方的数据响应。

（2）IP。IP 是一种无连接的采用分组交换方式的网络层协议，既可作为单独通信子网中的网络层协议，也可作为由多个通信子网互连组成的广域网的网络层协议。IP 主要负责主机间数据的路由选择和网络上信息的存储，同时为 TCP、UDP 提供分组交换服务。

（3）TCP/IP 簇中的其他协议。

① 互连层协议。

● ARP。ARP（Address Resolution Protocol）即地址解析协议。在 TCP/IP 网络环境下，每个主机都分配了一个 32 位的 IP 地址，IP 地址是在国际范围标识主机的一种逻辑地址。为了让报文在物理网上传送，必须还要知道彼此的物理地址。这样就存在把 IP 地址转换为物理地址的地址转换问题。在网络层有一组协议负责将 IP 地址转换为相应的物理网络地址，将这组协议称为 ARP。ARP 使主机可以找出同一物理网络中任意一台主机的物理地址，用户只需给出目的主机的 IP 地址即可。

● RARP。RARP（Reverse Address Resolution Protocol）即反向地址解析协议。反向地址解析协议用于一种特殊情况，如果主机初始化以后只有自己的物理地址而没有 IP 地址，则可以通过 RARP 征求自己的 IP 地址，而 RARP 服务器则负责回答。这样，无 IP 地址的主机即可通过 RARP 获取自己的 IP 地址，并且这个地址在下一次系统重新开始以前都有效。RARP 广泛用于获取无盘工作站的 IP 地址。

● ICMP。ICMP（Internet Control Message Protocol）即 Internet 控制报文协议。从 IP 的功能可以知道，IP 提供的是一种不可靠的无连接报文分组传送服务。在传送报文的过程中，若路由器发生故障使网络阻塞，这时就需要通知发送方主机采取相应措施。为了使 Internet 能报告差错或提供有关意外情况的信息，在网络层加入了一类特殊用途的报文机制，称为 Internet 控制报文协议。

由于 ICMP 数据报一般都通过 IP 送出，因此 ICMP 实际上是 IP 的一部分，在功能上属于 TCP/IP 簇的第二层。ICMP 是通过发现其他主机发来的报文有问题而产生的，接收方主机通常利用 ICMP 来通知发送方主机某些方面所需的修改。如果一个数据分组不能传送，ICMP 便被用来警告分组源，说明有网络、主机或端口不可达。除此之外，ICMP 还可以用来报告网络阻塞等情况。

② 传输层协议。UDP（User Datagram Protocol）即用户数据报协议。UDP 是对 IP 的扩充，它增加了一种机制，发送方主机可以使用这种机制来区分一台计算机上的多个接收者。每个 UDP 报文除了包含某用户进程所发送的数据外，还包括报文源端口和目的端口的编号。

UDP 是依靠 IP 来传送报文的，因而其服务和 IP 同样是不可靠的，提供的是一种无连接服务。这种服务不用确认，不对报文排序，也不进行流量控制。

③ 应用层协议。

● FTP。FTP（File Transfer Protocol）即文件传输协议。此协议允许用户在本地机上以文件操作的方式（文件的增加、删除、修改、查找、传送等）与远程机之间进行相互通信。FTP 工作时建立两条 TCP 连接，一条用于传送文件，另一条用于传送控制信息。

● FTP 采用客户机/服务器模式，包含客户 FTP 和服务器 FTP。客户 FTP 负责启动传送过程，服务器 FTP 则负责对其做出应答。客户 FTP 大多有一个交互式界面，具有相应权限的客户可以灵活地向远程主机传文件或从远程主机上取文件。

● SMTP。SMTP（Simple Mail Transfer Protocol）即简单邮件传送协议。这种协议认为用户的主机是永久性地连接在 Internet 上的，而且认为网络上的主机在任何时候都可以被访问。所以，SMTP 适用于永久连接在 Internet 上的主机，但是用户无法通过 SLIP/PPP 连接来接收电子邮件。解决这个问题的办法是在邮件主机上同时运行 SMTP 和 POP 的程序，SMTP 负责邮件的发送和在邮件主机上的分拣和存储，而 POP 负责将邮件通过 SLIP/PPP 连接传送到用户的主机上。

● Telnet。Telnet（Telnet Terminal Protocol）即远程终端访问协议。Telnet 的连接是一个 TCP 连接，用于传送具有 Telnet 控制信息的数据。用户通过 Telnet 可在其所在地通过 TCP 连接登录到远程的另一台主机上，能把用户请求传送给远程主机，同时也能将远程主机的输出结果通过 TCP 连接返回到用户屏幕。

● DNS。DNS（Domain Name System）即域名系统协议。该协议提供域名到 IP 地址的转换，允许对域名资源进行分散管理。DNS 能够使用户更方便地访问 Internet，而不必去记住那些能够被机器直接读取但又不易记忆的二进制数字串。

7.4.3　客户机 / 服务器的工作模式

与 Internet 相连的任何一台主机中，既有为广大用户提供服务的巨型机或大型机，也有 PC 和工作站，只要和 Internet 相连就都是主机。连接 Internet 的主机无论大小，都是平等关系。

客户机和服务器都是独立的主机。当一台连入网络的主机向其他主机提供各种网络服务（如数据、文件的共享等）时，就被称为服务器。那些用于访问服务器资源的主机则被称为客户机。Internet 采用的就是客户机/服务器模式，因此理解客户机和服务器的功能以及关系对掌握 Internet 的工作原理至关重要。

客户机的主要功能是执行用户一方的应用程序，与服务器建立连接，并接收服务器送来的结果，以可读的形式显示在本地计算机上。此外，客户机还可提供图形用户界面（Graphical User Interface，GUI）或面向对象用户接口（Object Oriented User Interface，OOUI），供用户和数据进行交互。服务器的主要功能是执行共享资源的管理应用程序，完成客户请求，形成结果，并将结果传送给客户。

客户机上所运行的程序是一个请求某些服务的程序，服务器上所运行的程序则是提供某些服务的程序。一个客户机可以向许多不同的服务器发出请求，一个服务器也可以同时向多个不同的客户机提供服务。客户机/服务器模型的最好实例是网络数据库。在客户端，一个数据库前端应用程序接收用户查询请求并产生必要的 SQL 请求，该请求通过网络传送给数据库服务器，服务器解释该查询请求，从一个或多个数据库中取出数据，然后将查询结果送回客户端，如图 7-5 所示。

严格地说，客户机/服务器模型并不是从物理分布的角度来定义的，所体现的是一种网络数据访问的实现方式。Internet 上的大多数信息访问方式都是采用客

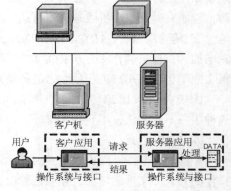

图 7-5　客户机/服务器工作模式示意图

户机/服务器的工作模式。Internet 上有成千上万个服务器，如文件服务器、WWW 服务器、FTP 服务器、DNS 服务器、SMTP 服务器、POP 服务器等，为连网的客户机提供各种各样的服务。Internet 上的各种资源和信息服务都是通过这些服务器提供的。

7.5　Internet 地址结构

随着个人计算机的普及和网络技术的迅猛发展，Internet 已作为 21 世纪人类的一种新的生活方式而深入到寻常百姓家。谈到 Internet，就不得不提 IP 地址，因为无论是从学习还是使用 Internet 的角度来看，IP 地址都是一个十分重要的概念，Internet 的许多服务和特点都是通过 IP 地址体现出来的。

7.5.1　IP 地址概述

在全球范围内，每个家庭都有一个地址，而每个地址的结构是由国家、省、市、区、街道、门牌号这样一个层次结构组成的，因此每个家庭地址是全球唯一的。有了这个唯一的家庭住址，信件的投递才能够正常进行，不会发生冲突。同理，覆盖全球的 Internet 主机组成了一个大家庭，为了实现 Internet 上不同主机之间的通信，除使用相同的通信协议——TCP/IP 以外，每台主机都必须有一个不与其他主机重复的地址，这个地址就是 Internet 地址，相当于通信时每台主机的名字。Internet 地址包括 IP 地址和域名地址，是 Internet 地址的两种表示方式。

所谓 IP 地址，就是给每个连接在 Internet 上的主机分配一个在全世界范围内唯一的 32 位二进制数，通常采用更直观的、以圆点“.”分隔的 4 个十进制数表示，每一个数对应于 8 个二进制数，如某一台主机的 IP 地址为 128.10.4.8。IP 地址的这种结构使每一个网络用户都可以很方便地在 Internet 上进行寻址。

7.5.2　IP 地址的组成与分类

1．IP 地址的组成

从逻辑上讲，在 Internet 中，每个 IP 地址由网络号和主机号两部分组成，如图 7-6 所示。位于同一物理子网的所有主机和网络设备（如服务器、路由器、工作站等）的网络号是相同的，而通过路由器互连的两个网络一般被认为是两个不同的物理网络。对于不同物理网络上的主机和网络设备而言，其网络号是不同的。网络号在 Internet 中是唯一的。

网络号	主机号

图 7-6　IP 地址的结构

主机号是用来区别同一物理子网中不同的主机和网络设备的，在同一物理子网中，必须给出每一台主机和网络设备的唯一主机号，以区别于其他主机。

在 Internet 中，网络号和主机号的唯一性决定了每台主机和网络设备的 IP 地址的唯一性。在 Internet 中根据 IP 地址寻找主机时，首先根据网络号找到主机所在的物理网络，在同一物理网络内部，主机的寻找是网络内部的事情，主机间的数据交换则是根据网络内部的物理地址来完成的。因此，IP 地址的定义方式是比较合理的，对于 Internet 上不同网络间的数据交换非常有利。

2．IP 地址的表示方法

前面已经提到了一个 IP 地址共有 32 位二进制数，即由 4 个字节组成，平均分为 4 段，每段 8 位二进制数（1 个字节）。为了简化记忆，用户实际使用 IP 地址时，几乎都将组成 IP 地址的二进制数记为 4 个十进制数表示，每个十进制数的取值范围是 0～255，每相邻两个字节的对应十进制数间用"."分隔。IP 地址的这种表示法称为"点分十进制表示法"，显然比全是 1、0 容易记忆。

下面是一个将二进制 IP 地址用点分十进制来表示的例子。

二进制地址格式：11001010 01100011 01100000 01001100

十进制地址格式：204.99.96.76

计算机的网络协议软件很容易将用户提供的十进制地址格式转换为对应的二进制 IP 地址，再供网络互连设备识别。

3. IP 地址的分类

IP 地址的长度确定后，其中网络号的长度将决定 Internet 中能包含多少个网络，主机号的长度将决定每个网络能容纳多少台主机。根据网络的规模大小，IP 地址一共可分为 5 类：A 类、B 类、C 类、D 类和 E 类。其中，A、B 和 C 类地址是基本的 Internet 地址，是用户使用的地址，为主类地址；D 类和 E 类为次类地址。A、B、C 类 IP 地址的表示如图 7-7 所示。

图 7-7　IP 地址的分类

A 类地址的前一个字节表示网络号，且最前端一个二进制数固定是"0"。因此，其网络号的实际长度为 7 位，主机号的长度为 24 位，表示的地址范围是 1.0.0.0～126.255.255.255。A 类地址允许有 $2^7-2=126$ 个网络（网络号的 0 和 127 保留，用于特殊目的），每个网络有 $2^{24}-2=16\ 777\ 214$ 个主机。A 类 IP 地址主要分配给具有大量主机而局域网络数量较少的大型网络。

B 类地址的前两个字节表示网络号，且最前端的两个二进制数固定是"10"。因此，其网络号的实际长度为 14 位，主机号的长度为 16 位，表示的地址范围是 128.0.0.0～191.255.255.255。B 类地址允许有 $2^{14}=16\ 384$ 个网络，每个网络有 $2^{16}-2=65\ 534$ 个主机。B 类 IP 地址适用于中等规模的网络，一般用于一些国际性大公司和政府机构等。

C 类地址的前 3 个字节表示网络号，且最前端的 3 个二进制数是"110"。因此，其网络号的实际长度为 21 位，主机号的长度为 8 位，表示的地址范围是 192.0.0.0～223.255.255.255。C 类地址允许有 $2^{21}=2\ 097\ 152$ 个网络，每个网络有 $2^8-2=254$ 个主机。C 类 IP 地址的结构适用于小型的网络，如一般的校园网、一些小公司的网络或研究机构的网络等。

D 类 IP 地址不标识网络，一般用于其他特殊用途，如供特殊协议向选定的节点发送信息时使用，又被称为广播地址，表示的地址范围是 224.0.0.0～239.255.255.255。

E 类 IP 地址尚未使用，暂时保留将来使用，表示的地址范围是 240.0.0.0～247.255.255.255。

从 IP 地址的分类方法来看，A 类地址的数量最少，共可分配 126 个网络，每个网络中最多有 1 700 万台主机；B 类地址共可分配 16 000 多个网络，每个网络最多有 65 000 台主机；C 类地址最多，共可分配 200 多万个网络，每个网络最多有 254 台主机。

值得一提的是，5 类地址是完全平级的，不存在任何从属关系。但由于 A 类 IP 地址的网络号数目有限，因此现在仅能够申请的是 B 类或 C 类两种。当某个企业或学校申请 IP 地址时，实际上申请到的只是一个网络号，而主机号则由该单位自行确定分配，只要主机号不重复即可。

近年来，随着 Internet 用户数目的急剧增长，可供分配的 IP 地址数目也日益减少。现在 B 类地址已基本分配完，只有 C 类地址尚可分配，原有 32 位长度的 IP 地址的使用已经显得相当紧张，而新的 IPv6 方案的 128 位长度的 IP 地址将会缓解目前 IP 地址的紧张状况。

7.5.3　特殊类型的 IP 地址

除了上面 5 种类型的 IP 地址外，还有以下几种特殊类型的 IP 地址。

（1）多点广播地址。凡 IP 地址中的第一个字节以"1110"开始的地址都称为多点广播地址。因此，第一个字节大于 223 而小于 240 的任何一个 IP 地址都是多点广播地址。

（2）"0"地址。网络号的每一位全为"0"的 IP 地址称为"0"地址。网络号全为"0"的网络被称为本地子网，当主机想跟本地子网内的另一主机进行通信时，可使用"0"地址。

（3）全"0"地址。IP 地址中的每一个字节都为"0"的地址（0.0.0.0），对应于当前主机。

（4）有限广播地址。IP 地址中的每一个字节都为"1"的 IP 地址（255.255.255.255）称为当前子网的广播地址。当不知道网络地址时，可以通过有限广播地址向本地子网的所有主机进行广播。

（5）环回地址。IP 地址一般不能以十进制数"127"作为开头。以"127"开头的地址，如 127.0.0.1，通常用于网络软件测试以及本地主机进程间的通信。

7.5.4　IP 地址和物理地址的转换

TCP/IP 的物理层所连接的都是具体的物理网络，物理网络都有确切的物理地址。IP 地址和物理地址之间是有区别的，IP 地址只是在网络层中使用的地址，其长度为 32 位。物理地址是指在一个网络中对其内部的一台计算机进行寻址所使用的地址。物理地址工作在网络最底层，其长度为 48 位。通常将物理地址固化在网卡的 ROM 芯片中，因此有时也称之为"硬件地址"或"MAC 地址"。

IP 地址通常将物理地址隐藏起来，使 Internet 表现出统一的地址格式。但在实际通信时，物理网络使用的依然是物理地址，因为 IP 地址是不能被物理网络所识别的。对于以太网而言，当 IP 数据报通过以太网发送时，以太网设备并不识别 32 位 IP 地址，而是以 48 位的 MAC 地址传输以太网数据的。因此，在两者之间要建立映射关系，地址之间的这种映射称为地址解析。硬件编址方案不同，地址解析的算法也是不同的。例如，将 IP 地址解析为以太网地址的方案和将 IP 地址解析为令牌环网地址的方法是不同的，因为以太网编址方案与令牌环网编址方案不同。通常，Internet 中使用较多的是查表法，即在计算机中存放一个从 IP 地址到物理地址的映射表，并经常动态更新该表，通过查表找到对应的物理地址。

前面已经提到，地址解析工作由 ARP 来完成，如图 7-8 所示。ARP 是一个动态协议，之所以用"动态"，是因为地址解析这个过程是自动完成的，一般用户不必关心。网络中的每台主机都有一个 ARP 缓存，其中装有 IP 地址到物理地址的映射表。ARP 协议定义了两种基本信息：一种是请求信息，其中包含了一个 IP 地址和对应物理地址的请求；另一种是应答信息，其中包含了发来的 IP 地址和相应的物理地址。

图 7-8　ARP 协议的功能

下面通过一个具体的例子来讲述 ARP 协议的具体工作过程。

假设在一个局域网中，如果主机 A 要向另一台主机 E 发送 IP 数据报，如图 7-9 所示，具体的地址解析过程如下。

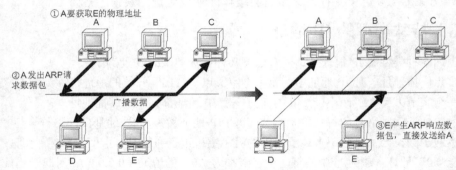

图 7-9　ARP 地址解析过程示意图

（1）主机 A 在本地 ARP 缓存中查找是否有主机 E 的 IP 地址。如果有，就找出其对应的物理地址，然后写入数据帧中发送到此物理地址。

（2）如果找不到主机 E 的 IP 地址，主机 A 就将一个包含另一台主机 E 的 IP 地址的 ARP 请求消息写入一个数据帧中，以广播的形式发送给网上所有主机。

（3）每台主机收到该请求后都检测其中的 IP 地址，相匹配的目标主机 E 会向请求者发出一个 ARP 响应数据包，其中写入自己的物理地址；不匹配的其他主机则丢弃收到的请求，不回复任何消息。

（4）主机 A 在收到主机 E 的 ARP 应答消息后，向 ARP 缓存中写入主机 E 的 IP 地址和物理地址的映射关系，以备后用。

在一个网络中如果经常会发生添加计算机、撤掉计算机以及更换网卡的情况，都会使物理地址发生改变，通过 ARP 协议可以很好地建立并动态刷新映射表，以保证地址转换的正确性。在地址转换时，有时还可能用到另一个协议——RARP（Reverse Address Resolution Protocol，反向地址解析协议）。RARP 的作用和 ARP 刚好相反，是在只知道物理地址的情况下解析出对应的 IP 地址。

7.6　子网和子网掩码

7.6.1　子网

IP 地址的 32 位二进制数所表示的网络数目是有限的，因为每一个网络都需要一个唯一的网络号来标识。在制定编码方案时，人们常常会遇到网络数目不够用的情况，解决这一问题的有效手段是采用子网寻址技术。所谓子网，是指把单一网络划分为多个物理网络，并使用路由器将其互连起来，如图 7-10 所示。

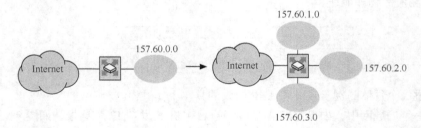

图 7-10　单一网络可分为若干子网互连

　　划分子网的方法是：从表示主机号的二进制数中划分出一定的位数作为本网的各个子网号，剩余的部分作为相应子网的主机号。划分多少位二进制给子网主要根据实际所需的子网数目而定。这样在划分子网以后，IP 地址实际上就由 3 部分组成——网络号、子网号和主机号，如图 7-11 所示。

网络号	子网号	主机号

图 7-11　划分子网后的 IP 地址结构

　　划分子网是解决 IP 地址空间不足的一个有效措施。把较大的网络划分成小的网段，并由路由器、网关等网络互连设备连接，这样既可以充分使用地址、方便网络的管理，又能够有效地减轻网络拥挤、提高网络的性能。

7.6.2　子网掩码

　　进行子网划分时，必须引入子网掩码的概念。子网掩码是一个 32 位二进制的数字，用于屏蔽 IP 地址的一部分以区分网络号和主机号，并说明该 IP 地址是在局域网上还是在远程网上。子网掩码的表示形式和 IP 地址的表示形式类似，也是用圆点"."分隔开的 4 段共 32 位二进制数。为了便于记忆，通常用十进制数来表示。

　　用子网掩码判断 IP 地址的网络号与主机号的方法是用 IP 地址与相应的子网掩码进行"AND"运算，这样可以区分出网络号部分和主机号部分。二进制"AND"运算规则如表 7-2 所示。

表 7-2　　　　　　　　　　　　　　　二进制"AND"运算规则

组 合 类 型	结　　果	组 合 类 型	结　　果
0 "AND" 0	0	1 "AND" 0	0
0 "AND" 1	0	1 "AND" 1	1

　　例如：

IP 地址：　　11000000.00001010.00001010.00000110　　192.10.10.6
子网掩码：11111111. 11111111. 11111111. 00000000　　255.255.255.0
AND
　　　　　　11000000.00001010.00001010.00000000　　192.10.10.0

　　这是一个 C 类 IP 地址和子网掩码，该 IP 地址的网络号为"192.10.10.0"，主机号为"6"。上述子网掩码的使用实际上是把一个 C 类地址作为一个独立的网络，前 24 位为网络号，后 8 位为主机号，一个 C 类地址可以容纳的主机数为 $2^8-2=254$ 个（全 0 和全 1 除外）。

7.6.3　A 类、B 类、C 类 IP 地址的标准子网掩码

　　由子网掩码的定义可以得出 A 类、B 类和 C 类地址的标准子网掩码，如表 7-3 所示。

表 7-3　　　　　　　　　　　　　　　IP 地址的标准子网掩码

地 址 类 型	二进制子网掩码表示	十进制子网掩码表示
A 类	11111111 00000000 00000000 00000000	255.0.0.0
B 类	11111111 11111111 00000000 00000000	255.255.0.0
C 类	11111111 11111111 11111111 00000000	255.255.255.0

7.6.4　子网掩码的确定

　　由于表示子网号和主机号的二进制位数分别决定了子网的数目和每个子网中的主机个数，

因此在确定子网掩码前必须清楚实际要使用的子网数和主机数目。下面通过一个例子进行简单的介绍。

例如，某一私营企业申请了一个 C 类网络，假设其 IP 地址为 "192.73.65.0"，该企业由 10 个子公司构成，每个子公司都需要自己独立的子网络。确定该网络的子网掩码一般分为以下几个步骤。

（1）确定是哪一类 IP 地址。该网络的 IP 地址为 "192.73.65.0"，说明是 C 类 IP 地址，网络号为 "192.73.65"。

（2）根据现在所需的子网数以及将来可能扩充到的子网数用二进制位来定义子网号。现在有 10 个子公司，需要 10 个子网，将来可能扩建到 14 个，所以将第 4 字节的前 4 位确定为子网号（$2^4-2=14$）。前 4 位都置为 "1"，即第 4 字节为 "11110000"。

（3）把对应初始网络的各个二进制位都置为 "1"，即前 3 个字节都置为 "1"，则子网掩码的二进制表示形式为 "11111111.11111111.11111111.11110000"。

（4）将该子网掩码的二进制表示形式转化为十进制形式 "255.255.255.240"，即为该网络的子网掩码。

7.7 域 名 系 统

前面已经讲到，IP 地址是 Internet 上主机的唯一标识，数字型 IP 地址对计算机网络来讲自然是最有效的，但是对使用网络的用户来说有不便记忆的缺点。与 IP 地址相比，人们更喜欢使用具有一定含义的字符串来标识 Internet 上的计算机。因此，在 Internet 中，用户可以用各种各样的方式来命名自己的计算机。但是这样就可能在 Internet 上出现重名，如提供 WWW 服务的主机都命名为 WWW，提供 E-mail 服务的主机都命名为 MAIL 等，不能唯一地标识 Internet 上的主机位置。为了避免重复，Internet 网络协会采取了在主机名后加上后缀名的方法，这个后缀名称为域名，用来标识主机的区域位置，域名是通过申请合法得到的。

域名系统就是一种帮助人们在 Internet 上用名字来唯一标识自己的计算机，并保证主机名和 IP 地址一一对应的网络服务。

7.7.1 域名系统的层次命名机构

所谓层次域名机制，就是按层次结构依次为主机命名。在 Internet 中，首先由中央管理机构（Network Information Center，NIC，又称为顶级域）将第一级域名划分为若干部分，包括一些国家代码，如中国用 "CN" 表示、英国用 "UK" 表示、日本用 "JP" 表示等；又由于 Internet 的形成有其历史的特殊性，主要是在美国发展壮大的，Internet 的主干网都在美国，因此在第一级域名中还包括美国的各种组织机构的域名，与其他国家的国家代码同级，都作为一级域名。

美国的主机中第一级域名一般直接说明其主机的性质，而不是国家代码。如果用户见到某主机的第一级域名由 COM 或 EDU 等构成，一般可以判断这台主机在美国（也有美国主机第一级域名为 US 的情况）。其他国家第一级域名一般都是其国家代码。

第一级域名将其各部分的管理权授予相应的机构，如中国域 CN 授权给国务院信息办，国务院信息办再负责分配第二级域名。第二级域名往往表示主机所属的网络性质，如是属于教育界还是政府部门等。中国地区的用户第二级域名有教育网（EDU）、邮电网（NET）、科研网（AC）、团体（ORG）、政府（GOV）、商业（COM）、军队（MIL）等。

第二级域名又将其各部分的管理权授予若干机构。如果用图形来表示，就是一棵倒长的树，如图 7-12 所示。

图 7-12　域名系统的层次结构示意图

一级域名的国家代码如表 7-4 所示。

表 7-4　　　　　　　　　　　　　一级域名的国家代码

国 家 名 称	国 家 域 名	国 家 名 称	国 家 域 名
美国	US	西班牙	ES
中国	CN	意大利	IT
英国	US	日本	JP
法国	FR	俄罗斯	RU
德国	DE	瑞典	SE
加拿大	CA	挪威	NO
澳大利亚	AU	韩国	KR

一级域名的组织机构代码如表 7-5 所示。

表 7-5　　　　　　　　　　　　　一级域名的组织机构代码

机 构 域 名	机 构 名 称	机 构 域 名	机 构 名 称
COM	商业组织	GOV	政府部门
EDU	教育机构	MIL	军事部门
ORG	各种非营利性组织	INT	国际组织
NET	网络支持中心		

7.7.2　域名的表示方式

Internet 的域名结构是由 TCP/IP 集的域名系统定义的。域名结构也和 IP 地址一样，采用典型的层次结构，其通用的格式如图 7-13 所示。

第四级域名	·	第三级域名	·	第二级域名	·	第一级域名

图 7-13　域名地址的格式

例如，在 www.scu.edu.cn 这个名字中，www 为主机名，由服务器管理员命名；scu.edu.cn 为域名，由服务器管理员合法申请后使用。其中，scu 表示四川大学，edu 表示国家教育机构部门，cn 表示中国。www.scu.edu.cn 就表示中国教育机构四川大学的 www 主机。

域名地址是比 IP 地址更高级、更直观的一种地址表示形式，因此实际使用时人们通常采用域名地址。应该注意的是，在实际使用中，有人将 IP 地址称为 IP 号，而将域名地址称为 IP 地址或者直接称之为地址。但是，Internet 中的地址还是应该分成 IP 地址和域名地址两种，叫法上也要严格区分，但域名地址可以直接称为地址。

7.7.3 域名服务器和域名的解析过程

1. 域名服务器的功能

Internet 上的主机之间是通过 IP 地址来进行通信的，而为了用户使用和记忆方便，通常习惯使用域名来表示一台主机。因此，在网络通信过程中，主机的域名必须要转换成 IP 地址，实现这种转换的主机称为域名服务器（DNS Server）。域名服务器是一个基于客户机/服务器的数据库，在这个数据库中，每个主机的域名和 IP 地址是一一对应的。域名服务器的主要功能是回答有关域名、地址、域名到地址或地址到域名的映射的询问以及维护关于询问类型、分类或域名的所有资源记录的列表。

为了对询问提供快速响应，域名服务器一般对以下两种类型的域名信息进行管理。

（1）区域所支持的或被授权的本地数据。本地数据中可包含指向其他域名服务器的指针，而这些域名服务器可能提供所需要的其他域名信息。

（2）包含有从其他服务器的解决方案或回答中所采集的信息。

2. 域名的解析过程

域名与 IP 地址之间的转换，具体可分为两种情况。一种是当目标主机（要访问的主机）在本地网络时，由于本地域名服务器中含有本地主机域名与 IP 地址的对应表，因此这种情况下的解析过程比较简单。首先客户机向本地域名服务器发出请求，请求将目标主机的域名解析成 IP 地址，本地域名服务器检查其管理范围内主机的域名，查出目标主机的域名所对应的 IP 地址，并将解析出的 IP 地址返回给客户机。另一种是目标主机不在本地网络，这种情况下的解析过程稍微复杂一些。

例如，当某个客户机发出一个请求，要求 DNS 服务器解析 www.sina.com.cn 的地址时，具体的解析过程如下。

（1）客户机先向自身指定的本地 DNS 服务器发送一个查询请求，请求得到 www.sina.com.cn 的 IP 地址。

（2）收到查询请求的本地 DNS 服务器若未能在数据库中找到对应 www.sina.com.cn 的 IP 地址，就从根域层的域名服务器开始自上而下地逐层查询，直到找到对应该域名的 IP 地址为止。

（3）sina.com.cn 域名服务器给本地 DNS 服务器返回 www.sina.com.cn 所对应的 IP 地址。

（4）本地 DNS 服务器向客户机发送一个回复，其中包含有 www.sina.com.cn 的 IP 地址。

整个域名的解析过程如图 7-14 所示。

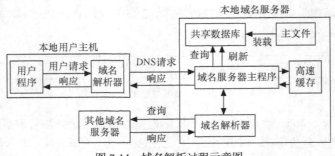

图 7-14 域名解析过程示意图

7.8　IPv4 的应用及其局限性

7.8.1　什么是 IPv4

网际协议 IP 是 Internet 中的关键协议。IP 第 4 版作为网络的基础设施，广泛地应用在 Internet 和难以计数的小型专用网络上，这就是 IPv4。IPv4 是一个令人难以置信的成功协议，可以把数十个或数百个网络上的数以百计或数以千计的主机连接在一起，并已经在全球 Internet 上成功地连接了数以亿计的主机。但是，IPv4 是在 20 世纪 70 年代末期设计的，无论从计算机本身的发展还是从 Internet 的规模和网络的传输速率来看，IPv4 就像被过度使用的桥梁或高速公路一样，已经很不适用了，这里最主要的问题就是 32 位的 IP 地址不够用了。因此，对 IPv4 必须马上升级。

7.8.2　IPv4 的应用

许多年以来，只有在大学或研究机构的网络中才能找到 IP 的应用。而 IP 的商用产品直到 20 世纪 80 年代后期、90 年代初期才出现，即使这样，这些产品仍被定位为专用产品。直到 1995 年，TCP/IP 才被普遍引入到个人计算机产品中，因为从那时起，Novell 和微软开始选择 IP 作为连网协议来支持其打印和文件服务的网络传输。这意味着正在使用 IP 的不仅包括每个连接到 Internet 的计算机，还包括所有使用这些网络操作系统来访问机构资源的所有计算机，而不论这些计算机是否连接到 Internet。

从笔记本电脑到功能强大的超级计算机，目前使用的所有计算机几乎都支持 IP。另一方面，IP 也越来越多地用于连接其他设备，从而可以任意地使用网页浏览客户机访问内置网页服务器以实现对家用电器和安全系统的远程控制。

使用 IP 的网络除了 Internet 之外，还包括称为内联网（Intranet）的公司网络，其规模可以从一个办公室中连接在一起的几台主机到分布在全球范围内的所有分支机构的数以万计的主机。IP 网的另一个特例是外联网（Extranet），它是出于某个共同目标在实体间提供安全连接的专用 IP 网。例如，外联网可用于把不同公司的成员连接成一个工作组或把需要传递订货和执行信息的商业伙伴连接起来。

从计算机硬件和软件到家庭娱乐产品、移动电话，甚至支持无线 Internet 连接的汽车，这些支持 IP 的产品体现了 IP 对于当今世界的通信基础设施的重要性。

7.8.3　IPv4 的局限性

经过多年的实践证明，IP 的确是一个非常健壮的协议，利用 IP 能够连接小至几个节点、大至 Internet 上数以亿计的主机。但 TCP/IP 的工程师和设计人员早在 20 世纪 80 年代初期就意识到了升级的需求，因为当时已经发现 IP 地址空间随着 Internet 的发展只能支持很短的时间。在过去的 10 到 15 年间，Internet 经历了核爆炸般的发展，连接到 Internet 的网络数量每隔不到一年的时间就会增加一倍，主机递增的速度更是高得惊人，这很快就使得 IP 地址匮乏的矛盾显现了出来。

在前面已经讲到，IP 地址的长度为 32 位二进制，通常以 4 个 0～255 的十进制数表示，数字间以小数点间隔。每个 IP 主机地址包括两部分：网络号，用于指出该主机属于哪一个网络（属于同一个网络的主机使用同样的网络号）；主机号，唯一地定义了网络上的主机。这种安排一方面是

IP 协议的长处所在，另一方面也导致了地址危机的产生。

由于 IPv4 的地址空间可能具有多于 40 亿的地址，有人可能会认为 Internet 很容易容纳数以亿计的主机，至少几年内仍可以应付连续的倍增。但是，这只适用于 IP 地址以顺序化分布的情况，即第一台主机的地址为 1，第二台主机的地址为 2，依此类推。通过使用分级地址格式，即每台主机首先依据它所连接的网络进行标识， IP 可支持简单的选路协议，主机只需要了解彼此的 IP 地址，就可以将数据从一台主机转移至另一台主机。这种分级地址把地址分配的工作交给了每个网络的管理者，从而不再需要中央授权机构为 Internet 上的每台主机指派地址。到网络外的数据依据网络地址进行选路，在数据到达目的主机所连接的路由器之前不需要了解主机地址。通过中央授权机构顺序化地为每台主机指派地址可能会使地址指派更加高效，但是这几乎使所有其他的网络功能不可行。例如，选路实质上不可行，因为这将要求每个中间路由器去查询中央数据库以确定向何处转发包，而且每个路由器都需要最新的 Internet 拓扑图获知向何处转发包。每一次主机的地址变动都将导致中央数据库的更新，因为需在其中修改或删除该主机的表项。

5 类 IP 地址中，只有前 3 类用于 IP 网络，这 3 类地址曾一度被认为足以应付将来的网络互联。A 类地址主要分配给那些具有大量主机，而又对局域网络数量要求较少（最多 126 个）的大型网络，因为每个网络连接着最多的主机：理论上最多可达 1 600 多万台。B 类地址大约 16 000 个，一般用于一些国际性大公司和政府机构，理论上可支持超过 65 000 多台主机。C 类网络超过 200 万个，每个网络上的主机数量最多 254 个，主要用于一些小公司和研究机构等。

但现实情况却是：某些只有几台主机的小公司，它们对于所申请到的 C 类地址的使用效率很低；大型机构在寻找 B 类地址时却发现越来越难；而那些幸运地获得 A 类地址的少数公司很少能够高效地使用它们的 1 600 万个主机地址。这导致了在过去几十年中一直使用的网络地址指派规程陷入了困境。为此，IETF 在 1992 年 6 月就提出要制定下一代的 IP，即 IPng（ IP Next Generation ）。由于 IPv5 打算用作面向连接的网络层协议，因此 IPng 现正式称为 IPv6。1995 年以后陆续公布了一系列有关 IPv6 的协议、编址方法、路由选择以及安全等问题的 RFC 文档。

7.9　IPv6 简介

7.9.1　IPv6 的发展历史

当今，Internet 已经成为现代社会信息基础设施的重要组成部分，在国民经济发展和社会进步中起着举足轻重的作用，同时也成为当今高科技发展的重要支撑环境，Internet 取得的巨大成功有目共睹。现有 Internet 的基础是 IPv4，即“互联网协议第 4 版”。IPv4 是在 20 世纪 70 年代末期设计的，到目前为止已有近 30 年的历史了。从技术上看，尽管 IPv4 在过去的应用具有辉煌的业绩，但是现在看来已经显露出很多弊端，如地址匮乏等。当初 IPv4 协议的研制者中谁也没有预料到 Internet 的规模会发展到今天这么大，从而使得现有的 IPv4 面临许多困难。

1987 年，人们便准确地预测了在 1996 年 Internet 将接入 100 000 多个网络。此外，虽然目前使用的 32 位 IPv4 地址结构能够支持 40 亿台主机和 670 万个网络，但实际的地址分配效率，即使从理论上说也远远低于这个数值。使用 A、B 和 C 类地址，使这种低效率的情形变得更为严重。80 年代后期，研究人员开始注意到了这个问题，并提出了研究下一代 IP 协议的设想。

1990 年，人们预计按照当时的地址分配速率到 1994 年 3 月 B 类地址将会用尽，并提出了最简单的补救方法：分配多个 C 类地址以代替 B 类地址。但这样做也带来新的问题，即进一步增大了已经以惊人的速度增长的主干网路由器上的路由表。因此，Internet 网络面临着艰难的选择，要么限制 Internet 的增长率及其最终规模，要么采用新的技术。

1990 年后期，IETF（Internet 工程任务组）开始了一项长期的工作，选择接替现行 IPv4 的协议。此后，人们开展了许多工作，以解决 IPv4 地址的局限性，同时提供额外的功能。1991 年 11 月，IETF 组织了路由选择与地址工作组以指导解决以上问题。1992 年 9 月，ROAD 工作组提出了关于过渡性的和长期的解决方案建议，包括采用 CIDR 路由聚集方案以降低路由表增长的速度，以及建议成立专门工作组以探索采用较大 Internet 地址的不同方案。

1993 年年末，IETF 又成立了 IPng（Internet Protocol next generation）工作部，以研究各种方案并建议如何开展工作。该工作部制定了 IPng 技术准则，并根据此准则来评价已经提出的各种方案。在经过深入讨论之后，SIPP（Simple Internet Protocol Plus）工作组提供了一个经过修改的方案，IPng 工作部建议 IETF 将这个方案作为 IPng 的基础，称为“互联网协议第 6 版”，即 IPv6，并集中精力制定有关的文档。自 1995 年年末起，IPng 工作部陆续发表了 IPv6 规范等一批技术文档，并确定了 IPng 的协议规范。

1996 年，一个以研究 IPv6 为目标的虚拟实验网国际 IPv6 试验床 6Bone 建立起来了，欧洲、美洲、亚洲的许多国家和组织都纷纷加入 6BONE。1998 年年底，面向实用的全球性 IPv6 研究和教育网（6REN）开始启动。这期间以 STAR TAP 为依托的 6TAP（IPv6 Transit Access Point）得以实施，建立以 ATM 交换机为中心的 IPv6 洲际网络。2004 年，IETF 确定 IPv6 进入实用阶段，并指定 6Bone 为对商用 IPv6 地址申请者进行评估的平台。

目前，国际上对 IPv6 的各项研究和实现工作已经展开。法国 INRIA、日本 KAME、美国 NRL 等研究机构，IBM、Sun Microsystems、Trumpet、Hitachi 等公司，分别研制开发了不同平台上的 IPv6 系统软件和应用软件；Cisco、Bay 等路由器厂商也已经开发出了面向 IPv6 网络的路由器产品。

7.9.2　IPv4 的缺点及 IPv6 的技术新特性

1. IPv4 的缺点

IPv4 的设计思想成功地造就了目前的 Internet，其核心价值体现在简单、灵活和开放性。但随着新应用的不断涌现，传统的 IPv4 协议已经难以支持 Internet 的进一步扩张和新业务的特性，其不足主要体现在以下几个方面。

（1）地址资源即将枯竭。IPv4 提供的 IP 地址位数是 32 位，也即 1 亿个左右的地址。随着连接到 Internet 上的主机数目的迅速增加，有预测表明，所有 IPv4 地址将很快分配完毕。

（2）路由表越来越大。由于 IPv4 采用与网络拓扑结构无关的形式来分配地址，所以随着连入网络数目的增长，路由器数目飞速增加，相应地，决定数据传输路由的路由表也就在不断增大。

（3）缺乏服务质量保证。IPv4 遵循 Best Effort 原则，这一方面是一个优点，因为它使 IPv4 简单高效；但另一方面它对 Internet 上涌现出的新业务类型缺乏有效的支持，如实时和多媒体应用，这些应用要求提供一定的服务质量保证（QoS），如带宽、延迟和抖动等。

（4）地址分配不便。IPv4 是采用手工配置的方法来给用户分配地址，这不仅增加了管理和规划的复杂程度，而且不利于为那些需要 IP 移动性的用户提供更好的服务。

2. IPv6 的技术新特性

IPv6 是在 IPv4 的基础上进行改进的，它的一个重要设计目标是与 IPv4 兼容。IPv6 能够解决

IPv4 的许多问题，如地址短缺、服务质量保证等。同时，IPv6 还对 IPv4 做了大量的改进，包括路由和网络自动配置等。

IPv6 的技术新特性具体体现在以下几个方面。

（1）服务质量（QoS）。基于 IPv4 的 Internet 设计之初，只有一种简单的服务质量，即采用"尽最大努力（Best effort）"传输数据，从原理上讲服务质量（Qos）是无保证的。文本、静态图像等传输对 Qos 是没有要求的。但随着多媒体业务的增加，如 IP 电话、视频点播（Video On Demand VOD）、电视会议等实时应用，对传输延时和延时抖动等均有严格的要求，因而对 Qos 的要求也就越来越高。

IPv6 数据报的格式包含一个 8 位的业务流类型（Class）和一个新的 20 位的流标号（Flow Label）。它的目的是允许发送业务流的源节点和转发业务流的路由器在数据报上加上标记，中间节点在接收到一个数据报后，通过验证它的流标签，就可以判断它属于哪一类业务流，从而就可以明确数据报的 QoS 需求，并进行快速转发。

（2）安全性。安全问题始终是与 Internet 相关的一个重要话题。由于在 IP 设计之初没有考虑安全性，因而在早期的 Internet 上时常发生诸如企业或机构网络遭到攻击、机密数据被窃取的情况。为了加强 Internet 的安全性，从 1995 年起，IETF 着手研究制定了一套用于保护 IP 通信的 IP 安全协议（IPSec）。IPSec 是 IPv4 的一个可选扩展协议，但它却是 IPv6 的一个必不可少的组成部分。IPSec 提供了两种安全机制：认证和加密。认证机制使 IP 通信的数据接收方能够确认数据发送方的真实身份以及数据在传输过程中是否被修改；加密机制通过对数据进行编码来保证数据的机密性，以防数据在传输过程中被他人截获而失密。IPSec 的认证报头（Authentication Header，AH）用于保证数据的一致性，而封装安全负载（Encapsulate Security Payload，ESP）报头用于保证数据的保密性和数据的一致性。在 IPv6 数据报中，AH 和 ESP 都是扩展报头，可以同时使用，也可以单独使用其中一个。

通过 IPv6 中的 IPsec 可以实现对远程企业内部网的无缝接入。作为 IPSec 的一项重要应用，IPv6 中所集成的虚拟专用网（Virtual Private Network，VPN）的功能，可以使得 VPN 的实现更加容易和安全可靠。

（3）移动 IPv6。移动性无疑是 Internet 上最精彩的服务之一。移动 IPv6 协议为用户提供可移动的 IP 数据服务，让用户可以在世界各地都使用同样的 IPv6 地址，非常适合未来的无线上网。IPv4 的移动性支持是作为一种对 IP 协议附加的功能提出的，并非所有的 IPv4 实现都能够提供对移动性的支持。而 IPv6 中的移动性支持是在制订 IPv6 协议的同时作为一个必需的协议内嵌于 IP 协议中的，其效率远远高于 IPv4。更重要的是，IPv4 有限的地址空间资源无法提供所有潜在移动终端设备所需的 IP 地址，难以实现移动 IP 的大规模应用。和 IPv4 相比，IPv6 的移动性支持取消了异地代理，完全支持路由优化，彻底消除了三角路由问题，并且为移动终端提供了足够的地址资源，使得移动 IP 的实际应用成为可能。

（4）组播技术。IPv6 为组播预留了一定的地址空间，其地址高 8 位为"11111111"，后跟 120 位组播组标识。此地址仅用来作为组播数据报的目标地址，组播源地址只能是单播地址。发送方只需要发送数据给该组播地址，就可以实现对多个不同地点用户数据的发送，而不需要了解接收方的任何信息。

7.9.3　IPv4 与 IPv6 的共存局面

IETF 在制订 IPv6 时致力于一种开放的标准，因此他们邀请了许多团体来参加标准的制订过程。研究人员、计算机制造商、程序设计人员、管理人员、用户、电话公司以及有线电视产业都对下一代 IP 提出了他们的要求和建议。但是作为一种新的协议，从诞生于实验室和研究所到实际应用于 Internet 是有很大距离的，不可能要求将 Internet 上的所有节点都立即演进到 IPv6，IPv6 还需在发展中不断完善。所以，这两种协议还将有一段相当长的共存时期，IPv6 可能需要在研究所和学术机构中进行足够的试验，才能像 IPv4 一样成功地投入商业运营。

在相当时间内，IPv6 节点之间的通信还要依赖于原有 IPv4 网络的设施，而且 IPv6 节点也必不可少地要与 IPv4 节点通信，我们希望这种通信能够高效地完成，对用户隐藏下层细节。同时，IPv4 已经应用了十多年，基于 IPv4 的应用程序和设施已经相当成熟而完备，我们希望以最小的代价来实现这些程序在 IPv6 环境下的应用。所有这些都提出了从 IPv4 网络向 IPv6 网络高效无缝互连的问题，对于过渡问题和高效无缝互连问题的研究已经取得了许多成果，并形成了一系列的技术和标准。

目前，IPv6 正处于第一个演进阶段，在这一阶段的主要目标是将小规模的 IPv6 网络连入 IPv4 网络，并通过现有网络访问 IPv6 服务。现阶段的重要任务是一方面要继续维护这些服务，另一方面还要支持 IPv4 和 IPv6 之间的互通性。

7.9.4　从 IPv4 过渡到 IPv6 的方案

IPv6 重要的设计目标之一就是与 IPv4 兼容。现有几乎所有网络及其连接设备都支持 IPv4，要想一夜之间就完成从 IPv4 到 IPv6 的转换是不切实际的，没有一个过渡方案，再先进的协议也没有实际意义。如何完成从 IPv4 到 IPv6 的转换，是 IPv6 发展需要解决的第一个问题。IPv6 必须要能够处理 IPv4 的遗留问题以及保护用户在 IPv4 上的大量投资，因此 IPv4 向 IPv6 的演进应该是平滑渐进的。

目前，IETF 已经成立了专门的工作组，研究 IPv4 到 IPv6 的过渡问题，并且已提出了很多方案。IETF 一致认为 IPv4 向 IPv6 演进的主要目标有以下 4 个。

① 逐步演进：已有的 IPv4 网络节点可以随时演进，而不受限于所运行 IP 协议的版本。

② 逐步部署：新的 IPv6 网络节点可以随时增加到网络中。

③ 地址兼容：当 IPv4 网络节点演进到 IPv6 时，IPv4 的 IP 地址还可以继续使用。

④ 降低费用：在演进过程中，只需要很低的费用和很少的准备工作。

为了实现以上这些目标，IETF 推荐了双协议栈、隧道技术以及 NAT-PT 等过渡方案。这些过渡方案已经在欧洲、日本以及我国的商用和实验网络中得到了论证和实践。但要在中国实现这些方案还需要进一步与中国具体的网络实践和运营实践相结合，还需要在大规模的商用实践中不断发展与完善。下面对这些过渡方案进行简单的介绍。

1. 双协议栈技术（Dual Stack）

双协议栈技术是指在节点中同时具有 IPv4 和 IPv6 两个协议栈，是使 IPv6 节点与 IPv4 节点兼容的最直接的方式，应用对象是主机、路由器等通信设备。由于 IPv6 和 IPv4 是功能相近的网络层协议，又都基于相同的物理平台，且加载于其上的传输层协议 TCP 和 UDP 又没有任何区别，这样，如果一台主机同时支持 IPv6 和 IPv4 两种协议，那么该主机既能与支持 IPv4 协议的主机通信，又能与支持 IPv6 协议的主机通信。IPv4/IPv6 双协议栈结构如图 7-15 所示。

支持双协议栈的 IPv6 节点与 IPv6 节点互通时将使用 IPv6 协议栈，与 IPv4 节点互通时使用 IPv4 协议栈。IPv6 节点访问 IPv4

应用程序	
TCP/UDP 协议	
IPv6 协议	IPv4 协议
物理网络	

图 7-15　IPv4/IPv6 双协议栈结构

节点时，先向双栈服务器申请一个临时 IPv4 地址，同时从双栈服务器得到网关路由器的 IPv6 地址。IPv6 节点在此基础上形成一个 6 over 4 的 IP 数据包，6 over 4 数据包经过 IPv6 网络传到网关路由器，网关路由器将其 IPv6 头去掉，将 IPv4 数据包通过 IPv4 网络送往 IPv4 节点。网关路由器必须还要记住 IPv6 源地址与 IPv4 临时地址的对应关系，以便反方向将 IPv4 节点发来的 IP 包转发到 IPv6 节点。

双协议栈技术不需要购置专门的 IPv6 路由器和链路，节省了硬件投资。但是，IPv6 的流量和原有的 IPv4 流量之间会竞争带宽和路由器资源，从而会影响 IPv4 网络的性能，而且升级和维护费用高。在 IPv6 网络建设的初期，由于 IPv4 地址相对充足，这种方案的实施具有可行性。但当 IPv6 网络发展到一定规模时，为每个节点分配两个全局地址的方案将很难实现。

2. 隧道技术（Tunneling）

随着 IPv6 的发展，出现了许多局部的 IPv6 网络，这些 IPv6 网络要相互连接需要借助 IPv4 骨干网络，并且将这些孤立的 "IPv6 岛" 相互连通必须使用隧道技术。利用隧道技术可以通过现有的、运行 IPv4 协议的 Internet 骨干网络（即隧道）将局部的 IPv6 网络连接起来，因而这种技术是 IPv4 向 IPv6 过渡的初期最易采用的方案。

"隧道" 封装 IPv4 数据报中的 IPv6 业务，使它们能够在 IPv4 骨干网上发送，并与 IPv6 终端系统和路由器进行通信，而不必升级它们之间存在的 IPv4 基础架构。当 IPv6 节点 A 向 IPv6 节点 B 发送数据时，节点 A 首先将数据发送给路由器 R1，然后 R1 将 IPv6 的数据报封装入 IPv4 传送到路由器 R2，R2 再将 IPv6 数据报取出转发给目的站点 B，如图 7-16 所示。隧道技术只要求在隧道的入口和出口处对数据报进行修改，对其他部分没有要求，因而非常容易实现。但是隧道技术不能实现 IPv4 主机与 IPv6 主机的直接通信。

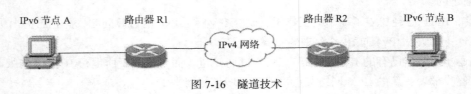

图 7-16　隧道技术

3. 网络地址转换 – 协议转换

网络地址转换（Network Address Translation，NAT）技术原本是针对 IPv4 网络提出的，但只要将 IPv4 地址和 IPv6 地址分别看成 NAT 技术中的内部私有地址（Private Address）和公有地址（Public Address），这时 NAT 就演变成了网络地址转换 – 协议转换（Network Address Translation-Protocol Translator，NAT-PT）。利用转换网关在 IPv6 和 IPv4 网络之间转换 IP 报头的地址，同时根据协议的不同对数据报做相应的语义翻译，就能使 IPv4 和 IPv6 站点之间透明通信，如图 7-17 所示。

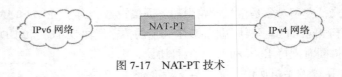

图 7-17　NAT-PT 技术

NAT-PT 技术虽然解决了 IPv4 主机和 IPv6 主机的互通问题，但是它不能支持所有的应用。例如，FTP 协议需要在高层传递底层的 IP 地址、端口等信息，如果不将高层报文中的 IP 地址进行转换，则 FTP 不能正常工作。因而 NAT-PT 需要对每种类似 FTP 协议的应用做相应的更改，这一工作量是不容忽视的，而其他如在应用层进行认证、加密的应用几乎无法利用 NAT-PT 技术实现。这些缺点限制了 NAT-PT 技术的应用。

4. 地址分配方法

可以通过临时向一个双栈主机分配一个 IPv4 地址，并且使用 IPv6 上的 IPv4 隧道来实现一个本地 IPv6 网络中的主机同 IPv4 网络中的 IPv4 节点进行通信。这种方法是在短期进行 IPv6 测试和最初用于网络配置的情况下可以采用的一种过渡方法，但不能作为一个长期的过渡方案。

7.9.5　IPv6 的应用前景

IPv6 协议不仅解决了现有 IPv4 版本中所存在的各种问题，包括地址数量限制、安全性、自动配置、移动性、可扩展性等方面，而且还为各种网络服务提供了强大的技术支持，尤其对视频、语音、移动、安全等业务的发展起到了极大的促进作用。随着 IPv6 应用探索的进一步深入，IPv6 在网络通信行业以及人们日常生活中将具有更加广阔的应用前景。

1. 视频应用

随着宽带业务的不断普及和发展，越来越多的行业、企业开始大量采用视频技术开展远程会议、视频点播、远程教学、远程医疗、远程监控、可视电话等多种应用，以满足人们的各种需要。IPv6 协议有效解决并优化了地址容量和地址结构问题，提高了选路效率和数据吞吐量，适应了大规模视频传输的需求。

IPv6 加强和扩展了组播功能，使用了更多的组播地址，对组播域进行了划分，取消了 IPv4 广播。这样可以更加有效地利用网络带宽来实现具有网络服务质量保证（QoS）的大规模视频会议和高清晰电视图像。同时 IPv6 还使用 IPSec 协议提供更高的安全性，使用流标签为数据包所属类型提供个性化的网络服务，协调视频应用中语音、视频、数据流的优先顺序，从而使网络用户获得更佳的信息服务质量。

2. VoIPv6

随着 Internet 的普及及其商业运营价值的发现，VoIP（Voice over IP）技术作为 Internet 的增值应用，已被很多新兴的电信运营商引入到电信运营中，并取得了爆炸式的增长。国内电信运营商从 1999 年开始展开了基于 H.323 协议的 VoIP 建设高潮，目前 VoIP 除基于 H.323 协议外，还有基于 H.248/MGCP 协议、SIP 协议等。

VoIP 最大的优势是低成本，并能利用互联网和全球 IP 互连的环境，提供比传统业务更多、更好的服务。但在我国，VoIP 还不是端到端的服务，同时 IPv4 中还存在诸如 NAT 等问题，这就使得 VoIPv6 应运而生。IPv6 大容量的地址空间可以使每一部 VoIPv6 话机都得到一个 IP 地址，同时 IPv6 无状态地址自动配置技术，使 VoIPv6 话机能够快速连接到网络上，无须人工配置，为实现端到端的 VoIP 电话业务创造了条件。另外，由于电话的语音信息通过 VoIPv6 封装在 IPv6 数据包中传送于网络间，并可对数据包的优先级进行设定，从而保证了高质量的语音传送。

3. 网络家电

网络家电是运营商开创的一项新的业务，它也是 IPv6 下一代网络中的重要应用之一。IPv6 大容量的地址结构能够实现为每一个家用电器分配一个 IP 地址，用户可以通过个人电脑、PDA 等设备对连接在家庭网络中的空调、电饭煲、微波炉、冰箱、电视、音响和照明设备等家用电器进行远距离遥控，并可以通过网络把这些家电管理起来，方便用户随时了解家中状况，真正实现家庭安全、家庭健康以及家庭能源的管理。

4. 移动 IPv6 业务

随着 3G 等业务的推出，移动 IPv6 业务将是移动业务发展的主要方向，移动通信业务和互联网业务将都会由 IPv6 协议来承载。IPv6 可以使得每一个移动终端都获得全球唯一的 IP 地址，无状态地址自动配置技术和强大的兼容性使手机、PDA 等移动终端都能够快速连接到网络上，实现真正的即插即用。相对于移动 IPv4，移动 IPv6 是 IPv6 技术的一个重要特色。通过邻居发现、自动配置等技术可以直接发现外部网络并获得转交地址，同时配合 IPv6 协议中的 QoS 技术，运营商就可以提供有效的端到端 QoS，以确保高质量的业务传输。尤其在开展移动视频会议和移动 VoIP 等业务方面，移动 IPv6 更是具有重要的意义。

5. 传感器网络

日常生活中的地质、环境（大气、水文、水质）等自然状况和老百姓的生产、生活息息相关，也关系到国民经济和可持续发展，同时生产活动对各种环境也产生一定的影响。因此，使用大量的传感设备对环境参数进行大规模的采集、分析，从而实现对地质和环境进行监测和保护就显得尤为重要。IPv6 大容量的地址空间可以为每个传感器分配一个单独的 IP 地址，并通过 IPv6 技术将各个地区的地质监测传感器连网，建立全国地震监测网，实时采集地震、大气、水文等各种环境监测数据，进行分析研究。同时 IPv6 的无状态地址自动配置技术能使分布在不同地域的大量传感器自动获得 IPv6 地址，而无须人工分配。

6. 智能交通系统

交通拥挤是当今世界各国大城市都存在的问题，在西方发达国家，为了解决交通问题，已开始大规模地进行交通智能化的研究。随着我国经济的高速发展，车辆数量飞速攀升，日益严重的交通问题已经深深地影响到了人们的日常生活，因此急需通过使用现代信息与网络通信技术，使用智能交通系统来提高交通运行的效率。IPv6 的大容量地址结构可以为城市交通监控系统中每个信号灯、监视器及各种感应设备分配单独的 IP 地址，实现系统整体连网，动态地对交通进行监控，提高交通运行效率。另一方面，IPv6 的大容量地址结构还可以为车载终端系统分配单独的 IP 地址，实现无线系统互连，司机可以通过车上的终端屏幕实时查看交通和路面信息，直接了解道路情况。而 IPv6 无状态地址自动配置技术可自动为各类终端配置 IP 地址，这样可大大减少网络维护的工作量，极大地推进智能交通应用的发展。

小 结

（1）Internet 是由成千上万个不同类型、不同规模的计算机网络互连在一起所组成的覆盖世界范围的、开放的全球性网络，也是世界范围的信息资源宝库，所有采用 TCP/IP 的计算机都可以加入 Internet，实现信息共享和相互通信。

（2）Internet 的主要功能可以归为 3 类：资源共享、信息交流和信息的获取与发布。在网上的任何活动都和这 3 个基本功能有关。

（3）用户通过 Internet 可获得各种各样的服务，如 E-mail 服务、Telnet 服务、FTP 服务、WWW 服务、网络新闻服务、信息检索服务以及电子商务服务等。

（4）从 Internet 的物理结构来看，Internet 是将分布在世界各地的、数以千万计的计算机网络通过路由器等网络设备互连在一起所形成的国际 Internet。用户并不是将自己的计算机直接连接到 Internet 上的，而是先连接到其中的某个网络上（如校园网、企业网等），该网络再通过使用路由器、调制解调器等网络设备，并租用数据通信专线与广域网相连，成为 Internet 的一分子。

（5）从 Internet 的协议结构来看，TCP/IP 是 Internet 中计算机之间通信所必须共同遵守的一种通信协议。TCP/IP 是一组协议的代名词，其核心协议是 TCP 和 IP，除此之外还包括许多其他协议，如网络层的协议（ARP、RARP、ICMP）、传输层的协议（UDP）、应用层的协议（FTP、SMTP、TELNET、DNS）等，共同组成了 TCP/IP 簇。

（6）向网络上的其他主机提供各种网络服务（如数据、文件的共享等）的计算机被称为服务器，而那些用于访问服务器资源的主机则被称为客户机。Internet 上的大多数信息访问方式都是采用客户机/服务器的工作模式。

（7）覆盖全球的 Internet 主机组成了一个大家庭，每台主机都有一个不与其他主机重复的地址，这个地址就是 IP 地址。IP 地址由网络号和主机号两部分组成。其中，网络号用于区别不同的物理子网，而主机号用于区别同一物理子网中不同的主机和网络设备。在 Internet 中，网络号和主机号的唯一性决定了每台主机和网络设备的 IP 地址的唯一性。

（8）IP 地址共由 32 位二进制数组成，为了记忆的方便，IP 地址通常都是采用"点分十进制表示法"来进行表示的。

（9）根据网络的规模大小，IP 地址一共可分为 5 类：A 类、B 类、C 类、D 类和 E 类。其中，A 类、B 类和 C 类地址为主类地址，D 类和 E 类地址为次类地址。

（10）子网是指把单一网络划分为多个物理网络，并使用路由器将其互连起来。划分子网是解决 IP 地址空间不足的一个有效措施，为了进行子网划分，必须知道子网掩码的概念。

（11）子网掩码也是一个 32 位二进制的值，主要用于屏蔽 IP 地址的一部分以区分网络号和主机号。子网掩码的表示形式和 IP 地址的表示形式类似，也是采用"点分十进制表示法"来进行表示。

（12）域名系统是一种帮助人们在 Internet 上用名字来唯一标识自己的计算机并保证主机名和 IP 地址一一对应的网络服务。域名通常是按照层次结构来进行命名的，域名地址是比 IP 地址更高级、更直观的一种地址表示形式，在实际使用时人们一般都采用域名地址。

（13）主机域名地址与 IP 地址之间的转换称为域名解析，实现这种转换的主机称为域名服务器。域名服务器的主要功能是回答有关域名、地址、域名到地址或地址到域名的映射的询问以及维护关于询问类型、分类或域名的所有资源记录的列表。

（14）IPv4，即 IP 协议第 4 版，它作为网络的基础设施，广泛地应用在 Internet 和各种专用网络上。多年的实践证明，IPv4 是一个成功的、健壮的协议。但是，随着 Internet 的迅猛发展，IP 地址资源日渐匮乏，因此必须对 IPv4 马上升级。

（15）IPv6 的提出，很好地解决了地址短缺问题，而且还考虑了在 IPv4 中其他一些解决不好的问题，如端到端 IP 连接、服务质量（QoS）、安全性、多播、移动性、即插即用等。

（16）IPv4 和 IPv6 将还有一段相当长的共存时期，IPv6 还需在发展中不断完善和改进，还需在研究所和学术机构中进行足够的试验，才能像 IPv4 一样成功的投入商业运营。现阶段的主要目标是将小规模的 IPv6 网络连入 IPv4 网络，并通过现有网络访问 IPv6 服务。主要任务是一方面要继续维护 IPv6 服务，另一方面还要支持 IPv4 和 IPv6 之间的互通性。

（17）IPv6 是在 IPv4 的基础上进行改进的，它的一个重要设计目标就是要与 IPv4 兼容。因此，设计一个从 IPv4 向 IPv6 演进的平滑渐进方案就显得尤为重要。 IETF 推荐了双协议栈、隧道技术以及 NAT-PT 等过渡方案来实现上述目标。

（18）IPv6 协议不仅解决了现有 IPv4 版本中所存在的各种问题，而且还为各种网络服务提供了强大的技术支持，尤其对视频、语音、移动、安全等业务的发展有极大的促进作用。随着 IPv6 应用探索的进一步深入，IPv6 在网络通信行业以及人们日常生活中将具有更加广阔的前景。

习 题 7

一、名词解释（在每个术语前的下划线上标出正确定义的序号）

_____ 1. Internet _____ 2. 电子邮件

_____ 3. WWW _____ 4. 超文本

_____ 5. 子网掩码 _____ 6. IP 地址

_____ 7. 文件传输 _____ 8. TCP/IP

A. 将许多信息资源连接成一个信息网，由节点和超链接所组成的、方便用户在 Internet 上搜索和浏览信息的超媒体信息查询服务系统

B. 利用 Internet 发送与接收邮件的 Internet 基本服务功能

C. 并不是独立于 Internet 的另一个网络，而是一个基于超文本方式的信息查询工具

D. Internet 中所有计算机之间通信所必须共同遵守的一种通信协议

E. 由成千上万个不同类型、不同规模的计算机网络互连在一起所组成的覆盖世界范围的、开放的全球性网络

F. 利用 Internet 在两台计算机之间传输文件的 Internet 基本服务功能

G. 用于屏蔽 IP 地址的一部分以区分网络号和主机号，其表示形式采用"点分十进制表示法"

H. 为每个连接在 Internet 上的主机所分配的一个在全世界范围内唯一的 32 位二进制比特串

二、填空题

1. 在 TCP/IP 簇中，_____ 是建立在 IP 上的无连接的端到端的通信协议。

2. _____ 协议用来将 Internet 的 IP 地址转换成 MAC 物理地址。

3. 文件传输服务是一种连机服务，使用的是 _____ 模式。

4. 如果 sam.exe 文件存储在一个名为 "ok.edu.cn" 的 FTP 服务器上，那么下载该文件使用的命令为 _____。

5. _____ 是 WWW 浏览器浏览的基本文件类型。

6. IP 地址由 _____ 和 _____ 两部分组成。其中，_____ 用于区别同一物理子网中不同的主机和网络设备。

7. 为了书写和记忆的方便，IP 地址每 _____ 位用一个等效的十进制数字表示，并且在这些数字之间加上 "." 分隔。

8. 很多 FTP 服务器都提供匿名 FTP 服务，如果没有特殊说明，匿名 FTP 账号为 _____。

9. 190.168.2.56 属于 _____ 类 IP 地址，其广播地址是 _____；202.114.2.56 属于 _____ 类 IP 地址，其广播地址是 _____。

10. Internet 上某主机的 IP 地址为 128.200.68.101，子网屏蔽码为 255.255.255.240，该连接的主机号为 _____。

三、选择题

1. 下面关于 TCP/IP 的叙述中，_____ 是错误的。

A. TCP/IP 成功地解决了不同网络之间难以互连的问题

B.　TCP/IP 模型分为 4 个层次：网络接口层、网络层、传输层、应用层

C.　IP 的基本任务是通过互连网络传输报文分组

D.　Internet 中的主机标识是 IP 地址

2.　E-mail 地址的格式为_____。

A.　用户名@邮件主机域名　　　　　　B.　@用户邮件主机域名

C.　用户名邮件主机域名　　　　　　　D.　用户名@域名邮件

3.　如果访问 Internet 时只能使用 IP 地址，是因为没有配置 TCP/IP 的_____。

A.　IP 地址　　　　B.　子网掩码　　　　C.　默认网关　　　　D.　DNS

4.　在电子邮件中所包含的信息_____。

A.　只能是文字　　　　　　　　　　　B.　只能是文字与图形图像信息

C.　只能是文字与声音信息　　　　　　D.　可以是文字、声音和图形图像信息

5.　IP 地址 127.0.0.1 表示_____。

A.　一个暂未使用的保留地址　　　　　B.　一个属于 B 类的地址

C.　一个属于 C 类的地址　　　　　　　D.　一个环回地址

6.　_____属于 B 类 IP 地址。

A.　127.233.12.59　　B.　152.96.209　　C.　192.196.29.45　　D.　202.96.209.5

7.　在 Internet 的基本服务功能中，远程登录所使用的命令是_____。

A.　FTP　　　　B.　TELNET　　　　C.　MAIL　　　　D.　OPEN

8.　HTML 是一种_____。

A.　传输协议　　　　　　　　　　　　B.　超文本标记语言

C.　文本文件　　　　　　　　　　　　D.　应用软件

9.　将文件从 FTP 服务器传输到客户机的过程称为_____。

A.　下载　　　　B.　浏览　　　　C.　上传　　　　D.　邮寄

10.　子网掩码的设置正确的是_____。

A.　对应于网络地址的所有位都设为 0　B.　对应于主机地址的所有位都设为 1

C.　对应于网络地址的所有位都设为 1　D.　以上说法都不对

11.　在 TCP/IP 环境中，如果以太网上的站点初始化后只有自己的物理地址而没有 IP 地址，则可以通过广播请求，征求自己的 IP 地址，负责这一服务的协议应是_____。

A.　ARP　　　　B.　ICMP　　　　C.　IP　　　　D.　RARP

12.　_____协议属于网络层的协议，_____协议属于应用层协议。（此题多选）

A.　TCP/IP　　　　B.　DNS　　　　C.　ARP　　　　D.　SMTP

E.　RARP F.　IP　　　　G.　POP　　　　H.　TELNET

13.　Ally@yahoo.com.cn 是一种典型的用户_____。

A.　数据　　　　B.　硬件地址　　　　C.　电子邮件地址　　　　D.　WWW 地址

14.　在应用层协议中，_____既依赖于 TCP 又依赖于 UDP。

A.　SNMP　　　　B.　DNS　　　　C.　FTP　　　　D.　IP

15.　以下_____服务使用 POP3 协议。

A.　FTP　　　　B.　E-mail　　　　C.　WWW　　　　D.　Telnet

16.　关于因特网中的主机和路由器，以下说法中错误的是_____。

A.　主机通常需要实现 TCP/IP 协议　　B.　主机通常需要实现 IP 协议

C. 路由器必须实现 TCP 协议　　　　　　　D. 路由器必须实现 IP 协议

四、问答题

1. 什么是 Internet？Internet 有哪些特点？

2. 简述 Internet 的产生与发展过程。

3. Internet 有哪些主要功能？

4. Internet 能提供哪些主要的信息服务？

5. 简述 Internet 的物理结构和协议结构。

6. 描述 OSI 参考模型与 TCP/IP 参考模型层次间的对应关系，并简述 TCP/IP 各层次的主要功能。

7. TCP/IP 仅仅包含 TCP 和 IP 两个协议吗？为什么？

8. 什么是 Internet 地址？Internet 地址的表示方式有哪两种？

9. 什么是 IP 地址？简述 IP 地址的结构。

10. 简述 IP 地址的表示方法。

11. IP 地址可分为几类？各自的范围是什么？

12. 什么是子网？子网掩码的概念是怎样提出来的？写出 A、B、C 类 IP 地址的标准子网掩码。

13. 什么是域名系统？简述域名系统的分层结构。

14. 举例说明域名的解析过程。

15. 接入 Internet 有哪些方式？分别画出这些方式的拓扑结构示意图。

第8章
Internet 接入技术

如果把 Internet 骨干层的链路比作人体的主动脉的话，那么接入层的线路就像许许多多的毛细血管一样，虽然对于可靠性和带宽的要求并不是特别高，但是如果处理得不好，就很容易成为用户上网的瓶颈。在实际的应用中，因为接入层的线路需要接入到每一个用户的家中，所有线路的总数就成为一个极其庞大的数目。相对于骨干线路来说，更换接入层线路的代价要大得多，因此，当我们在接入层上应用新技术的时候，更多的考虑是如何尽可能地使用原有线路，从而节省投资。

为了让读者深入理解各种有线和无线访问 Internet 的基本技术，并在实际应用中熟练地加以选择和应用，本章首先详细阐述了包括拨号访问 Internet、专线连入 Internet、ADSL 和 Cable Modem 在内的多种有线接入技术；然后对当前国内、国际上流行的一些无线接入技术进行了仔细的梳理，并比较了有线和无线两类技术间的差异；最后介绍了关于检测和排除 Internet 接入故障的基本方法。本章的实用性较强，读者应结合试验部分多多上机实践。

本章的学习目标如下。

- 理解接入 Internet 的两类基本方式及相互间的差异。
- 理解和掌握各类有线访问 Internet 的方式及技术特点。
- 理解 WAP 协议在无线网络中的重要地位。
- 了解当今流行的一些无线接入 Internet 的新技术及各自的技术特点。
- 掌握排除 Internet 接入故障的基本方法。

8.1 Internet 接入概述

8.1.1 接入到 Internet 的主要方式

任何一个用户要想使用 Internet 所提供的服务，都必须首先以某种方式连入 Internet。目前，Internet 的接入方式主要有两类：有线传输接入和无线传输接入。其中，有线接入包括基于传统公用电话网（Public Switched Telephone Network，PSTN）的拨号接入、局域网接入、ADSL 接入以及基于有线电视网的 Cable Modem 接入等，这类接入方式通过利用已有的传输网络从而可以提供经济实用的接入。FTTH 等光纤接入方式虽然需要重新铺设线路，但却提供了远远高于前几种接入方式的传输速率。无线接入则包括了 IEEE 802.11b、WIFI、Blue Tooth 等众多的无线接入技术。相对于有线接入来说，无线接入的用户终端无须通过一根"尾巴"与网络相连，从而使上网变得更加自由和方便。

8.1.2 ISP

提供 Internet 服务的机构称为 ISP（Internet Service Provider，Internet 服务提供商），是用户接入 Internet 的入口点。ISP 一般具有以下 3 个方面的功能。

（1）可以为用户提供 Internet 接入服务。

（2）可以为用户提供各类信息服务。

（3）可以为申请接入 Internet 的用户计算机分配 IP 地址。

另外，ISP 的好坏将直接影响到用户的上网连接质量，用户在选择 ISP 时应慎重考虑，选择较为理想的 ISP。目前，国内的几大骨干广域网都相当于 ISP。其中，CHINANET 是专门向公众提供 Internet 接入服务的。此外，还有一些公司（如首都在线、中国在线、东方网景等）也可为用户提供接入服务。用户计算机与 ISP 以及 Internet 的连接关系如图 8-1 所示。

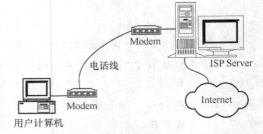

图 8-1　用户计算机与 ISP 以及 Internet 的连接示意图

8.2　电话拨号接入 Internet

8.2.1　SLIP/PPP 概述

个人在家里或单位使用计算机接入 Internet，可采用的方法是电话拨号（也称为 SLIP/PPP）方式，如图 8-2 所示。电话拨号可以得到与专线上网相同的 Internet 服务。

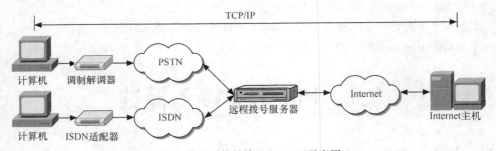

图 8-2　电话拨号接入 Internet 示意图

SLIP 和 PPP 是在串行线路上实现 TCP/IP 连接的两个标准协议，分别是串行线路 IP（Serial Line IP Protocol）和点到点协议（Point to Point Protocol）的简称。通过 SLIP/PPP 连接到 ISP 的主机上后，用户计算机就成为了 Internet 上的一个节点，享有 Internet 的全部服务。

SLIP 是一种比较老的连接方式，目的是提供通过串行线路（如电话线）访问 Internet 的方法，优点是实现起来比较容易。但是，SLIP 只负责完成数据报的封装和传送，没有提供区分多种协议、检错、纠错和数据报压缩等功能。

PPP 是目前广域网上应用最广泛的协议之一，其优点是简单，具备用户验证能力，支持异步、同步通信和数据报的差错检测、压缩，以及可以解决 IP 分配等。目前，家庭拨号上网采用的就是通过 PPP 在用户端和 ISP 的接入服务器之间建立通信链路来访问 Internet 的。

8.2.2　Winsock 概述

在用户工作平台方面，利用 Windows 访问 Internet 是目前最流行的一种上网方式，Windows 的图形化用户界面能够得到诸如 WWW 等的 Internet 服务。同时，目前许多软件制造商们都竞相开放了基于 Windows 环境的 Internet 客户端软件，如 Microsoft 公司的 Internet Explorer、Netscape 公司的 Netscape Navigator、腾讯公司的 Tencent Traveler 等。同 UNIX 环境下的文本文件相比，这些图形化的客户端软件为用户提供了更为方便、高效、迅捷的 Internet 访问。但是，要在 Windows 环境下使用这些客户端软件访问基于 TCP/IP 的 Internet，用户必须要首先使用一个 Winsock 程序接口。

Socket，中文名为"套接字"，原是 UNIX 环境下的一种通信机制，是在 TCP/IP 应用程序（如 IE 浏览器）和底层的通信驱动程序（如 Modem 驱动程序）之间运行的 TCP/IP 驱动程序。我们知道，网络上任何两个节点（如正在上网用的计算机和 ISP 服务器）之间要进行数据通信都必须遵守 TCP/IP，Socket 的功能就是将应用程序同具体的 TCP/IP 隔离开来，使得应用程序不必了解 TCP/IP 的细节，就能实现数据传输。

Winsock（Windows Socket）即在 Windows 环境下运行的 Socket，也就是 TCP/IP 的驱动程序。它提供了基于 Windows 的网络应用程序（如 Netscape、Explorer 等）与 TCP/IP 协议栈之间进行数据通信的标准的应用程序接口（Application Program Interface，API）规范，并规定各软件商开发的应用程序在运行时，都可使用一个由任何一方提供的、相兼容的 Windows 动态链接库（Dynamic Link Library，DLL）——Windows.dll。Windows.dll 则是 Windows 下的 TCP/IP 协议栈的核心部分，承担了应用程序与 TCP/IP 之间的通信功能。Winsock 接口规范的制定，使得不同厂商开发的应用程序可以通过 Winsock 接口很好地运行，并确保彼此之间不发生冲突。

值得一提的是，在 Windows 95 以前的各版本中（如 Windows 3.x），由于没有内置 TCP/IP，用户在接入 Internet 之前必须要预先安装一个 Winsock 程序，并在访问 Internet 时运行它，以实现在 Windows 环境下与 TCP/IP 的连接。但此后的各 Windows 版本（如 Windows 95/98/2000/XP）均内置有 TCP/IP，并提供了 Winsock.dll 动态链接库，因此就没有必要再安装其他的 Winsock 程序了。

8.3　局域网接入 Internet

如果本地的用户计算机较多，而且有很多用户需要同时使用 Internet，那么可以先把这些计算机组成一个局域网，再使用路由器通过专线与 ISP 相连，最后通过 ISP 的连接通道接入 Internet。因此，有时也将这种接入方式称为专线接入，连接示意图如图 8-3 所示。

专线的类型有很多种，如 DDN、ISDN、X.25、ADSL 和帧中继等，它们都由电信部门经营和管理。采用专线接入 Internet 的优点是连接速率较快（从 64 kbit/s 到 10 Mbit/s 或 100 Mbit/s），用户可以实现 Internet 主机所有的基本功能，包括使用 WWW 浏览 Internet 上的信息、收发电子邮件、使用 FTP 传送文件等。但是花费在租用线路上的费用比较昂贵。

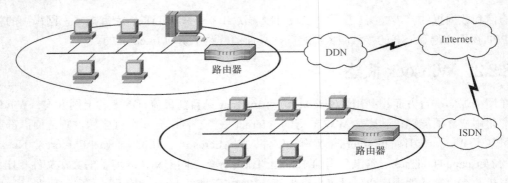

图 8-3　局域网接入 Internet 示意图

8.4　ADSL 接入技术

8.4.1　ADSL 概述

ADSL（Asymmetric Digital Subscriber Line）的中文全称是"非对称数字用户线"，是一种通过标准双绞电话线给家庭、办公室用户提供宽带数据服务的技术，并且还能实现电话、数据业务互不干扰。ADSL 接入方式充分利用了现有大量的市话用户电缆资源，而且还可以在不影响开通传统业务的同时，在同一对用户双绞电话线上为大众用户提供各种宽带的数据业务。

当用户在电话线两端分别放置两个 ADSL Modem 时，在这段电话线上便产生了 3 个信息通道：一条是速率为 1.5～9 Mbit/s 的高速下行通道，用于用户下载信息；一条是速率为 640 kbit/s～1 Mbit/s 的中速双工通道，用于用户上传输出信息；还有一条是普通的老式电话服务通道，用于普通电话服务。这 3 个通道可以同时工作，传输距离可达 3～5 km。

ADSL 上网无须拨号，只需接通线路和电源即可，并且还可以同时连接多个设备，包括 ADSL Modem、普通电话机和个人计算机等。ADSL 目前已经广泛地在家庭上网中应用。

8.4.2　ADSL 的主要特点

ADSL 是目前 xDSL 技术中最为成熟，也是最常用的一种接入技术，它一般具有以下一些特点。

（1）ADSL 在一条电话线上同时提供了电话和高速数据服务，电话与数据服务互不影响。

（2）ADSL 提供了高速数据通信能力，其数据传输速率远高于拨号上网，为交互式多媒体应用提供了载体。

（3）ADSL 提供了灵活的接入方式。ADSL 支持专线方式与虚拟拨号方式。专线方式，即用户 24 小时在线，用户具有静态 IP 地址，可将用户局域网接入，主要面向的对象是中小型公司用户。虚拟拨号方式主要面对上网时间短、数据量不大的用户，如个人用户及中小型公司等。但与传统拨号不同的是，这里的"虚拟拨号"是指根据用户名与口令认证，接入相应的网络，而并没有真正地拨电话号码，费用也与电话服务无关。

（4）ADSL 可提供多种服务。ADSL 用户可选择 VOD 服务。ADSL 专线可选择不同的接入速率，如 256 kbit/s、512 kbit/s、2 Mbit/s。ADSL 接入网与 ATM 网配合，可为公司用户提供组建 VPN 专网及远程局域网互连的能力。

8.4.3　ADSL 的安装

ADSL 的安装非常简易方便，只需将电话线连上滤波器（即话音分离器），滤波器与 ADSL Modem 之间用一条电话线连上，ADSL Modem 与计算机的网卡之间用一条网线连通即可完成硬件安装，如图 8-4 所示。

ADSL 的使用就更加简单了，只需在 Windows 操作系统下建立一个"宽带连接"对话框，并输入在电信局所申请的用户名和密码，如图 8-5 所示，用户只需通过几秒的认证就可以享受高速网上冲浪的服务了，并且用户在上网的同时，还可以打电话。

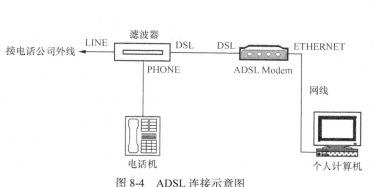

图 8-4　ADSL 连接示意图

图 8-5　"宽带连接"对话框

ADSL 的具体硬件安装和软件设置步骤可参照 9.1.1 小节的相关内容。

8.4.4　PPP 与 PPPoE

在 8.2.1 小节中，已提到过 PPP 了，该协议是目前广域网上应用最广泛的协议之一，其优点在于简单，具备用户验证能力，可以解决 IP 分配等。家庭拨号上网就是通过 PPP 在用户端和 ISP 的接入服务器之间建立通信链路来实现访问 Internet。

目前，宽带接入方式已经逐渐取代了拨号接入方式，在宽带接入技术日新月异的今天，PPP 也衍生出了新的应用。典型的应用就是在 ADSL 接入方式当中，PPP 与其他的协议共同派生出了符合宽带接入要求的新的协议，如 PPPoE（PPP over Ethernet）。利用以太网资源，在以太网上运行 PPP 来进行用户认证接入的方式称为 PPPoE。PPPoE 既保护了用户方的以太网资源，又完成了 ADSL 的接入要求，是目前 ADSL 接入方式中应用最广泛的技术标准。

8.5　Cable Modem 接入技术

8.5.1　CATV 与 HFC

CATV 与 HFC 是一种电视电缆技术。CATV（Cable Television）即有线电视网，是由广电部门规划设计的用来传输电视信号的网络，其覆盖面广，用户多。但有线电视网是单向的，只有下行信道，因为它的用户只要求接收电视信号，而并不上传信息。如果要将有线电视网应用到 Internet

业务中，则需要对其进行改造，使之具有双向功能。

HFC（Hybrid Fiber Coax，混合光纤同轴电缆网）是在 CATV 网的基础上发展起来的，除可以提供原 CATV 网提供的业务外，还能提供数据和其他交互型业务。HFC 是对 CATV 的一种改造，在主线部分用光纤代替同轴电缆作为传输介质。CATV 和 HFC 的一个根本区别是：CATV 只传送单向电视信号，而 HFC 提供双向的宽带传输。

8.5.2　Cable Modem 概述

Cable Modem，即电缆调制解调器，是近年发展起来的又一种家庭计算机入网的新技术，它是一种利用我们大家最常用的、"四通八达"的有线电视网（Community Antenna Television，CATV）来提供数据传输的广域网接入技术。Cable Modem 充分发挥了有线电视网同轴电缆的宽带优势，利用一条电视信道高速传输数据。在我国，无论是大中城市还是小镇区乡，有线电视网络无处不在，其用户群十分庞大。而且有线电视网的网络频谱范围宽，同轴电缆和光纤又都具备了很高的传输速度，所以它们很适合用来提供宽带功能业务。

Cable Modem 后面有两个端口，当通过有线电视网进行高速访问时，一个端口与计算机相连，另一个与室内墙壁上的有线电视插座相连。Cable Modem 的工作原理和普通的拨号上网的 Modem 类似，都是通过对发送或接收的数据信号进行编码调制或解调解码之后来进行传输的。不同之处在于，Cable Modem 属于共享介质系统，它是利用有线电视网的一小部分传输频带来进行数据的调制和解调的。因而，即使用户在上网时，其他空闲频带仍然可用于有线电视信号的传输，不会影响收看电视和使用电话。

Cable Modem 本身不是单纯的 Modem，是集普通 Modem 功能、桥接加解密功能、网卡及以太网集线器等功能于一体的专用 Modem。Cable Modem 无须拨号上网，不占用电话线，可永久连接。当数据信号通过光纤同轴混合网（Hybrid Fiber Coax，HFC）传至用户家中时，Cable Modem 完成对下行数据信号的解码、解调等功能，并通过以太网端口将数字信号传送到 PC。反过来，Cable Modem 接收 PC 传来的上行信号，经过编码、调制后转换成类似于电视信号的模拟射频信号，以便在有线电视网上传送。

Cable Modem 系统的结构如图 8-6 所示。通过 Cable Modem 系统，用户可在有线电视网络内实现 Internet 访问、IP 电话、视频会议、视频点播、远程教育及网络游戏等功能。

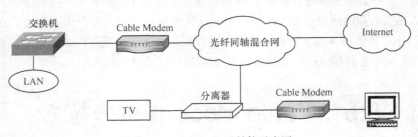

图 8-6　Cable Modem 结构示意图

8.5.3　Cable Modem 的主要特点

（1）传输速率快，费用低。Cable Modem 系统是基于 HFC 双向 CATV 网的网络接入技术。上行数据信号采用 QPSK 或 16QAM 调制，速率可达 31.2 kbit/s～10 Mbit/s；下行数据信号采用 64QAM 或 256QAM 解调，速率可达 3～38 Mbit/s。从网上下载信息的速度比现有的电话 Modem

要快至少 1 000 倍,即通过电话线下载需要 20 min 完成的工作,使用 Cable Modem 大约只需要 1.2 s 就可以完成。另外,与传统的其他接入方式（如 PSTN 和 ISDN）相比,Cable Modem 在单位时间内获得的信息量也要多得多。

（2）传输距离远。ADSL 的传输距离一般在 3～5 km,而 Cable Modem 从理论上讲,没有距离限制,因此它可以覆盖的地域很广。

（3）具有较强的抗干扰能力。Cable Modem 的入户连接介质是同轴电缆,有优于电话线的特殊物理结构,其内层芯线传送信号,外层为同轴屏蔽层,对外界干扰信号具有相当强的屏蔽作用,不易受外界干扰。所以,只要在线缆连接端或器件上做好相应的屏蔽接地,就可不受外来干扰。

（4）Cable Modem 是即插即用的,安装非常方便,而且接入 Internet 的过程可在一瞬间完成,不需要拨号和登录过程。

（5）计算机可以每天 24 小时都连在网上,用户可以随意发送和接收数据,不发送或接收数据时不占用任何网络和系统资源。

（6）共享网络带宽。由于 Cable Modem 用户是共享带宽的,当多个 Cable Modem 用户同时接入 Internet 时,数据带宽由这些用户均分,速率也将会相应地降低。因此,可以说每一个 Cable Modem 用户的加入都会增加噪声、占用频道、降低可靠性以及影响线路上已有的用户服务质量,这是 Cable Modem 的最大缺点。

8.6　光纤接入技术

8.6.1　光纤接入技术概述

光纤由于其大容量、保密性好、不怕干扰和雷击、重量轻等诸多优点,正在得到迅速发展和应用。主干网络线路迅速光纤化,光纤在接入网中的广泛应用也是一种必然趋势。光纤接入技术实际上就是在接入网中全部或部分采用光纤传输介质,构成光纤用户环路（或称光纤接入网 OAN）,实现用户高性能宽带接入的一种方案。根据光网络单元（Optical Network Unit,ONU）所设置的位置,光纤接入网分为光纤到户（Fiber To The Home,FTTH）、光纤到路边（Fiber To The Curb,FTTC）、光纤到大楼（Fiber To The Building,FTTB）、光纤到办公室（Fiber To The Office,FHHO）、光纤到楼层（Fiber To The Floor,FTTF）、光纤到小区（Fiber To The Zone,FTTZ）等几种类型,其中 FTTH 将是未来宽带接入网的发展趋势。

光纤接入网（Optical Access Network,OAN）是指采用光纤传输技术的接入网,泛指本地交换机或远端模块与用户之间采用光纤通信或部分采用光纤通信的系统。ONA 不是传统的光纤传输系统,而是一种针对接入网环境所设计的光纤传输系统。一般情况下,OAN 是一个点对多个点的光纤传输系统。根据接入网室外传输设施中是否含有源设备,OAN 可分为有源光网络（Active Optical Network,AON）和无源光网络（Passive Optical Network,PON）。有源光网络（AON）是指从局端设备到用户分配单元之间采用有源光纤传输设备,即光电传输设备、有源光器件以及光纤等;无源光网络（PON）一般指光传输端采用无源器件,实现点对多点拓扑的光纤接入网。目前,光纤接入网几乎都采用 PON 结构,PON 成为光纤接入网的发展趋势,它采用无源光节点将信号传送给终端用户,初期投资少,维护简单,易于扩展,结构灵活,只是要求采用性能好、带宽高的光器件。

8.6.2 光纤接入的主要特点

光纤接入网主要具有以下特点。

（1）带宽宽。由于光纤接入网本身的特点，可以提供高速接入 Internet、ATM 以及电信宽带 IP 网的各种应用系统，从而享用宽带网提供的各种宽带业务。

（2）网络的可升级性能好。光纤网易于通过技术升级成倍扩大带宽，因此，光纤接入网可以满足近期各种信息的传输需求。以这一网络为基础，可以构建面向各种业务和应用的信息传送系统。

（3）双向传输。电信网本身的特点决定了这种接入技术的交互性较好，特别是在向用户提供双向实时业务方面具有明显优势。

（4）接入简单、费用少。用户端只需一块网卡，就可高速接入 Internet，实现 10 Mbit/s 到桌面的接入。

8.7　无线接入技术

8.7.1　无线接入概述

前面我们讨论了多种接入 Internet 的方法，但它们都要求有固定的线路同 Internet 相连。伴随着互联网的蓬勃发展和人们对宽带需求的不断增多，原来羁绊人们手脚的，单一、烦人的电缆和网线接入已经无法满足人们对接入方式的需要了。另一方面，移动电话打破了位置和通信接入之间的束缚，用户再也不必坐在办公桌旁或家中的固定电话旁。至少从理论上讲，用户或多或少可以到他们要去的地方漫游，并且仍能接触家庭朋友、业务同事和客户，或被他们所接触。当前，无线网络，如移动电话网，已成为人们生活中的一部分。在商业通信领域，随着移动用户的数量与日俱增，促使电信公司和 Internet 服务提供商为用户提供更广泛的服务，在信息传送领域中正出现一种新的趋势，即无线网络和 Internet 的结合。这种因势而起的另一种全新的连网方式正悄然走入了我们的视线，并演绎着一场"将上网进行到底"的运动，这就是无线接入技术。

使用无线接入技术，人们可以在任何时候、从任何地方接入 Internet 或 Intranet，以读取电子邮件、查询工作当中所需要的重要数据，或者将 Web 页面下载到便携式 PC 或个人数字助理（Personal Digital Assistant，PDA）。它已经成为人们从事商务活动最为理想的传输媒体。或许，未来的 Internet 接入标准也将在此诞生。

8.7.2　WAP 简介

20 世纪 90 年代以来，Internet 和移动电话两种技术的广泛应用，大大改变了人类的生活方式。Internet 为全球用户提供了丰富、便利的网上资源，这已经是一个不争的事实。在通信行业，移动电话的出现同样改变了亿万人的生活方式，它打破了通信空间的局限性，使人们可以随时随地进行联络。但当前用户使用移动电话还主要局限于语音业务，移动数据业务还没有得到广泛的应用。如何结合各自的技术优势，不受信息源的限制和用户访问时位置的限制，成为网络界和电信业界共同关注的一个焦点问题。

1. WAP 和 WAP 论坛

也许人们对现在层出不穷的各种品牌手机比较关注，但对 WAP 却比较陌生。现在市面上各类手机大多都具有上网功能，而 WAP 正是手机上网必须遵循的规范标准。

WAP（Wireless Application Protocol，无线应用协议）是一个用于向无线终端进行智能化信息传递的无须授权、不依赖平台的、全球化的开放标准，它定义了无线通信设备在访问 Internet 业务时必须要遵循的标准和规范。WAP 提供了一套开放、统一的技术平台，用户使用移动设备很容易访问和获取以统一的内容格式表示的 Internet 或 Intranet 信息及各种服务。另外，它还定义了一套软硬件的接口，有了这些接口移动设备和网站服务器，人们可以像使用 PC 一样使用移动电话收发电子邮件甚至浏览 Internet。因此，从本质上讲，WAP 是一种通信协议，它提供了一种应用开发和运行环境，支持当前最流行的嵌入式操作系统 Palm OS、EPOC、Windows CE、FLEXO、Java OS 等。WAP 适用于从高端到低端的各类无线手持数字设备，包括移动电话、掌上电脑、PDA 等。由于 WAP 标准的全球性，越来越多的厂商推出了符合 WAP 标准的产品，而且全球手机制造巨头，如 Nokia、Ericsson 和 Motorola 等都是 WAP 的发起者和倡导者。

WAP 规范是由 WAP 论坛负责制定的。WAP 论坛成立于 1998 年初，是一个由 Nokia、Ericsson、Motorola、Unwired Planet 4 家公司发起组成，现拥有 100 多个公司和机构的行业协会。WAP 论坛是一个全球性的行业协会，它致力于制定用于数字移动电话和其他无线设备的数据和语音服务的全球标准。WAP 论坛的主要目标是把无线行业价值链各个环节上的各类公司联合在一起，保证产品的互操作性，使 Internet 业务能扩展到移动通信设备中。

2. WAP 规范

WAP 规范是一种无线应用程序的编程模型语言，它定义了一个开放的标准结构和一套无线设备，用来实现 Internet 接入的协议。WAP 规范的要素主要包括 WAP 编程模型、遵守 XML 标准的无线标记语言（Wireless Markup Language，WML）、用于无线终端的微浏览器规范、轻量级协议栈、无线电话应用（Wireless Telephony Application，WTA）框架。这个模型在很大程度上吸取了现有的 WWW 编程模型，应用开发人员可以在 WWW 模型的基础上应用 WAP 规范，包括可以继续使用自己熟悉的编程模型，能够利用现有的工具（如 Web 服务器、XML 工具）等。另外，WAP 规范优化和扩展了现有的 Internet 标准，WAP 论坛针对无线网络环境的应用，对 TCP/IP、HTTP 和 XML 进行了优化，现在它已经将这些标准提交给了 W3C 联合会，作为下一代的 HTML（HTML-NG）和下一代的 HTTP（HTTP-NG）。

遵守 XML 标准的无线标记语言 WML 使得性能严重受限的手持设备能够拥有较强的 Internet 接入功能。WML 和 WML Script 不要求用户使用常用的 PC 键盘或鼠标进行输入，而且它在设计时就考虑到了手机的小屏幕显示问题。

与 HTML 文件不同的是，WML 将文件分割成一套容易定义的用户交互操作单元。每个交互操作单元被称为一个卡，用户通过在一个或多个 WML 文件产生的各个卡之间来回导航来实现对 Internet 的接入。针对手机电话通信的特点，WML 提供了一套数量更小的标记标签集，这使它比 HTML 更适合在手持设备中使用。使用 WAP 网关，所有的 WML 内容都可以通过 HTTP1.1 请求进行 Internet 接入。这样，传统的 Web 服务器、工具和技术都可以使用。

3. WAP 体系结构

在设计中，WAP 充分借鉴了 Internet 的协议栈思想，并加以修改和简化。WAP 的协议栈采用层次化设计，为应用系统的开发提供了一种可伸缩、可扩展的环境。协议栈每层均定义有接口，可被上一层协议所使用，同时也可被其他的服务或应用程序直接应用，这样使其能有效地应用于无线应用环境。

图 8-7 给出了 WAP 协议栈的体系结构，包括以下 5 层。

图 8-7　WAP 协议栈

（1）WDP。WDP（Wireless Datagram Protocol，无线数据报协议）是一种通用的数据传输服务，并支持多种无线网络。该协议可以使上层的 WSP、WTP、WTLS 独立于下层的无线网络，并使用下层无线网络所提供的统一服务。

（2）WTLS。WTLS（Wireless Transport Layer Security，无线传输层安全协议）是基于 SSL 的安全传输协议，并提供加密、授权及数据完整性功能。

（3）WTP。WTP（Wireless Transaction Protocol，无线事务处理协议）提供一种轻量级的面向事务处理的服务，专门对无线数据网进行优化。

（4）WSP。WSP（Wireless Session Protocol，无线会话层协议）为上层的 WAP 应用提供面向连接的、基于 WTP 的会话通信服务或基于 WDP 无连接的、可靠的通信服务。

（5）WTA。WTA（Wireless Telephone Applications，无线电话应用）使得 WAP 可以很好地与目前电信网络中的各种先进电信业务相结合，如智能网（Intelligent Network）业务。通过使用浏览器，移动用户可以应用各种智能网业务而不需修改移动终端。

4. WAP 的技术特点

（1）基于现有的 Internet 标准。WAP 并不是一套全新的标准，而是基于现有的 Internet 标准，如 TCP/IP、HTTP、XML、SSL、URL、Scripting 等，并针对无线网络的特点进行了优化。WAP 提供了一套开放、统一的技术平台，用户使用移动设备很容易访问和获取以统一的内容格式表示的 Internet/Intranet 信息和各种服务。

（2）定义了一套标准的软、硬件接口。WAP 实现了一套标准的软硬件接口，实现了这些接口的移动设备和网关服务器可以使用户像使用 PC 一样使用移动电话来收发电子邮件和浏览 Internet 信息。而且，WAP 还提供了一种应用开发和运行环境，支持当前最流行的嵌入式操作系统，如 PalmOS、EPOC、Windows CE、FLEXO、JavaOS 等。

（3）支持多种移动设备及移动网络。WAP 可以支持目前使用的绝大多数无线设备，包括移动电话、集群通信设备等。在传输网络上，WAP 可以支持目前各种移动网络，如 GSM、CDMA、PHS 等，并支持未来的第 3 代移动通信系统。

8.7.3　当今流行的无线接入技术

无线接入技术经历了 3 代发展历程：第 1 代是模拟蜂窝技术，始于 1981 年；第 2 代是数字移动无线通信技术，1991 年投入使用；第 3 代是无线多媒体技术，在 2001 年左右推向了市场。Internet 的飞速发展是推动第 3 代无线接入技术发展的主要原因。正是由于文本、声音和图像这些多媒体信息的加入，对接入速度提出了更高的要求。用户要实现对 Internet 的正常访问，至少需要 100 kbit/s 以上的接入速率，尤其对于图像、动画一类的业务，至少需要每秒几千比特的接入速率。此外，宽带接入系统可使用户采用 Internet 流技术，在分组无线传输网上接入视频业务。

无线网络与 Internet 相结合的发展前景是非常广阔的，但目前还存在一些技术问题有待进一步解决。下面，我们对当前国内、国际上流行的一些无线接入技术进行简介，希望对读者今后选择无线接入方式有所帮助。

1. GSM 接入技术

GSM 是一种起源于欧洲的移动通信技术标准，是第 2 代移动通信技术。该技术是目前个人通信的一种常见技术代表，使用窄带 TDMA（Time-Division Multiple Access，时分多址数据传输）技术，允许在一个射频内同时进行 8 组通话。GSM 是 1991 年开始投入使用的，到 1997 年年底，已经在 100 多个国家运营，成为欧洲和亚洲实际上的标准。GSM 数字网具有较强的保密性和抗干扰性，音质清晰，通话稳定，并具备容量大、频率资源利用率高、接口开放、功能强大等优点。我国于 20 世纪 90 年代初引进采用此项技术标准，此前一直是采用蜂窝模拟移动技术，即第 1 代 GSM 技术（2001 年 12 月 31 日我国关闭了模拟移动网络）。目前，中国移动、中国联通各拥有一个 GSM 网，GSM 手机用户总数在 4 亿以上，为世界最大的移动通信网络。

2. CDMA 接入技术

CDMA（Code-Division Multiple Access，码分多址数据传输）被称为第 2.5 代移动通信技术，是目前先进的无线数据通信技术。这项技术的重要特点是有独特的"扩展频谱"功能，它突破了有限的频率带宽的限制，能在一个较宽的蜂窝频段上传输多路通话或数据，使多个用户可在同一频率上通话。CDMA 网话音清晰度高、不易中断、可达到有线电话的通信效果，而且保密性强。与相同容量的模拟移动电话系统相比，CDMA 通信容量可扩大 10～20 倍，与其他无线数字通信，如 TDMA 和 GSM 相比，系统容量也扩大了 3 倍以上，而且所设基站数明显减少，组网成本低。

CDMA 有窄带与宽带之分。其中，窄带主要是为传送话音设计的；而宽带 CDMA，即 WCDMA（Wideband Code-Division Multiple Access，宽带码分多址数据传输）的特点是在宽频带内优化高速分组数据传输，可以满足无线 Internet 接入的高数据率要求，尤其是不能通过窄带系统传送的某些先进的多媒体业务，可以通过 WCDMA 系统传送。WCDMA 系统比窄带 CDMA 系统能更有效地利用多径传播，所以它能提高传输容量和扩大覆盖范围。WCDMA 系统还能在更高的频率，如 2～42 GHz 微波频率上，对宽带无线接入网络、无线 ATM 网络和 MPEG-2 数字压缩视频系统实施高度集成，为网络运营商提供更高性能的宽带无线接入解决方案。

WCDMA 可支持 384 kbit/s～2 Mbit/s 不等的数据传输速率。在高速移动的状态下，可提供 384 kbit/s 的传输速率；在低速或是室内环境下，则可提供高达 2 Mbit/s 的传输速率，远远高于 GSM 系统（9.6 kbit/s）和固定线路 Modem 的速率（56 kbit/s）。此外，WCDMA 还可以提供电路交换和分组交换的服务，因此，用户在利用电路交换方式接听电话的同时，还可以以分组交换的方式访问 Internet，这样不仅提高了移动电话的利用率，而且还使用户在同一时间不受只能做语音或数据传输服务的限制。

总的来说，WCDMA 与第 2 代移动通信技术相比的主要优势在于以下几点。

（1）具有更大的系统容量、更优的话音质量、更高的频谱效率、更快的数据速率和更强的抗衰减能力。

（2）能够从 GSM 系统进行平滑过渡，保证了运营商的投资，为 3G 运营提供了良好的技术基础。

（3）通过有效地利用宽频带，使得 Internet 接入业务涵盖的多媒体内容更加丰富，包括交互式新闻、交互式 E-mail、交互式音频、电视会议、基于动态的 Web 游戏等。

（4）应用方式更加新颖，它不仅能顺畅地处理声音、图像数据，实现与 Internet 的快速连接，而且 WCDMA 与 MPEG-4 技术相结合还可以处理真实的动态图像。

3. GPRS 接入技术

相比使用电路交换技术的 GSM，GPRS 采用的是分组交换技术。由于使用了"数据分组"，用户采用手机上网可以免受断线的痛苦，而且数据传输和语音通话是可以同时进行的。另外，发展 GPRS 技术十分"经济"，因为它只需将现有的 GSM 网络进行简单升级就可把移动电话的应用提升到一个更高的层次。另外，GPRS 的用途也十分广泛，如用户可通过手机发送和接收电子邮件、浏览 Internet 信息、在线聊天等。

GPRS 接入技术的最大优势在于其数据传输速率比传统的 GSM 要快得多。目前的 GSM 移动通信网的数据传输速率为 9.6 kbit/s，而 GPRS 达到了 115 kbit/s，此速率是普通 56kModem 理想速率的两倍。除了速率上的优势以外，GPRS 还有"永远在线"的特点，即用户随时与网络保持联系。

4．CDPD 接入技术

CDPD（Cellular Digital Packet Data，移动数字分组数据）是另一种专门用于数据网络的移动服务技术，它使用的仍然是分组交换技术而不是电路交换技术。在通常的移动电话系统中，即使用户当时没有说话，移动电话仍然不断地发送音频信号。而采用分组交换技术的移动电话则可向基站发送单个的数据分组，然后断开连接（当然这需要快速地建立连接和断开连接的循环），这样大大节约了在普通电路交换电话中等待的空闲时间。

CDPD 的传送速率一般可达 19.2 kbit/s，尽管并不比其他的数字移动系统快，但它通过节约等待的空闲时间，从而大大地节省了用户的通话费用。而且 CDPD 的分组格式采用的是 IP 协议，当用户使用这个系统发送信息的时候，它发出的就是 TCP 或者 UDP 分组。由于 CDPD 具有分组传输能力，因而在事务处理和发送电子邮件方面，非常适用于突发通用数据交换。另外，CDPD 还支持 TCP/IP 协议，这一功能使得它适合于 Internet 接入。

CDPD 业务在美国应用得比较普遍，在 50 个大城市中有 40 个应用了该业务。有多家运营商已达成 CDPD 互通协定，从而使具有漫游能力的 CDPD 用户能在 70 多个地区，以无线方式发送和接收数据。在我国，北京、上海等多个城市也有类似的服务。

5．DBS 卫星接入技术

卫星技术也是推进高速无线 Internet 接入的重要技术，而且发展前景被普遍看好。DBS 技术，也叫数字直播卫星接入技术，该技术利用位于地球同步轨道的通信卫星将高速广播数据送到用户的接收天线，所以它一般也称为高轨卫星通信。其特点是通信距离远，费用与距离无关，覆盖面积大且不受地理条件限制，频带宽，容量大，适用于多业务传输，可为全球用户提供大跨度、大范围、远距离的漫游和机动灵活的移动通信服务等。

Internet 卫星接入的主要优点是可为用户提供更大的传输带宽和更快的接入速度，很好地解决了目前浏览 Web 站点、下载文件速度慢的问题。例如，休斯网络系统公司的 Direct PC 卫星接入系统，能使用户以 12 Mbit/s 的速率下载实时新闻、视频图像、PC 软件以及 Internet 文件等。

现有的卫星 Internet 接入技术既可以用于个人用户下载文件，又能向众多用户广播数据文件。对于任何配备了卫星天线的用户，还可以对多个地点传播兆比特级的、高质量的实时视频图像，甚至还可以将卫星接入业务用于连接 Intranet。

6．无线光系统

无线红外光传输系统是光通信与无线通信的结合，通过大气而不是光纤来传输光信号。这一技术既可以提供接近光纤的数据传输速率，又不需要频谱这样的稀有资源。其主要特点如下。

（1）传输速率高，提供从 2～622 Mbit/s 的高速数据传输。

（2）传输距离远，覆盖范围从 200 m～6 km。

（3）安全性强，由于工作在红外光波段，因而对其他传输系统不会产生干扰。

（4）信号发射和接收通过光仪器，不需要天线系统，设备体积较小。

7. 蓝牙技术

"蓝牙"（Bluetooth）原是一位在公元 10 世纪统一丹麦的国王，他将当时的瑞典、芬兰与丹麦统一起来。用他的名字来命名这种新的技术标准，含有将四分五裂的局面统一起来的意思。蓝牙技术实际上是一种实现多种设备之间无线连接的协议，它使用高速跳频和时分多址等先进技术，在近距离内将多台数字化设备（如移动电话、掌上电脑、笔记本电脑、蓝牙鼠标、蓝牙耳机，甚至各种家用电器、自动化设备等）呈网状链接起来进行信息交换。蓝牙技术是网络中各种外围设备接口的统一桥梁，它消除了设备之间的连线，取而代之以无线连接。

"蓝牙"的标准是 IEEE 802.15，工作在 2.4 GHz 频带，速率可达 1 Mbit/s。它以时分方式进行全双工通信，其基带传输协议是电路交换和分组交换的组合。一个跳频频率发送一个同步分组，每个分组占用一个时隙，使用扩频技术也可扩展到 5 个时隙。同时，蓝牙技术还支持 1 个异步数据通道或 3 个并发的同步话音通道，或 1 个同时传送异步数据和同步话音的通道。每一个话音通道支持 64 kbit/s 的同步话音，异步通道支持最大速率为 721 kbit/s、反向应答速率为 57.6 kbit/s 的非对称连接，或者是 432.6 kbit/s 的对称连接。

依据发射输出电平功率的不同，蓝牙传输有 3 种距离等级，分别为 100 m、10 m 和 2～3 m。一般情况下，其正常的工作范围是 10 m 半径之内。在此范围内，可进行多台设备间的互连。

蓝牙技术的主要优点如下。

（1）采用跳频技术，数据包短，抗信号衰减能力强。

（2）采用快速跳频和向前纠错方案以保证链路的稳定性，同时还减少了同频干扰和远距离传输时的随机噪声影响。

（3）使用 2.4 GHz ISM 频段，无须申请许可证。

（4）可同时支持数据、音频、视频信号的传输。

（5）采用 FM 调制方式，降低了设备的复杂性。

8. Home RF 技术

Home RF 是由 Home RF 工作组开发的，是在家庭区域范围内的任何地方，在 PC 和用户电子设备之间实现无线数字通信的开放性工业标准。作为无线技术方案，它代替了需要铺设昂贵传输线路的有线家庭网络，为网络中的设备（如笔记本电脑）和 Internet 应用提供了漫游功能。

为了实现对数据包的高效传输，Home RF 采用了 IEEE 802.11 标准中的 CSMA/CA 模式，它与 CSMA/CD 类似，也是以竞争的方式来获取对信道的控制权，在一个时间点上只能有一个接入点在网络中传输数据。Home RF 还提供了对流媒体（Stream Media）的真正意义上的支持，由于对流媒体规定了高级别的优先权并采用了带有优先权的重发机制，这样就确保了实时性流媒体所需的带宽和低干扰、低误码功能。

Home RF 工作在 2.4 GHz 频段，它采用了数字跳频技术，速率为 50 跳/s，共有 75 个带宽为 1 MHz 的跳频信道。调制方式采用恒定的 FSK 调制，分为 2FSK 与 4FSK 两种。在 2FSK 方式下的最大数据的传输速率为 1 Mbit/s；而在 4FSK 方式下，速率可达 2 Mbit/s。

在最新版 Home RF 2.x 中，采用了宽带跳频（Wide Brand Frequency Hopping，WBFH）技术来增加跳频带宽，将频带从原来的 1 MHz 增加到 3～5 MHz，跳频的速率也增加到了 75 跳/s，其数据峰值也高达 10 Mbit/s，接近 IEEE 802.11b 标准的 11 Mbit/s，能基本满足未来家庭宽带通信的需要。就短距离无线连接技术而言，Home RF 通常被视为"蓝牙"和 IEEE 802.11 协议的主要竞争对手，它们之间的技术性能参数比较如表 8-1 所示。

表 8-1 无线连接技术性能参数比较

无线连接技术	最大数据速率	范 围	成 本	话音网络支持	数据网络支持
IEEE 802.11b	11 Mbit/s	50 m	适中	IP	TCP/IP
蓝牙	1 Mbit/s	<10 m	适中	IP 和蜂窝技术	PPP
Home RF	10 Mbit/s	50 m	适中	IP 和 PSTN	TCP/IP

8.8 连 通 测 试

Ping 命令经常用来对 TCP/IP 网络的连通性进行诊断。Ping 命令通过向计算机发送一个 ICMP 报文信息，并监听该报文的返回情况，以校验与远程计算机或本地计算机的通信是否正常。对于每个发送报文，返回时间越短，"Request time out"出现的次数越少，则意味着与此计算机的连接稳定且速度快。Ping 每次等待 1s 打印发送和接收报文的数量，并比较每个接收报文和发送报文。如果返回的报文和发送的报文一致，则说明 Ping 命令成功；若在指定时间内没有收到应答报文，则 Ping 就认为该计算机不可达，然后显示"Request time out"信息。默认情况下，远程计算机每次发送 4 个应答报文，每个报文包含 32 字节的数据。

通过对 Ping 的数据进行分析，就能判断出计算机是否开启，网络是否存在配置、物理故障，或者这个报文从发送到返回需要多少时间。有时我们也可以使用 Ping 来测试域名地址和 IP 地址间的映射是否正常，如果能够成功校验 IP 地址却不能成功校验域名地址，则说明域名解析存在问题。

下面，我们通过一个具体的实例来介绍如何使用 Ping 命令测试用户计算机与 Internet 连接的情况。

步骤 1：进行"循环测试"。可以验证网卡的硬件与 TCP/IP 驱动程序是否可以正常地收发 TCP/IP 数据包。请输入"ping 127.0.0.1"命令，如果正常的话，会出现如图 8-8 所示的画面。

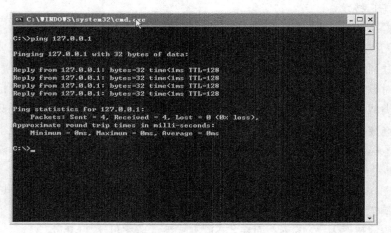

图 8-8 Ping 127.0.0.1 的画面

步骤 2：使用 Ping 命令访问本机的 IP 地址（假设本机 IP 地址为 192.168.1.3），以检查该 IP 地址是否与其他计算机的 IP 地址发生冲突。如果没有冲突，则应该出现如图 8-9 所示的画面。

如果网络中的其他计算机已经使用了这个 IP 地址，则再使用 Ping 命令访问这个地址时，会出现如图 8-10 所示的画面。

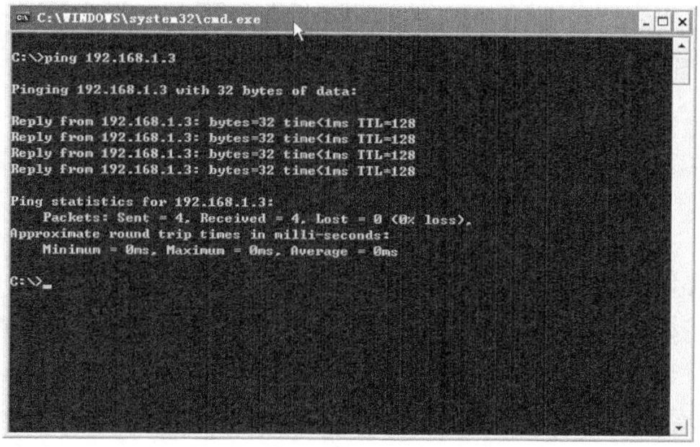

图 8-9　IP 地址没有发生冲突的画面

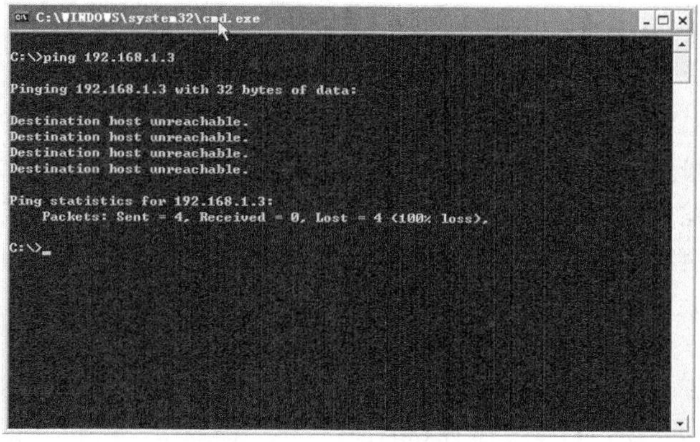

图 8-10　IP 地址发生冲突的画面

步骤 3：使用 Ping 命令访问同一个网络中的其他计算机的 IP 地址，以便检查用户的计算机是否能够与同一个网络内的其他计算机进行通信。建议使用 Ping 命令访问默认网关的 IP 地址，因为这可以同时确认默认网关是否正常工作。如果正常，则能够出现如图 8-9 所示的画面。

步骤 4：使用 Ping 命令访问 Internet 中的其他计算机（如 sina 网站服务器），如果能够正常通信，则可以出现如图 8-11 所示的画面。这里假设用户已经正确地配置了默认网关和 DNS 服务器。

图 8-11　Ping 新浪服务器的画面

计算机网络技术基础（第 2 版）

事实上，只要步骤 4 成功，步骤 1～3 就都可以省略。但是如果步骤 4 失败，就必须从步骤 3 返回，依次序对前面的步骤进行测试，以便找出问题所在。

小　结

（1）互联网服务提供商（Internet Service Provider，ISP）是用户接入 Internet 的入口点，它可以为用户提供 Internet 接入服务和各类信息服务，而且还可以为申请接入 Internet 的用户计算机分配 IP 地址。ISP 的好坏将直接影响用户的上网连接质量。

（2）目前，Internet 的接入方式主要有以下两类：有线传输接入和无线传输接入。其中，有线接入包括基于传统 PSTN（公用电话网）的拨号接入、局域网接入、ADSL 接入以及基于有线电视网的 Cable Modem 接入等；而无线接入则囊括了 CDMA、GPRS、Blue Tooth 等众多的无线接入技术。在不久的将来，无线接入方式必将和有线接入方式一样成为人们上网的首选之一。

（3）前几年里，采用 SLIP/PPP 拨号访问 Internet 是个人主机上网的一种常用方式。SLIP 和 PPP 是在串行线路上实现 TCP/IP 连接的两个标准协议，目前一般都采用 PPP 方式访问 Internet。调制解调器是单机拨号上网不可缺少的硬件设备，其功能主要是实现数字信号和模拟信号间的转换以及硬件纠错、压缩等。

（4）利用以太网资源，在以太网上运行 PPP 来进行用户认证接入的方式称为 PPPoE。PPPoE 既保护了用户方的以太网资源，又完成了 ADSL 的接入要求，是目前 ADSL 接入方式中应用最广泛的技术标准。

（5）通过专线接入 Internet 是局域网用户上网的一种常见方式，如 DDN、ISDN、X.25、帧中继等，其特点是速度快，用户可享受所有 Internet 业务，但通信线路的租借费用较高。

（6）非对称数字用户线（Asymmetric Digital Subscriber Line，ADSL）是一种通过标准双绞电话线给家庭、办公室用户提供宽带数据服务的广域网接入技术，它可在同一对用户双绞电话线上为大众用户提供各种宽带的数据业务，当今使用非常广泛。ADSL 的安装和使用十分简单，它的主要特点有：能够在普通电话线上高速传输数据；可以与电话机共存于一条电话线，且打电话与数据服务互不干扰；提供了多种灵活的接入方式等。

（7）电缆调制解调器（Cable Modem）是一种利用有线电视网（CATV）来提供数据传输的广域网接入技术，它充分发挥了有线电视网同轴电缆的宽带优势，利用一条电视信道就可以实现数据的高速传输。Cable Modem 技术具有广泛的应用前景，因为它具有以下一些特点：传输速率快、距离远、费用低；具有较强的抗干扰能力；安装、使用简单；接入 Internet 的过程可在瞬间完成，不需要拨号和登录等。

（8）WAP 无线应用协议是一个用于向无线终端进行智能化信息传递的无须授权、不依赖平台的、全球化的开放标准，它定义了无线通信设备在访问 Internet 业务时必须要遵循的标准和规范。WAP 支持当前最流行的嵌入式操作系统以及各类包括移动电话、掌上电脑、PDA 等在内的无线手持数字设备。

（9）当今社会，无线网络已经成为人们生活中的一部分，它与 Internet 的结合更是具有广阔的发展前景。虽然现在无线网络技术仍处于不成熟阶段，还有很多技术问题需要进一步解决，但可以肯定的是，在不久的将来，无线 Internet 接入技术必将和有线接入方式一样深入到千家万户。当前，国内、国际上流行的一些无线接入技术包括 GSM、CDMA、GPRS、卫星接入技术、无线光系

170

统、蓝牙技术以及 Home RF 技术等，它们在技术特点上各有优劣，用户可根据实际需要加以选择。

习　题　8

一、填空题

1. ISP 一般具有 3 个方面的功能，分别是＿＿＿＿＿＿＿＿＿、＿＿＿＿＿＿＿＿＿＿＿＿＿＿＿＿＿和＿＿＿＿＿＿＿＿＿＿＿＿＿。

2. 接入到 Internet 的主要方式有＿＿＿＿＿＿＿＿＿、＿＿＿＿＿＿＿＿＿、＿＿＿＿＿＿＿＿＿、＿＿＿＿＿＿＿＿＿和无线接入等。

3. Socket，中文名为"套接字"，原是 UNIX 环境下的一种通信机制，它是在 TCP/IP 应用程序和底层的通信驱动程序之间运行的＿＿＿＿＿＿＿＿＿。

4. Modem 的基本功能包括＿＿＿＿＿＿＿＿＿和＿＿＿＿＿＿＿＿＿。

5. ADSL 的中文全称是＿＿＿＿＿＿＿＿＿。

6. 根据接入网室外传输设施中是否含有源设备，光纤接入网可分为＿＿＿＿＿＿＿＿＿和＿＿＿＿＿＿＿＿＿。

7. 光纤接入网具有＿＿＿＿＿＿＿＿＿、＿＿＿＿＿＿＿＿＿、＿＿＿＿＿＿＿和＿＿＿＿＿＿＿等优点。

8. ＿＿＿＿＿＿＿＿＿是一个用于向无线终端进行智能化信息传递的无须授权、不依赖平台的、全球化的开放标准，它定义了无线通信设备在访问 Internet 业务时必须要遵循的标准和规范。

9. "蓝牙"技术的标准是＿＿＿＿＿＿＿＿＿，带宽为＿＿＿＿＿＿＿＿＿。

10. ＿＿＿＿＿＿＿＿＿命令经常用来对 TCP/IP 网络的连通性进行诊断，它通过向计算机发送一个 ICMP 报文信息，并监听该报文的返回情况，以校验与远程计算机或本地计算机的通信是否正常。

11. ＿＿＿＿＿＿＿＿＿命令可查看本机的网络连接状态。

二、问答题

1. 比较 SLIP 和 PPP 协议的特点。

2. 局域网接入 Internet 的设备是什么？画出局域网通过 DDN 接入 Internet 的结构图。

3. 什么是 ADSL？使用普通 Modem 或 ADSL 接入 Internet 的区别是什么？

4. WAP 协议栈分为哪几层？各层分别具有什么作用？

5. 什么是无线接入技术？它主要应用在什么情况下？

6. 当今流行的无线接入技术有哪些？各有什么特点？

7. 试阐述使用 Ping 命令测试用户计算机与 Internet 连接情况的基本步骤。

8. 一个网络的 DNS 服务器 IP 为 10.62.64.5，网关为 10.62.64.253。在该网络的外部有一台主机，IP 为 166.111.4.100，域名为 www.tsinghua.edu.cn。现在该网络内部安装一台主机，网卡 IP 是 10.62.64.179。请使用 Ping 命令来验证网络状态，并根据结果分析情况。

（1）网络适配器（网卡）是否正常工作？

（2）网络线路是否正确？

（3）网络 DNS 是否正确？

（4）网络网关是否正确？

9. 试述查找网卡物理地址的基本方法。

第9章
Internet 的应用

21 世纪是一个计算机与网络的时代。在这个时代中，信息及信息的交流、获取和利用将成为个人成长与社会发展、经济增长和社会进步的基本要素。因此，每一个希望在这个时代有所作为的人都应该学习、掌握和使用 Internet 应用中的各种技巧和方法。这对每个人来说，既是一种机遇，也是一种挑战。

本章主要讨论 Internet 在当今社会和家庭中应用的各个方面。首先介绍 Internet 应用于家庭用户，包括家庭用户如何连入 Internet，如何利用浏览器来浏览网页以及家庭娱乐等；然后阐述 Internet 在电子商务中的应用，包括电子商务的内容、特点及工作模式等；最后简要叙述 Internet 带来的社会问题以及 Internet 的应用发展趋势与研究热点等问题。本章的实践性很强，着重体现了对 Internet 的应用操作和对动手能力的培养。学好本章将为进一步增强 Internet 的应用实践能力奠定良好的基础。

本章的学习目标：

- 掌握家庭用户连入 Internet 的两种主要方式。
- 熟练掌握浏览器的使用方法和技巧。
- 了解 Internet 在电子商务中的应用。
- 了解 Internet 所带来的一系列社会问题。
- 了解 Internet 的应用发展趋势和发展热点。

9.1 Internet 应用于家庭

9.1.1 家庭用户连入 Internet

家庭用户连入 Internet 可以采用电话拨号连接和 ADSL 宽带连接两种方式。

1. 电话拨号连入 Internet

联网过程包括完成安装 Modem 和建立拨号连接两方面。

（1）安装 Modem。买一块内置 Modem 卡，打开机盖，将 Modem 卡插在主板白色的 PCI 插槽内即可，注意一定要完全插入并用螺丝固定。

Modem 卡的挡板上一般有 4 个插孔，两个方形和两个圆形。方形插孔都是用来插电话线的，一个是输入端口，一个是输出端口。家里的电话线插在输入端口，输出端口接一根电话线到电话机，这样电话即使在不开机的情况下也能照样使用，不过在上网的时候就不能用了。两个圆形插孔是接耳机和麦克风的，是实现语音通话的装备。但是一般这两个接口都用不着，因为用 Modem 上网的网速较慢，通话效果不是很理想。盖上机箱后开机，系统会自动提示"发现新硬件，是否搜索驱动程序"，此时把 Modem 的安装程序光盘放进光驱，让系统在光盘里自动搜寻，片刻就能装好驱动程序，这样 Modem 就安装完成了。

（2）建立拨号连接。以 Windows 10 操作系统为例，介绍拨号连接的建立过程。

① 依次选择"开始""控制面板""网络和 Internet""网络和共享中心"选项，打开"查看基本网络信息并设置连接"对话框，如图 9-1 所示，单击"设置新的连接或网络"选项。

图 9-1　"查看基本网络信息并设置连接"对话框

② 选中"连接到 Internet"选项，如图 9-2 所示，单击"下一步"按钮。

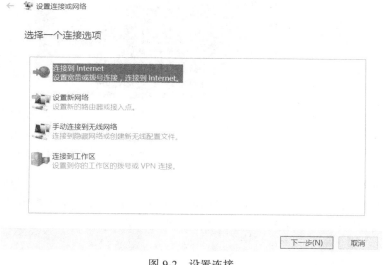

图 9-2　设置连接

③ 单击"拨号"选项，如图 9-3 所示。

④ 在"拨打电话号码"文本框中输入"16300"，然后在"用户名""密码"文本框中都输入"16300"，如图 9-4 所示，单击"创建"按钮。

⑥ 此时会弹出一个"连接拨号连接"对话框，如图 9-5 所示。单击"拨号"按钮，此时会听到 Modem 的叫声，屏幕会显示正在连接、正在核对用户名和密码之类的信息，稍候用户连接即可建立。这时就可以利用系统自带的 IE 浏览器上网了，系统默认的是打开微软公司的网站，如图 9-6 所示。

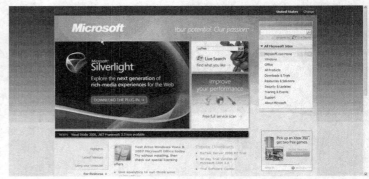

图 9-3　手动设置我的连接

图 9-4　设置拨号连接电话号码、用户名和密码

图 9-5　"拨号连接"对话框

图 9-6　微软的网站主页

2. 利用 ADSL 连入 Internet

首先，用户要向当地电信局申请 ADSL 服务，并注册合法的用户名和密码。然后，根据图 9-7 完成 ADSL 设备的安装，并进行软件设置，建立 ADSL 连接。

图 9-7　ADSL 设备安装示意图

（1）ADSL 设备安装。

① 安装网卡。安装网卡的方法和安装 Modem 卡的方法基本相同，也是将网卡插入主板的白

色 PCI 扩展插槽，然后安装网卡驱动程序。由于现在计算机中的部件越来越多，所以在网卡的安装中最容易出现的问题就是中断冲突，因此要注意调整避免冲突的发生。

②　安装滤波器。滤波器有 3 个接口，分别为电话信号输入（PHONE）、电话信号输出（LINE）和数据信号输出（Digital Subscriber Line，DSL）。输入端连接入户线，如果家里有分机，不能在分线器后面接入滤波器。电话信号输出接电话机，这样就可以在上网的同时进行通话。

③　安装 ADSL Modem。当前市面上的 ADSL 宽带 Modem 主要分为以太网接口和 USB 接口两种。USB 接口类型的 ADSL Modem 不需要网卡，安装和使用都很方便。但在家庭中使用最普遍的还是带以太网接口的 ADSL Modem。其安装方法为：接上电源后，首先将数据信号输出接到 ADSL Modem 的电话 LINK 端口，当正确连接时，其面板上面的电话 LINK 指示灯会亮；然后用交叉双绞线将 ADSL Modem 和网卡连接起来，一端接到网卡的 RJ-45 端口上，另一端接到 ADSL Modem 的以太网（Ethernet）端口上，当 ADSL Modem 面板的 Ethernet 指示灯也亮了时就说明其正常工作了。

（2）建立宽带连接。ADSL 接入 Internet 的方式分为专线接入和虚拟拨号两种方式。专线接入方式如同局域网操作，一般提供静态 IP 地址，无须拨号，打开计算机即可接入 Internet。虚拟拨号方式是指 ADSL 接入时，要输入用户名和密码，但并不是真的去拨号，只是模拟虚拟拨号过程。虚拟拨号使用 PPPoE 协议，我们需要在 Windows 10 中建立一个 ADSL 宽带连接。

在 Windows 10 中建立 ADSL 宽带连接的方法与建立一个电话拨号连接非常相似，不同就是在图 9-3 所示窗口中选择"宽带（PPPoE）"，然后在图 9-8 所示的对话框中输入在电信局合法注册的用户名和密码即可。最后显示宽带连接对话框，如图 9-9 所示，单击"确定"按钮即可。

图 9-8　输入用户名和密码

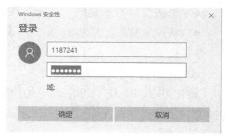

图 9-9　宽带连接

9.1.2　使用浏览器浏览 Internet

1. 浏览器概述

目前市场上的网络浏览器可以说是硝烟四起，竞争激烈，都想在 Internet 这一全球最大的网络资源市场上占有一席之地。知名的浏览器软件有微软 IE 浏览器、谷歌 Chrome 浏览器、360 浏览器、火狐浏览器以及 Opera 等。任何一款好的浏览器都应具有以下一些基本特点。

● 　对文本和图形的显示速度快。

● 　支持超文本标识语言的增强功能，并同时支持 Java 等功能。

- 集成 Internet 上的所有服务功能，包括远程电子邮件、文件传输、远程登录、超文本传输协议以及新闻组和查寻检索等。
- 具有广泛的搜索功能，让用户跟着软件的指引搜遍网络世界的所有资源。
- 友好易用的操作界面。

在这样的一种搜索环境下，用户不需要具备太多的网络知识。复杂的网络系统变成了一个黑箱，技术隐藏在后台，前台为用户提供种种方便。对于没有太多计算机专业知识和网络经验的用户，一个好的浏览器就是探索网络世界最理想的工具。

Microsoft Internet Explorer（简称 IE）是基于 World Wide Web 的网络浏览客户端软件，当用户通过拨号或专线方式连入 Internet 后，运行 IE 浏览器就可以进行 WWW 浏览，并在 IE 浏览器提供的菜单、选项按钮指引下，实现对 Internet 资源的调用。本节主要针对 Microsoft IE 11.0 浏览器的使用进行详细的介绍。

2. IE 浏览器的打开及关闭

要使用 IE 浏览器浏览网页，用户应首先知道如何打开 IE 浏览器，然后又如何关闭浏览器。

（1）打开 IE 浏览器。要打开 IE 11.0 浏览器窗口，可执行以下任意一种操作。

- 双击桌面上的 Internet Explorer 图标，如图 9-10 所示。
- 单击快速启动栏中的 Internet Explorer 浏览器按钮，如图 9-11 所示。

图 9-10　双击图标

图 9-11　快速启动栏

- 单击"开始"按钮，从"开始"菜单中选择"所有程序"选项，再从"所有程序"菜单中选择"Internet Explorer"选项。

（2）关闭 IE 浏览器。要关闭 IE 11.0 浏览器，只需在浏览器窗口执行下面任意一种操作即可。

- 单击窗口右上角的"关闭"按钮。
- 从"文件"菜单中选择"关闭"选项。
- 按"Alt+F4"组合键。

3. 使用 IE 浏览器浏览网页

相比 IE 10.0，IE 11.0 启动更加快捷、迅速、节能，优化了触摸性能，并拥有更短的页面载入时间，被称为"身临其境"的浏览（Immersive Browsing）。同时，IE 11.0 还提供搜索、记忆、收藏、分享等功能。

（1）如何搜索网址。要使用 IE 浏览器浏览网页，首先应该知道该网页的网址（Uniform Resource Locator,URL），但是如何知道自己所需浏览网页的网址呢？用户既可以从报纸、杂志中得到，也可以从电视、朋友那里得到。但是这部分网址是极为有限的，并且根本满足不了用户的需要。用户可以使用搜索引擎，只需提供一些搜索关键字，就能通过搜索引擎找 到与关键字相关的站点。

使用搜索引擎最简单的方法是在 IE 浏览器的窗口中单击标准工具栏上的"搜索"按钮，此时在"浏览器"上边的地址框里直接输入想要查找的网页，如图 9-12 所示。如"NBA"，然后单击放大镜按钮，搜索引擎就可以根据所提供的关键字查找符合条件的站点，查找出来之后将分批发送到浏览器上，并将结果显示在页面里。这时，用户只需单击某一链接即可打开指定的页面，从而查看是否有自己感兴趣的内容，如图 9-13 所示。值得注意的是，用户既可以设置 IE 11.0 浏览器的新页面是新的选项，也可以设置成重新弹出一个页面，这完全取决于个人喜好。

图 9-12　单击“搜索”按钮后的窗口显示

图 9-13　将网页内容显示在新的选项卡中

用户除单击标准按钮工具栏上的“搜索”按钮查找站点外，还可以在地址栏中输入表 9-1 中所示的网址来使用不同的搜索引擎。

表 9-1　　　　　　　　　　　　　　　　搜索引擎

搜索引擎	网址
谷歌搜索引擎	www.google.cn
百度搜索引擎	www.baidu.com
腾讯搜搜搜索引擎	www.soso.com
搜狗搜索引擎	www.sogou.com

（2）如何打开网页。当用户确定了浏览目标并有相应的网址后，就可以按下述方法中的任意一种来浏览网页。

- 单击搜索引擎中所检索到的包含某个关键字的网页链接。
- 在地址栏中输入网页地址，然后按回车键，IE 11.0 便会自动寻找相应的站点并装载对应的内容。

在地址栏中输入地址时，IE 11.0 提供了"自动完成"的功能，"自动完成"功能根据以前的历史记录预测用户在 URL 地址栏中将要输入的地址名称，并将预测的结果显示在下拉列表中。如果列表中的建议符合要在字段中输入的值，则选择该建议项。如果不符合，则继续输入。

- 单击地址栏右边的下三角按钮，从下拉列表中选择访问过的网址。
- 在"文件"菜单中选择"打开"选项，弹出"打开"对话框，在其中输入网页地址，然后单击"确定"按钮。

值得一提的是，在 IE 11.0 中，用户不需要像以前那样重复地单击"前进"或"后退"按钮来返回最近访问过的网页。用户可以单击"前进"或"后退"按钮旁边的箭头或右击"前进"或"后退"按钮，便会弹出一个下拉菜单，从中选择一个最近曾经访问过的页面，便可返回到指定的页面。

（3）如何关闭网页中的多媒体信息。Internet 网络资源中拥有丰富多彩的图片、声音及视频文件，使网页更加美观，更具吸引力。但是这些多媒体文件都相当庞大，在下载网页的时候会消耗大量时间。如果只想浏览网页中的文字，就可以将浏览多媒体的功能关闭，只下载文字部分，这样浏览的速度会大大提高。

关闭浏览器多媒体功能的步骤如下。

① 从"工具"菜单中选择"Internet 选项"选项，弹出"Internet 选项"对话框，如图 9-14 所示。
② 选择"高级"选项卡，界面如图 9-15 所示。

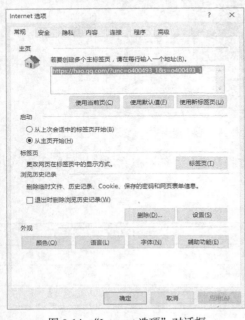

图 9-14 "Internet 选项"对话框

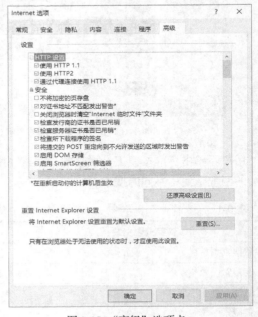

图 9-15 "高级"选项卡

③ 在"高级"选项卡的"设置"列表框中找到"多媒体"项，将"播放网页中的动画""播放网页中的声音""播放网页中的视频"及"显示图片"复选框的选中标记都去掉。

④ 单击"确定"按钮。这样，每次打开网页时，只会显示网页的文字部分，不会显示网页的多媒体部分，从而提高网页的下载速度。

（4）如何自定义主页。每次启动 IE 11.0 或单击标准按钮工具栏上的"主页"按钮时，IE 11.0 都会自动打开一个页面，该页面就是 IE 11.0 的主页。可以任意改变该主页，使每次启动 IE 11.0 或单击工具栏上的"主页"按钮后都打开的是自己喜爱的或常用的页面。改变主页的方法如下。

① 从"工具"菜单中选择"Internet 选项"选项，弹出"Internet 选项"对话框，如图 9-14 所示。

② 在"常规"选项卡的"主页"区域设置每次打开的主页，既可以在地址栏中手动输入主页的网址，也可以使用地址栏下面的 3 个按钮来进行设置，3 个按钮的功能分别如下。

● 使用当前页：单击此按钮将当前打开的网页设置为主页。

● 使用默认页：单击此按钮使用第一次安装 IE 11.0 时所设置的主页，即恢复到 IE 11.0 的初始设置。

● 使用空白页：单击此按钮将空的 HTML 页指定为主页。

（5）如何将喜爱的站点地址添加到收藏夹。IE 11.0 可以帮助用户将喜爱的站点添加到收藏夹中，通过收藏夹可以便捷地访问所喜爱的站点，方法如下。

① 在 IE 浏览器中打开要向收藏夹中添加的 Web 站点，然后从"收藏"菜单中选择"添加到收藏夹"选项，或者在具有超链接的文本或图片上右击，选择"添加到收藏夹"命令，将弹出如图 9-16 所示的对话框。

② 在"名称"文本框中输入名称，如"百度"，或使用默认的名称。

图 9-16　"添加收藏"对话框

③ 在默认情况下，IE 将该站点保存在收藏夹的根目录中，用户可以改变其保存位置。例如，要将站点保存到收藏夹目录的"软件下载"文件夹中，此时，用户可以单击"收藏夹"右边的三角符号，选择下面已建好的文件夹并保存。如果没有目标文件夹，单击"新建文件夹"按钮，在"文件夹名"文本框中输入"软件下载"，然后单击"添加"按钮，添加成功后退出。

另外，如果是经常使用到的网址，为了便于快速访问，可以把网址直接保存在 IE 浏览器的选项卡中。只要进入到需要保存的网址，单击地址栏下方选项卡中的 ☆ 图标，那么该网址就直接保存在了选项卡中，以后要访问该网址直接单击便可进入。此方法可重复操作。

例如，保存"百度一下"和"新浪微博"两个网址，如图 9-17 所示。

图 9-17　快捷收藏网址

（6）如何保存网页文件和图片。在 Internet 上具有丰富的信息资源，并且提供了各式各样可以下载的文件，通过 IE 11.0 可以将这些文件下载到用户的本地计算机硬盘上，方法如下。

① 打开要保存到本地硬盘的页面。

② 从"文件"菜单中选择"另存为"选项，弹出"保存网页"对话框，指定该网页的保存路径、保存的文件类型、保存到本地的文件名后，单击"保存"按钮，如图 9-18 所示。

也可以只保存 Internet 上的图像，方法如下。

① 打开相应的 Internet 网页。

② 在要保存的图片上右击，在弹出的快捷菜单中选择"图片另存为"选项，弹出"保存图片"对话框，如图 9-19 所示。

图 9-18　"保存网页"对话框

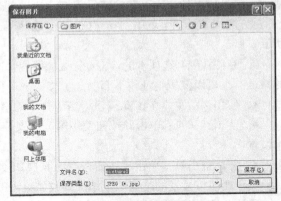

图 9-19　"保存图片"对话框

③ 在"保存图片"对话框中选择保存文件的位置，并为图片文件命名，然后单击"保存"按钮。

（7）如何屏蔽不良信息的 PICS 分级系统。Internet 上的信息内容丰富繁杂，其中不乏一些不健康的信息，Internet 提供的各种信息并不是对每一位浏览者都适合的。IE 11.0 支持 PICS（Platform for Internet Content Selection）标准，该标准用于定义 Internet 信息内容的分级，以控制浏览者对分级站点的访问。IE 11.0 提供了一套"分级审查"机制，该机制可帮助家长或企业的管理者控制通过计算机可以访问的 Internet 信息内容的类型。一旦设置了分级审查功能后，只有符合分级标准的内容才能显示出来。

要设置分级审查功能，可按照以下步骤操作。

① 从"工具"菜单中选择"Internet 选项"选项，弹出"Internet 选项"对话框，选择"内容"选项卡，如图 9-20 所示。

② 单击"分级审查"区域中的"启用"按钮，打开如图 9-21 所示的"内容审查程序"对话框，分级审查定义了 4 个方面的等级类别：暴力、裸体、性和语言，用户要分别进行设置。例如，选中"语言"类别，然后调整下面的语言等级滑块，其等级范围为 0～4。

图 9-20　"内容"选项卡

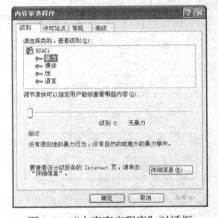

图 9-21　"内容审查程序"对话框

③ 全部设置好后单击"确定"按钮，弹出"创建监督人密码"对话框，如图 9-22 所示。为了其他人修改分级审查的内容，需要用户输入监督人的密码并加以确认。

④ 输入密码后，单击"确定"按钮，弹出如图 9-23 所示的对话框，单击"确定"按钮即可。

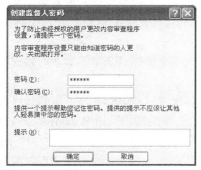

图 9-22　"创建监督人密码"对话框　　　　　　图 9-23　分级审查的提示对话框

经过分类审查后，浏览器在遇到超出所设定等级的 Web 页面后将不予显示，这在一定程度上防止了不良信息的进入。今后若要对分类等级进行调整，同样要求首先给出正确的口令，然后才能进入进行设置。

（8）如何清除临时文件。当用户浏览 Internet 上的页面后，IE 11.0 将该页保存在"Temporary Internet Files"文件夹中，以便脱机浏览和提高以后网页的浏览速度。可以清理这些临时文件以节省硬盘存储空间，清除该文件夹下面的临时文件的方法如下。

① 在"Internet 选项"对话框的"常规"菜单中单击"删除"按钮，弹出"删除浏览历史记录"对话框，如图 9-24 所示。选择你需要删除的信息内容，单击"删除"按钮即可。

② 单击"设置"按钮，打开"设置"对话框，还可以设置是否检查该文件夹中的页面版本以及临时文件夹占磁盘空间的大小等选项，如图 9-25 所示。

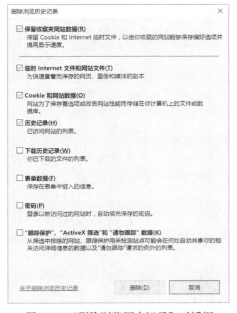

图 9-24　"删除浏览历史记录"对话框　　　　　　图 9-25　设置 Internet 临时文件

9.1.3 家庭娱乐

现在，世界各地的人们都越来越热衷于各式各样的娱乐活动。高科技也日益渗透到了人类传统的家庭娱乐之中，并且开辟了新的娱乐天地。事实上，Internet就是人类有史以来最大的家庭游乐园，各项娱乐应有尽有。

1. 网上电影

电影是Internet上最精彩的内容之一，用户可以通过访问一个电影站点来了解最新的影视动态，并且可以选择欣赏某些电影片段，甚至先睹"大片"风采。

网上电影文件一般有AVI、MOV、MPEG等格式，用户可以先将这些电影文件下载到自己的计算机硬盘中，再用特定的播放软件来观看。其中，AVI格式的文件是微软公司Windows下的电影文件格式，可以用Windows的媒体播放器来播放；MOV格式的文件可以用苹果公司的QuickTime软件播放；MPEG格式的文件则是标准电影文件格式，具有最大的压缩比，可以用现在流行的暴风影音等来播放。

观看网上电影是一种高科技休闲娱乐方式，虽然现在还存在不少问题，还不能完全满足用户的需要，但相信在不久的将来随着网络速度的进一步提高，在网上看电影会真正成为人们日常生活中一件十分平常的事情。

2. 网络游戏

网络游戏是计算机游戏一场革命性的巨变，游戏者不再孤独，可以通过各种各样的线路即时地连接在一起，彼此间发生多种多样的"交互式"关系，在虚拟的世界里扮演各种不同的角色。在游戏中，"玩家"可以扮演游戏中的一个角色与游戏中的其他人物发生各种关系，包括谈话、交易、打斗、学艺等，在完成各种任务的同时，不断提高自己的能力，以完成新的任务。玩家不仅可以扮演平时生活中的自己，也可以扮演和平时生活中完全相反的自己，在游戏中通过自己的努力建立一个虚拟世界，同时与所有在线玩家进行沟通交流，达到娱乐目的，并同时得到一种精神上的宣泄。

要玩网络游戏非常简单，一般通过以下几个步骤来实现。

（1）首先是取得客户端软件，然后将软件安装在玩家的计算机中。一般来说，大多数客户端软件都是免费的，收费的很少。

（2）玩家通过网上注册获取用户名和口令。

（3）在连接到Internet后，玩家就可以通过用户名和口令进入由游戏运营商架设的服务器支持的游戏界面，一展身手。

游戏过程中玩家的指令、信息会上传到服务器，服务器发指令调动本地客户端中的软件内容，进行游戏过程。任何一台安装了游戏客户端软件并与Internet连接的计算机都可以通过账户登录进入游戏，玩家以前游戏过程的信息都记录在服务器上不会丢失。

3. 网上聊天

当一个人独自面对计算机在Internet上浏览时，并不是一个孤单的"旅人"，因为每时每刻总有成千上万的人同时在网上浏览，可以同他们聊天、交谈，体验一下"网"内存知己，天涯若比邻的感觉。

为了让世界各地的人们足不出户就可以进行交谈，Internet为网民们提供了多种聊天方式。

（1）一对一的交谈方式。用户可以通过使用特定的软件（如微软公司的MSN和腾讯公司的QQ等）或者网页建立和某个同时在使用Internet的用户之间的直接联系，就像用电话线直接连接交谈的双方一样。

（2）聊天室的多人聊天方式。用户进入了一个聊天室，便可以主动和所有人交谈，也可以聆听其他人的交谈。另外，有些聊天室同时提供了两种服务，既可允许多人交谈也可进行一对一的交谈，供用户自行选择。

9.2 Internet 应用于电子商务

9.2.1 电子商务及其起源

1. 电子商务概述

电子商务源于英文 Electronic Commence，简写为 E-commerce。顾名思义，其内容包括两个方面：一是电子方式，二是商贸活动。电子商务是一种商务活动的新形式，是以现代信息技术手段（如数字化通信网络和计算机装置等为工具）进行商品交易的过程。

电子商务可以通过多种电子通信方式来完成。简单地说，可以通过电话或发传真的方式与客户进行商贸活动，但现在所说的电子商务主要是指以 EDI（Electronic Digital Interchange，电子数据交换）和 Internet 来实现商贸活动，尤其是随着 Internet 技术的日益成熟，电子商务真正的发展将建立在 Internet 技术的基础上。电子商务到现在已进入了第二代时期，即利用 Internet 进行全部的贸易活动，在网上可将信息流、商流、资金流和部分物流完整地实现，也就是说，商家从寻找客户开始，从洽谈、订货、在线（收）付款、开具电子发票一直到电子报关、电子纳税等，均可通过 Internet 一气呵成。

电子商务主要涵盖了 3 个方面的内容：一是政府贸易管理的电子化，即采用网络技术实现数据和资料的处理、传递和存储；二是企业级电子商务，即企业间利用计算机技术和网络技术实现和供应商、用户之间的商务活动；三是电子购物，即企业通过网络为个人提供的服务及商业行为。

总的来说，电子商务就是指利用电子网络进行的商务活动，利用一种前所未有的网络方式将顾客、销售商、供货商和雇员联系在一起。授权用户可以利用高速网络环境检索连网厂家的商品，在选中适当的商品后向生产厂家直接购买，并在测试满意后由网络经银行直接转账付款；或在未选中合适的商品时，通过网络和自己认为合适的厂家进行交流，将自己的需求告诉对方，并由厂家在要求的时间内加工生产后由网络直接转账付款。

2. 电子商务的起源和发展

电子商务是在信息时代中产生与发展起来的新生事物，带有鲜明的信息时代的烙印。随着 Internet 的不断发展与完善，人类进入信息化社会的步伐在深度与广度方面都大大加快。网络带给人类的好处不仅在于通过网络来了解与获得信息，还在于通过网络进行跨地区的远程通信、网上教学、网上医疗、远程企业管理以及各种商务活动。电子商务是把金融电子化、商业信息化与管理自动化结合起来的活动，并且将会对未来的商业、金融、贸易活动产生重要的影响，因此受到了包括企业家、金融家、政府官员、科学家在内的广大用户的重视，成为全球信息化浪潮中又一个新的浪潮。

电子商务最早产生于 20 世纪 60 年代，发展于 20 世纪 90 年代。1995 年上半年，美国、欧洲、日本开始实施电子商务计划。尤其是日本，仅 1993 年由政府补充预算拨款的经费就达到 100 亿日元，加上民间投资，日本当年在电子商务方面的投资就超过了 500 亿日元。由此可见，电子商务在发达国家中占据着重要的地位。有人甚至认为，电子商务将会成为 Internet 最重要和最广泛的应用。

总的来看，电子商务产生和发展的重要条件体现在以下几个方面。

（1）计算机的广泛应用。计算机的广泛应用以及计算机处理器的速度越来越快、功能越来越强、价格越来越便宜，这些都为电子商务的应用奠定了基础。

（2）网络的普及和成熟。由于 Internet 逐渐成为全球通信和贸易的媒体，每年全球上网用户人数呈几何级数增长，快捷、安全、低成本的特点为电子商务的发展提供了应用条件。

（3）信用卡的普及和应用。信用卡以其方便、快捷、安全的优点而成为人们消费支付的重要手段，并由此形成了完整的全球性信用卡计算机网络支付与结算系统，使"一卡在手、走遍全球"成为可能，同时也为电子商务中的网上支付提供了重要的手段。

（4）电子安全交易协议的制定。1997 年 5 月 31 日，由美国 VISA 和 Mastercard 国际组织等联合指定的 SETP（Secure Electronic Transfer Protocol，电子安全交易协议）发布，该协议得到了大多数厂商的认可和支持，同时也为网络上的电子商务提供了一个安全的环境。

（5）政府的支持和推动。欧盟在 1997 年发布了欧洲电子商务协议，美国随后也发布了"全球电子商务纲要"，电子商务逐渐受到了世界各国政府的高度重视，许多国家的政府开始尝试"网上采购"，这为电子商务的发展提供了有力的支持。

9.2.2 电子商务的特点

电子商务与传统商业方式相比，其优越性是显而易见的。企业不但可以通过网络直接接触成千上万的新用户，和他们进行交易，从根本上精简商业环节，降低运营成本，提高运营效率，增加企业利润，而且能随时与遍及各地的贸易伙伴进行交流合作，增强企业间的联合，提高产品竞争力。电子商务与传统商业方式相比，具有以下特点。

（1）精简流通环节。电子商务不需要批发商、专卖店和商场，客户通过网络直接从厂家订购产品。

（2）节省购物时间，增加客户的选择余地。电子商务通过网络为各种消费需求提供广泛的选择余地，可以使客户足不出户便能购买到满意的商品。

（3）加速资金流通。电子商务中的资金周转无需在银行以外的客户、批发商、商场等之间进行，而是直接通过网络在银行内部账户上进行，大大加快了资金周转速度，同时减少了商业纠纷。

（4）增强客户和厂商的交流。客户可以通过网络说明自己的需求，订购自己喜欢的产品，厂商则可以很快地了解用户的需求，避免生产上的浪费。

（5）刺激企业间的联合和竞争。企业之间可以通过网络了解对手的产品性能与价格以及销售量等信息，从而促进企业改造技术，提高产品竞争力。

9.2.3 电子商务的内容

电子商务是一个具有巨大发展潜力的市场，2000 年，全球电子商务交易量为 250 亿美元，2015 年这一数字猛增到了 8 000 亿美元。电子商务不仅使企业拥有一个商机无限的网络发展空间，还有助于提高企业的竞争力，并能为广大消费者提供更多的消费选择，使消费者得到更多的利益。电子商务的主要内容包括虚拟银行、网上购物和网络广告等。

（1）虚拟银行。虚拟银行是现代银行金融业的发展方向，指引着未来银行的发展。利用 Internet 这个开放式网络来开展银行业务具有广阔的前景，将导致一场深刻的银行业革命。在虚拟银行电子空间中，可以允许银行客户和金融客户根据需要随时到虚拟银行里漫游，并随时使用银行所提供的各种服务，包括信用卡网上购物、个人贷款、电子货币结算以及投资业务咨询等。

虚拟银行一方面可以使其服务成本迅速下降，争取到更多的顾客；另一方面使客户能够从虚拟银行获得方便、及时、高质量的服务，同时还能节省很多服务费。当前，建立网络银行最重要的是完善硬、软件设施以及相关技术标准和统一操作规范。

（2）网上购物。随着电子商务技术的发展和应用，网络购物将越来越普及，并逐渐成为一种新的生活时尚。网络购物利用先进的通信和计算机网络的三维图形技术把现实的各种商品搬到网上。用户足不出户便能像真的上街那样"逛商场"，方便、省时、省力地选购商品，而且订货不受时间限制，商家会送货上门。当然，用户也无需担心独自"逛街"的孤独，因为完全可以在网络的"大街"上约定或找到同行者，结伴购物，其乐无穷。目前在网上已开通了超市、书店、花市、计算机商城以及订票、订报、网上直销等多种服务。

（3）网络广告。对于机构和公司而言，利用 WWW 提供的多媒体平台来进行产品宣传非常具有诱惑力。网络广告可以根据更精细的个性差别来将顾客进行分类，并分别传送不同的广告信息。网络广告不像电视广告那样让用户被动地接受广告信息，而是让顾客主动浏览广告内容。未来的广告将利用最先进的虚拟现实界面设计达到身临其境的效果，给人们带来一种全新的感官体验。以汽车广告为例，用户可以打开汽车的车门进去看一看，还可以利用计算机提供的虚拟驾驶系统体验驾车的感觉。

9.3　Internet 应用所带来的社会问题

Internet 为人们提供了很多丰富有用的科研、文化、学术、综合等情报信息，但是，有一点不能忽视，那就是在带来文明与进步的同时也带来了污垢。

（1）黄色污染。全世界的男、女、老、少都很容易通过 Internet 接触网上的各种信息，而网络上有许多色情传播系统在传播着大量的黄色信息。目前，传播和使用色情信息在各个国家已经是一个十分严重的问题。例如，美国所成立的一个专门调查网络色情的小组曾经在 2003 年的一次调查中发现"美国电子网"中有 90 多万张黄色图片，而且这类信息每天被大量地复制保存到了用户的个人计算机中。另一个统计结果更发人深省：在 7 个星期中，只有 100 多万人接通和使用了一所大学的信息库，而有名的色情杂志《花花公子》的信息中心在一个星期中就被 470 万人使用。由此可见，黄色信息的污染问题日趋严重，带来的社会问题则更为严重。

（2）意识形态领域的渗透。使用 Internet 更多地是接收信息，这意味着我们将比以往更多地受到国外特别是西方媒体和信息的影响。美国和西方国家通过网络在政治和意识形态上的影响和渗透已经引起了亚洲及其发展中国家的高度重视。每个国家在政治、经济、文化等方面都保持相对的独立性和平等性，都有其自己的特点，是决不允许受到其他国家干涉的。西方资产阶级始终把意识形态领域的渗透作为颠覆和破坏社会主义国家的主要手段，这应当引起大家高度的重视和警惕。

（3）网络犯罪日益严重。由于 Internet 所崇尚的开放性和自由化，使网络的安全防范面临重重压力。有些计算机天才利用专业知识专门盗用他人电话号码、私人账号、信用卡密码，甚至危害国家安全。例如，英国一名网络黑客通过自己设计的软件探测到五角大楼计算机系统中的数百个用户名称、账号，包括弹道武器研究、战斗机研制方案等绝密资料。又如，美国联邦调查局抓获的一名犯罪分子，通过盗窃可移动电话公司的软件，给公司造成数百万美元的损失。可以说，凡是在网上的国家经济、政治等方面的绝密信息都有可能被泄密，这些问题已引起世界各国的普遍关注。

（4）信息的可靠性将降低。网络信息是自下而上的，每个 Internet 上的用户都可以自由地制造信息，向网络上成千上万的用户传输信息，而无须接受任何审查和核实。这样一来，大量虚假新闻及信息将充斥在网络中，无形中大大降低了网络信息的真实性和可靠性。

9.4 Internet 应用的发展趋势与研究热点

创新是 Internet 不变的主题，融合再创新是 Internet 不变的旋律。现在，在世界范围内 Internet 正在发生裂变，在这次巨大的变革浪潮中，新技术、新应用成为变化后沉积的成果。在整个发展过程中，一个个创业神话崛起于世界 Internet 的舞台上，一批批创业传奇人物前仆后继……今后的 Internet 会沿着一条怎样的轨道向前迈进？

（1）业务应用趋向人性化。未来的 Internet 产业将围绕"以人为本"的宗旨来发展，不管如何创新，其目的都是让用户获得更大的便利。基于 IP 网络的 P2P（Peer-to-Peer，对等）模式将是未来 Internet 运作的主流模式，当前任何一个运营商网络流量的 50%～70%已经是用户与用户之间的 P2P 传输。目前，在 Internet 上用 P2P 传输视频已经超过了 MP3，估计在未来 5～10 年里，P2P 模式将横扫 Internet 乃至通信业，其影响将会非常深远。在广播电视方面，今后大多数非实时的电视节目都存储在 Internet 上，用户可以非常方便地搜索收看，也可以共享各自的资源。因此从 Internet 资源上看，P2P 模式可以突破瓶颈，通过一个分布式的共享结构，在未来的文件共享、协同工作甚至移动通信方面发挥巨大作用。同时，P2P 模式将会不可避免地给 Internet 带来 QoS（服务质量）问题，由于以用户为核心而变得难以保证。如何把这种高性能的、最能反映 Internet 本质的东西与未来的应用结合起来是 Internet 产业今后面临的一大挑战。

另外，未来网站的经营模式也逐渐朝着"以人为本"的方式过渡。当前以生活娱乐内容为主的无线增值业务、网络游戏等都呈现出迅猛的增长势头，未来 Internet 用户的上网目的会从功能应用转向生活娱乐。10 年之后中国将有大约 4.5 亿年龄在 24 岁以下的 Internet 用户，这些用户最主要的需求是电子娱乐，而网站获得盈利的突破性应用也将来源于此。

（2）操作技术趋向简捷化。如同计算机操作系统从命令行到可视化界面的变革一样，"以人为本"的趋势要求 Internet 界面对于用户来说应充分体现"所见即所得"的简单快捷，减少使用 Internet 的复杂度。随着人们的需求趋向简单快捷，搜索技术也将会向简单化的方向发展，人们有理由获得更便捷、更先进的搜索方式。桌面搜索将会是未来的趋势，搜索将脱离浏览器，简化人们的操作步骤。也许再过几年，很少会有人再去登录百度、Google 之类的搜索引擎去搜索资源，绝大部分用户都将在桌面上直接进行搜索，因为浏览器跟搜索没有了任何关系，搜索将变得极其简单。如果用户发现一个内容，用鼠标单击就可以解决，则根本不用打开浏览器在地址栏里搜索。

（3）基础平台趋向融合化。在网络上承载的各种业务能力集合在一起称为融合。随着业务应用的多样化与用户需求的简单化之间的矛盾日益突出，一个能够融合多种应用的业务平台成为大势所趋，这种融合的实现不仅仅是在业务上，还要在基础设施和边缘行业上。

当前研究的首要热点问题是如何实现基础设施的融合。Internet 的基础设施、电信的基础设施如何更加有效地融合起来将是今后一段时间的热门话题。现在国际上已经有固定网络和移动网络融合的联盟，可以让移动用户的手机到了家里就可以连到家庭网络，变成宽带固定上网设备，这样既可以对空中的资源有效利用，又可以使固定运营商在整个业务链中得到应有的产业地位。在业务融合中如何在产业链上正确定位是第二个热点。从产业发展来看，在基于网络的业务体系上针对网络的特点应该有一个什么样的产业环境以及政府、资本、技术、经营、市场分别起到什么样的作用将是今后面临的又一大挑战。

（4）网站服务趋向多样化。网站是 Internet 企业的载体，也是企业赢利的主要来源。经历了十多年的风雨洗礼，Internet 从业者已经认识到，为了满足用户对 Internet 业务个性化的需求，网站的建设、运营不可能再仅仅靠追求"大而全"的门户模式，而要趋向门户与专业网站并重的多元化，以满足用户的个性化需求。未来门户网站的发展方向就是真正将"门户"定位成 Internet 的港口，用户不仅在门户网站中获得信息，更重要的是能通过门户网站的导航作用访问到整个 Internet 的信息海洋，获得所有能想象得到的服务。例如，现在国内最主要的行业门户网站慧聪网为超过 100 万的中国企业提供商情咨询服务，每天点击量超过 1 200 万次。其主要特征是：面向专业人士而非大多数人；网上网下相结合的搜集方式，信息披露度高；符合 B2B（商家对商家）的要求，网络、刊物、搜索引擎、综合服务相结合；不欢迎非商务人士访问；提高用户信任度，"来得勤，走得快"；行业商情搜索引擎追求精、准、快；交易方式上，复杂产品以企业自销为主……未来 Internet 中的专业网站将会越来越多，在满足用户个性化需求的同时，也将对企业运营乃至整个国民经济的发展发挥巨大的作用。

小　　结

（1）家庭用户连入 Internet 可以采用电话拨号连接和 ADSL 宽带连接两种方式。采用电话拨号连入 Internet 包括完成安装 Modem 和建立拨号连接两方面；采用 ADSL 宽带连入 Internet 包括 ADSL 设备（网卡、ADSL Modem 和滤波器）的安装和建立宽带连接两个方面。

（2）使用 IE 浏览器可以实现以下功能：浏览网页、关闭网页中的多媒体信息、自定义主页、添加喜爱站点到收藏夹、保存网页文件和图片、设置 PICS 分级以屏蔽不良信息、清除临时文件等。

（3）电子商务的内容包括两个方面：一是电子方式，二是商贸活动。电子商务是一种商务活动的新形式，是以现代信息技术手段进行商品交易的过程。

（4）电子商务的基本特点包括精简流通环节、节省购物时间、加速资金流通、增加客户和厂商的交流、刺激企业间的联合和竞争等，主要内容包括虚拟银行、网上购物、网络广告等方面。

（5）Internet 为人们提供了丰富、有用的科研、文化、学术、综合等情报信息，但是 Internet 在带来文明与进步的同时也带来了污垢，包括黄色污染、意识形态领域的渗透、网络犯罪的日益严重以及信息可靠性的降低等。

（6）Internet 今后的应用发展趋势包括业务应用趋向人性化、操作技术趋向简捷化、基础平台趋向融合化、网站服务趋向多样化等。

习　题　9

一、填空题

1. 域名地址和_____是一一对应的。
2. 客户机/服务器工作模式的优点包括_____、_____、_____和_____等方面。

3. 常见的无线局域网标准有_____、_____和_____3 种。

4. 将文件从 FTP 服务器传输到客户机的过程称为_____。

5. 在 Internet 中，提供任意两台计算机之间传输文件的协议是_____。

6. 利用 ADSL 宽带连入 Internet 所需的硬件设备包括_____、_____和_____。

7. 在客户机/服务器模式下，应用被分为前端_____和后端_____。_____运行在 PC 或工作站上，而_____可以运行在从 PC 到大型机等各种计算机上。

8. 电子商务的基本特点包括_____、_____、_____、_____、_____等。

二、单项选择题

1. 用户提出服务请求，网络将用户的请求传送到服务器，服务器执行用户的请求，完成所要求的操作并将结果送回给用户，这种工作模式称为_____。

    A. Client/Server   B. Peer-to-Peer   C. CSMA/CD 模式   D. Token Ring 模式

2. 在 Internet 上浏览信息时，WWW 浏览器和 WWW 服务器之间传输网页使用的协议是_____。

    A. IP   B. HTTP   C. FTP   D. Telnet

3. 以下关于 WWW 服务系统的描述中错误的是_____。

    A. WWW 服务系统采用客户/服务器工作模式

    B. WWW 服务系统通过 URL 定位系统中的资源

    C. WWW 服务系统使用的传输协议为 HTML

    D. WWW 服务系统中的资源以页面方式存储

4. 在 Internet 中，下列域名的书写方式正确的是_____。

    A. netlab→nankai→edu→cn   B. netlab.nankai.edu.cn

    C. netlab – nankai – edu – cn   D. 以上都不对

5. 在 Internet 电子邮件系统中，电子应用程序_____。

    A. 发送邮件和接收邮件通常都使用 SMTP 协议

    B. 发送邮件通常使用 SMTP 协议，而接收邮件通常使用 POP3 协议

    C. 发送邮件通常使用 POP3 协议，而接收邮件通常使用 SMTP 协议

    D. 发送邮件和接收邮件通常都使用 POP3 协议

6. 某 Ethernet 局域网已通过电话线接入 Internet。如果一个用户希望将自己的主机接入该 Ethernet，用于访问 Internet 上的 Web 站点，那么用户在这台主机上不必安装和配置_____。

    A. 调制解调器及其驱动程序   B. 以太网卡及其驱动程序

    C. TCP/IP   D. WWW 浏览器

7. 下列 URL 的表示中错误的是_____。

    A. http://netlab.nankai.edu.cn   B. ftp://netlab.nankai.edu.cn

    C. gopher://netlab.nankai.edu.cn   D. unix://netlab.nankai.edu.cn

8. 客户机/服务器简称 C/S 模式，属于以（1）_____为中心的网络计算模式，其工作过程是客户机（2）_____，服务器（3）_____，并（4）_____。客户机/服务器模式的主要优点是（5）_____。

    （1）A. 大型、小型机   B. 服务器

        C. 通信   D. 交换

    （2）A. 向服务器发送服务请求   B. 向服务器发送浏览查询请求

C.　向网络发送查询请求　　　　　　D.　在本机上发送自我请求

（3）A.　接收请求并告诉请求端再发一次

　　　 B.　接收请求，进入中断服务程序，打印本次请求内容

　　　 C.　接收请求并在服务器端执行所请求的服务

　　　 D.　将响应请求转回到请求端并执行

（4）A.　将执行结果在打印服务器上输出　　B.　将显示内容送回客户端

　　　 C.　将整个数据库内容送回客户端　　D.　将执行结果送回客户端

（5）A.　网络通信线路上只传送请求命令和执行结果，从而减轻通信压力

　　　 B.　网络通信线路上只传递数据，从而减轻通信开销

　　　 C.　数据的安全性得到保障

　　　 D.　数据的完整性得到保障

9.　IP 地址能够唯一地确定 Internet 上的每台计算机与每个用户的_____。

　　 A.　举例　　　　　　 B.　时间　　　　　　 C.　位置　　　　　　 D.　费用

10.　如果一个用户通过电话网将自己的主机接入因特网，以访问因特网上的 Web 站点，那么用户不需要在这台主机上安装和配置_____。

　　 A.　调制解调器　　　 B.　网卡　　　　 C.　TCP/IP 协议　　 D.　WWW 浏览器

三、问答题

1.　简述家庭用户接入 Internet 的基本方法和基本步骤。

2.　一个好的浏览器应具有哪几个特点？

3.　简述在 IE 11.0 中关闭浏览器加载图片的功能的步骤。

4.　如何在 IE 11.0 中保存图片到本地硬盘？

5.　列举 5 个搜索引擎的网址。

6.　简述组建无线局域网络的基本步骤。

7.　简述客户机/服务器工作模式的工作原理。

8.　谈谈自己对 Internet 应用所带来的社会问题的看法。

9.　结合最新的资料，谈谈对 Internet 应用发展趋势与研究热点的认识。

第 10 章
移动 IP 与下一代 Internet

下一代网络无疑意味着强大智能的通信终端、用之不竭的网络带宽、取之不尽的 IP 地址、随时随地的网络应用、实时可靠的服务品质、五花八门的商业模式……每当谈到下一代网络时，就会一次次在激奋后陷入沉思：无论是运营商、企业，还是个人，对下一代网络的期许和定义都充满了极大的张力和不确定性。下一代网络到底是什么？将为人们编制出一幅什么样的网络图景呢？

本章将首先介绍移动 IP 技术的基本概念和技术规范，然后详细介绍移动 IP 技术中的几个重要术语和移动 IP 协议的基本工作原理，最后简单介绍什么是第三代 Internet 以及中国下一代互联网的发展状况等。本章的知识较新，尚处于不断发展更新中，但本章所涉及的内容不多，并未覆盖网络发展的所有前沿领域，只是对某些新技术的概念有所提及。读者在学习本章的同时也可参阅一些最新的资料。

本章的学习目标如下。

- 理解移动 IP 技术和相关概念的基本含义。
- 理解和掌握移动 IP 协议的基本工作原理。
- 了解第三代 Internet 的基本概念。
- 了解中国下一代互联网的发展状况。

10.1　移动 IP 技术

10.1.1　移动 IP 技术的概念

随着移动计算机日益广泛的使用和人们对网络依赖性的增加，研究一种成熟的移动计算机接入技术已成为当务之急。如何让人们能够随时随地地访问 Internet，是当前 Internet 技术研究的一个热点，也是下一代真正的个人通信技术的目标。移动计算机用户也迫切地希望能与台式计算机用户一样接入 Internet，移动时可方便地建立或断开连接。例如，当某企业员工离开北京总公司，出差到上海分公司时，只要简单地将移动节点（如笔记本电脑或 PDA 设备）连接至上海分公司的网络上，那么用户就可以享受到跟在北京总公司里一样的所有操作。用户依旧能使用北京总公司的共享打印机，或者依旧可以访问北京总公司同事电脑里的共享文件及相关数据库资源。诸如此类的种种操作，让用户感觉不到自己身在外地，同事也感觉不到该用户已经出差到外地了。

移动 IP 技术从广义上讲，就是移动通信技术和 IP 技术的有机结合，即移动通信网和 Internet

的融合。但它不只是移动通信技术和 Internet 技术的简单叠加，而是一种深层融合，即对 IP 协议进行扩展，使其支持终端的移动性并拥有固定的 IP 地址，而且不论移动到什么地区或者通过什么方式连接到 Internet 上都是如此。简单说来，移动 IP 是一种计算机网络通信协议，它能够保证计算机在移动过程中，在不改变现有网络 IP 地址、不中断正在进行的网络通信及不中断正在执行的网络应用的情况下，实现对网络的不间断访问。

传统 IP 技术的主机使用固定的 IP 地址和 TCP 端口进行通信。在通信期间，它们的 IP 地址和 TCP 端口号必须保持不变，否则 IP 主机之间的通信将无法继续。而移动 IP 主机在通信期间可能需要在网络上移动，它的 IP 地址也许会经常发生变化。若依然采用传统方式，那么 IP 地址的变化将会导致通信中断。如何解决因节点的移动（即 IP 地址的变化）而导致通信中断是移动 IP 技术需要解决的首要问题。蜂窝移动电话提供了一个非常好的解决问题的先例，因此，解决移动 IP 问题的基本思路与处理蜂窝移动电话呼叫相似。它将使用漫游、位置登记、隧道技术、鉴权等技术，从而使移动节点使用固定不变的 IP 地址，一次登录即可实现在任意位置上保持与 IP 主机的单一链路层连接，使通信持续进行。

目前 IETF 正在开发一套用于移动 IP 的技术规范，主要包括以下内容。

- RFC 2002（IP 移动性支持）。
- RFC 2003（IP 内的 IP 封装）。
- RFC 2004（IP 内的最小封装）。
- RFC 2290（用于 PPP IPCP 的移动 IPv4 配置选项）。

10.1.2　与移动 IP 技术相关的几个重要术语

下面对移动 IP 技术中的一些常见术语进行简单的介绍。

1. 移动节点（Mobile Node）

移动节点是指从一个移动子网移到另一个移动子网的通信节点，如主机或路由器。

2. 移动代理（Mobility Agent）

移动代理又分为本地代理（Home Agent）和外地代理（Foreign Agent）两类。本地代理是本地网上的移动代理，实际上就是一个移动子网路由器，它是移动节点本地 IP 所属网络的代理，它至少有一个接口在本地网上。移动代理的主要任务是：当移动节点离开本地网，接入某一外地网时，截收发往该节点的数据包，并使用隧道技术将这些数据包转发到移动节点的转发节点。除此之外，本地代理还负责维护移动节点的当前位置信息。

外地代理位于移动节点当前连接的外地网上，它向已登记的移动节点提供选路服务。当使用外地代理转交地址时，外地代理负责拆分原始数据包的隧道封装，取出原始数据包，并将其转发到该移动节点。对于那些由移动节点发出的数据包而言，外地代理可作为已注册的移动节点的缺省路由器。

3. 移动 IP 地址

移动 IP 节点拥有两个 IP 地址。

第一个是本地地址（Home Address），这是用来识别端到端连接的静态地址，也是移动节点与本地网连接时使用的地址，不管移动节点移至网络何处，其本地地址保持不变。

第二个是转交地址（Care of Address），也即隧道终点地址。转交地址既可能是外地代理转交地址，也可能是驻留本地的转交地址。外地代理转交地址是外地代理的一个地址，移动节点利用它进行登记。在这种地址模式中，外地代理就是隧道的终点，它接收隧道数据包，拆分数据包的隧道封装，然后将原始数据包转发到移动节点。由于这种地址模式可使很多移动节点共享同一个转交地址，而且不对有限的 IPv4 地址空间提出不必要的要求，所以这种地址模式被优先使用。

转交地址是一个临时分配给移动节点的地址。它由外部获得（如通过 DHCP），移动节点将其与自身的一个网络接口相关联。当使用这种地址模式时，移动节点自身就是隧道的终点，执行解除隧道功能，取出原始数据包。一个驻留本地的转交地址仅能被一个移动节点使用。转交地址是仅供数据包选路使用的动态地址，也是移动节点与外区网连接时使用的临时地址。每当移动节点接入到一个新的网络，转交地址就发生变化。

4. 位置登记（Registration）

移动节点必须将其位置信息向其本地代理进行登记，以便被找到。在移动 IP 技术中，根据不同的网络连接方式，有两种不同的登记规程。

一种是通过外地代理登记。移动节点首先向外地代理发送登记请求报文，外地代理接收并处理登记请求报文，然后将报文中继到移动节点的本地代理。本地代理处理完登记请求报文后向外地代理发送登记答复报文（接受或拒绝登记请求），外地代理处理登记答复报文，并将其转发到移动节点。

另一种是直接向本地代理进行登记，即移动节点向其本地代理发送登记请求报文，本地代理处理后向移动节点发送登记答复报文（接受或拒绝登记请求）。登记请求和登记答复报文使用用户数据报协议（User Datagram Protocol，UDP）进行传送。

当移动节点收到来自其本地代理的代理通告报文时，它可判断其已返回到本地网络。此时，移动节点应向本地代理撤销登记。在撤销登记之前，移动节点应配置适用于其本地网络的路由表。

5. 代理发现（Agent Discovery）

为了随时随地与其他节点进行通信，移动节点必须首先找到一个移动代理。移动 IP 定义了两种发现移动代理的方法：一是被动发现，即移动节点等待本地代理周期性的广播代理通告报文；二是主动发现，即移动节点广播一条请求代理的报文。移动 IP 使用扩展的"ICMP Router Discovery"机制作为代理发现的主要机制。

使用以上任何一种方法都可使移动节点识别出移动代理并获得转交地址，从而获悉移动代理可提供的任何服务，并确定其连至本地网还是某一外地网上。使用代理发现可使移动节点检测到它何时从一个 IP 网络（或子网）漫游（或切换）到另一个 IP 网络（或子网）。

所有移动代理（不管其能否被链路层协议所发现）都应具备代理通告功能，并对代理请求做出响应。所有移动节点都必须具备代理请求功能，但是移动节点只有在没有收到移动代理的代理通告，并且无法通过链路层协议或其他方法获得转交地址的情况下，方可发送代理请求报文。

6. 隧道技术（Tunneling）

当移动节点在外地网上时，本地代理需要将原始数据包转发给已登记的外地代理。这时，本地代理使用 IP 隧道技术，将原始 IP 数据包封装在转发的 IP 数据包中，从而使原始 IP 数据包原封不动地转发到处于隧道终点的转交地址处。在转交地址处拆分数据包的隧道封装，从而取出原始数据包，并将原始数据包发送到移动节点。当转交地址为驻留本地的转交地址时，移动节点本身就是隧道的终点，它自身完成拆分数据包的隧道封装，取出原始数据包的工作。

RFC 2003 和 RFC 2004 中分别定义了两种利用隧道封装数据包的技术。在 RFC 2003 中规定，为了实现在 IP 数据包中封装作为有效载荷的原始 IP 数据包，需要在原始数据包的现有头标前插入一个外层 IP 头标，如图 10-1 所示。外层 IP 头标中的源地址和目的地址分别标识隧道的两个边界节点。内层 IP 头标（即原始 IP 头标）中的源地址和目的地址则分别标识原始数据包的发送节点和接收节点。由于内层 IP 头标在被传送到隧道出口节点期间将保持不变，从而使原始 IP 数据包原封不动地转发到处于隧道终点的转交地址。

图 10-1 RFC2003 IP 内的 IP 封装示意图　　　　图 10-2 RFC2004 IP 内的最小封装示意图

RFC 2004 中定义的是一种 IP 内的最小封装技术。该技术规定，数据包在封装之前是不能被分片的。因此，对移动 IP 技术来讲，最小封装技术是可选的。为了使用最小封装技术来封装数据包，移动 IP 技术需要在原始数据包经修改的 IP 头标和未修改的有效载荷之间插入最小转发头标，如图 10-2 所示。当拆分数据包时，隧道的出口节点将最小转发头标的字段保存到 IP 头标中，然后移走这个转发头标。

10.1.3　移动 IP 的工作原理

移动 IP 系统结构如图 10-3 所示。移动 IP 的工作原理主要分为以下步骤。

（1）移动代理（外地代理和本地代理）不停地向网上发送代理通告（Agent Advertisement），以声明自己的存在。

（2）移动节点分析收到的代理公告，确定自己是在本地网还是在外地网上。

（3）若移动节点检测到自己位于本地网上，即收到的是本地代理发来的消息，则不启动移动功能；如果节点是从注册的其他外地网返回本地网，则向本地代理发出撤销其外地网注册信息的请求，声明自己已回到本地网中。

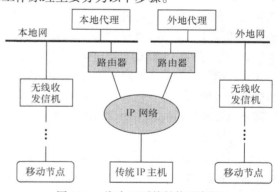

图 10-3　移动 IP 系统结构示意图

（4）当移动节点检测到自己已漫游到某一外地网时，它将获得该外地网上的一个转交地址。这个转交地址可能通过外地代理的通告获得，也可能通过外部分配机制获得（如 DHCP），即是移动节点在外地网暂时获得的新的 IP 地址。

（5）然后离开本地网的移动节点向本地代理登记其新的转交地址，另外它也可能借助于外地代理向本地代理进行注册。

（6）注册完毕后，所有发往移动节点的数据包被其本地代理接收。本地代理利用隧道技术封装该数据包，并将封装后的数据包发送到处于隧道终点的转交地址处。隧道终点（外地代理或移动节点本身）负责接收，拆分数据包的隧道封装，并最终传送到移动节点。这样，即使移动节点已由一个子网移到另一个子网，移动节点的数据传输仍能继续进行。

10.1.4　移动 IP 技术发展的 3 个阶段

移动 IP 技术的发展将分为 3 个阶段：首先是移动业务的 IP 化，之后是移动网络的分组化演进，最后是在第三代移动通信系统中实现全 IP 化。下面我们分别进行简要介绍。

（1）移动业务的 IP 化：在电路交换的移动通信网络中引入 IP 电话业务。IP 电话是一种新的电话业务，也是一种在 IP 网络中承载话音的新技术。话音数据在网络中依次进行压缩编码、打包分组、路由分配、存储交换和解压缩等变换处理后，能在 IP 网络上实现话音通信。由于 IP 电话的分组特性有效地利用了网络资源，降低了话音传输的成本，所以与传统电话相比有着不可比拟的优势。近几年，在固定网中的 IP 电话业务已经迅速崛起，基于成本上的考虑，在移动网络中引入 IP 电话业务也是颇有发展前景的新业务。在我国，在 GSM 移动网络中引入 IP 电话是用户关注的新业务，也是运营商需要解决的技术问题。

（2）移动网络的分组化：在 GSM 网络中引入 IP 分组数据业务——GPRS。GPRS 的诞生是移动通信网络向分组化发展的一个里程碑。GPRS 是一个从空中接口到地面接入网再到核心网络都分组化的数据通信网络。GPRS 的分组化实质，使得空中接口频谱利用率与地面接入网带宽利用率都得到极大的提高，同时还诞生了"按流量计费"这种更加合理的资费标准。这样，即使用户 24 小时都在线，但只有单击的时候才计费。

GPRS 的骨干网将借助于 IP 网络和 Internet 间的无缝连接。对用户来说，移动终端的使用使得寻常百姓能够以一种更为简单便捷、亲切易用和廉价实用的方式访问 Internet，更能为人们所接受。GPRS 的应用，必将进一步加快移动 Internet 应用的普及和推广。

（3）第三代移动通信系统中实现全 IP 化。第三代移动通信的发展是在固定网络向宽带电信级 IP 网络发展的大背景下进行的。第三代移动通信的核心网络将采用宽带 IP 网络。在此 IP 网上，承载着从实时话音、视频到 Web 浏览、电子商务等多种业务，是电信级的多业务统一网络。宽带的 IP 网络将是分层的：物理承载可以是 IP over DWDM、IP over SDH、IP over ATM 等多种方式；IP 协议是主导的网络路由与寻址协议；网络控制由 Call Server 服务器实现；而网上的各项业务则由众多的第三方智能业务提供商提供，从根本上实现了网络传输、网络控制和业务提供的分离。相对于传统网络，第三代移动网络在安全性、业务质量保证、新业务提供的便利性、业务种类的丰富性以及开放系统带来的广阔商业机会等方面都是占有较大优势的。

第三代移动网络发展的初期将继承现有移动网络的基础设施，如移动交换机（Mobile Switching Center/Visitor Location Register，MSC/VLR）、归属位置登记（Home Location Register，HLR）数据库等；电路型业务（如话音）、电路型多媒体业务将仍然由 MSC 网络承载。而分组数据业务将由 GSN 分组交换机承载，形成电路和分组两套网络并存的局面。但随着分组业务量的急剧增长和 IP 技术的完全成熟，所有的业务将会统一到 IP 网络，形成一个真正的综合业务网络。

10.2　第三代 Internet 与中国

10.2.1　什么是第三代 Internet

第三代 Internet 的提出已经有了一段时间，但很多人，甚至连有些 IT 业内人士对究竟什么是第三代 Internet 都没有一个清楚的概念。那么，到底什么是第三代 Internet 呢？首先我们要明白，第三代 Internet 并没有具体的标准，从第二代向第三代的发展是一场由新技术引发的、以"改变"和"融合"为主题的网络革新。其要"改变"的是 IT 业界、传统企业以及最终用户的观念；"融合"表示统一各种技术，它代表着移动通信网络与 Internet 的融合、传统经济与网络经济的融合以及 Internet 与社会、政治和文化的融合。第三代 Internet 的变化并不局限于 IT 业界与 Internet 用户。每个人、每个企业在现实生活和商业活动中，都会面对并感受到它的变化。

一般来说，企业在 Internet 上注册域名、建立网站，个人用户浏览阅读网站信息的时代称为第一代 Internet 时代。而当企业开始将部分业务转移到 Internet 上，个人用户除了利用网络获取信息外，还通过 Internet 进行一些与工作、生活有关的经济活动时，第二代 Internet 时代开始了。而第三代 Internet 则是指用户能够在高速、高度统一、开放的计算标准的支持下，通过无所不在的通信终端，随时随地通过个性化、人性化的界面和应用环境来使用 Internet。

从第三代 Internet 开始，企业对 Internet 的应用，也不再仅仅局限于宣传自己。企业将从信息化建设开始，走向网络化协作，使网络经济与传统经济融合为一体。同时，企业还需要改变经营理念，不再局限于可以给用户提供什么样的服务，而是要根据用户的需求来提供个性化服务。作为用户，将不再需要去考虑如何接入 Internet，考虑是宽带还是拨号，第三代 Internet 时代是一个永远在线的网络时代，用户可以随时、随地、随意地通过 Internet 获得需要的信息服务。

10.2.2　第三代 Internet 的主要特点

Internet 的更新换代是一个渐进的过程，虽然目前学术界对于什么是第三代 Internet 还存在着争议，但对其主要特征已达成如下共识。

（1）更大。"更大"是指采用 IPv6 协议的下一代 Internet 将具有更加巨大的地址空间，网络规模将更大，接入网络的终端种类和数量将更多，网络应用将更广泛。20 世纪 60 年代末，第一代 Internet 在美国率先启动，美国掌握着 IP 地址的绝对控制权。美国一个大学拥有的 IP 地址就相当于我国拥有的 IP 地址总和，中国的公众网因 IP 地址匮乏，被迫大量使用转换地址，网络的效益及安全受到了严重影响。IPv4 所能提供的 40 多亿个 IP 地址，目前已经分配了 90% 以上，地址枯竭的危机日益逼近。而 128 位的 IPv6 的地址，地址资源极其丰富，有人形容说：世界上每一粒沙子都可以分配一个地址。这意味着，未来的 IP 地址将可充分满足数字化生活的需要。

（2）更快。"更快"是指第三代 Internet 的传输速度及传输方式均有明显改变：一是速度更快；二是都是端到端的传输，效率更高。这与目前所谓宽带的概念有本质的区别。目前的宽带概念，更多地是指一种接入方式，如某小区有 1 000 户人家，每家都是 10 M 宽带接入，但接入小区的总带宽仅有 100 M，往往会发生拥塞，但在下一代 Internet 中，任何一个端到端的速度都可能会是 100 M 或更高。

（3）更安全与更可管理。"更安全与更可管理"是指 Internet 将会有更加严格的管理规范和管理手段。配合唯一确定的 IP 地址及源地址认证，可进行网络对象识别、身份认证和访问授权，并可对数据进行加密和保证数据的完整性。在确保网络畅通的同时，有效防范黑客、病毒的攻击，全面实现一个可信任的网络。

（4）更便捷。"更便捷"是指下一代 Internet 将真正实现数字化生活，可随时随地用任何一种方式高速上网，任何可能的东西都会成为网络化生活的一部分。

10.2.3　中国的下一代互联网

1. 中国下一代互联网的发展现状

从 1996 年起，发达国家就开始对互联网展开更深层次的研究，由美国政府主导的下一代互联网 NGI，以美国 100 多所大学和研究所组成的 Internet 2 等，随后，欧洲、日本等国也纷纷投入下一代互联网的研究。

中国从 1999 年开始，建立了 NSFCnet，这是中国最先研究下一代互联网的试验床，是中国下一代互联网研究的一个里程碑。

2002 年，我国 57 位院士上书国务院，呼吁建设"我国第二代互联网的学术性高速主干网"。

2003 年 8 月，国务院正式批复，确定由国家发改委、中国工程院、原信息产业部、教育部等 8 个部门联合启动"中国下一代互联网（China's Next Generation Internet, CNGI）示范工程"。这一工程大大促进了中国下一代互联网的研发，CERNET2 是该项目中最大的核心网之一。

2004 年 1 月，在欧盟总部，美国 Internet2、欧盟 GéANT2 等全球最大的 8 大学术网同时宣布，开通下一代互联网服务，CERNET2 是其中之一。

2004 年 12 月月底，CERNET2 初步建成，它连接了全国 20 个主要城市的 25 个 CERNET2 主干网的核心节点，并为全国 160 多所高校和科研机构提供了下一代互联网的高速接入。CERNET2 通过 5 条国际线路实现了中国与全球 3 大学术网的互连，奠定了中国在亚太地区的主导地位。截至 2007 年 7 月，CERNET2 与 Internet2 实现了 1G 直连，与欧盟 GEANT/GEANT2 实现了 1 Gbit/s 直连，与亚太地区学术网 APAN 实现了 2.5 Gbit/s 直连。CERNET2 的传输速度是当前各国使用的第一代互联网速的 100 多倍。

2006 年 9 月 23 日，中国下一代互联网示范工程（CNGI）核心网正式通过专家验收。10 位院士、14 位专家评议指出：CNGI 示范网络取得了 4 项重大创新性成果，其中"纯 IPv6 网络""基于真实 IPv6 源地址的网络寻址体系结构"和"IPv4 over IPv6 网状体系结构过渡技术"3 项，为国际首创。

CNGI 的成功建设将对今后中国的互联网产业产生深远的影响。我国开创性地建成了世界上第一个纯 IPv6 网，这不仅使中国在确保国家信息安全的同时，奠定了在下一代互联网的领先地位，更重要的是具有自主知识产权的 IPv6 路由器的大规模使用，将使中国在今后互联网的建设中彻底摆脱对国外关键技术及产品的依赖。在 IPv4 时代，我国在互联网领域的研究落后国外 8～10 年。IPv6 主干网络的顺利实施，使我国在这一领域的研究与应用已与国际水平并驾齐驱，一些方面甚至领先于国际水平。

2. 中国下一代互联网的网络服务与结构

CNGI 是中国下一代互联网发展战略的起步工程，是由国家发改委等 8 部委于 2002～2003 年提出的中国下一代网络和服务架构平台。CNGI 以 NGI 为基础，但它不仅仅停留在网络互连方面，而更着重于网络架构的应用规模和可扩展性方面的研究，并以此来探索下一代互联网的发展之路。

（1）CNGI 网络服务。从网络服务来看，Web 服务（Web Service）、网格服务（Grid Service）和无线服务（Wireless Service）是现代网络服务的 3 个主要方面，也是 CNGI 研究的重要部分。CNGI 中的服务将是一个普适服务，包含以下一些主要特点。

① 融合了 Web 服务的特点，提供跨语言、跨平台和松耦合的服务架构，基于 XML 和 HTTP 的消息传送协议。

② 支持网格（Grid）服务，对服务的注册、发现、调用、计算、组合都将是完全自治，并且是相对独立的一个 P2P 的系统。

③ 提供无线、有线的统一服务平台，提供完全基于移动 IP（而不是基于 TDM）、完全面向数据的业务以及包括语音、图像、视频等在内的多媒体服务。

④ 支持 IMS（IP Multimedia Subsystem）的 Ad Hoc 自组织网络，服务供应商和服务消费者

将完全自治，能够动态和个性化地实现服务的调用。

（2）CNGI 网络结构。从高层次来看，服务域（Service Domain）、传输域（Transport Domain）和分布式处理环境（Distributed Processing Environment）是组成 NGI 结构的 3 个核心方面，如图 10-4 所示，也是推动 CNGI 大力发展的 3 个核心力量。下面分别进行简要介绍。

① 传输域：纯 IPv6、全光网。

中国互联网国内的 IPv4 地址非常有限（3 个 A 类地址，146 个 B 类地址，179 个 C 类地址），相比而言，IPv6 地址数量能够满足不断增长的用户数的需求。考虑到用户的快速增长，CNGI 将是一个纯 IPv6 的网络。

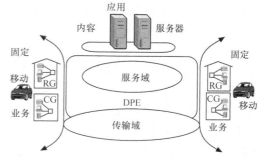

图 10-4　下一代互联网中的核心域

在传输速率问题上，中国目前互联网的主干传输网为全光传送网，即在点对点光纤传输系统中，全程不需要任何光电转换，长距离传输完全靠光波沿光纤传播。下一个阶段为完整的全光网，在完成上述用户间全程光传送网后，有不少的信号处理、储存、交换以及多路复用/分用、进网/出网等功能都要由光子技术来完成，完成端到端的光传输、交换和处理等功能。这是全光网发展的第二阶段，即完整的全光网（All Optical Net，AON）。

另外，由于无线 3G、4G、WiMAX 等技术的快速发展，移动用户间数据传输速率也有了大幅提高。对于即将商用的 3G 无线网络，其在室内、室外和行车的环境中能够分别支持至少 2 Mbit/s、384 kbit/s 以及 144 kbit/s 的传输速度。

由此可见，CNGI 中的传输域将是一个基于纯 IPv6 的全光网，而且支持高速的无线传输速率。

② 服务域：面向服务。

传统 PSTN（公用电话交换网）中的智能网（Intelligent Network,IN）服务所提供的以语音为中心的窄带电路交换服务已经逐步被互联网服务所取代。互联网中的分组交换服务、端到端（P2P）传输服务、多媒体视频点播服务以及多服务相融合的特点已经越来越受到用户的青睐。而且面向服务的体系架构（Service-Oriented Architecture,SOA）也已成了分布式计算环境中的主流架构模式。

Web 服务（Web Service）由于其平台独立性、语言独立性和松耦合等特征逐渐成为服务技术中的主流技术。另外，面向 Agent 的程序设计（Agent-Oriented Programming）和网格服务（Grid Service）因为其自治性、主动发起服务性和易交互性等特点，逐渐被用来解决复杂的商业问题。另外，智能手机、PDA 等智能终端的处理能力也越来越强，无线带宽和传输速率也随着 3G、4G 的发展而快速提高。无线服务（Wireless Service）在人们日常的服务应用中的比率将会越来越大。CNGI 服务域如图 10-5 所示。

③ 分布式处理环境（Distributed Processing Environment, DPE）：还需加深研究。

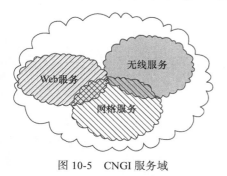

图 10-5　CNGI 服务域

分布式处理环境是给系统提供了一个中间件构架，来为系统中的服务域和传输域的组件提供统一的通信能力。无论系统内服务是服务的提供方还是服务的消费方，无论是 Web 服务、Grid 服务还是 Wireless 服务，也不管服务是传统 C/S（客户端/服务器）模型还是 P2P（端到端）模型，都能够满足服务的远程调用。

目前，DPE 的主要解决方案是从电信网借鉴过来的 CORBA（Common Object Request Broker Architecture，公用对象请求代理体系结构）和 Parlay/ParlayX 等，但各自都存在缺点。CNGI 分布式处理环境还是个很大的研究课题，有待进一步深入研究。

小　　结

（1）移动 IP 技术是移动通信技术和 IP 技术的有机结合，即移动通信网和 Internet 的融合。但它不只是移动通信技术和 Internet 技术的简单叠加，而是一种深层融合，即对 IP 协议进行扩展，使其支持终端的移动性并拥有固定的 IP 地址，而且不论移动到什么地区或者通过什么方式连接到 Internet 上都是如此。

（2）移动 IP 技术中所涉及的一些基本概念包括移动节点、移动代理、移动 IP 地址、位置登记、代理发现和隧道技术等。

（3）移动 IP 同时也是一种计算机网络通信协议，其基本工作原理是：它能够保证计算机在移动过程中，在不改变现有网络 IP 地址、不中断正在进行的网络通信及不中断正在执行的网络应用的情况下，实现对网络的不间断访问。

（4）移动 IP 技术的发展将分为 3 个阶段：首先是移动业务的 IP 化，之后是移动网络的分组化演进，最后是在第三代移动通信系统中实现全 IP 化。

（5）第三代 Internet 是指用户能够在高速、高度统一、开放的计算标准的支持下，通过无所不在的通信终端，随时随地通过个性化、人性化的界面和应用环境来使用 Internet。而企业对 Internet 的应用，不再仅仅局限于宣传自己，也不再局限于可以给用户提供什么样的服务，而是要根据用户的需求来提供个性化服务。

（6）目前，学术界对于第三代 Internet 的主要特征所达成的共识是更大、更快、更安全、更可管理和更便捷。

（7）CNGI（中国下一代互联网）核心网于 2006 年 9 月正式通过专家验收，CNGI 示范网络取得了 4 项重大创新性成果，其中 3 项为国际首创。这不仅奠定了中国在下一代互联网的领先地位，而且将对今后中国的互联网产业产生深远的影响。

（8）CNGI 的网络服务主要包括 Web 服务、网格服务和无线服务；其结构包括服务域、传输域和分布式处理环境 3 个核心方面。

习　题　10

一、填空题

1. 移动 IP 技术的发展将分为 3 个阶段：首先_____；然后_____；最后_____。

2. 移动 IP 节点拥有两个 IP 地址：_____和_____。

3. 第三代 Internet 的主要特点包括_____、_____、_____和_____。

4. CNGI 的网络服务主要包括_____、_____和_____；其结构包括_____、

_____和_____ 3 个核心方面。

二、问答题

1. 何谓移动 IP 技术？移动 IP 技术的发展分哪几个阶段？
2. 简述移动 IP 协议的工作原理。
3. 什么是第三代 Internet？其主要特点有哪些？
4. 查找相关中国下一代互联网的研究现状与发展计划的最新信息资料。

第 11 章
网络操作系统

　　计算机操作系统是最靠近硬件的低层软件。操作系统是控制和管理计算机硬件和软件资源、合理地组织计算机工作流程并方便用户使用的程序集合，是计算机和用户之间的接口。

　　网络操作系统是网络用户和计算机网络的接口，管理计算机的硬件和软件资源，如网卡、网络打印机、大容量外存等，为用户提供文件共享、打印共享等各种网络服务以及电子邮件、WWW等专项服务。早期的网络操作系统功能比较简单，仅提供了基本的数据通信、文件和打印服务以及一些安全性特征。但随着网络的不断发展，现代网络操作系统的功能不断扩展，性能也大幅度提高，并出现了多种具有代表性的高性能网络操作系统。如今的网络操作系统市场可谓"百花齐放，百家争鸣"。

　　本章的学习目标如下。

- 掌握网络操作系统的定义、基本特点和基本功能。
- 了解网络操作系统的发展历程。
- 了解 Windows 2000 Server 和 Windows Server 2003 操作系统的主要技术特点。
- 了解 NetWare 操作系统的主要技术特点。
- 了解 UNIX 操作系统的主要技术特点。
- 了解 Linux 操作系统的主要技术特点。

11.1　网络操作系统概述

11.1.1　网络操作系统的基本概念

1. 网络操作系统的定义

　　操作系统（Operating System，OS）是计算机软件系统中的重要组成部分，是计算机与用户之间的接口。单机的操作系统必须要能实现以下两个基本功能。

- 合理地组织计算机的工作流程，有效地管理系统各类软、硬件资源。
- 为用户提供各种简便有效的访问本机资源的手段。

　　为了实现上述功能，程序设计员需要在操作系统中建立各种进程，编制不同的功能模块，按层次结构将功能模块有机地组织起来，以完成处理器管理、作业管理、存储管理、文件管理和设备管理等功能。但是，单机操作系统只能为本地用户使用本机资源提供服务，不能满足开放网络环境的要求。如果用户的计算机已连接到一个局域网中，但是没有安装网络操作系统，那么这台计算机也不可能提供任何网络服务功能。对于连网的计算机系统，不仅要为使用本地资源和网络资源的用户提供服务，还要为远程网络用户提供资源服务。因此网络操作系统的基本任务是：屏蔽本地资源与网络资源的差异性，为用户提供各种基本网络服务功能，完成网络共享系统资源的管理，并提供网络操作系统的 E-mail 服务等。

通常将网络操作系统（Network Operating System,NOS）定义为：使网络上各计算机能够方便而有效地共享网络资源并为网络用户提供所需的各种服务的软件与协议的集合。

NOS 与一般单机 OS 的不同在于所提供的服务有差别。一般来说，网络操作系统偏重于将"与网络活动相关的特性"加以优化，即经过网络来管理诸如共享数据文件、软件应用和外部设备之类的资源。单机操作系统则偏重于优化用户与系统的接口，以及在其上面运行的各种应用程序。因此，网络操作系统实质上是管理整个网络资源的一种程序。

网络操作系统管理的资源有工作站所访问的文件系统、在网络操作系统上运行的各种共享应用程序、共享网络设备的输入/输出信息、网络操作系统进程间的 CPU 调度等。

2. 网络操作系统的特点

网络操作系统除了具有一般操作系统的特征外，还具有自己的特点。一个典型的网络操作系统一般具有以下特点。

（1）与硬件系统无关。网络操作系统可以在不同的网络硬件上运行。以网络中最常用的连网设备网卡来说，一般网络操作系统都支持多种类型的网络接口卡，如 D-Link、3Com、Intel 以及其他厂家的以太网卡或令牌环网卡等。不同的硬件设备可以构成不同的拓扑结构，如星型、环型、总线型或网状型，网络操作系统应独立于网络的拓扑结构。

然而，任何一种网络操作系统都不可能支持所有的连网硬件，从而对连网硬件的支持能力也就成了选择网络操作系统时需要考虑的一个重要因素。

（2）多用户支持。网络操作系统应能同时支持多个用户对网络的访问。在多用户环境下，网络操作系统给应用程序以及数据文件提供了足够的、标准化的保护。网络操作系统能够支持多用户共享网络资源，包括磁盘处理、打印机处理、网络通信处理等面向用户的处理程序和多用户的系统核心调度程序。

（3）网络管理。支持网络实用程序及其管理功能，如系统备份、安全管理、容错、性能控制等。

（4）安全和存取控制。对用户资源进行控制，并提供控制用户对网络访问的方式。

（5）用户界面。网络操作系统提供给用户丰富的界面功能，具有多种网络控制方式。

（6）路由连接。为了提供网络的互连性，一个功能齐全的网络操作系统可以通过网桥、路由器等网络互连设备将具有相同或不同的网络接口卡及不同协议与不同拓扑结构的网络（包括广域网）连接起来。

（7）目录服务。这是一种以单一逻辑的方式访问可能位于全球范围内的所有网络服务和资源的技术。无论用户身在何处，只需通过一次登录就可以访问网络服务和资源。例如，NetWare 提供的 NDS（Novell 目录服务）等。

（8）互操作性。这是网络工业的一种潮流，允许多种操作系统和厂商的产品共享相同的网络电缆系统，并且彼此可以连通访问。例如，Windows NT 中提供的 NetWare 网关可以方便地访问NetWare 的服务器。

11.1.2　网络操作系统的基本功能

不同的网络操作系统的功能和特点不尽相同，但是一般来说，网络操作系统都具有以下几个基本功能。

（1）文件服务（File Service）。文件服务是网络操作系统操作中最重要、最基本的网络服务。文件服务器以集中的方式管理共享文件，为网络提供完整的数据、文件、目录服务。用户可以根据所规定的权限对文件进行建立、打开、删除、读写等操作。

（2）数据库服务（Database Service）。随着局域网应用的深入，用户对网络数据库服务的需求也日益增加。客户机/服务器工作模式以数据库管理系统（Database Management System，DBMS）为后援，将数据库操作与应用程序分离开，分别由服务器端数据库和客户端工作站来执行。用户可以使用结构化查询语言（Structured Query Language，SQL）向数据库服务器发出查询请求，由数据库服务器完成查询后再将结果传送给用户。客户机/服务器工作模式优化了网络操作系统的协同操作性能，有效地增强了网络操作系统的服务功能。

（3）打印服务（Print Service）。打印服务也是网络操作系统所提供的基本网络服务功能。共享打印服务可以通过设置专门的打印服务器来实现，打印服务器也可由文件服务器或工作站兼任。局域网中可以设置一台或多台共享打印机，向网络用户提供远程共享打印服务。打印服务主要实现对用户打印请求的接收、打印格式的说明、打印机的配置、打印队列的管理等功能。

（4）信息服务（Message Service）。局域网不仅可以通过存储/转发方式或对等的点对点通信方式向用户提供电子邮件服务，还可以提供文本文件、二进制数据文件的传输服务以及图像、视频、语音等数据的同步传输服务。

（5）通信服务（Communication Service）。网络操作系统提供的通信服务主要有工作站与工作站之间的对等通信、工作站与主机之间的通信服务等功能。

（6）分布式服务（Distributed Service）。网络操作系统的分布式服务功能将不同地理位置的网络中的资源组织在一个全局性的、可复制的分布式数据库中，网络中的多个服务器均有该数据库的副本。用户在一个工作站上注册便可与多个服务器连接。服务器资源的存放位置对于用户来说是透明的，用户可以通过简单的操作去访问大型局域网中的所有资源。

（7）网络管理服务（Network Management Service）。网络操作系统提供了丰富的网络管理服务工具，可以提供网络性能分析、网络状态监控、存储管理等多种管理服务。

11.1.3 网络操作系统的发展

纵观十多年来的发展，网络操作系统经历了由对等结构向非对等结构演变的过程，如图 11-1 所示。

（1）对等结构网络操作系统。对等结构的网络操作系统具有以下特点：所有的连网计算机地位平等，每个计算机上安装的网络操作系统都相同，连网计算机上的资源可相互共享。各连网计算机均可以前、后台方式工作，前台为本地用户提供服务，后台为网络上的其他用户提供服务。对等结构的网络操作系统可以提供硬盘共享、打印机共享、CPU 共享、屏幕共享以及电子邮件等服务。

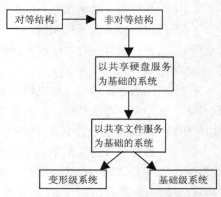

图 11-1　网络操作系统的演变过程

对等结构网络操作系统的优点是：结构简单，网络中任意两个节点均可直接通信。缺点是：每台联网计算机既是服务器又是工作站，节点要承担较重的通信管理、网络资源管理和网络服务管理等工作。对于早期资源较少、处理能力有限的微型计算机来说，要同时承担多项管理任务，势必会降低网络的整体性能。因此，对等结构网络操作系统所支持的网络系统一般规模较小。

（2）非对等结构网络操作系统。非对等结构网络操作系统的设计思想是将网络节点分为网络服务器和网络工作站（Workstation）两类。网络服务器采用高配置、高性能的计算机，以集中的方式管理网络中的共享资源，为网络工作站提供服务。而网络工作站一般为配置较低的 PC，用以为本地用户和网络用户提供资源服务。

非对等结构网络操作系统的软件也分为两部分：一部分运行在服务器上；另一部分运行在工作站上。安装运行在服务器上的软件是网络操作系统的核心部分，其性能直接决定网络服务功能的强弱。

（3）以共享硬盘服务器为基础的网络操作系统。早期的非对等结构网络操作系统以共享硬盘服务器为基础，向网络工作站用户提供共享硬盘、共享打印机、电子邮件、通信等基本服务功能。这种系统效率低、安全性差，使用也不方便。为了克服这些缺点，人们提出了基于文件服务器的网络操作系统的设计思想。

（4）以共享文件服务为基础的系统。基于文件服务器的网络操作系统由文件服务器软件和工作站软件两部分组成。文件服务器具有分时系统文件管理的全部功能，并可向网络用户提供完善的数据、文件和目录服务。

初期开发的基于文件服务器的网络操作系统属于变形级系统。变形级系统是在原有的单机操作系统的基础上通过增加网络服务功能而构成的。在变形级系统中，作为文件服务器的计算机安装了基于 DOS 的文件服务器软件。由于对硬盘的存取控制仍通过 DOS 的 BIOS 进行，因此在服务器进行大量的读/写操作时会造成网络性能的下降。

后期开发的网络操作系统都属于基础级系统。基础级系统是以计算机硬件为基础，根据网络服务的特殊要求，直接利用计算机硬件与少量软件资源专门设计的网络操作系统。基础级系统具有优越的网络性能，能提供很强的网络服务功能，目前大多数局域网操作系统都采用这类系统。

（5）目前常见的网络操作系统。随着计算机网络的飞速发展，在市场上出现了多种网络操作系统，目前较常见的网络操作系统主要包括 UNIX、NetWare、Windows Server 2003、Windows Server 2008、Windows Server 2012，还有发展势头强劲的 Linux 等。作为几大网络操作系统，具有许多共同点，同时又各具特色，被广泛地应用于各类网络环境中，并都占有一定的市场份额。网络建设者应熟悉这几种网络操作系统的特征及优缺点，并应根据实际的应用情况以及网络使用者的水平层次来选择合适的网络操作系统。在后面几节中，将对常用的几种网络操作系统分别进行详细的介绍。

11.2　Windows NT Server 操作系统

11.2.1　Windows NT Server 的发展

Microsoft 公司开发 Windows 3.1 和 Windows 3.2 操作系统的目的是为了将 DOS 的功能图形界面化。但是，这两种产品都没能摆脱 DOS 的束缚。用户在进入 Windows 界面之前必须要先进入 DOS，即要求用户通过 DOS 来管理 Windows。因此，严格地说，Windows 3.1 和 Windows 3.2 都不是一种操作系统。

直到 Microsoft 公司推出了 Windows NT 3.1 操作系统，这种状况才得到了改观。Windows NT 3.1 虽摆脱了 DOS 的束缚，并且具有很强的连网功能，但对系统资源要求过高，而且网络功能明显不足。针对 Windows NT 3.1 操作系统的缺点，Microsoft 公司在 1996 年又推出了 Windows NT 4.0。该系统不仅降低了对微型计算机配置的要求，而且在网络性能、网络安全性与网络管理等方面都有了质的飞跃，以至于推出不久就立即受到了网络用户的欢迎，并在短时期内得到了广泛的应用。至此，Windows NT 操作系统成为 Microsoft 公司极具代表性的网络操作系统。

Windows NT 操作系统提供了两套软件包，分别是 Windows NT Workstation 和 Windows NT Server。Windows NT Workstation 是 Windows NT 操作系统的工作站版本，是功能非常强大的标准 32 位桌面操作系统，不仅高效、易用，而且与个人计算机保持兼容，可以满足用户的各种需要。

Windows NT Server 则是 Windows NT 操作系统的服务器版本，Windows NT Server 为重要的商务应用程序提供了一切必要的服务，包括高效可靠的数据库、TBM SNA 主机连接、消息和系统管理服务等。通过 Microsoft Excel 电子表格可直接访问主机应用数据，把易于管理的文件和打印系统加入 UNIX 环境下，或者在 NetWare 网络上接入一个重要的服务器。这样，就可以在不必重建现有系统和更新现有工作的情况下，将一项新技术顺利地集成到 Windows NT Server 的积木式结构中。

11.2.2　Windows NT Server 的特点

Windows NT Server 是 Microsoft Windows 操作系统系列中的高级产品，是一套功能强大、可靠性高并可进行扩充的网络操作系统。该操作系统适用于目前大多数计算机，除了符合客户机/服务器结构计算机的要求外，同时还结合了 Windows 的许多优点，如易于使用、可靠性高、应用程序集成化等。总的来说，Windows NT Server 是一个非常理想的操作平台，其特点主要有以下几个。

（1）内置的网络功能。通常的网络操作系统是在传统的操作系统之上附加网络软件。但是，与此不同的是，Windows NT Server 操作系统则是把网络功能做在了操作系统之中，并将其作为 Windows NT Server 操作系统中输入输出系统的一部分。因此，与其他操作系统相比，Windows NT Server 在结构上显得非常紧凑。

（2）内置的管理。网络管理员可以通过使用 Windows NT Server 操作系统内部的安全保密机制来完成对每个文件设置不同的访问权限以及规定用户对服务器的操作权限等任务。

（3）良好的用户界面。Windows NT Server 采用全图形化的用户界面，用户可以方便地通过鼠标进行操作。

（4）组网简单、管理方便。利用 Windows NT Server 来组建和管理局域网络非常简单，基本不需要学习太多的网络知识，很适合普通用户使用。

（5）开放的体系结构。Windows NT Server 支持网络驱动接口（Network Driver Interface Specification,NDIS）和传输驱动接口（Transport Driver Interface,TDI），允许用户同时使用不同的网络协议。Windows NT Server 中内置 4 种标准网络协议。

① TCP/IP。

② Microsoft MWLink 协议。

③ NetBIOS 的扩展用户接口 NetBEUI。

④ 数据链路控制协议。

11.3　Windows Server 2012 操作系统

11.3.1　Windows Server 2012 简介

Windows Sever 2012 是微软服务器操作系统的名称，它是 Windows 8 的服务器版本，并且是 Windows Server 2008 R2 的继任者，是对 Windows NT Server 的进一步拓展和延伸，是迄今为止 Windows 服务器体系中最重量级的产品。

Windows Server 2008 拥有全新的用户界面，强大的管理工具，改进的 PowerShell 支持，以及在网络、存储和虚拟化方面大量的新特性。Windows Server 2012 的底层特意为云而设计，提供了创建私有云和公共云的基础设施。它所提供的一系列新特性，主要用来构建可伸缩、虚拟化和准备向云环境迁移的工作负载、应用和服务，使用户能够创建一层可伸缩、动态化、跨平台的基础设施，高效并安全地连接数据中心和资源。

为了实现为云计算定制操作系统这个目标，Windows Server 2012 规划了一套完备的虚拟化平台，不仅可以应对多工作负载、多应用程序、高强度和可伸缩的架构，还可以简单、快捷地进行平台管理。除此以外，Windows Server 2012 还能够适应云计算环境，在移动设备日益普及的趋势下，保障数据和信息的高安全性。另外，在可靠性、省电、整合方面，Windows Server 2012 也进行了诸多改进，使用户无需安装大量的插件，就能够获得一个可用的解决平台。

Windows Server 2012 发行了多种版本，以支持各种规模的企业对服务器不断变化的需求。Windows Server 2012 的主要版本如下。

（1）Windows Server 2012 Foundation Edition。这个版本仅提供给 OEM 厂商，限定用户 15 位，提供通用服务器功能，但不支持虚拟化功能。

（2）Windows Server 2012 Essentials Edition。这个版本主要面向中、小型企业，用户数限定在 25 位以内，该版本简化了界面，预先配置了云服务连接，但不支持虚拟化功能。

（3）Windows Server 2012 Standard Edition。这个版本提供了完整的 Windows Server 功能，但限制仅能使用两台虚拟主机。

（4）Windows Server 2012 Datacenter Edition。这个版本提供了完整的 Windows Server 功能，并且不限制虚拟主机数量

11.3.2　Windows Server 2012 的特点

Windows Server 2012 的主要特点如下。

（1）超越虚拟化。Windows Server 2012 完全超越了虚拟化的概念，提供了一系列新增和改进的技术，将云计算的潜能发挥到了最大限度，其中最大的亮点就是私有云的创建。在 Windows Server 2012 的开发过程中，通过对 Hyper-V 的功能与特性进行了大幅度的改进，从而能为企业组织提供动态的多租户基础架构，企业组织可在更灵活的 IT 环境中部署私有云，并能动态响应不断变化的业务需求。

（2）功能强大、管理简单。Windows Server 2012 可帮助 IT 专业人员在针对云进行优化的同时，通过提供高度可用、易于管理的多服务器平台，更快速、更高效地满足业务需求，并且还可以通过基于软件的策略控制技术更好地管理系统，从而获得各类收益。

（3）跨越云端的应用体验。Windows Server 2012 是一套全面，可扩展，并且适应性强的 Web 与应用程序平台，能为用户提供足够的灵活性，供用户在内部、在云端、在混合式环境中构建并部署应用程序，并能使用一致的开放式工具与框架。Windows Server 2012 在跨越云端的应用体验方面所能提供的功能和收益包括 4 个方面：提供在内部与云端进行构建所需的灵活性；提供可扩展且灵活的应用程序平台；提供可扩展、有弹性的 Web 平台；提供开放式 Web 平台，对开源与关键业务应用程序提供支持。

（4）现代化的工作方式。Windows Server 2012 在设计上可以支持现代化工作风格的要求，帮助管理员使用智能并且高效的方法提升企业环境中的用户生产力，尤其是涉及集中化桌面的场景。Windows Server 2012 沿袭了老版本 Windows Server 的所有优势，同时在高级功能的设计上兼顾了现代化工作方式的 3 个目标，即让用户使用自己选择的设备从任何位置访问数据与应用程序、为身处任何地点的用户提供完整的 Windows 体验、让整个体验尽可能保持安全和规范。

11.4 NetWare 操作系统

Novell 公司是美国著名的网络公司。20 世纪 80 年代初，Novell 公司提出了文件服务器的概念，并开发出了一种高性能的局域网络——Novell 网。1983 年，Novell 公司推出 NetWare 操作系统。NetWare 不仅是 Novell 网的操作系统，也是 Novell 网的核心，1989 年被推为网络工业标准，还被国际组织选定为数据库的标准环境。

11.4.1 NetWare 操作系统的发展与组成

1. NetWare 的发展

NetWare 的发展主要经历了 4 个阶段，推出了多种 NetWare 版本，这 4 个阶段是 NetWare68 阶段、NetWare 86 阶段、NetWare 286 阶段和 NetWare 386 阶段。每个阶段的 NetWare 出现了不同的版本，包括 NetWare ELS、NetWare Advanced2.15、NetWare SFT2.15、NetWare 386 V3.0/V3.1/V3.11/3.11、NetWare SFT III、NetWare 4.xx、IntraNetWare 与 NetWare 5.0/5.1 等。其中，SFT 与 Advanced 的主要区别是 SFT 采用了系统容错技术，提高了系统的可靠性。ELS 是一种浓缩的小规模系统。

在整个产品系列中，使用最广泛的是 NetWare 386。Netware 386 是大型的微型计算机局域网操作系统。1989 年推出的第 7 代产品 SFT NetWare386 V3.0 具有很强的功能，是超级局域网络操作系统。SFT Netware 386 V3.0 在存储容量、运行速度等方面甚至超过了小型机，有极强的扩充能力，并能支持 MS-DOS、OS/2、UNIX 和 Macintosh 等多种操作系统，使异型机连网变得更简单。

NetWare 4.xx 是 Novell 公司在 1994 年发布的系列产品。在 NetWare 4.xx 的多个版本中，NetWare 4.11 的使用最为流行。NetWare 4.11 不仅具有 NetWare 3.xx 的全部功能，还增加了分布式目录服务的功能，是一个将分布式目录、集成通信、多协议路由选择、网络管理、文件服务和打印服务集于一体的高性能网络操作系统。NetWare 4.11 支持分布式网络应用环境，可以把分布在不同位置的多个文件服务器集成为一个网络，对网络资源进行统一管理，为用户提供完善的分布式服务。为了适应 Internet 与 Intranet 的应用需要，Novell 公司还推出了 IntraNetWare 操作系统，但其内核仍然是 NetWare 4.11。

2000 年，Novell 公司推出了最新产品 NetWare 5.0，是由 NetWare 4.11 与 IntraNetWare 等版本发展而来的。在技术上，NetWare 5.0 已经相当成熟，已成为了 Novell 公司的主流产品。与其他同类产品相比，NetWare 5.0 有以下特点：具有目录的基础设施软件，可帮助客户将其业务顺利扩展到 Internet；为用户提供了 Web 应用程序、管理和资源，其中包括浏览器向服务器的接入，同时还包括了 Novell 的新产品 NDS Directory；为公司用户提供了将自身业务和网络扩展到网上电子商务的基础设施等。

2．NetWare 的组成

NetWare 是以文件服务器为中心的操作系统，主要由 3 个部分组成：文件服务器、工作站软件与低层通信协议。

（1）文件服务器。文件服务器实现了 NetWare 的核心协议（NetWare Core Protocol，NCP），并提供了 NetWare 的所有核心服务。文件服务器主要负责对网络工作站网络服务请求的处理，提供了运行软件和维护网络操作系统所需要的最基本的功能，如进程调度系统、内存管理系统等。文件服务器可以完成以下一些网络服务和管理任务。

- 进程管理。
- 文件系统管理。
- 硬盘管理。
- 服务器与工作站的连接管理。
- 网络监控。
- 安全保密管理。

另外，文件服务器还提供了文件与打印服务、数据库服务、通信服务、报文服务等功能。

（2）工作站软件。工作站软件是指在工作站上运行的能把工作站与网络连接起来的程序系统。工作站软件的任务主要是确定来自程序或用户的请求是工作站请求还是网络请求。如果是工作站请求，则将该请求传给文件服务器；如果是网络请求，则完成以下工作。

- 先将该请求转换成适当的格式。
- 把该请求与路由信息和其他管理信息封装在一起，形成一个数据包。
- 把该数据包传给网卡。
- 验证从网卡接收的数据包，如果发生错误则要求重新发送。

工作站软件与工作站中的操作系统（如 UNIX、Macintosh、OS/2 等）一起驻留在用户工作站中，建立起用户的应用环境。用户可以直接使用工作站软件的相关指令（如 IPX.COM、LOGIN.EXE 等）进入网络，然后获得网络服务。此外，还可以利用工作站环境中提供的通信协议进行网络上的信息发送请求、应答和通信连接等。

（3）低层通信协议。服务器与工作站之间的连接是通过网络适配卡、通信软件和传输介质来实现的。NetWare 的低层通信协议包含在通信软件之中，主要为网络服务器与工作站、工作站与工作站之间建立通信连接时提供网络服务。

11.4.2　NetWare 操作系统的特点

1．支持多种用户类型

在 NetWare 网络中，网络用户可以分为以下 4 类。

（1）网络管理员。网络管理员对网络的运行状态与系统安全负有重要责任。网络管理员负责创建和维护网络文件的目录结构，负责建立用户与用户组，设置用户权限，设置目录文件权限与目录文件属性，完成网络安全保密、文件备份、网络维护与打印队列管理等任务。

（2）组管理员。对于一个大型的 NetWare 网络系统，为了减轻网络管理员的工作负担，NetWare 增加了组管理员用户。组管理员可以管理自己创建的用户与用户组以及管理用户与用户组使用的网络资源。

（3）网络操作员。网络操作员是指具有一定特权的用户，通常包括 FCONSOLE 操作员、队列操作员、控制台操作员等。

（4）普通网络用户。普通网络用户简称为用户。用户是指由网络管理员或有相应权限的用户创建，并对网络系统有一定访问权限的网络使用者。每个用户都有自己的用户名、口令及各种访问权限，用户信息与用户访问权限由网络管理员设定。

2. 强有力的文件系统

在一个 NetWare 网络中，必须有一个或一个以上的文件服务器。文件服务器对网络文件访问进行集中、高效的管理。用户文件与应用程序存储在文件服务器的硬盘上，以便于其他用户的访问。为了能方便地组织文件的存储、查询、安全保护，NetWare 文件系统通过目录文件结构组织文件。用户在 NetWare 环境中共享文件资源时，所面对的就是这样的一种文件系统结构：文件服务器、卷、目录、子目录、文件的层次结构。每个文件服务器可以分成多个卷；每个卷可以分成多个目录；每个目录又可以分成多个子目录；每个子目录也可以拥有自己的子目录，每个子目录可以包含多个文件。

3. 先进的磁盘通道技术

NetWare 文件系统所有的目录与文件都建立在服务器硬盘上。在网络环境中，硬盘通道的工作十分繁重，这是因为硬盘文件的读写是文件服务最基本的操作。由于服务器 CPU 与硬盘通道两者的操作是异步的，因此当 CPU 在执行其他任务的同时，就必须保持硬盘的连续操作。为了做到这一点，NetWare 文件系统采用了多路硬盘处理技术和高速缓冲算法来加快硬盘通道的访问速度。

当多个用户进程访问硬盘时，并不是按照请求访问进程到达的时间先后顺序来排队，而是按所需访问的物理位置和磁头径向运动的方向来排队。只有当磁头运动在同一方向上没有请求时，磁头才反向，这样减少了磁头的反向次数和移动距离，从而有效地提高了多个站点访问服务器硬盘的响应速度。另外，NetWare 还采用了目录 Cache、目录 Hash、文件 Cache、后台写盘、多硬盘通道等硬盘访问机制，从而可以大大提高硬盘通道总的吞吐量，提高文件服务器的工作效率。

4. NetWare 的安全性

NetWare 的安全性措施建立在 NetWare 网络操作系统最基本的层次上，而不是加在操作系统的应用程序里。由于 NetWare 使用特殊的文件结构，因此即使是与服务器在物理上连接的用户，也不能通过 DOS、UNIX 或其他操作系统存取 NetWare 的网络文件。

NetWare 提供了 4 种安全保密措施：注册安全性、权限安全性、属性安全性和文件服务器安全性。

（1）注册安全性。需要注册的用户必须在注册时提供用户名和口令。通过系统设置可以限定口令的变更时间，以防止非法用户入网。

（2）权限安全性。通过将文件服务器中的目录和文件的存取权限授予指定的用户，从而确保了其余入网用户不能对目录和文件进行非法存取。

（3）属性安全性。属性安全性是指给每个目录和文件指定适当的性质。

（4）文件服务器安全性。文件服务器操作员或系统管理员可以通过封锁控制台防止文件服务器的非法侵入。

依靠上述安全性措施，可以全面保证网络系统不被非法侵入。其中，用户的口令是以加密的格式存放在网络硬盘上的。口令字从工作站传输到服务器时，在电缆上也是加密的，从而避免了口令在电缆上被搭线窃取的可能。而且，网络管理员可以限制某个用户登录的时间、地点、日期，对非法入侵加以检测和封锁，及时提醒网络管理员防范任何未经授权的用户访问网络的企图。

5. NetWare 的系统容错技术

NetWare 操作系统的系统容错（System Fault Tolerance,SFT）技术是非常典型的，主要有以下 3 种。

（1）三级容错机制。NetWare 第一级系统容错（SFT Ⅰ）主要是针对硬盘表面磁介质可能出现的故障设计的，用来防止硬盘表面磁介质因频繁进行读写操作而损坏造成的数据丢失，采用双重目录与文件分配表、磁盘热修复与写后读验证等措施。NetWare 第二级系统容错（SFT Ⅱ）主要是针对硬盘或硬盘通道故障设计的，用来防止硬盘或硬盘通道故障造成数据丢失，包括硬盘镜像与硬盘双工功能。NetWare 第三级系统容错（SFT Ⅲ）提供了文件服务器镜像（File Server Mirroring）功能。

（2）事务跟踪系统。NetWare 的事务跟踪系统（Transaction Tracking System，TTS）用来防止在写数据库记录的过程中因系统故障而造成数据丢失。TTS 将系统对数据库的更新过程作为一个完整的"事务"来处理，一个"事务"要么全部完成，要么返回到初始状态。这样可以避免在数据库文件更新过程中因为系统硬件、软件、电源供电等意外事故而造成数据不完整。

（3）UPS 监控。SFT 与 TTS 考虑了硬盘表面磁介质、硬盘、硬盘通道、文件服务器与数据库文件更新过程中的系统容错问题，还有一类问题是网络设备供电系统的保障问题。为了防止网络供电系统电压波动或突然中断，影响文件服务器及关键网络设备的工作，NetWare 操作系统提供了 UPS 监控功能。

6. 开放式的系统体系结构

NetWare 设计最重要的原则就是开放式系统体系结构，具体体现在以下几个方面。

（1）支持多种计算机操作系统，如 MS-DOS、OS/2、Macintosh、UNIX 等操作系统。

（2）利用 STREAMS 接口可支持多种网络通信协议，如 IPX/SPX、NetBEUI、TCP/IP 等协议。

（3）支持不同类型的硬盘。

（4）支持多种网络适配卡。

（5）采用可安装模块。用户可以根据需要安装自己所需的模块。

11.5　UNIX 操作系统

11.5.1　UNIX 操作系统的发展

在 1969 年至 1970 年间，美国贝尔实验室的 Dennis Ritchie 和 Ken Thompson 首先在 PDP-7 机器上实现了 UNIX 系统，最初的 UNIX 版本是用汇编语言写的。不久，Thompson 用一种较高级的 B 语言重写了该系统。1973 年，Ritchie 又用 C 语言对 UNIX 进行了重写，1976 年贝尔实验室正式公开发表了 UNIX V.6 版本，并开始向美国各大学及研究机构颁发了使用 UNIX 的许可证并提供了源代码，以鼓励他们对 UNIX 进行改进，因而也推动了 UNIX 的迅速发展。

1978 年贝尔实验室又发表了 UNIX V.7 版本，在 PDP 11/70 上运行。1982 年和 1983 年贝尔实验室先后宣布了 UNIX System Ⅲ和 UNIX System Ⅴ，1984 年推出了 UNIX System V2.0，1987 年发布了 3.0 版本，分别简称为 UNIX SVR 2 和 UNIX SVR 3，1989 年宣布了 UNIX SVR 4。

在 UNIX 不断发展和普及的过程中，许多大公司将其移植到了自己生产的小型机和工作站上。例如，DEC 公司的 Ultrix OS，被配置在 DEC 公司的小型机和工作站上。随着微型计算机性能的提高，UNIX 又被移植到了微型计算机上。在 1980 年前后，UNIX 第 7 版首先被移植到了基于 Motorola 公司的 MC 68000 芯片的微型计算机上，后来又继续用在以 MC 68020、MC 68030、MC 68040 为芯片的微型计算机或工作站上。与此同时，Microsoft 公司也推出了用于 Intel 8088 微型计算机上的 UNIX 版本，称为 Xenix。1986 年，Microsoft 又发表了 Xenix 系统Ⅴ；SCO 公司也公布了 SCO Xenix 系统Ⅴ版本，使 UNIX 可以在 386 微型计算机上运行。

UNIX 系统在各种小型机和微型计算机上广泛使用的同时，也进入了各大学和研究机构。系统开发人员对其第 6 版和第 7 版进行了改进，从而形成了许多 UNIX 的变型版本。其中，最有影响力的要属加州大学 Berkeley 分校所做的改进。他们在原来的 UNIX 系统中加入了具有请求调页和页面置换功能的虚拟存储器，从而在 1978 年形成了 3 BSD UNIX 版本，1982 年推出了 4 BSD UNIX 版本，后来是 4.1 BSD 和 4.2 BSD，1986 年发表了 4.3 BSD，1993 年 6 月推出 4.4 BSD UNIX 版本。

11.5.2 UNIX 操作系统的特点

UNIX 经历了一个辉煌的历程。成千上万的应用软件在 UNIX 系统上开发并适用于几乎每个应用领域。UNIX 的出现不仅推动了计算机系统及软件技术的发展，从某种意义上说，UNIX 的发展对推动整个社会的进步也起到了重要的作用。UNIX 能获得如此巨大的成功，可归因为 UNIX 所具有的基本特点，具体如下。

（1）多用户、多任务环境。UNIX 系统是一个多用户、多任务的操作系统，既可以同时支持数十个乃至数百个用户，通过各自的连机终端同时使用一台计算机，还允许每个用户同时执行多个任务。例如，在进行字符图形处理时，用户可建立多个任务，分别用于处理字符的输入、图形的制作和编辑等任务。与一般操作系统一样，UNIX 操作系统也负责管理计算机的硬件与软件资源，并向应用程序提供简单一致的调用界面，控制应用程序的正确执行。

（2）功能强大、实现高效。UNIX 系统提供了精选的、丰富的系统功能，使用户能够方便、快速地完成许多其他操作系统所难以实现的功能。UNIX 已成为世界上功能最强大的操作系统之一，在许多功能的实现上都有其独到之处，并且是高效的。例如，UNIX 的目录结构、磁盘空间的管理方式、I/O 重定向和管道功能等。其中，很多功能及其实现技术已被其他操作系统所借鉴。

（3）开放性。人们普遍认为，UNIX 是开放性极好的网络操作系统。UNIX 遵循世界标准规范，并且特别遵循了开放系统互连 OSI 国际标准。UNIX 能广泛地配置在微型计算机、中型机、大型机等各种机器上，而且还能方便地将已配置了 UNIX 的机器进行连网。

（4）通信能力强。Open Mail 是 UNIX 的电子通信系统，是为适应异构环境和巨大的用户群而设计的。Open Mail 可以安装到许多操作系统上，不仅包括不同版本的 UNIX 操作系统，还包括 Windows NT、NetWare 等其他网络操作系统。

（5）丰富的网络功能。UNIX 系统提供了十分丰富的网络功能。各种 UNIX 版本普遍支持 TCP/IP，并已成为 UNIX 系统与其他操作系统之间联网的最基本的选择。在 UNIX 中包括了网络文件系统 NFS 软件、客户/服务器协议软件 LAN Manager Client/Server、IPX/SPX 软件等。通过这些产品可以实现在 UNIX 系统之间，UNIX 与 NetWare、MS-Windows NT、IBM LAN Server 等网络之间的互连。

（6）强大的系统管理器和进程资源管理器。UNIX 的核心系统配置和管理是由系统管理器（System Administrate Manager,SAM）来实施的。SAM 使系统管理员既可采用直觉的图形用户界面，也可采用基于浏览器的界面（引导管理员在给定的任务里做出种种选择）来对全部重要的管理功能执行操作。SAM 是为一些相当复杂的核心系统管理任务而设计的。例如，在给系统配置和增加硬盘时，利用 SAM 可以大大简化操作步骤，从而显著提高系统管理的效率。

UNIX 的进程资源管理器则可以为系统管理提供额外的灵活性，可以根据业务的优先级，让系统管理员动态地把可用的 CPU 周期和内存的最少百分比分配给指定的用户群和一些进程。这样，一些即使要求十分苛刻的应用程序也能够在一个共享的系统上获得其所需的资源。

11.6　Linux 操作系统

11.6.1　Linux 操作系统的发展

Linux 最早是由芬兰的一位研究生 Linus B. Torvalds 于 1991 年为了在 Intel 的 X86 架构上提供自由免费的类 UNIX 而开发的操作系统。Linux 虽然与 UNIX 操作系统类似，但 Linux 不是 UNIX 的变形版本。从技术上讲，Linux 是一个内核。"内核"是指一个提供硬件抽象层、磁盘及文件系统控制、多任务等功能的系统软件。Torvalds 从开始编写内核代码时就效仿 UNIX，使得几乎所有的 UNIX 工具都可以运行在 Linux 上。因此，凡是熟悉 UNIX 的用户都能够很容易地掌握 Linux。

后来，Torvalds 将 Linux 的源代码完全公开并放在芬兰最大的 FTP 站点上。这样，世界各地的 Linux 爱好者和开发人员都可以通过 Internet 加入到 Linux 的系统开发中来，并将开发的研究成果通过 Internet 很快地散布到世界的各个角落。

11.6.2　Linux 操作系统的特点

目前，Linux 操作系统已逐渐被国内用户所熟悉。Linux 是一个免费软件包，可将普通 PC 变成装有 UNIX 系统的工作站。总的来看，Linux 主要具有以下一些基本特点。

（1）符合 POSIX 1003.1 标准。POSIX 1003.1 标准定义了一个最小的 UNIX 操作系统接口，任何操作系统只有符合这一标准，才有可能运行 UNIX 程序。UNIX 具有丰富的应用程序，当今绝大多数操作系统都把满足 POSIX 1003.1 标准作为实现目标，Linux 也不例外，完全支持 POSIX 1003.1 标准。

（2）支持多用户访问和多任务编程。Linux 是一个多用户操作系统，允许多个用户同时访问系统而不会造成用户之间的相互干扰。另外，Linux 还支持真正的多用户编程，一个用户可以创建多个进程，并使各个进程协同工作来完成用户的需求。

（3）采用页式存储管理。页式存储管理使 Linux 能更有效地利用物理存储空间，页面的换入换出为用户提供了更大的存储空间，并提高了内存的利用率。

（4）支持动态链接。用户程序的执行往往离不开标准库的支持，一般的系统往往采用静态链接方式，即在装配阶段就已将用户程序和标准库链接好。这样，当多个进程运行时，可能会出现库代码在内存中有多个副本而浪费存储空间的情况。Linux 支持动态链接方式，当运行时才进行库链接，如果所需要的库已被其他进程装入内存，则不必再装入，否则需要从硬盘中将库调入。

这样能保证内存中的库程序代码是唯一的，从而节省了存储空间。

（5）支持多种文件系统。Linux 能支持多种文件系统。目前支持的文件系统有 EXT2、EXT、XIAFS、ISOFS、HPFS、MSDOS、UMSDOS、PROC、NFS、SYSV、MINIX、SMB、UFS、NCP、VFAT、AFFS。Linux 最常用的文件系统是 EXT2，其文件名长度可达 255 个字符，并且还有许多特有的功能，使其比常规的 UNIX 文件系统更加安全。

（6）支持 TCP/IP、SLIP 和 PPP。在 Linux 中，用户可以使用所有的网络服务，如网络文件系统、远程登录等。SLIP 和 PPP 能支持串行线上的 TCP/IP 的使用，这意味着用户可用一个高速 Modem 通过电话线连入 Internet。

（7）支持硬盘的动态 Cache。这一功能与 MS-DOS 中的 Smart drive 相似。所不同的是，Linux 能动态调整所用的 Cache 存储器的大小，以适合当前存储器的使用情况。当某一时刻没有更多的存储空间可用时，Cache 容量将被减少，以补充空闲的存储空间；一旦存储空间不再紧张，Cache 的容量又将会增大。

小　　结

（1）操作系统是计算机软件系统中的重要组成部分，是计算机与用户之间的接口。单机操作系统和网络操作系统的相同之处是都能完成处理器管理、作业管理、存储管理、文件管理和设备管理等功能。但是单机操作系统只能为本地用户使用本机资源提供服务，不能满足开放网络环境的要求。如果一台计算机已经连入到一个局域网中，但尚未安装网络操作系统，那么这台计算机也不可能提供任何网络服务功能。

（2）网络操作系统除了具有一般操作系统的特征外，还具有以下特点：与硬件系统无关、多用户支持、网络管理、安全和存取控制、路由连接和互操作性等。

（3）网络操作系统的基本功能有文件服务、数据库服务、打印服务、信息服务、通信服务、分布式服务以及网络管理服务等。

（4）网络操作系统的发展经历了由对等结构向非对等结构演变的过程。在对等结构网络操作系统中，所有的连网计算机地位平等，每个计算机上安装的网络操作系统都相同，连网计算机上的资源可相互共享；在非对等结构网络操作系统中，网络节点分为网络服务器和网络工作站两类。相应地，网络操作系统的软件也分为两部分：一部分运行在服务器上，另一部分运行在工作站上。安装运行在服务器上的软件是网络操作系统的核心部分，其性能直接决定网络服务功能的强弱。

（5）如今的网络操作系统市场呈现出"百花齐放，百家争鸣"的局面，较常见的网络操作系统主要包括 Windows Server 2012、NetWare、UNIX 以及 Linux 等。

习　题　11

一、名词解释（在每个术语前的下划线上标出正确定义的序号）

_____ 1. 单机操作系统　　　　　　　_____ 2. 网络操作系统

_____ 3. 对等结构　　　　　　　　　_____ 4. 非对等结构

_____ 5. 内核　　　　　　　　　　　_____ 6. 网络管理

A. 使网络上各计算机能够方便而有效地共享网络资源，并为网络用户提供所需的各种服务的软件与协议的集合

B. 提供网络性能分析、网络状态监控、存储管理等多种管理功能

C. 一个提供硬件抽象层、磁盘及文件系统控制、多任务等功能的系统软件

D. 网络节点分为网络服务器和网络工作站两类，相应地，网络操作系统软件分为协同工作的两部分，分别安装在网络服务器与网络工作站上

E. 能完成处理器管理、作业管理、存储管理、文件管理和设备管理等功能，但其只能为本地用户使用本机资源提供服务，不能满足开放网络环境要求的操作系统

F. 所有的连网计算机地位平等，每个计算机上安装的网络操作系统都相同，连网计算机上的资源可相互共享

二、填空题

1. 操作系统是计算机软件系统中的重要组成部分，是＿＿＿＿与＿＿＿＿的接口。

2. 网络操作系统的发展经历了由＿＿＿＿向＿＿＿＿演变的过程。

3. 文件系统的主要目的是＿＿＿＿。

4. Windows Server 2012 的主流版本，分别是＿＿＿＿、＿＿＿＿、＿＿＿＿和＿＿＿＿。

5. NetWare 提供了＿＿＿＿、权限安全性、属性安全性和＿＿＿＿4 种安全保密措施。

6. 容错是指在硬件和软件出现故障时仍能完成数据处理和运算，容错技术可分为＿＿＿＿和＿＿＿＿。

7. NetWare 第三级系统容错提供了＿＿＿＿功能。

8. NetWare 是以文件服务器为中心的操作系统，主要由＿＿＿＿、＿＿＿＿与＿＿＿＿3 个部分组成。

9. UNIX 是一个通用的＿＿＿＿、＿＿＿＿的网络操作系统。

10. Linux 操作系统与 Windows NT、NetWare、UNIX 等传统网络操作系统最大的区别是＿＿＿＿。

三、单项选择题

1. 一般操作系统的主要功能是＿＿＿＿。

A. 对机器语言、汇编语言和高级语言进行编译

B. 管理用各种语言编写的源程序

C. 管理数据库文件

D. 控制计算机的工作流程、管理计算机系统的软硬件资源

2. 目前所使用的网络操作系统都是＿＿＿＿结构的。

A. 对等　　　　B. 非对等　　　　C. 层次　　　　D. 非层次

3. 下列不属于网络操作系统的是＿＿＿＿。

A. Windows 2000 Professional　　　　B. Windows NT

C. Linux　　　　D. NetWare

4. 下列关于服务器的叙述不正确的是＿＿＿＿。

A. 网络服务器是计算机局域网的核心部件

B. 网络服务器最主要的任务是对网络活动进行监督和控制

C. 网络服务器在运行网络操作系统时，最大限度地响应用户的要求并及时处理

D. 网络服务器的效率直接影响整个网络的效率

5. 在 Windows NT Server 中，网络功能_____。

    A. 附加在操作系统上　　　　　　　　　B. 由独立的软件完成

    C. 由操作系统生成　　　　　　　　　　D. 内置于操作系统中

6. Novell 网是指采用_____操作系统的局域网系统。

    A. UNIX　　　　　　B. NetWare　　　　　C. Linux　　　　　D. Windows NT

7. _____网络操作系统首次引入容错功能。

    A. Windows 98　B. Windows NT　　　　C. NetWare　　　　D. UNIX

8. UNIX 操作系统的文件系统是_____。

    A. 一级目录结构　　B. 二级目录结构　　C. 分级树型结构　D. 链表结构

9. 下面属于网络操作系统的容错技术的是_____。

    A. 用户账号　　　　B. 用户密码　　　　C. 文件共享　　　D. 磁盘镜像与磁盘双工

10. 下列不属于网络操作系统类型的是_____。

    A. 集中式　　　　　B. 客户/服务器式　　C. 对等式　　　　D. 分布式

四、问答题

1. 什么是网络操作系统？网络操作系统与单机操作系统的区别是什么？

2. 网络操作系统的基本特点有哪些？

3. 简述网络操作系统的基本服务功能。

4. 对等结构的网络操作系统与非对等结构的网络操作系统分别有什么特点？主要区别是什么？

5. 简述 Windows Server 2008 的主要技术特点。

6. NetWare 操作系统由哪几部分组成？说明各部分的主要特点。

7. NetWare 操作系统的容错技术主要有几种，区别是什么？

8. 简述 UNIX 操作系统的主要技术特点。

9. 简述 Linux 操作系统的主要技术特点。

第 12 章
网络安全

随着全球信息高速公路的建设，特别是 Internet 和 Intranet 的发展，网络在各种信息系统中的作用变得越来越重要。网络对整个社会的科技、文化和经济带来了巨大的推动与冲击，同时也带来了许多挑战。随着网络应用的进一步加强，信息共享与信息安全的矛盾日益突出，人们也越来越关心网络安全问题。"网络安全"是"信息安全"的引申。"信息安全"是指对信息的保密性、完整性和可用性的保护。"网络安全"则是对网络信息保密性、完整性和网络系统可用性的保护。如何有效地维护好网络系统的安全就成为计算机研究与应用中的一个重要课题。

本章的学习目标如下。

- 理解网络安全的概念，了解当前网络面临的威胁。
- 掌握网络防火墙的基本概念和主要类型。
- 理解和掌握网络加密的主要方式和常用的网络加密算法。
- 理解和掌握数字证书和数字签名的基本概念和基本原理。
- 理解入侵检测的基本概念及其分类。
- 掌握计算机病毒的基本概念、特点和分类。
- 了解网络防病毒技术与方法。
- 了解网络安全技术的发展前景。

12.1 网络安全的现状与重要性

随着全球信息化的飞速发展，整个世界正在迅速地融为一体，大量建设的各种信息化系统已经成为国家和政府的关键基础设施。众多的企业、组织、政府部门与机构都在组建和发展自己的网络，并连接到 Internet 上，以充分共享、利用网络的信息和资源。整个国家和社会对网络的依赖程度也越来越大，网络已经成为社会和经济发展的强大推动力，其地位越来越重要。但是，当资源共享广泛用于政治、军事、经济以及科学各个领域的同时，也产生了各种各样的问题，其中安全问题尤为突出。网络安全不仅涉及个人利益、企业生存、金融风险等问题，还直接关系到社会稳定和国家安全等诸多方面，因此是信息化进程中具有重大战略意义的问题。了解网络面临的各种威胁，防范和消除这些威胁，实现真正的网络安全已经成为网络发展中最重要的事情之一。

12.1.1 网络安全的基本概念

国际标准化组织（ISO）将计算机安全定义为"为数据处理系统建立和采取的技术与管理方

面的安全保护，保护计算机硬件、软件数据不因偶然和恶意的原因而遭到破坏、更改和泄露"。而网络安全是计算机安全在网络环境下的进一步拓展和延伸。因此，网络安全可以理解为：采取相应的技术和措施，使网络系统的硬件、软件能够连续、可靠地正常运行，并且使系统中的网络数据受到保护，不因偶然和恶意的原因遭到破坏、更改、泄露，确保数据的可用性、完整性和保密性，使其网络服务不中断。

网络安全主要包括用户身份验证、访问控制、数据完整性、数据加密、病毒防范等内容，其中数据的保密性、完整性、可用性、真实性及可控性等方面的技术问题成为网络安全研究的重要课题。

12.1.2　网络面临的威胁

覆盖全球的 Internet，以其自身协议的开放性方便了各种计算机网络的入网互连，极大地拓宽了共享资源。但是，由于早期网络协议对安全问题的忽视，以及在使用和管理上的无序状态，网络安全受到严重威胁，安全事故屡有发生。从目前来看，网络安全的状况仍令人担忧，从技术到管理都处于落后、被动局面。

计算机犯罪目前已引起了社会的普遍关注，其中计算机网络是犯罪分子攻击的重点。计算机犯罪是一种高技术犯罪手段，由于其犯罪的隐蔽性，因而对网络的危害极大。根据有关统计资料显示，计算机犯罪案件每年以 100%的速度急剧上升，Internet 被攻击的事件则以每年 10 倍的速度增长，平均每 20 s 就会发生一起 Internet 入侵事件。计算机病毒从 1986 年首次出现以来，30 年来以几何级数增长，对网络造成了很大的威胁。美国国防部和银行等要害部门的计算机系统都曾经多次遭到非法入侵者的攻击。

随着 Internet 的广泛应用，采用客户机/服务器模式的各类网络纷纷建成，这使网络用户可以方便地访问和共享网络资源，但同时对企业的重要信息，如贸易秘密、产品开发计划、市场策略、财务资料等的安全无疑埋下了致命的引患。必须认识到，对于大到整个 Internet，小到各 Intranet 及各校园网，都存在着来自网络内部与外部的威胁。对 Internet 所构成的威胁可分为两类：故意危害和无意危害。

故意危害 Internet 安全的主要有 3 种人：故意破坏者，又称黑客（Hackers）；不遵守规则者（Vandals）；刺探秘密者（Crackers）。故意破坏者企图通过各种手段去破坏网络资源与信息，如涂抹其他人的主页、修改系统配置、造成系统瘫痪；不遵守规则者企图访问不允许访问的系统，这种人可能仅仅是到网上看看、找些资料，也可能想盗用其他人的计算机资源（如 CPU 时间）；刺探秘密者的企图是通过非法手段侵入他人系统，以窃取重要秘密和个人资料。除了泄露信息对企业网构成威胁之外，还有一种危险是有害信息的侵入。有人在网上传播一些不健康的图片、文字或散布不负责任的消息；不遵守网络使用规则的用户可能通过玩一些电子游戏将病毒带入系统，轻则造成信息错误，严重时将会造成网络瘫痪。

总的来说，网络面临的威胁主要来自以下几个方面。

（1）黑客的攻击。对于大家来说，黑客已经不再是一个高深莫测的人物，黑客技术逐渐被越来越多的人掌握和发展。因此，系统、站点遭受攻击的可能性就变大了。尤其是现在还缺乏针对网络犯罪卓有成效的反击和跟踪手段，使黑客攻击的隐蔽性好、"杀伤力"强，这都是网络安全的主要威胁。

（2）管理的欠缺。网络系统的严格管理是企业、机构及用户免受攻击的重要措施。事实上，很多企业、机构及用户的网站或系统都疏于这方面的管理。据 IT 界企业团体 ITAA 的调查显示，美国 90%的 IT 企业对黑客攻击准备不足。目前，美国 75%～85%的网站都抵挡不住黑客的攻击，约有 75%的企业网上信息失窃，其中 25%的企业损失在 100 万美元以上。

（3）网络的缺陷。Internet 的共享性和开放性使网上信息安全存在先天不足，因为其赖以生存的 TCP/IP 簇缺乏相应的安全机制，而且 Internet 最初的设计考虑是该网不会因局部故障而影响信息的传输，基本没有考虑安全问题，因此在安全可靠、服务质量、带宽和方便性等方面存在着不适应性。

（4）软件的漏洞或"后门"。随着软件系统规模的不断增大，系统中的安全漏洞或"后门"也不可避免，如常用的操作系统，无论是 Windows 还是 UNIX 几乎都存在或多或少的安全漏洞，众多的各类服务器、浏览器、桌面软件等都被发现过存在安全隐患。大家熟悉的"尼姆达""中国黑客"等病毒都是利用微软系统的漏洞从而给企业造成巨大损失的，可以说任何一个软件系统都可能会因为程序员的一个疏忽、设计中的一个缺陷等原因而存在漏洞，这也是网络安全的主要威胁之一。

（5）企业网络内部。网络内部用户的误操作、资源滥用和恶意行为令再完善的防火墙也无法抵御。防火墙无法防止来自网络内部的攻击，也无法对网络内部的滥用做出反应。

12.2　防火墙技术

12.2.1　防火墙的基本概念

古时候，人们常在寓所之间砌起一道砖墙，一旦火灾发生，能够防止火势蔓延到其他寓所。现在，如果一个网络连接到了 Internet，用户就可以访问外部世界并与之通信。同时，外部世界也同样可以访问该网络并与之交互。为安全起见，可以在该网络和 Internet 之间插入一个中介系统，竖起一道安全屏障。这道屏障的作用是阻断来自外部通过网络对本网络的威胁和入侵，提供扼守本网络的安全和审计的唯一关卡，其作用与古时候的防火砖墙有类似之处，因此把这个屏障称为防火墙（Fire Wall）。

在网络中，防火墙是指在两个网络之间实现控制策略的系统（软件、硬件或者是两者并用），用来保护内部的网络不易受到来自 Internet 的侵害。因此，防火墙是一种安全策略的体现。如果内部网络的用户要上 Internet，必须首先连接到防火墙上，从那儿使用 Internet。同样，Internet 要访问内部网络，也必须先通过防火墙。防火墙通过监控内网和 Internet 之间的任何活动，控制进出网络的信息流和信息包，尽可能地对外部屏蔽内部网络的信息、结构和运行状况，以实现对内部网络的保护。这种做法能有效地防止来自 Internet 的入侵和攻击，如图 12-1 所示。

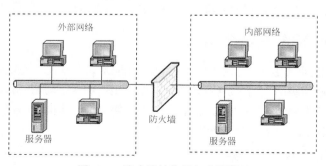

图 12-1　防火墙的位置与功能模型

随着计算机网络安全问题的日益突出，防火墙产业在近年来得到了迅猛的发展。实际上，实现一个有效的防火墙远比给计算机买一个防病毒软件要复杂得多，简单地将一个防火墙产品置于Internet中并不能提供用户所需要的保护。建立一个有效的防火墙来实施安全策略，需要评估防火墙技术，选择最符合要求的技术，并正确地创建防火墙。

目前的防火墙技术一般都可以起到以下一些安全作用。

（1）集中的网络安全。防火墙允许网络管理员定义一个中心（阻塞点）来防止非法用户（如黑客、网络破坏者等）进入内部网络，禁止存在不安全因素的访问进出网络，并抗击来自各种线路的攻击。防火墙技术能够简化网络的安全管理、提高网络的安全性。

（2）安全警报。通过防火墙可以方便地监视网络的安全性，并产生报警信号。网络管理员必须审查并记录所有通过防火墙的重要信息。

（3）重新部署网络地址转换。Internet的迅速发展使有效的、未被申请的IP地址越来越少，这就意味着想进入Internet的机构可能申请不到足够的IP地址来满足内部网络用户的需要。为了接入Internet，可以通过网络地址转换（Network Address Translator，NAT）来完成内部私有地址到外部注册地址的映射。防火墙是部署NAT的理想位置。

（4）监视Internet的使用。防火墙也是审查和记录内部人员对Internet使用的一个最佳位置，可以在此对内部访问Internet的情况进行记录。

（5）向外发布信息。防火墙除了起到安全屏障作用外，也是部署WWW服务器和FTP服务器的理想位置。允许Internet访问上述服务器，而禁止对内部受保护的其他系统进行访问。

但是，防火墙也有其自身的局限性，无法防范来自防火墙以外的其他途径所进行的攻击。如果住在一所木屋中，却安装了一扇6英尺（1英尺=0.3048 m）厚的钢门，会被认为是很愚蠢的做法。然而，有许多机构购买了价格昂贵的防火墙，但却忽视了通往其网络中的其他几扇后门。例如，在一个被保护的网络上有一个没有限制的拨号访问存在，这样就为黑客从后门进行攻击创造了机会。

另外，由于防火墙依赖于口令，所以防火墙不能防范黑客对口令的攻击。曾经两个在校学生编写了一个简单的程序，通过对波音公司的口令字的排列组合，试出了开启其内部网的密钥，从网中得到了一张授权的波音公司的口令表，然后将口令一一出售。因此，有人说防火墙不过是一道矮小的篱笆墙，黑客就像老鼠一样能从这道篱笆墙的窟窿中进进出出。同时，防火墙也不能防止来自内部用户带来的威胁，不能解决进入防火墙的数据带来的所有安全问题，如果用户在本地运行了一个包含恶意代码的程序，那么就很可能导致敏感信息的泄露和破坏。

因此，要使防火墙发挥作用，防火墙的策略必须现实，能够反映出整个网络安全的水平。例如，一个保存着超级机密或保密数据的站点根本不需要防火墙，因为这个站点根本不应该被接入Internet，或者保存着真正秘密数据的系统应与企业的其余网络隔离开。

12.2.2　防火墙的主要类型

典型的防火墙系统通常由一个或多个构件组成，相应地，实现防火墙的技术包括5大类：包过滤型防火墙（也称网络级防火墙）、应用级网关、电路级网关、代理服务防火墙和复合型防火墙。这些技术各有所长，具体使用哪一种或是否混合使用，要根据具体情况而定。

1. 包过滤防火墙（Packet Filtering Firewall）

一个路由器便是一个传统的包过滤防火墙，路由器可以对IP地址、TCP或UDP分组头信息进行检查与过滤，以确定是否与设备的过滤规则匹配，继而决定此数据包按照路由表中的信息被转发或被丢弃。

对于大多数路由器而言，都能通过检查这些信息来决定是否将所收到的数据包转发，但是不能判断出一个数据包来自何方、去向何处。有些先进的网络级防火墙则可以判断这一点，可以提供内部信息以说明所通过的连接状态和一些数据流的内容，把判断的信息同路由器内部的规则表进行比较，在规则表中定义了各种规则来表明是否同意或拒绝包的通过。包过滤防火墙检查每一条规则直至发现包中的信息与某规则相符。如果没有一条规则能符合，防火墙就会使用默认规则，一般情况下，默认规则就是要求防火墙丢弃该数据包。另外，通过定义基于 TCP 或 UDP 数据包的端口号，防火墙能够判断是否允许建立特定的连接，如 Telnet、FTP 连接等。其功能如图 12-2 所示。

包过滤防火墙对用户来说是全透明的，最大的优点是：只需在一个关键位置设置一个包过滤路由器就可以保护整个网络。如果在内部网络与外界之间已经有了一个独立的路由器，那么可以简单地加一个包过滤软件进去，一步就可以实现对全网的保护，而不必在用户机上再安装其他特定的软件。使用起来非常简洁、方便，并且速度快、费用低。

包过滤防火墙也有其自身的缺点和局限性，具体如下。

（1）包过滤规则配置比较复杂，而且几乎没有什么工具能够对过滤规则的正确性进行测试。

（2）由于包过滤防火墙只检查地址和端口，对网络更高协议层的信息无理解能力，因而对网络的保护十分有限。

（3）包过滤没法检测具有数据驱动攻击这一类潜在危险的数据包。

（4）随着过滤次数的增加，路由器的吞吐量会明显下降，从而影响整个网络的性能。

2. 应用级网关（Application Level Gateway）

应用级网关主要控制对应用程序的访问，能够检查进出的数据包，通过网关复制、传递数据来防止在受信任的服务器与不受信任的主机间直接建立联系。应用级网关不仅能够理解应用层上的协议，而且还提供一种监督控制机制，使网络内、外部的访问请求在监督机制下得到保护。同时，应用级网关还能对数据包进行分析、统计并进行详细的记录，其功能如图 12-3 所示。

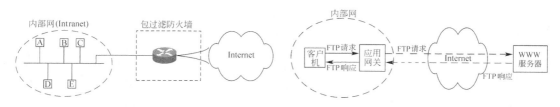

图 12-2　包过滤防火墙功能模型　　　　图 12-3　应用级网关的功能模型

应用级网关和包过滤防火墙有一个共同的特点，那就是仅仅依靠特定的逻辑判断来决定是否允许数据包通过。一旦满足逻辑，则防火墙内外的计算机系统建立直接联系，防火墙外部的用户便有可能直接了解防火墙内部的网络结构和运行状态，这有利于实施非法访问和攻击。

为了消除这一安全漏洞，应用级网关可以通过重写所有主要的应用程序来提供访问控制。新的应用程序驻留在所有人都要使用的集中式主机中，这个集中式主机称为堡垒主机（Bastion Host）。由于堡垒主机是 Internet 上其他站点所能到达的唯一站点，即是 Internet 上的主机能连接到的唯一的内部网络上的系统，任何外部的系统试图访问内部的系统或服务器都必须连接到这台主机上，因此堡垒主机被认为是最重要的安全点，必须具有全面的安全措施。

应用级网关的优点是：具有较强的访问控制功能，是目前最安全的防火墙技术之一。缺点是：每一种协议都需要相应的代理软件，实现起来比较困难，使用时工作量大，效率不如网络级防火墙高，而且对用户缺乏"透明度"。在实际使用过程中，用户在受信任的网络上通过防火墙访问Internet时，经常会发现存在较大的延迟并且有时必须进行多次登录才能访问Internet或Intranet。

3. 电路级网关（Circuit Level Gateway）

电路级网关是一种特殊的防火墙，通常工作在OSI参考模型中的会话层上。电路级网关只依赖于TCP连接，而并不关心任何应用协议，也不进行任何的包处理或过滤。电路级网关只根据规则建立从一个网络到另一个网络的连接，并只在内部连接和外部连接之间来回复制字节，不进行任何审查、过滤或协议管理。但是电路级网关可以隐藏受保护网络的有关信息。

实际上，电路级网关并非作为一个独立的产品存在，一般要和其他应用级网关结合在一起使用，如Trust Information Systems公司的Gauntlet Internet Firewall、DEC公司的Alta Vista Firewall等。另外，电路级网关还可在代理服务器上运行"地址转移"进程，将所有内部的IP地址映射到一个"安全"的IP地址，这个地址是防火墙专用的。

电路级网关最大的优点是主机可以被设置成混合网关。这样，整个防火墙系统对于要访问Internet的内部用户来说使用起来是很方便的，同时还能提供完善的保护内部网络免于外部攻击的防火墙功能。

4. 代理服务防火墙（Proxy Server Firewall）

代理服务防火墙工作在OSI参考模型的最高层——应用层，有时也将其归为应用级网关一类。代理服务器（Proxy Server）通常运行在Intranet和Internet之间，是内部网与外部网的隔离点，起着监视和隔绝应用层通信流的作用。当代理服务器收到用户对某站点的访问请求后，便会立即检查该请求是否符合规则。若规则允许用户访问该站点，代理服务器便会以客户的身份登录目的站点，取回所需的信息再发给客户，如图12-4所示。由此可以看出，代理服务器像一堵墙一样挡在内部用户和外界之间，从外部只能看到该代理服务器而无法获知任何内部资料，如用户的IP地址等。

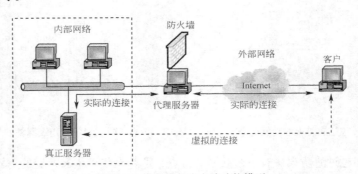

图12-4　代理服务防火墙功能模型

代理服务防火墙是针对数据包过滤和应用网关技术存在的仅仅依靠特定的逻辑判断这一缺点而引入的防火墙技术。代理服务防火墙将所有跨越防火墙的网络通信链路分为两段，用代理服务上的两个"链接"来代替：外部计算机的网络链路只能到达代理服务器，从而起到了隔离防火墙内外计算机系统的作用，将被保护网络内部的结构屏蔽起来。

此外，代理服务防火墙还能对过往的数据包进行分析、注册登记、形成报告。同时，当发现被攻击迹象时代理服务防火墙会及时向网络管理员发出警报，并保留攻击痕迹。代理服务防火墙的缺点是：需要为每个网络用户专门设计；并且由于需要硬件实现，因而工作量较大，安装使用复杂，成本较高。

5. 复合型防火墙（Compound Firewall）

由于对更高安全性的要求，常常把基于包过滤的防火墙与基于代理服务的防火墙结合起来，形成复合型防火墙产品。这种结合通常是以下两种方案。

（1）屏蔽主机防火墙体系结构。在该结构中，包过滤路由器与 Internet 相连，同时一个堡垒机安装在内部网络，通过在包过滤路由器上设置过滤规则，使堡垒机成为 Internet 上其他节点所能到达的唯一节点，如图 12-5 所示。这样就确保了内部网络免遭外部未授权用户的攻击。

（2）屏蔽子网防火墙体系结构。堡垒机放在一个子网内，形成非军事区（Demilitarized Zone,DMZ），两个包过滤路由器放置在子网的两端，使这一子网与外部 Internet 及内部网络分离，如图 12-6 所示。在屏蔽子网防火墙体系结构中，堡垒主机和包过滤路由器共同构成了整个防火墙的安全基础。

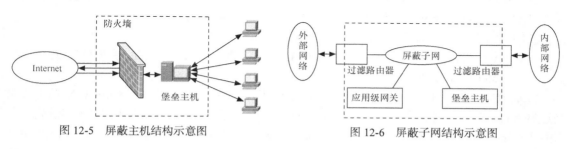

图 12-5　屏蔽主机结构示意图　　　　图 12-6　屏蔽子网结构示意图

12.2.3　防火墙的主要产品

目前，防火墙产品主要有 3 大类：一是硬件型防火墙；二是软件型防火墙；三是软硬件兼容性的防火墙。下面介绍几种流行的防火墙产品。

1. CheckPoint FireWall-1 V3.0

作为开放安全企业互联联盟（Open Platform for Security OPSEC）的组织和倡导者之一，CheckPoint 公司在企业级安全性产品开发方面占有世界市场的主导地位，其主打产品 FireWall-1 防火墙的市场占有率很高，目前市场主要采用的是其第三代产品——FireWall-1 V3.0。它的主要功能如下。

（1）采用状态监测技术，结合强大的面向对象的方法，可以提供全 7 层应用识别，对新应用很容易支持。

（2）支持 160 种以上的预定义应用和协议，包括所有 Internet 服务，如传统的 Internet 应用（E-mail、Ftp、Telnet）以及 UDP、RPC 等。

（3）支持多种重要的商业应用，如 Oracle SQL *Net、Sybase SQL 等数据库的访问。

（4）支持多种多媒体应用，如 RealAudio、CoolTalk、NetMeeting 等。

（5）支持多种 Internet 广播服务，如 BackWeb、PointCast 等。

（6）具有安全、完备的认证体系。FireWall-1 可以在一个用户发起的通信连接允许之前，就其真实性进行确认，而且提供的认证无须在服务器和客户端的应用中进行任何修改。FireWall-1 的服务认证是集成在整个企业范围内的安全策略，可以进行集中管理，同时还可以对在整个企业范围内发生的认证过程进行全程的监控、跟踪和记录。

2．NetScreen 防火墙

NetScreen 防火墙的主要功能如下。

（1）存取控制：指定 IP 地址、用户认证控制。

（2）拒绝攻击：检测 SYN 攻击、检测 Tear Drop 攻击、检测 Ping of Death 攻击、检测 IP Spoofing 攻击、默认数据包拒绝、过滤源路由 IP、动态过滤访问、支持 Web、Radius 及 Secure ID 用户认证。

（3）地址转换。

（4）隐藏内部地址，节约 IP 资源。

（5）网络隔离 DMZ（Demilitarized Zone）。

（6）物理上隔开内外网段，更安全，更独立。

（7）负载平衡（Load Balancing）。

（8）按规则合理分担流量至相应的服务器，适用于 ISP。

（9）虚拟专网 VPN（Virtual Private Network）。

（10）符合 IPsec 标准，节省专线费用。VPNclient 适应国际趋势。

（11）流量控制及实时监控（Traffic Control）。

（12）用户带宽最大量限制，用户带宽最小量保障，8 级用户优先级设置，合理分配带宽资源。

3．Cisco PIX 防火墙

Cisco 防火墙与众不同的特点是基于硬件，因而最大的优点就是速度快。Cisco PIX 防火墙便是这类产品，包转换速度高达 170 Mbit/s，可同时处理 6 万多个连接。将防火墙技术集成到路由器中是 Cisco 网络安全产品的另一大特色。Cisco 在路由器市场的占有率高达 80%，在路由器的 IOS 中集成防火墙技术是其他厂家无可比拟的，这样做的好处是用户无须额外购置防火墙，可降低网络建设的总成本。

Cisco PIX 防火墙的主要功能如下。

（1）实时嵌入式操作系统。

（2）保护方案基于自适应安全算法（ASA），可以确保最高的安全性。

（3）用于验证和授权的"直通代理"技术。

（4）最多支持 250 000 个同时连接。

（5）URL 过滤。

（6）HP Open View 集成。

（7）通过电子邮件和寻呼机提供报警和告警通知。

（8）通过专用链路加密卡提供 VPN 支持。

（9）符合委托技术评估计划，经过了美国安全事务处（National Security Agency,NSA）的认证，同时通过中国公安部安全检测中心的认证（PIX 520 除外）。

12.3 网络加密技术

信息安全主要包括系统安全及数据安全两方面的内容。系统安全一般采用防火墙、病毒查杀等被动措施，而数据安全则主要是指采用现代密码技术对数据进行主动保护，如数据保密、数据完整性、数据不可否认与抵赖、双向身份认证等。

密码技术是保障信息安全的核心技术。所谓加密，就是通过密码算术对数据进行转化，使之成为没有正确密钥任何人都无法读懂的报文。而这些以无法读懂的形式出现的报文一般被称为密文。为了读懂报文，密文必须重新转变为最初形式——明文。含有数学方式以用来转换报文的双重密码就是密钥，如图 12-7 所示。在密文情况下，即使一则信息被截获并阅读，这则信息也是毫无利用价值的。

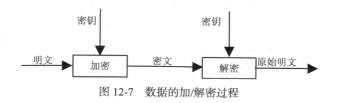

图 12-7　数据的加/解密过程

20 世纪 70 年代以来，随着计算机技术、通信技术以及网络技术的飞速发展，密码研究领域不断拓宽，应用范围日益扩大，社会对密码的需求越来越迫切，密码技术得到了空前的发展。当前，密码技术不仅在保护党政领导机关的秘密信息中具有重要的、不可替代的作用，同时在保护经济、金融、贸易等系统的信息安全，以及在保护商业领域如网上购物、数字银行、收费电视、电子钱包的正常运行中也具有重要的应用。有人以人体来比喻，芯片是细胞，计算机是大脑，网络是神经系统，智能是营养，信息是血浆，信息安全是免疫系统。也有人将密码技术视为信息高速公路的保护神。随着信息技术的发展，电子数据交换逐步成为人们交换的主要形式。密码在信息安全中的应用将会不断拓宽，信息安全对密码的依赖也将会越来越大。

12.3.1　网络加密的主要方式

密码技术是网络安全最有效的技术之一。一个加密网络不但可以防止非授权用户的搭线窃听和入网，保护网内的数据、文件、口令和控制信息，而且也是对付恶意软件的有效方法之一。目前对网络加密主要有 3 种方式：链路加密、节点加密和端点加密。链路加密的目的是保护网络节点之间的链路信息安全；节点加密的目的是对源节点到目的节点之间的传输链路提供加密保护；端点加密的目的是对源端用户到目的端用户的数据提供加密保护。

（1）链路加密，链路加密（又称在线加密）是指仅在数据链路层对传输数据进行加密，主要用于对信道或链路中可能被截获的那一部分数据信息进行保护，一般的网络安全系统都采用这种方式。链路加密方式将网络上传输的数据报文的每一个比特位都进行加密，不但对数据报文正文加密，而且对路由信息、校验和、控制信息等进行加密。所以当数据报文传输到某个中间节点时，必须先对其解密以获得路由信息和校验和，然后再进行路由选择，差错检测，最后再次对其加密，发送给下一个节点，直到数据报文到达目的节点为止。在到达目的地之前，一条报文通常要经过许多通信链路的传输。

在链路加密方式下，只对通信链路中的数据加密，而不对网络节点内的数据加密，所以节点内的数据报文是以明文出现的。在每一个中间节点上，传输的报文均被解密后又重新进行加密，因此包括路由信息在内的链路上的所有数据报文均以密文形式出现。

链路加密方式的优点是：简单、实现起来比较容易。只要把一对密码设备安装在两个节点间的线路上，即安装在节点和调制解调器之间，使用相同的密钥即可。链路加密方式对用户是透明的，用户既不需要了解加密技术的细节，也不需要干预加密和解密的过程，整个加密操作由网络自动完成。

尽管链路加密在计算机网络环境中使用得相当普遍，但仍存在一些问题：一是由于全部报文都以明文形式通过各节点，因此在这些节点上数据容易受到非法存取的危险；二是由于每条链路都需要一对加密、解密设备和一个独立的密钥，因此成本较高。

（2）节点加密。节点加密是对链路加密的改进，在操作方式上与链路加密是类似的：两者均在通信链路上为传输的报文提供安全性；都在中间节点先对报文进行解密，然后进行加密。因为要对所有传输的数据进行加密，所以加密过程对用户是透明的。与链路加密的不同在于，节点加密不允许报文在网络节点内以明文形式存在，先把收到的报文进行解密，然后采用另一个不同的密钥进行加密，这一过程是在节点上的一个保密模块中进行的。其目的是克服链路加密在节点处易遭受非法存取的缺点。该加密方式可提供用户节点间连续的安全服务，也可用于实现对等实体的鉴别。

节点加密的优点是：比链路加密成本低，而且更安全。缺点是：节点加密要求报头和路由信息以明文形式传输，以便中间节点能得到如何处理消息的信息。因此，这种方法对于防止攻击者分析通信业务仍然是脆弱的。

（3）端对端加密。为了解决链路加密方式和节点加密方式的不足，人们提出了端对端加密方式。端对端加密（又称脱线加密或包加密，面向协议加密）允许数据在从源点到终点的传输过程中始终以密文形式存在。采用端对端加密，报文在到达终点之前的传输过程中不进行解密。由于消息在整个传输过程中均受到保护，所以即使有节点被损坏也不会使消息泄露。

端对端加密可在传输层或更高层次中实现。若选择在传输层进行加密，就不必为每个用户提供单独的安全保护机制；若选择在应用层进行加密，则用户可根据自己的特定要求来选用不同的加密策略。端对端加密方式和链路加密方式的区别在于：链路加密方式是对整个链路的通信采取保护措施，而端对端加密方式则是对整个网络系统采取保护措施，因此端对端加密方式是将来网络加密的发展趋势。

端对端加密结合了链路加密和节点加密的所有优点，而且成本更低，与链路加密和节点加密相比更可靠，更容易设计、实现和维护。端对端加密还避免了其他加密系统所固有的同步问题，因为每个报文包均是独立被加密的，所以一个报文包所发生的传输错误不会影响后续的报文包。此外，从用户对安全需求的直觉上讲，端对端加密更自然些。单个用户可能会选用这种加密方法，以便不影响网络上的其他用户，此方法只需要源节点和目的节点是保密的即可。然而，由于端点加密只是加密报文，数据报头仍需保持明文形式，所以数据报头容易为报文分析者所利用。端点加密密钥数量大，因此其密钥的管理也是一个比较困难的问题。

12.3.2　网络加密算法

网络信息的加密过程是由形形色色的加密算法来具体实施的，以很小的代价就能提供很牢靠的安全保护。据不完全统计，到目前为止，已经公开发表的各种加密算法有200多种。按照国际上的惯例，对加密算法有以下两种常见的分类标准。

根据对明文信息加密方式的不同进行分类可以将加密算法分为分组加密算法和序列加密算法。如果经过加密所得到的密文仅与给定的密码算法和密钥有关，与被处理的明文数据段在整个明文（或密文）中所处的位置无关，就称为分组加密算法。分组加密算法每次只加密一个二进制比特位。如果密文不仅与最初给定的密码算法和密钥有关，同时也是被处理的数据段在明文（或密文）中所处的位置的函数，就称为序列加密算法。序列加密算法先将信息序列分组，每次对一个组进行加密。

如果按照收发双方的密钥是否相同来分类，可以将加密算法分为私钥加密算法（对称加密算法）和公钥加密算法（非对称加密算法）。

1. 私钥加密算法与 DES

（1）私钥加密算法。如果一个加密系统的加密密钥和解密密钥相同，或者虽然不同，但是由其中的任意一个可以容易地推导出另一个，则该系统所采用的就是私钥加密算法（也称为对称加密算法）。加/解密过程如图 12-8 所示。

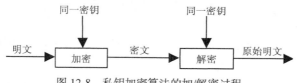

图 12-8　私钥加密算法的加/解密过程

比较著名的私钥加密算法有美国的 DES（Data Encryption Standard，数据加密标准）及其各种变形，如 3DES、GDES、New DES 和 DES 的前身 Lucifer，欧洲的 IDEA，日本的 FEAL-N、LOKI-91、RC4、RC5 以及以代换密码和转轮密码为代表的古典密码等。在众多的私钥加密算法中，影响最大的是 DES 密码，是 IBM 公司 1977 年为美国政府研制的一种算法，后来被美国国家标准局承认。

（2）DES 加密算法。DES 是以 56 位密钥为基础的密码块加密技术，每次对 64 位输入数据块进行加密。加密过程包括 16 轮编码。在每一轮编码中，DES 从 56 位密钥中产生一个 48 位的临时密钥，并用这个密钥进行这一轮的加密。加密过程一般如下。

① 一次性把 64 位明文块打乱置换。

② 把 64 位明文块拆成两个 32 位块。

③ 用机密 DES 密钥把每个 32 位块打乱位置 16 次。

④ 使用初始置换的逆置换。

由于对每一个 64 位的数据块都要做一个 16 次的循环编码，因此 DES 算法用软件来实现比较慢。DES 算法也可以用硬件来实现，这时，一个 DES 芯片会有 64 个输入"引脚"和 64 个输出"引脚"。只要有 64 位明文从输入引脚输入，输出端就是 64 位的密文。硬件加密的速度要比软件快得多。

私钥加密算法的优点是具有很强的保密强度，安全性就是其 56 位密钥，为了破解一个 DES 的密钥，必须尝试 2^{56} 次计算，这使其可以经受较高级破译力量的分析和攻击。但随着 CPU 速度的提高和并行处理技术的快速发展，破解 DES 密钥是可行的。另外，其密钥必须通过安全可靠的途径传送。因此，密钥管理是影响系统安全的关键性因素，使其难以满足系统的开放性要求。

（3）Kerberos。如果采用对称加密方法对数据进行加密，并管理好密钥，就可以保证数据的机密性。但是，数据在传输过程中怎么办？如果数据在发送端进行加密，并准备在接收端对其解密，那么接收端怎么得到发送端的密钥？如果想通过网络把密钥从发送端传到接收端，那么这个密钥只能用明文传输。如果密钥在传输过程中被第三方窃取，那么整个加密过程就毫无意义。当然，如果每两个用户之间都用一个密钥进行安全通信，那么每个用户维护的密钥数目太多。

Kerberos 是用来解决上述密钥颁发安全问题的有效手段，"Kerberos"这一名词来源于希腊神话"三个头的狗——地狱之门守护者"。在网络加密技术中，Kerberos 是指由美国麻省理工学院提出的基于可信赖的第三方的认证系统，提供了一种在开放式网络环境下进行身份认证的方法，使网络上的用户可以相互证明自己的身份。

Kerberos 采用对称密钥体制对信息进行加密。其基本思想是：能正确对信息进行解密的用户就是合法用户。用户在对应用服务器进行访问之前，必须先从第三方（Kerberos 服务器）获取该应用服务器的访问许可证（ticket）。

Kerberos 密钥分配中心 KDC（即 Kerberos 服务器）由认证服务器 AS 和许可证颁发服务器 TGS 构成。Kerberos 认证过程具体如下。

① 用户想要获取访问某一应用服务器的许可证时，先以明文方式向认证服务器 AS 发出请求，要求获得访问 TGS 的许可证。

② AS 以证书（credential）作为响应，证书包括访问 TGS 的许可证和用户与 TGS 间的会话密钥。会话密钥以用户的密钥加密后传输。

③ 用户解密得到 TGS 的响应，然后利用 TGS 的许可证向 TGS 申请应用服务器的许可证，该申请包括 TGS 的许可证和一个带有时间戳的认证符（authenticator）。认证符以用户与 TGS 间的会话密钥加密。

④ TGS 从许可证中取出会话密钥、解密认证符，验证认证符中时间戳的有效性，从而确定用户的请求是否合法。TGS 确认用户的合法性后，生成所要求的应用服务器的许可证，许可证中含有新产生的用户与应用服务器之间的会话密钥。TGS 将应用服务器的许可证和会话密钥传回到用户。

⑤ 用户向应用服务器提交应用服务器的许可证和用户新产生的带时间戳的认证符（认证符以用户与应用服务器之间的会话密钥加密）。

⑥ 应用服务器从许可证中取出会话密钥、解密认证符，取出时间戳并检验有效性；然后向用户返回一个带时间戳的认证符，该认证符以用户与应用服务器之间的会话密钥进行加密。据此，用户可以验证应用服务器的合法性。

至此，双方完成了身份认证，并且拥有了会话密钥。其后进行的数据传递将以此会话密钥进行加密。

Kerberos 将认证从不安全的工作站移到了集中的认证服务器上，为开放网络中的两个主体提供身份认证，并通过会话密钥对通信进行加密。对于大型的系统可以采用层次化的区域（realm）进行管理。

Kerberos 也存在一些问题：Kerberos 服务器的损坏将使整个安全系统无法工作；AS 在传输用户与 TGS 间的会话密钥时是以用户密钥加密的，而用户密钥是由用户口令生成的，因此可能受到口令猜测的攻击；Kerberos 使用了时间戳，因此存在时间同步问题；要将 Kerberos 用于某一应用系统，则该系统的客户端和服务器端软件都要做一定的修改。

2. 公钥加密算法与 RSA

（1）公钥加密算法。在私钥加密算法（对称加密算法）DES 中，加密和解密所使用的密钥是相同的，其保密性主要取决于对密钥的保密程度。加密者必须用非常安全的方法将密钥传给接收者。如果通过计算机网络传送密钥，则必须先对密钥本身予以加密后再传送。

1976 年，美国的 Diffe 和 Hallman 提出了一个新的非对称密码体系（公钥加密算法）。其主要特点是在对数据进行加密和解密时使用不同的密钥。每个用户都保存着一对密钥，每个人的公开密钥都对外开放。假如某用户要与另一用户通信，可用公开密钥对数据进行加密，而收信者则用自己的私有密钥进行解密，这样就可以保证信息不会外泄。

公钥加密算法的特点可总结为以下几点。

① 加密和解密分别用加密密钥和解密密钥两个不同的密钥实现，并且不可能由加密密钥推导出解密密钥（或者不可能由解密密钥推导出加密密钥）。其加/解密过程如图 12-9 所示。

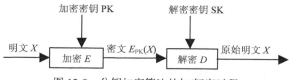

图 12-9　公钥加密算法的加/解密过程

② 设加密算法为 E、加密密钥为 PK，可利用这些对明文 X 进行加密，得到密文 $E_{PK}(X)$；设解密算法为 D、解密密钥为 SK，可利用这些将密文恢复为明文，即 $D_{SK}(E_{PK}(X))=X$。

 　　加密密钥 PK 是公开的，解密密钥 SK 是接收者专用的密钥，对其他所有人都保密。

③ 在计算机上很容易产生成对的 PK 和 SK。

④ 加密和解密运算可以对调，即利用 D_{SK} 对明文进行加密形成密文，然后用 E_{PK} 对密文进行解密，即 $E_{PK}(D_{SK}(X))=X$。

比较著名的公钥加密算法有 RSA、背包密码、McEliece 密码、Diffe-Hellman、Rabin、Ong-FiatShamir、零知识证明的算法、椭圆曲线、ElGamal 密码算法等。最有影响力的是 RSA，能抵抗目前为止已知的所有密码攻击。

（2）RSA。RSA 是一个现今在网络上、银行系统、军事情报等许多领域用处非常广泛的非对称加密算法，已经深深地影响到当今社会中的每一个人，并极大地保证了交易的安全性。一个以 RSA 加密算法为业务的公司，其市值可以达到 5 亿美元；一组以 RSA 算法产生的密码需要当前世界上所有计算机连机不断地工作 25 年才能够破解；有一组统计资料显示，以 RSA 加密算法为核心的加密软件，其下载和使用量远远超过了 Windows、Office、IE 浏览器等著名软件……所有这些足以说明其价值之大、用处之广泛。RSA 已经成为未来网络生活和电子商务中不可缺少的工具。

该算法于 1977 年由美国麻省理工学院（Massachusetts Institute of Technology,MIT）的 Ronal Rivest、Adi Shamir 和 Len Adleman 3 位年轻教授提出，1978 年正式公布，并以 3 人的姓氏 Rivest、Shamir 和 Adleman 命名为 RSA 算法。RSA 公钥加密算法是目前网络上进行保密通信和数字签名的最有效的安全算法之一，其安全性依赖于大数分解，即利用了数论领域的一个事实，那就是虽然把两个大质数相乘生成一个合数是一件十分容易的事情，但要把一个合数分解为两个质数却十分困难。合数分解问题目前仍然是数学领域尚未解决的一大难题，至今没有任何高效的分解方法。所以，只要 RSA 采用足够大的整数，因子分解越困难，密码就越难以破译，加密强度就越高。

RSA 加密算法的工作原理如下。

① 任意选择两个不同的大质数 p、q，计算 $N=pq$（N 称为 RSA 算法中的模数）。

② 计算 N 的欧拉函数 $\phi(N)=(p-1)(q-1)$，$\phi(N)$ 定义为不超过 N 并与 N 互质的数的个数。

③ 从 $[0,\phi(N)-1]$ 中选择一个与 $\phi(N)$ 互质的数 e 作为公开的加密指数。

④ 计算解密指数 d，使 $ed=1 \bmod \phi(N)$。其中，公钥 PK=$\{e,N\}$，私钥 SK=$\{d,N\}$。

⑤ 公开 e、N，但对 d 保密。

⑥ 将明文 X（假设 X 是一个小于 N 的整数）加密为密文 Y，计算方法为

$$Y=X^e \bmod N$$

⑦ 将密文 Y（假设 Y 也是一个小于 N 的整数）解密为明文 X，计算方法为

$$X=Y^d \bmod N$$

值得注意的是：e、d、N 满足一定的关系，但破译者只根据 e 和 N（不是 p 和 q）计算出 d

是不可能的。因此，任何人都可对明文进行加密，但只有授权用户（知道 d 的用户）才可以对密文解密。

下面举一个例子来对上述过程进行说明。

选取两个质数 p=5，q=11。（为了简单起见，显然只能选取很小的数字。）

计算出 $N=pq$=5×11=55。

计算出 $\phi(N)$=$(p-1)(q-1)$=4×10=40。

从[0, 39]中选取一个与40互质的数 e。这里选 e=3。然后通过 $3d$=1 mod 40，解出 d。不难得出 d=27，因为 ed=3×27=81=2×40+1=1 mod 40。

于是，公钥 PK = {3,55}，私钥 SK={27,55}。

现在对明文进行加密。首先将明文划分为一个个的分组，使每个明文分组的二进制值不超过 N，即不超过55。

设明文 X=17，用公钥 PK = {3,55}加密时，密文 $Y=X^e \bmod N=17^3 \bmod 55=18$。

用私钥 SK={27,55}进行解密时，明文 $X=Y^d \bmod N=18^{27} \bmod 55 =17$。

RSA 算法的安全性取决于对模数 N 因数分解的困难性。RSA 算法的 3 位提出者最初使用 512 位十进制数字作为其模数 N，并预言要经过 $40×10^{15}$ 年才能攻破。但在 1999 年 8 月，荷兰国家数学与计算机科学研究所的一组科学家成功分解了 512 位的整数，大约 300 台协同工作的高速工作站与 PC 仅用了 7 个月就攻破了。1999 年 9 月，以色列密码学家 Adi Shamir 设计了一种名为"TWINKLE"的因数分解设备，可以在几天内攻破 512 位的 RSA 密钥。

这些事实并不是说明 RSA 是不可靠的，而是说明在使用 RSA 加密时必须选用足够长的密钥。对于当前的计算机运行速度，使用 512 位的密钥已不安全。目前，安全电子贸易（Secure Electronic Transaction，SET）协议中要求 CA 采用 2 048 位的密钥，其他实体使用 1 024 位的密钥。现在，在技术上还无法预测攻破具有 2 048 位密钥的 RSA 加密算法需要多少时间。美国 Lotus 公司悬赏 1 亿美元，奖励能破译其 Domino 产品中 1 024 位密钥的 RSA 算法的人。从这个意义上说，遵照 SET 协议开发的电子商务系统是绝对安全的。

12.4　数字证书和数字签名

12.4.1　电子商务安全的现状

基于 Internet 的电子商务系统使顾客能够方便地获得商家和企业的信息，轻松地进行网上交易和网上购物，同时也增加了某些敏感或有价值的数据被滥用的风险。人们在感叹电子商务巨大潜力的同时，不得不冷静地思考在人与人互不见面的 Internet 上进行交易和作业时，怎么才能保证交易的公正性和安全性，保证交易双方身份的真实性。很自然地，大家会想到必须要保证电子商务系统具有十分可靠的安全保密技术，即必须保证信息的保密性、交易者身份的确定性、数据交换的完整性和发送信息的不可否认性。

（1）信息的保密性。交易中的商务信息均有保密的要求。例如，信用卡的账号和用户名被人知悉，就可能被盗用；订货和付款的信息被竞争对手获悉，就可能丧失商机。因此，在电子商务的信息传播中一般都有加密的要求。

（2）交易者身份的确定性。网上交易的双方很可能素昧平生，相隔千里。要使交易成功，首先要能确认对方的身份。对于商家，要考虑客户端不能是骗子，而客户也会担心网上的商店是不是一个玩弄欺诈的黑店。因此，能方便而可靠地确认对方的身份是交易的前提。对于为顾客或用户开展服务的银行、信用卡公司和销售商店，为了做到安全、保密、可靠地开展服务活动，都要进行身份认证的工作。对有关的销售商店来说，他们对顾客所用的信用卡的号码是不知道的，商店只能把信用卡的确认工作完全交给银行来完成。银行和信用卡公司可以采用各种保密与识别方法，确认顾客的身份是否合法，同时还要防止发生拒付款问题以及确认订货和订货收据信息等。

（3）不可否认性。由于商情千变万化，交易一旦达成就不能否认，否则必然会损害其中一方的利益。例如，订购黄金，订货时金价较低，但收到订单后，金价上涨了，若收单方否认收到订单的实际时间，甚至否认收到订单的事实，则订货方就会蒙受损失。因此，电子交易通信过程的各个环节都必须是不可否认的。

（4）不可修改性。交易的文件是不可被修改的，如上面所说的订购黄金。供货单位在收到订单后，发现金价大幅上涨了，如果能改动文件内容，将订购数 1 t 改为 1 g，则可大幅受益，那么订货单位可能就会因此而蒙受巨大损失。因此，电子交易文件也要能做到不可修改，以保障交易的公正性。

现在，国际上已经有一套比较成熟的安全解决方案，那就是建立数字安全证书体系结构。数字安全证书提供了一种在网上验证身份的方式。可以使用数字证书，通过运用对称和非对称密码体制等密码技术建立起一套严密的身份认证系统，从而保证信息除发送方和接收方外不被其他人窃取，信息在传输过程中不被篡改，发送方能够通过数字证书来确认接收方的身份，发送方对于自己的信息不能抵赖。

12.4.2　数字证书

公钥加密算法能够很好地解决身份认证以及信息保密的安全问题。可是，使用该技术的前提是双方必须知道对方的公开密钥。这样就产生了另一个安全问题，就是用户拿到的公开密钥是否真的是想传给数据的人的公开密钥。"中间人"攻击方式是一种潜在的威胁，在这种类型的攻击中，某人发布了一个假冒的密钥，该密钥所代表的用户名和用户 ID 正是使用者要发信的接收方。加密的数据被这个假密钥的拥有者截获后就能获知数据的真实内容。

在公开密钥环境中，保证加密所使用的公钥确实是接收者的公钥而不是假冒的，这是至关重要的。如果密钥是由接收者亲自交给自己的，那么就可以放心地用来加密；可是如果要与一个从未见过面的人交换信息，就不能保证手中握有正确的密钥。

（1）什么是数字证书。数字证书是网络通信中标志通信各方身份信息的一系列数据，是各类实体（持卡人/个人、商户/企业、网关/银行等）在网上进行信息交流及商务活动的身份证明。在电子交易的各个环节，交易的各方都需要验证对方证书的有效性，从而解决相互间的信任问题。

数字证书由一个权威机构——CA（Certificate Authority，证书授权）中心发行。CA 中心作为电子商务交易中受信任的第三方，承担公钥体系中公钥的合法性检验的责任，负责产生、分配并管理所有参与网上交易的个体所需的数字证书，因此是安全电子交易的核心环节。

从证书的用途来看，数字证书可分为签名证书和加密证书。签名证书主要用于对用户信息进行签名，以保证信息的不可否认性；加密证书主要用于对用户传送信息进行加密，以保证信息的真实性和完整性。最简单的数字证书包含一个公开密钥、名称以及证书授权中心的数字签名。一般情况下，证书中还包括密钥的有效时间、发证机关（证书授权中心）的名称、该证书的序列号等信息，证书的格式遵循 ITUT X.509 国际标准。

一个标准的 X.509 数字证书包含以下一些内容。

- 证书的版本信息。
- 证书的序列号，每个证书都有一个唯一的证书序列号。
- 证书所使用的签名算法。
- 证书的发行机构名称，命名规则一般采用 X.500 格式。
- 证书的有效期，现在通用的证书一般采用 UTC 时间格式，计时范围为 1 950～2 049。
- 证书所有人的名称，命名规则一般采用 X.500 格式。
- 证书所有人的公开密钥。
- 证书发行者对证书的签名。

（2）数字证书的原理。数字证书采用公钥加密体制，即利用一对互相匹配的密钥进行加密、解密。每个用户自己设定一把特定的仅为本人所知的私钥，用私钥进行解密和签名；同时设定一把公钥并由本人公开，为一组用户所共享，用于加密和验证签名。当发送一份保密文件时，发送方使用接收方的公钥对数据加密，而接收方则使用自己的私钥解密，这样信息就可以安全无误地到达目的地。通过数字的手段保证加密过程是一个不可逆过程，即只有用私钥才能解密。

公开密钥技术解决了密钥发布的管理问题。商户可以公开公钥，而保留私钥。购物者可以用人人皆知的公钥对发送的信息进行加密，将其安全地传送给商户，然后商户用自己的私钥对信息进行解密。

用户也可以采用自己的私钥对信息加以处理，由于密钥仅为本人所有，这样就产生了其他人无法生成的文件，形成了数字签名。

12.4.3　数字签名

在金融和商业等系统中，许多业务都要求在文件和单据上加以签名或加盖印章，证实其真实性，以备日后查验。在文件上手写签名长期以来被用来作为作者身份的证明，或表明签名者同意文件的内容。实际上，签名体现了以下几个方面的保证。

（1）签名是可信的。签名使文件的接收者相信签名者是慎重地在文件上签名的。

（2）签名是不可伪造的。签名证明是签字者而不是其他人在文件上签字。

（3）签名不可重用。签名是文件的一部分，不可能将签名移动到不同的文件上。

（4）签名后的文件是不可变的。在文件签名以后，文件就不能改变。

（5）签名是不可抵赖的。签名和文件是不可分离的，签名者事后不能声称没有签过这个文件。

在计算机上进行数字签名并使这些保证能够继续有效则还存在一些问题。首先，计算机文件易于复制，即使某人的签名难以伪造，但是将有效的签名从一个文件剪辑和粘贴到另一个文件是很容易的，这就使这种签名失去了意义。其次，文件在签名后也易于修改，并且不会留下任何修改的痕迹。在利用计算机网络传输数据时采用数字签名能够确认以下两点。

（1）保证信息是由签名者自己签名发送的，签名者不能否认或难以否认。

（2）保证信息自签发后到收到为止未曾做过任何修改，签发的文件是真实文件。

1. 单向散列函数

单向散列函数又称为 Hash 函数，主要用于消息认证（或身份认证）以及数字签名。当前，国际上最有名的单向散列函数是由 Ronal Rivest（RSA 中的 R）编写的 MD5（Message Digest Algorithm 5）和美国国家标准和技术协会开发的 SHA（Secure Hash Algorithm）。

一个单向散列函数 $h=H(M)$ 可以将任意长度的输入串（消息 M）映射为固定长度值 h〔这里 h

称为散列值，或信息摘要 MD（Message Digest）]，其最大的特点是具有单向性。

单向散列函数的主要特性如下。

（1）给定 M，要计算出 h 是很容易的。

（2）给定 h，根据 $H(M)=h$ 反推出 M 在计算上是不可行的。

（3）给定 M，要找到另外一个消息 M^*，使其满足 $H(M^*)=H(M)=h$ 在计算上也是不可行的。

（4）改变 M 中的任意一位，h 都将会发生很大的变化。

向这个散列函数输入任意大小的信息，输出的都是固定长度的信息摘要。其中，MD5 生成 128 位信息摘要，SHA 生成 160 位信息摘要。这些信息摘要实际上可以被视为输入信息的数字指纹。

2. 数字签名的原理

有关数字签名的原理，可以通过下面的例子来说明。

用户甲向用户乙传送消息，为了保证消息传送的保密性、真实性、完整性和不可否认性，需要对要传送的消息进行数字加密和数字签名，其传送过程如图 12-10 所示。

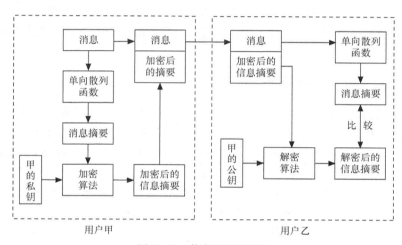

图 12-10　数字签名的原理

（1）将消息按甲乙双方约定的单向散列函数（Hash 算法）计算得到一个固定位数的信息摘要。在数学上保证：只要改动消息中的任何一位，重新计算出的信息摘要就会与原先的不相符。这样就保证了消息的不可更改性。

（2）甲用自己的私钥对信息摘要进行加密，得到自己的数字签名，并将其附在原消息上一起发送给乙。

（3）乙收到甲的数字签名消息后，用同样的单向散列函数对收到的消息再进行一次计算，得到一个新的信息摘要，然后与甲的公钥进行解密解开的信息摘要相比较。如果相等，则说明报文确实来自所称的发送者，而且没有被修改过。

3. 数字签名和数字加密的区别

数字签名和数字加密的过程虽然都使用公开密钥体系，但实现的过程正好相反，使用的密钥对也不同。

数字签名使用的是发送方的密钥对，发送方用自己的私有密钥进行加密，接收方用发送方的公开密钥进行解密，这是一个一对多的关系，任何拥有发送方公开密钥的人都可以验证数字签名的正确性。

数字加密则使用的是接收方的密钥对，这是多对一的关系，任何知道接收方公开密钥的人都可以向接收方发送加密信息，只有唯一拥有接收方私有密钥的人才能对信息解密。另外，数字签名只采用了对称加密算法，能保证发送信息的完整性、身份的确定性和信息的不可否认性；而数字加密则采用了对称加密算法和非对称加密算法相结合的方法，能保证发送信息的保密性。

12.5 入侵检测技术

我们通常将试图破坏信息系统的完整性、机密性、可信性的任何网络活动都称为网络入侵（Intrusion Detection，ID）。防范网络入侵最常用的方法就是防火墙。防火墙具有简单实用的特点，并且透明度高，可以在不修改原有网络应用系统的情况下达到一定的安全要求。但是，防火墙只是一种被动防御性的网络安全工具，仅仅使用防火墙是不够的。首先，入侵者可以找到防火墙的漏洞，绕过防火墙进行攻击。其次，防火墙对来自内部的攻击无能为力。防火墙所提供的服务方式是要么都拒绝，要么都通过，而这远远不能满足用户复杂的应用要求，于是产生了入侵检测技术。

12.5.1 入侵检测的基本概念

入侵检测是识别针对计算机或网络资源的恶意企图和行为，并对此做出反应的过程。

入侵被检测出来的过程包括监控在计算机系统或者网络中发生的事件，再分析处理这些事件，检测出入侵事件。入侵检测系统（Intrusion Detection System，IDS）就是使这种监控和分析过程自动化的独立系统，既可以是一种安全软件，也可以是硬件。

IDS 能够检测未授权对象（人或程序）针对系统的入侵企图或行为，同时监控授权对象对系统资源的非法操作。IDS 对入侵的检测通常包括以下几个部分。

（1）对系统的不同环节收集信息。

（2）分析该信息，试图寻找入侵活动的特征。

（3）自动对检测到的行为做出响应。

（4）记录并报告检测过程结果。

入侵检测作为一种积极主动的安全防护技术，提供了对内部攻击、外部攻击和误操作的实时保护，在网络系统受到危害之前拦截和响应入侵。入侵检测系统能很好地弥补防火墙的不足，从某种意义上说是防火墙的补充。

12.5.2 入侵检测的分类

现有的入侵检测分类大多都是基于信息源和分析方法来进行的。

1. 根据信息源的不同，分为基于主机型和基于网络型两大类

（1）基于主机的入侵检测系统（Host-based Intrusion Detection System，HIDS）。基于主机的 IDS 可监测系统、事件和 Windows NT 下的安全记录以及 UNIX 环境下的系统记录。当有文件被修改时，IDS 将新的记录条目与已知的攻击特征相比较，查看是否匹配。如果匹配，就会向系统管理员报警或者做出适当的响应。

基于主机的 IDS 在发展过程中融入了其他技术。检测关键的系统文件和可执行文件入侵的一个常用方法是通过定期检查文件的校验和来进行，以便发现异常的变化。反应的快慢取决于轮询间隔时间的长短。许多产品都是监听端口的活动，并在特定端口被访问时向管理员报警。这类检测方法将基于网络的入侵检测的基本方法融入基于主机的检测环境中。

（2）基于网络的入侵检测系统（Network-based Intrusion Detection System，NIDS）。基于网络的入侵检测系统以数据包作为分析的数据源，通常利用一个工作在混杂模式下的网卡来实时监视并分析通过网络的数据流。分析模块通常使用模式匹配、统计分析等技术来识别攻击行为。一旦检测到了攻击行为，IDS 的响应模块就做出适当的响应，如报警、切断相关用户的网络连接等。不同入侵检测系统在实现时采用的响应方式也可能不同，但通常都包括通知管理员、切断连接、记录相关的信息以提供必要的法律依据等。

目前，许多机构的网络安全解决方案都同时采用了基于主机和基于网络的两种入侵检测系统，因为这两种系统在很大程度上是互补的。实际上，许多客户在使用 IDS 时都配置了基于网络的入侵检测。在防火墙之外的检测器可以用来检测来自外部 Internet 的攻击。DNS、E-mail 和 Web 服务器经常是攻击的目标，但是又必须与外部网络交互，不可能对其进行全部屏蔽，所以应当在各个服务器上安装基于主机的入侵检测系统，其检测结果也要向分析员控制台报告。因此，即便是小规模的网络结构也常常需要基于主机和基于网络的两种入侵检测能力。

2. 根据检测所用分析方法的不同，分为误用检测和异常检测

（1）误用检测（Misuse Detection）。大部分现有的入侵检测工具都是使用误用检测方法。误用检测方法应用了系统缺陷和特殊入侵的累计知识。该入侵检测系统包含一个缺陷库并且检测出利用这些缺陷入侵的行为。每当检测到入侵时，系统就会报警。只要是不符合正常规则的所有行为都被认为是不合法的，所以误用检测的准确度很高，但是其查全度（检测所有入侵的能力）与入侵规则的更新程度有密切关系。

误用检测的优点是误报率很低，并且对每一种入侵都能提供详细资料，使用者能够更方便地做出响应。缺点是入侵信息的收集和更新比较困难，需要做大量的工作，花费很多时间。另外，这种方法难以检测本地入侵（如权限滥用等），因为没有一个确定的规则来描述这类入侵事件，因此误用检测一般是适用于特殊环境下的检测工具。

（2）异常检测（Anomaly Detection）。异常检测假设入侵者活动异常于正常的活动。为实现该类检测，IDS 建立了正常活动的"规范集"，当主体的活动违反其统计规律时，认为可能是"入侵"行为。异常检测最大的优点是具有抽象系统正常行为，从而具备检测系统异常行为的能力。这种能力不受系统以前是否知道这种入侵的限制，所以能够检测出新的入侵或者从未发生过的入侵。大多数正常行为的模型使用一种矩阵的数学模型，矩阵的数量来自于系统的各种指标，如 CPU 使用率、内存使用率、登录的时间和次数、网络活动、文件的改动等。异常检测的缺点是若入侵者了解了检测规律，就可以小心地避免系统指标的突变，从而使用逐渐改变系统指标的方法来逃避检测。另外，异常检测的查准率也不高，检测时间较长。最糟糕的是，异常检测是一种"事后"的检测，当检测到入侵行为时，破坏早已发生了。

12.6　网络防病毒技术

1988 年 11 月 2 日下午 5 时 1 分 59 秒，美国康奈尔大学的计算机科学系研究生，23 岁的莫里斯（Morris）将其编写的蠕虫程序输入计算机网络，这个网络连接着大学、研究机关的 155 000 多台计算机，在几小时内导致了 Internet 的堵塞。这件事就像是计算机界的一次大地震，产生了巨大反响，震惊了全世界，引起了人们对计算机病毒的恐慌，也使更多的计算机专家重视和致力于计算机病毒的研究。

随着计算机和 Internet 的日益普及，计算机病毒已经成为了当今信息社会的一大顽症，借助于计算机网络可以传播到计算机世界的每一个角落，并大肆破坏计算机数据、更改操作程序、干扰正常显示、摧毁系统，甚至对硬件系统都能产生一定的破坏作用。计算机病毒的侵袭，会使计算机系统速度降低、运行失常、可靠性降低，有的系统被破坏后可能无法工作。从第一个计算机病毒问世以来，在世界范围内由于一些致命计算机病毒的攻击，已经夺走了计算机用户大量的人力和财力，甚至对人们正常工作、企业正常生产以及国家的安全都造成了巨大的影响。因此，网络防病毒技术已成为计算机网络安全研究的一个重要课题。

12.6.1　计算机病毒

1. 计算机病毒的定义

计算机病毒借用了生物病毒的概念。众所周知，生物病毒是能侵入人体和其他生物体内的病原体，并能在人群及生物群体中传播，潜入人体或生物体内的细胞后就会大量繁殖与其本身相仿的复制品，这些复制品又去感染其他健康的细胞，造成病毒的进一步扩散。计算机病毒和生物病毒一样，是一种能侵入计算机系统和网络、危害其正常工作的"病原体"，能够对计算机系统进行各种破坏，同时能自我复制，具有传染性和潜伏性。

早在 1949 年，计算机的先驱者冯·诺依曼（Von Neumann）在一篇名为《复杂自动装置的理论及组织的进行》的论文中就已勾画出了病毒程序的蓝图：计算机病毒实际上就是一种可以自我复制、传播的具有一定破坏性或干扰性的计算机程序，或是一段可执行的程序代码。计算机病毒可以把自己附着在各种类型的正常文件中，使用户很难察觉和根除。

人们从不同的角度给计算机病毒下了定义。美国加利福尼亚大学的弗莱德·科恩（Fred Cohen）博士对计算机病毒的定义是：计算机病毒是一个能够通过修改程序，并且自身包括复制品在内去"感染"其他程序的程序。美国国家计算机安全局出版的《计算机安全术语汇编》中，对计算机病毒的定义是：计算机病毒是一种自我繁殖的特洛伊木马，它由任务部分、触发部分和自我繁殖部分组成。我国在《中华人民共和国计算机信息系统安全保护条例》中，将计算机病毒明确定义为：编制或者在计算机程序中插入的破坏计算机功能或者破坏数据，影响计算机使用并且能够自我复制的一组计算机指令或者程序代码。

2. 计算机病毒的特点

无论是哪一种计算机病毒，都是人为制造的、具有一定破坏性的程序，有别于医学上所说的传染病毒（计算机病毒不会传染给人），然而，两者又有着一些相似的地方。计算机病毒具有以下一些特征。

（1）传染性。传染性是病毒最基本的特征。在生物界，病毒通过传染从一个生物体扩散到另一个生物体。在适当的条件下，可得到大量繁殖，并使被感染的生物体表现出病症甚至死亡。同样，计算机病毒也会通过各种渠道从已被感染的计算机扩散到未被感染的计算机，在某些情况下造成被感染的计算机工作失常甚至瘫痪。与生物病毒不同的是，计算机病毒是一段人为编制的计算机程序代码，这段程序代码一旦进入计算机并得以执行，就会搜寻其他符合其传染条件的程序或存储介质，确定目标后再将自身代码插入其中，达到自我繁殖的目的。只要一台计算机染毒，如果不及时处理，那么病毒就会在这台机子上迅速扩散，其中的大量文件（一般是可执行文件）会被感染。而被感染的文件又成了新的传染源，再与其他机器进行数据交换或通过网络接触，病毒会继续进行传染。大部分病毒不管是处在激发状态还是隐蔽状态，均具有很强的传染能力，可以很快地传染一个大型计算机中心、一个局域网和广域网。

（2）隐蔽性。计算机病毒往往是短小精悍的程序，非常容易隐藏在可执行程序或数据文件当中。当用户运行正常程序时，病毒伺机窃取到系统控制权，限制正常程序的执行，而这些对于用户来说都是未知的。若不经过代码分析，病毒程序和普通程序是不容易区分开的。正是由于病毒程序的隐蔽性才使其在发现之前已进行了广泛的传播，造成较大的破坏。

（3）潜伏性。计算机的潜伏性是指病毒具有依附于其他媒体而寄生的能力。一个编制精巧的计算机病毒程序进入系统之后一般不会马上发作，可以在几周或者几个月内甚至几年内隐藏在合法文件中，对其他系统进行传染，而不被人发现。例如，在每年 4 月 26 日发作的 CIH 病毒、每逢 13 号的星期五发作的"黑色星期五"病毒等。病毒的潜伏性越好，其在系统中的存在时间就会越长，病毒的传染范围就会越大。潜伏性的第一种表现是：病毒程序不用专用检测程序是检查不出来的，因此病毒可以静静地在磁盘或磁带里躲上几天，甚至几年，一旦时机成熟，得到运行机会，就又要四处繁殖、扩散，继续为害。潜伏性的第二种表现是：计算机病毒的内部往往有一种触发机制，不满足触发条件时，计算机病毒除了传染外不进行什么破坏。触发条件一旦得到满足，有的在屏幕上显示信息、图形或特殊标识，有的则执行破坏系统的操作，如格式化磁盘、删除磁盘文件、对数据文件做加密、封锁键盘以及使系统死锁等。

（4）触发性。病毒的触发性是指病毒在一定的条件下通过外界的刺激而被激活，发生破坏作用。触发病毒程序的条件是病毒设计者安排、设计的，这些触发条件可能是时间/日期触发、计数器触发、输入特定符号触发、启动触发等。病毒运行时，触发机制检查预定条件是否满足，如果满足，启动感染或破坏动作，使病毒进行感染或攻击；如果不满足，则病毒继续潜伏。

（5）破坏性。计算机病毒的最终目的是破坏用户程序及数据，计算机病毒的破坏行为体现了病毒的杀伤能力。病毒破坏行为的激烈程度取决于病毒制作者的主观愿望和所具有的技术能量。如果病毒设计者的目的在于彻底破坏系统的正常运行，那么这种病毒对于计算机系统所造成的后果是难以设想的，可以破坏磁盘文件的内容、删除数据、抢占内存空间甚至对硬盘进行格式化，造成整个系统的崩溃。有时几种本没有多大破坏作用的病毒交叉感染，也会导致系统崩溃等。

（6）衍生性。由于计算机病毒本身是一段可执行程序，同时又由于计算机病毒本身是由几部分组成的，所以可以被恶作剧者或恶意攻击者模仿，甚至对计算机病毒的几个模块进行修改，使之成为一种不同于原病毒的计算机病毒。例如，曾经在 Internet 上影响颇大的"震荡波"病毒，其变种病毒就有 A、B、C 等好几种。

3. 计算机病毒的分类

以前，大多数计算机病毒主要通过软盘传播，但是当 Internet 成为人们的主要通信方式以后，网络又为病毒的传播提供了新的传播机制，病毒的产生速度大大加快，数量也不断增加。据国外统计，计算机病毒以 10 种/周的速度递增；另据我国公安部统计，国内计算机病毒以 4～6 种/月的速度递增。目前，全球的计算机病毒有几万种，对计算机病毒的分类方法也存在多种，常见的分类有以下几种。

（1）按病毒存在的媒体分类。

① 引导型病毒。引导型病毒是一种在系统引导时出现的病毒，依托的环境是 BIOS 中断服务程序。引导型病毒是利用了操作系统的引导模块放在某个固定的位置，并且控制权的转交方式是

以物理地址为依据，而不是以操作系统引导区的内容为依据，因而病毒占据该物理位置后即可获得控制权，而将真正的引导区内容转移或替换。待病毒程序被执行后，再将控制权交给真正的引导区内容，使这个带病毒的系统表面上看似正常运转，但实际上病毒已经隐藏在了系统中，伺机传染、发作。引导型病毒主要感染软盘、硬盘上的引导扇区（Boot Sector）上的内容，使用户在启动计算机或对软盘等存储介质进行读、写操作时进行感染和破坏活动，而且还会破坏硬盘上的文件分区表（File Allocation Table,FAT）。此类病毒有 Anti-CMOS、Stone 等。

② 文件型病毒。文件型病毒主要感染计算机中的可执行文件，使用户在使用某些正常的程序时，病毒被加载并向其他可执行文件传染，如随着微软公司 Word 字处理软件的广泛使用和 Internet 的推广普及而出现的宏病毒。宏病毒是一种寄生于文档或模板的宏中的计算机病毒。一旦打开这样的文档，宏病毒就会被激活，转移到计算机上，并驻留在 Normal 模板上。从此以后，所有自动保存的文档都会感染上这种宏病毒，而且如果其他用户打开了感染病毒的文档，宏病毒又会转移到其他计算机上。

③ 混合型病毒。混合型病毒是指具有引导型病毒和文件型病毒寄生方式的计算机病毒，综合利用以上病毒的传染渠道进行传播和破坏。这种病毒扩大了病毒程序的传染途径，既感染磁盘的引导记录，又感染可执行文件，并且通常具有较复杂的算法、使用非常规的办法侵入系统，同时又使用了加密和变形算法。当感染了此种病毒的磁盘用于引导系统或调用执行染毒文件时，病毒都会被激活。因此在检测、清除混合型病毒时，必须全面彻底地根治。如果只发现该病毒的一个特性，将其只当成引导型或文件型病毒进行清除，虽然好像是清除了，但是仍留有隐患，这种经过杀毒后的"洁净"系统往往更有攻击性。此类病毒有 Flip 病毒、新世纪病毒、One-half 病毒等。

（2）按病毒的破坏能力分类。

① 良性病毒。良性病毒是指那些只是为了表现自身，并不彻底破坏系统和数据但会大量占用 CPU 时间、增加系统开销、降低系统工作效率的一类计算机病毒。这种病毒多数是恶作剧者的产物，其目的不是为了破坏系统和数据，而是为了让使用感染有病毒的计算机用户通过显示器或扬声器看到或听到病毒设计者的编程技术。但是良性病毒对系统也并非完全没有破坏作用，良性病毒取得系统控制权后会导致整个系统运行效率降低、系统可用内存容量减少、某些应用程序不能运行。良性病毒还与操作系统和应用程序争夺 CPU 的控制权，常常导致整个系统锁死，给正常操作带来麻烦。有时，系统内还会出现几种病毒交叉感染的现象，一个文件不停地反复被几种病毒所感染。例如，原来只有 10 KB 的文件变成约 90 KB，就是被几种病毒反复感染了多次。这不仅消耗了大量宝贵的磁盘存储空间，而且整个计算机系统也由于多种病毒寄生于其中而无法正常工作。典型的良性病毒有小球病毒、救护车病毒、Dabi 病毒等。

② 恶性病毒。恶性病毒是指那些一旦发作，就会破坏系统或数据，造成计算机系统瘫痪的一类计算机病毒。这类病毒危害性极大，一旦发作给用户造成的损失可能是不可挽回的。例如，黑色星期五病毒、CIH 病毒、米开朗基罗病毒（也叫米氏病毒）等。米氏病毒发作时，硬盘的前 17 个扇区将被彻底破坏，使整个硬盘上的数据无法被恢复，造成的损失是无法挽回的。有的病毒还会对硬盘进行格式化等破坏。这些操作代码都是刻意编写进病毒的，这是其本性之一。

（3）按病毒传染的方法分类。

① 驻留型病毒。驻留型病毒感染计算机后把自身驻留在内存（Random Access Memory,RAM）中，这一部分程序挂接系统调用并合并到操作系统中去，并一直处于激活状态。

② 非驻留型病毒。非驻留型病毒是一种立即传染的病毒，每执行一次带毒程序，就自动在

当前路径中搜索，查到满足要求的可执行文件即进行传染。该类病毒不修改中断向量，不改动系统的任何状态，因而很难区分当前运行的是一个病毒还是一个正常的程序。典型的病毒有Vienna/648。

（4）按照计算机病毒的链接方式分类。

① 源码型病毒。这类病毒较为少见，主要攻击高级语言编写的源程序。源码型病毒在源程序编译之前插入其中，并随源程序一起编译、连接成可执行文件。最终所生成的可执行文件便已经感染了病毒。

② 嵌入型病毒。这种病毒将自身代码嵌入到被感染文件中，将计算机病毒的主体程序与其攻击的对象以插入的方式链接。这类病毒一旦侵入程序体，查毒和杀毒都非常不易。不过编写嵌入式病毒比较困难，所以这种病毒数量不多。

③ 外壳型病毒。外壳型病毒一般将自身代码附着于正常程序的首部或尾部，对原来的程序不做修改。这类病毒种类繁多，易于编写也易于发现，大多数感染文件的病毒都是这种类型。

④ 操作系统型病毒。这种病毒用自己的程序意图加入或取代部分操作系统进行工作，具有很强的破坏力，可以导致整个系统的瘫痪。圆点病毒和大麻病毒就是典型的操作系统型病毒。这种病毒在运行时，用自己的逻辑部分取代操作系统的合法程序模块，对操作系统进行破坏。

12.6.2　网络病毒的危害及感染网络病毒的主要原因

网络病毒是指通过计算机网络进行传播的病毒，病毒在网络中的传播速度更快、传播范围更广、危害性更大。随着网络应用的不断拓展，计算机网络的病毒防护技术也被越来越多的企业 IT 决策人员、MIS 人员以及广大的计算机用户所关注。

（1）网络病毒的危害。随着互联网的发展，近几年来计算机病毒呈现出异常活跃的态势。据最新统计数据显示，截止到 2014 年年底，卡巴斯基实验室反病毒产品共拦截了 62 亿次针对用户计算机和移动设备的恶意攻击，该数据比 2013 年增加了逾 10 亿。其中，38%的计算机用户在 2014 年至少遭遇了一次网络攻击，19%的安卓用户在 2014 年至少遭遇了一次移动威胁。2014 年度，网络病毒威胁主要聚焦在两个方面——移动威胁与金融威胁。其中，移动威胁的增长趋势尤为明显。据卡巴斯基实验室的数据显示，2014 年新增移动恶意程序和手机银行木马病毒分别达 295 500 和 12 100 种，比 2013 年分别高出 1.8 倍和 8 倍。不仅如此，53%的网络攻击均涉及窃取用户钱财的手机木马病毒（短信木马病毒和银行木马病毒）。目前，全球超过 200 个国家均出现了移动恶意威胁。

受到病毒攻击的各种平台里，微软的 IE 浏览器首当其冲，占总数的 37%；其次是 Adobe Reader，占 28%；第三是甲骨文的 Sun Java，占 26%。另外，用户广泛使用的 Office 办公软件也为宏病毒文件的传播提供了基础，大大加快了宏病毒文件的传播。还有，Java 和 ActiveX 技术在网页编程中应用得也十分广泛，在用户浏览各种网站的过程中，很多利用其特性写出的病毒网页可以在用户上网的同时被悄悄地下载到个人计算机中。虽然这些病毒不破坏硬盘资料，但在用户开机时，可以强迫程序不断开启新视窗，直至耗尽系统宝贵的资源为止。

（2）网络感染病毒的主要原因。网络病毒的危害是人们不可忽视的现实。据统计，目前 70% 的病毒发生在网络上，人们在研究引起网络病毒的多种因素中发现，将微型计算机磁盘带到网络上运行后使网络感染上病毒的事件占病毒事件总数的 41%左右，从网络电子广告牌上带来的病毒约占 7%，从软件商的演示盘中带来的病毒约占 6%，从系统维护盘中带来的病毒约占 6%，从公司之间交换的软盘中带来的病毒约占 2%。从统计数据中可以看出，引起网络病毒感染的主要原因在于网络用户自身。

因此，网络病毒问题的解决只能从采用先进的防病毒技术与制定严格的用户使用网络的管理制度两方面入手。对于网络中的病毒，既要高度重视，采取严格的防范措施，将感染病毒的可能性降低到最低程度，又要采用适当的杀毒方案，将病毒的影响控制在较小的范围内。

12.6.3　网络防病毒软件的应用

目前，用于网络的防病毒软件很多，这些防病毒软件可以同时用来检查服务器和工作站的病毒。其中，大多数网络防病毒软件是运行在文件服务器上的。由于局域网中的文件服务器往往不止一个，因此为了方便对服务器上病毒的检查，通常可以将多个文件服务器组织在一个域中，网络管理员只需在域中主服务器上设置扫描方式与扫描选项，就可以检查域中多个文件服务器或工作站是否带有病毒。

网络防病毒软件的基本功能是：对文件服务器和工作站进行查毒扫描，发现病毒后立即报警并隔离带毒文件，由网络管理员负责清除病毒。

网络防病毒软件一般提供以下 3 种扫描方式。

（1）实时扫描。实时扫描是指当对一个文件进行"转入"（checked in）、"转出"（checked out）、存储和检索操作时，不间断地对其进行扫描，以检测其中是否存在病毒和其他恶意代码。

（2）预置扫描。该扫描方式可以预先选择日期和时间来扫描文件服务器。预置的扫描频率可以是每天一次、每周一次或每月一次，扫描时间最好选择在网络工作不太繁忙的时候。定期、自动地对服务器进行扫描能够有效地提高防毒管理的效率，使网络管理员能够更加灵活地采取防毒策略。

（3）人工扫描。人工扫描方式可以要求网络防病毒软件在任何时候扫描文件服务器上指定的驱动器盘符、目录和文件。扫描的时间长短取决于要扫描的文件和硬盘资源的容量大小。

12.6.4　网络工作站防病毒的方法

网络工作站防病毒可从以下几个方面入手：一是采用无盘工作站；二是使用带防病毒芯片的网卡；三是使用单机防病毒卡。

（1）采用无盘工作站。采用无盘工作站能很容易地控制用户端的病毒入侵问题，但用户在软件的使用上会受到一些限制。在一些特殊的应用场合，如仅做数据录入时，使用无盘工作站是防病毒最保险的方案。

（2）使用带防病毒芯片的网卡。带防病毒芯片的网卡一般是在网卡的远程引导芯片位置插入一块带防病毒软件的 EPROM。工作站每次开机后，先引导防病毒软件驻入内存。防病毒软件将对工作站进行监视，一旦发现病毒，立即进行处理。

（3）使用单机防病毒卡。单机防病毒卡的核心实际上是一个软件，事先固化在 ROM 中。单机防病毒卡通过动态驻留内存来监视计算机的运行情况，根据总结出来的病毒行为规则和经验来判断是否有病毒活动，并可以通过截获中断控制权来使内存中的病毒瘫痪，使其失去传染其他文件和破坏信息资料的能力。装有单机防病毒卡的工作站对病毒的扫描无须用户介入，使用起来比较方便。但是，单机防病毒卡的主要问题是与许多国产的软件不兼容，误报、漏报病毒的现象时有发生，并且病毒类型千变万化，编写病毒的技术手段越来越高，有时根本就无法检查或清除某些病毒。因此，现在使用单机防病毒卡的用户在逐渐减少。

12.7　网络安全技术的发展前景

12.7.1　网络加密技术的发展前景

1. 对称加密算法的发展前景

前面已经谈到，在对称加密算法（私钥加密算法）中，DES 加密算法的影响力最大，是国际上十分通用的加密算法之一。

在实际应用中，DES 的保密性受到了很大的挑战。1999 年 1 月，EFF 和分散网络用了不到一天的时间就破译了 56 位的 DES 加密信息。DES 的统治地位也因此受到了严重的影响。为此，美国推出 DES 的改进版本 3DES（三重加密标准）。

3DES 在使用过程中，收发双方都用 3 个密钥进行加密和解密。这种 3×56 式的加密方法大大提升了密码的安全性，按现在的计算机的运算速度，破解几乎是不可能的。但是在为数据提供强有力安全保护的同时，也要花更多的时间来对信息进行 3 次加密和解密。同时，使用这种密钥的双方都必须拥有 3 个密钥。这样，不仅密钥数量提升了 3 倍，而且如果丢失了其中任何一个，其余两个都成了无用的密钥。这显然是大家不愿意看到的。于是，美国国家标准与技术研究所（National Institute of Standards and Technology，NIST）推出了一个新的保密措施——AES（Advanced Encryption Standard，高级加密标准）来保护金融交易。

AES 内部有更简洁、更精确的数学算法，并且加密数据只需一次。AES 被设计成具有高速、坚固的安全性能，而且能够支持各种小型设备。与 3DES 相比，AES 不仅在安全性能方面有显著的差异，并且在使用性能和资源的有效利用上也存在着很大区别。虽然到目前为止，AES 的具体算法还未正式公布，但是可以看到 AES 的巨大优越性。3DES 与 AES 的比较如表 12-1 所示。

表 12-1　　　　　　　　　　　　　　3DES 和 AES 的比较

算法名称	算法类型	密钥大小	解密时间（建议机器每秒尝试 255 个密钥）	速度	资源消耗
3DES	对称 feistel 密码	112 位或 168 位	46 亿年	低	低
AES	对称 block 密码	128、192、256 位	1 490 000 亿年	高	中

2. 非对称加密算法的发展前景

自公钥加密问世以来，学者们提出了许多种公钥加密方法，其安全性都是基于复杂的数学难题。根据所基于的数学难题来分类，有以下 3 类系统目前被认为是安全和有效的：大整数因子分解系统（具有代表性的有 RSA）、椭圆曲线离散对数系统（ECC）和离散对数系统（具有代表性的有 DSA）。其中，RSA 是公钥系统中最具有典型意义的方法，由于 RSA 的安全性是基于大整数因子分解的困难性，而大整数因子分解问题是数学上的著名难题，至今没有有效的方法予以解决，因此可以确保 RSA 算法的安全性。目前，大多数使用公钥密码进行加密和数字签名的产品和标准使用的都是 RSA 算法。

椭圆曲线加密技术（ECC）是建立在单向函数基础上的，该单向函数比 RSA 的要难，因此与 RSA 相比，具有如下优点。

（1）安全性能更高。ECC 和其他几种公钥系统相比，其抗攻击性具有绝对的优势。例如，160

位 ECC 与 1 024 位 RSA 有相同的安全强度，210 位 ECC 则与 2 048 位 RSA 具有相同的安全强度。

（2）计算量更小、处理速度更快。虽然在 RSA 中可以通过选取较小的公钥（可以小到 3）的方法提高公钥处理速度，即提高加密和签名验证的速度，使其在加密和签名验证速度上与 ECC 有可比性，但在私钥的处理速度上（解密和签名），ECC 远比 RSA、DSA 快得多。因此 ECC 总的速度比 RSA、DSA 要快得多。

（3）存储空间占用小。ECC 的密钥尺寸和系统参数与 RSA、DSA 相比要小得多，意味着 ECC 所占的存储空间要小得多。这对于加密算法在 IC 卡上的应用具有特别重要的意义。

（4）带宽要求低。当对长消息进行加解密时，3 类密码系统有相同的带宽要求，但应用于短消息时 ECC 对带宽的要求却低得多。公钥加密系统多用于短消息，如用于数字签名和用于对对称系统的会话密钥传递。因此，对带宽要求低的优点使 ECC 在无线网络领域具有广阔的应用前景。

12.7.2　入侵检测技术的发展趋势

目前，国内、外入侵检测技术的发展趋势可以主要概括为以下几个方面。

（1）分布式入侵检测。这个概念有两层含义：第一层，针对分布式网络攻击的检测方法；第二层，使用分布式的方法来检测分布式的攻击，其中的关键技术为检测信息的协同处理与入侵攻击的全局信息的提取。分布式系统是现代 IDS 主要发展方向之一，能够在数据收集、入侵分析和自动响应方面最大限度地发挥系统资源的优势，其设计模型具有很大的灵活性。

（2）智能化入侵检测。智能化入侵检测即使用智能化的方法与手段来进行入侵检测。所谓的智能化方法，现阶段常用的有神经网络、遗传算法、模糊技术、免疫原理等方法，这些方法常用于入侵特征的辨识与泛化。利用专家系统的思想来构建 IDS 也是常用的方法之一。

（3）各种网络安全技术相结合。结合防火墙、PKIX、安全电子交易协议（Secure Electronic Transaction,SET）等新的网络安全与电子商务技术，提供完整的网络安全保障。例如，基于网络和基于主机的入侵检测系统相结合，将把现有的基于网络和基于主机这两种检测技术很好地集成起来，相互补充，提供集成化的检测、报告和事件关联等功能。

12.7.3　IDS 的应用前景

在 Internet 高速发展的今天，随着安全事件的急剧增加以及入侵检测技术的逐步成熟，入侵检测系统将会有很大的应用前景。例如，银行的 Internet 应用系统（如网上银行）、科研单位的开发系统、军事系统、普通的电子商务系统、ICP 等都需要有 IDS 的保护。IDS 在无线网络和家庭中也具有很好的应用前景。

（1）无线网络。移动通信由于具有不受地理位置的限制、可自由移动等优点而得到了用户的普遍欢迎和广泛使用，但是移动通信在给用户带来优越性的同时也带来了系统安全性的问题。由于移动通信的固有特点，移动台（Mobile Station,MS）与基站（Base Station,BS）之间的空中无线接口是开放的，这样在整个通信过程中，包括链路的建立、信息（如用户的身份信息、位置信息、语音以及其他数据流）的传输均暴露在第三方面前。在移动通信系统中，移动用户与网络之间不存在固定物理连接，移动用户必须通过无线信道传递其身份信息，以便于网络端能正确鉴别移动用户的身份，而这些信息都可能被第三者截获，并伪造信息，假冒此用户身份使用通信服务。另外，无线网络也容易受到黑客和病毒的攻击。因此，IDS 在无线网络方面具有广阔的应用前景。

（2）IDS 走进家庭。现在，越来越多的用户将家中的计算机连入了 Internet。由于使用了宽带，用户的网络或 ADSL 调制解调器总是处于打开状态，黑客可以由此侵入网络，盗窃信用卡、身份证明或进入网络管理系统。一些传播很快的病毒还会把个人计算机的内容暴露给黑客。这些都预示着 IDS 将逐渐走入家庭。

<h1 style="text-align:center">小　　结</h1>

（1）随着全球信息高速公路的建设与 Internet 的飞速发展，网络在各种信息系统中的作用变得越来越重要，人们也越来越关心网络安全问题。网络安全是指对网络信息的保密性、完整性以及网络系统的可用性进行保护，防止未授权的用户访问、破坏与修改信息。网络安全技术已成为计算机网络研究与应用中的一个重要课题。

（2）防火墙是指在两个网络之间实现控制策略的系统（软件、硬件或者是两者并用），通常用来保护内部的网络不易受到来自 Internet 的侵害。防火墙一般可以起到以下一些安全作用：集中的网络安全、安全警报、重新部署网络地址转换以及监视 Internet 的使用等。

（3）防火墙系统通常由一个或多个构件组成，相应地，实现防火墙的技术包括 5 大类：包过滤型防火墙、应用级网关、电路级网关、代理服务防火墙和复合型防火墙。

（4）密码技术是保障信息安全的核心技术。加密是指通过密码算术对数据进行转化，使之成为没有正确密钥任何人都无法读懂的报文。数据在网络通信过程中的加密方式主要有链路加密、节点加密和端对端加密。

（5）网络信息的加密过程是由形形色色的加密算法来具体实施的。网络加密算法可分为对称加密算法（私钥加密算法）和非对称加密算法（公钥加密算法）。私钥加密算法是指使用相同的加密密钥和解密密钥，或者虽然不同，但可由其中的任意一个推导出另一个的数据加密算法；公钥加密算法是指对数据的加密和解密分别用两个不同的密钥来实现，并且不可能由其中的任意一个推导出另一个的数据加密算法。

（6）在众多的私钥加密算法中，影响最大的是 DES，但随着 CPU 速度的提高和并行处理技术的快速发展，破解 DES 密钥是可行的，而且 DES 也难以满足系统的开放性要求。RSA 是当今社会各个领域使用最为广泛的公钥加密算法，也是目前网络上进行保密通信和数字签名的最有效的安全算法之一，将会成为未来网络生活和电子商务中不可缺少的信息安全工具。

（7）数字证书是网络通信中标志通信各方身份信息的一系列数据，是各类实体（持卡人/个人、商户/企业、网关/银行等）在网上进行信息交流及商务活动的身份证明。数字证书由证书授权中心（Certificate Authority，CA）发行。数字签名采用公钥加密算法对消息进行数字加密，在利用计算机网络传输数据时采用数字签名，能够有效地保证发送信息的完整性、身份的确定性和信息的不可否认性。

（8）入侵检测是指识别针对计算机或网络资源的恶意企图和行为，并对此做出反应的过程。入侵检测系统是指监视并分析主机或网络中入侵行为发生的独立系统。根据信息源的不同，入侵检测可分为基于主机型和基于网络型两大类；根据所用分析方法的不同，入侵检测可分为误用检测和异常检测。

（9）计算机病毒是指一种可以自我复制、传播并具有一定破坏性或干扰性的计算机程序，或是一段可执行的程序代码。计算机病毒能够大肆破坏计算机中的程序和数据，干扰正常显示、摧毁系统，甚至对硬件系统都能产生一定的破坏作用。借助于 Internet，计算机病毒将对一个国家的安全以及国民经济建设造成巨大的影响。因此，网络防病毒技术已成为计算机网络安全研究的一个重要课题。

（10）计算机病毒的主要特征有传染性、隐蔽性、潜伏性、触发性、破坏性和衍生性。

（11）计算机病毒的分类方式有多种。按病毒存在的媒体分类，计算机病毒可分为引导型病毒、文件型病毒和混合型病毒；按病毒的破坏能力分类，计算机病毒可分为良性病毒和恶性病毒；按病毒传染的方法分类，计算机病毒可分为驻留型病毒和非驻留型病毒；按病毒的链接方式分类，计算机病毒可分为源码型病毒、嵌入型病毒、外壳型病毒和操作系统型病毒。

（12）防病毒软件可以同时用来检查网络服务器和工作站的病毒。防病毒软件一般提供了 3 种扫描方式：实时扫描、预置扫描和人工扫描。除了采用防病毒软件之外，工作站防病毒还可以采用以下 3 种方法：使用无盘工作站、使用带防病毒芯片的网卡以及使用单机防病毒卡。

（13）网络加密技术和入侵检测技术在今后的网络安全中都将具有广阔的发展前景。

习 题 12

一、名词解释（在每个术语前的下划线上标出正确定义的序号）

_____ 1. 网络安全　　　　　　　_____ 2. 防火墙
_____ 3. 计算机病毒　　　　　　_____ 4. 数据加密
_____ 5. 非对称加密　　　　　　_____ 6. 对称加密
_____ 7. 入侵检测　　　　　　　_____ 8. 入侵检测系统

A. 识别针对计算机或网络资源的恶意企图和行为，并对此做出反应的过程

B. 使用相同的加密密钥和解密密钥，或者虽然不同，但可由其中的任意一个推导出另一个的数据加密算法

C. 一种可以自我复制、传播的具有一定破坏性或干扰性的计算机程序，或是一段可执行的程序代码

D. 在两个网络之间实现控制策略的系统（软件、硬件或者是两者并用），通常用来保护内部的网络不易受到来自 Internet 的侵害

E. 通过密码算术对数据进行转化，使之成为没有正确密钥任何人都无法读懂的报文

F. 监视并分析主机或网络中入侵行为发生的独立系统

G. 对网络信息的保密性、完整性和网络系统的可用性进行保护，防止未授权的用户访问、破坏与修改信息。

H. 对数据的加密和解密分别用两个不同的密钥来实现，并且不可能由其中的任意一个推导出另一个的数据加密算法

二、填空题

1. 故意危害 Internet 安全的主要有_____、_____和_____ 3 种人。

2. 基于包过滤的防火墙与基于代理服务的防火墙结合在一起，可以形成复合型防火墙产品。这种结合通常是_____和_____两种方案。

3. 计算机网络通信过程中对数据加密有链路加密、_____和_____ 3 种方式。

4. 使用节点加密方法，对传输数据的加密范围是_____。

5. _____称为明文，明文经某种加密算法的作用后转变成密文，加密算法中使用的参数称为加密密钥；密文经解密算法作用后形成_____输出，解密算法也有一个密钥，它和加密密钥

可以相同也可以不同。

6. DES 加密标准是在＿＿＿＿＿＿＿位密钥控制下，将 64 位为单元的明文变成 64 位的密文。RSA 是一种＿＿＿＿＿＿＿加密算法。

7. 数字证书是网络通信中标志＿＿＿＿＿＿＿的一系列数据，由＿＿＿＿＿＿＿发行。

8. 为使发送方不能否认自己发出的签名消息，应该使用＿＿＿＿＿＿＿技术。

9. 数字签名采用＿＿＿＿＿＿＿对消息进行加密，在利用计算机网络传输数据时采用数字签名，能够有效地保证发送信息的＿＿＿＿＿＿＿、＿＿＿＿＿＿＿、＿＿＿＿＿＿＿。

10. 根据检测所用分析方法的不同，入侵检测可分为误用检测和＿＿＿＿＿＿＿。

11. 计算机病毒的特征主要有传染性、＿＿＿＿＿＿＿、＿＿＿＿＿＿＿、＿＿＿＿＿＿＿、＿＿＿＿＿＿＿和衍生性。

12. 按病毒的破坏能力分类，计算机病毒可分为＿＿＿＿＿＿＿和＿＿＿＿＿＿＿。

13. 网络防病毒软件一般提供＿＿＿＿＿＿＿、＿＿＿＿＿＿＿和人工扫描 3 种扫描方式。

三、单项选择题

1. 计算机病毒是指＿＿＿＿＿＿＿。
   - A. 编制有错误的计算机程序
   - B. 设计不完善的计算机程序
   - C. 已被破坏的计算机程序
   - D. 以危害系统为目的的特殊计算机程序

2. 由设计者有意建立起来的进入用户系统的方法是＿＿＿＿＿＿＿。
   - A. 超级处理
   - B. 后门
   - C. 特洛伊木马
   - D. 计算机病毒

3. 在广域网中，在数据传输的过程中，主要采用的是链路加密、节点加密和端对端加密等数据加密技术，属于＿＿＿＿＿＿＿。
   - A. 数据通信加密
   - B. 链路加密
   - C. 数据加密
   - D. 文件加密

4. 数据在加密过程中，所有节点发送的都是明文，经过途中通信站都要加密，而当密文进入节点前，必须通过通信站解密成明文再送入节点，这种加密方式称为＿＿＿＿＿＿＿。
   - A. 节点加密
   - B. 链路加密
   - C. 端对端加密
   - D. 文件加密

5. DES 算法属于加密技术中的＿＿＿＿＿＿＿。
   - A. 对称加密
   - B. 非对称加密
   - C. 不可逆加密
   - D. 以上都是

6. 下列描述中正确的是＿＿＿＿＿＿＿。
   - A. 公钥加密比常规加密更具有安全性
   - B. 公钥加密是一种通用机制
   - C. 公钥加密比常规加密先进，必须用公钥加密替代常规加密
   - D. 公钥加密的算法和公钥都是公开的

7. 最简单的防火墙采用的是＿＿＿＿＿＿＿技术。
   - A. 安全管理
   - B. 配置管理
   - C. ARP
   - D. 包过滤

8. 信息被＿＿＿＿＿＿＿是指信息从源节点传输到目的节点的中途被攻击者非法截获，攻击者在截获的信息中进行修改或插入欺骗性信息，然后将修改后的错误信息发送给目的节点。
   - A. 伪造
   - B. 窃听
   - C. 篡改
   - D. 截获

9. 以下不属于防火墙技术的是＿＿＿＿＿＿＿。
   - A. IP 过滤
   - B. 包过滤
   - C. 应用层代理
   - D. 病毒检测

10. 下列有关数字签名技术的叙述中错误的是＿＿＿＿＿＿＿。
    - A. 发送者的身份认证
    - B. 保证数据传输的安全性
    - C. 保证信息在传输过程中的完整性
    - D. 防止交易中的抵赖行为发生

11. 真正安全的密码系统是_____。

    A. 密钥有足够的长度

    B. 破译者无法破译的密文

    C. 即时破译者能够加密任何数量的明文，也无法破译密文

    D. 破译者无法加密任何数量的明文

12. 针对数据包过滤和应用网关技术存在的缺点而引入防火墙技术，是_____防火墙的特点。

    A. 包过滤   B. 应用级网关型   C. 复合型防火墙   D. 代理服务型

13. 病毒产生的原因是_____。

    A. 用户程序错误   B. 计算机硬件故障

    C. 人为制造   D. 计算机系统软件有错误

14. 计算机宏病毒最有可能出现在_____文件类型中。

    A. "c"   B. "exe"   C. "doc"   D. "com"

15. 下列不属于系统安全的技术是_____。

    A. 防火墙   B. 加密狗   C. 认证   D. 防病毒

四、问答题

1. 简述目前网络面临的主要威胁以及网络安全的重要性。

2. 什么是防火墙？防火墙应具备哪些基本功能？画出防火墙的基本结构示意图。

3. 防火墙可分为哪几类？简述各类防火墙的工作原理和主要特点。

4. 以熟悉的一种防火墙产品为例，简述如何实现网络安全以及其主要特点。

5. 网络感染病毒的主要原因有哪些？网络工作站防病毒的方法是什么？

6. 计算机网络中使用的通信加密方式有哪些？简述各自的特点及使用范围。

7. 网络加密算法的种类有哪些？什么是对称加密算法和非对称加密算法？两者的区别是什么？

8. 列举几种著名的对称加密算法和非对称加密算法。

9. 使用 RSA 公钥加密算法进行加密。

（1）设 p=7，q=11，试列出 5 个有效的 e。

（2）设 p=13，q = 31，d 是多少？

（3）设 p = 5，q = 11，而 d=27，试求 e，并将 "abcdefghij" 进行加密。

10. 简述数字签名的基本原理。

11. 什么是入侵检测？什么是入侵检测系统？

12. 入侵检测可以分为哪几类？简述各类的主要特点。

13. 什么是计算机病毒？计算机病毒具有哪些特征？

14. 计算机病毒的种类有哪些？病毒的检测方法有哪些？

15. 结合教材并参阅参考文献，简述网络加密技术和入侵检测技术的发展前景。

第13章
网络管理

随着通信与网络技术的飞速发展和网络的社会化，人们对计算机网络系统的运行质量提出了越来越高的要求。如何管理好网络中的每一个"单元"，使网络运行更加稳定可靠，以更好地发挥网络的作用，就成了网络管理人员努力的方向。近些年来，随着大量不同结构的网络和不同厂家设备的互连，网络的复杂程度不断增长，网络的高效率和可靠性成为人们关注的焦点。当前，网络管理技术已成为计算机网络理论与技术发展的另一个分支，无论是国际标准化组织，还是各个厂商都在网络管理方面做了许多工作和努力，并且出现了许多新思想、新技术和新产品。

本章从网络管理的基本概念入手，首先详细地阐述网络管理体系结构的基本要素以及网络管理系统的基本功能，然后对 SNMP 的发展和工作机制展开了深入探讨，最后针对当今市场上常见的网络管理系统以及今后网络管理技术的发展方向进行简要的介绍。

本章的学习目标如下。

- 理解网络管理的基本概念。
- 掌握网络管理体系结构。
- 掌握网络管理系统的 5 大功能。
- 掌握 SNMP 的基本工作原理。
- 了解常用的一些网络管理软件。
- 了解今后网络管理技术的发展趋势。

13.1 网络管理概述

13.1.1 网络管理的基本概念

网络管理的概念是伴随着 Internet 的发展而逐渐被人们所认识和熟悉的。在 20 世纪 70 年代和 80 年代初期，Internet 入网节点比较少，结构也非常简单，因此，有关网络的故障检测和性能监控等管理比较简单、容易实现。随着网络的不断发展，面对网络新技术的不断涌现和网络产品的不断翻新，其规模越来越大，人们发现规划和扩充网络越来越困难，网络管理随之也被提升到了一个重要的地位。现在，一个有效而适用的网络一刻也离不开网络管理，为用户安全、可靠、正常使用网络服务而进行监控、维护和管理，保证网络正常、高效地运行是网络能否发挥其重要作用的关键所在。

所谓"网络管理"，是指采用某种技术和策略对网络上的各种网络资源进行检测、控制和协调，并在网络出现故障时及时进行报告和处理，从而实现尽快维护和恢复，保证网络正常、高效地运行，达到充分利用网络资源的目的，并保证网络向用户提供可靠的通信服务。

13.1.2 网络管理体系结构

一个典型的网络管理体系结构包括以下基本要素：网络管理工作站（Manager）、被管设备（Manager Device）、管理信息库（Management Information Base，MIB）、代理程序（Agent）和网络管理协议（Network Management Protocol，NMP）。其结构模型如图 13-1 所示。

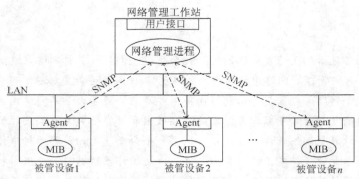

图 13-1　网络管理体系结构模型

1. 网络管理工作站

网络管理工作站是整个网络管理的核心，通常是一个独立的、具有良好图形界面的、高性能工作站，并由网络管理员直接操作和控制。所有向被管设备发送的命令都是从网络管理工作站发出的。网络管理工作站通常包括以下几个部分。

（1）网络管理程序，是网络管理工作站中的关键构件，在运行时就成为网络管理进程。网络管理程序具有分析数据、发现故障等功能。

（2）接口，主要用于网络管理员监控网络的运行状况。

（3）从所有被管网络对象的 MIB 中提取信息的数据库。

2. 被管设备

在网络中有很多被管设备（包括设备中的软件）。被管设备可以是主机、路由器、打印机、集线器、交换机等。在每一个被管设备中可能有许多被管对象（Manager Object）。被管对象既可以是被管设备中的某个硬件，也可以是某些硬件或软件的配置参数的集合。被管设备有时也可称为网络元素或网元。

3. 管理信息库

对于一个复杂的异构网络环境，网络管理系统要监控来自不同厂商的网络设备。而对于不同的设备，其系统环境、数据格式和信息类型可能完全不同。因此，对被管设备的管理信息描述需要定义统一的格式和结构，将管理信息具体化为一个个被管对象，所有被管对象的集合以一个数据结构给出，这就是管理信息库。管理信息库是一个信息存储库，包括了数千个被管对象，网络管理员可以通过直接控制这些对象去控制、配置或监控网络设备。例如，每个设备都需要维护若干个变量来描述各种运行状态，其中主机的所有 TCP 连接总数就是一个被管对象。

4. 代理程序

在每一个被管设备中都要运行一个程序，以便和网络管理工作站中的网络管理程序进行通信。

这些运行着的程序称为网络管理代理程序，简称为代理（Agent）。代理程序是一个网络管理软件模块，驻留在一个被管设备当中。代理程序对来自网络管理工作站的信息请求和动作请求进行应答，并当被管设备发生某种意外时用 trap 命令向网络管理工作站报告。

5. 网络管理协议

网络管理协议是网络管理程序和代理程序之间进行通信的规则。网络管理系统通过网络管理协议向被管设备发出各种请求报文，网络管理代理接收这些请求并完成相应的操作。反之，网络管理代理也可以通过网络管理协议主动向网络管理系统报告异常事件。

13.2　网络管理的功能

网络管理系统应能对网络设备及应用加以规划，监控和管理被管设备的工作，并跟踪、记录、分析网络的异常情况，使网络管理人员能及时发现并处理问题。国际标准化组织对网络管理的功能做了定义，在 OSI 网络管理标准中规范了网络管理的 5 个功能域，即任何一个网络管理系统所要实现的主要内容。

1. 故障管理（Fault Management）

"故障"并不是指一般的差错，而是指比较严重的、造成网络无法正常工作的差错。故障管理主要是指对网络中被管设备发生故障时的检测、定位和恢复。一般来说，故障管理主要包括以下功能：故障检测、故障诊断、故障修复和故障报告。

（1）故障检测是在正常操作中，通过执行网络管理监控过程和生成故障报告来检测目前整个网络系统存在的问题。

（2）故障诊断是通过分析网络系统内部各个设备和线路的故障和事件报告，或执行诊断测试程序来判断故障的产生原因，为下一步的故障修复做准备。

（3）故障修复是通过网管系统提供的配置管理工具，对产生故障的设备进行修复，从而在故障出现较短的时间内，以系统自动处理和人工干预相结合的方式尽快恢复网络的正常运行。

（4）故障报告主要完成将网络系统故障以日志的形式记录，包括报警信息以及诊断和处理结果等。

2. 配置管理（Configuration Management）

配置管理用于识别网络资源，收集网络配置信息，对网络配置提供信息并实施控制。配置管理主要包括网络实际配置和配置数据管理两部分。

（1）网络实际配置负责监控网络的配置信息，使网络管理人员可以生成、查询和修改硬件、软件的运行参数和条件（包括各个网络部件的名称和关系、网络地址、是否可用、备份操作和路由管理等）。

（2）配置数据管理负责定义、收集、监视、控制和使用配置数据（包括管理域内所有资源的任何静态与动态信息）。

3. 性能管理（Performance Management）

性能管理主要用于评价网络资源的使用情况，为网络管理人员提供评价、分析、预测网络性能的手段，从而提高整个网络的运行效率。性能管理主要包括以下功能：性能数据的采集和存储、性能门限的管理、性能数据的显示和分析等。

（1）性能数据的采集和存储主要完成对网络设备和链路带宽使用情况等数据的采集，同时将其存储起来。

（2）性能门限的管理是为了提高网络管理的有效性，在特定的时间内为网络管理者选择监视对象、设置监视时间、提供设置和修改性能门限的手段。同时，当网络性能不理想时，通过对各种资源的调整来改善网络性能。

（3）性能数据的显示和分析是根据管理者的要求定期提供多种反映当前、历史、局部调整性能的数据及各种关系曲线，并产生数据报告。

4. 安全管理（Security Management）

目前大多数网络管理系统都能管理硬件设备的安全性能，如用户登录到特定的网络设备时进行的身份认证等。除此之外，系统还应具有报警和提示功能，如在连接关闭时发出警报以提醒操作员。安全管理包括以下主要功能：操作者级别和权限的管理、数据的安全管理、操作日志管理、审计和跟踪。

（1）操作者级别和权限的管理主要完成网络管理人员的增、删，以及相应的权限设置（包括操作时间、操作范围和操作权限等）。

（2）数据的安全管理主要完成安全措施的设置以实现网络管理人员对网络管理数据的不同处理权限。

（3）操作日志管理主要完成对网络管理人员所有操作（包括时间、登录用户、具体操作等）的详细记录，以便将来出现故障时能跟踪发现故障产生的原因以及追查相应的责任。

（4）审计和跟踪主要完成网络管理系统上配置数据和网元配置数据的统一。

5. 计费管理（Accounting Management）

计费管理用于记录用户使用网络资源的情况，并根据一定的策略来相应地收取费用。计费数据可帮助了解网络的使用情况，为资源升级和资源调配提供依据。

13.3　MIB

13.3.1　MIB 的结构形式

在网络管理中，所有被管对象的集合组成了 MIB，网络管理的操作就是针对某个特定的被管对象而进行的。IETF 规定的 MIB 由对象识别符（Object Identifier Desendant,OID）唯一指定。

MIB 有一个组织体系和公共结构，其中包含分属于不同组的多个被管对象，其体系结构是一个树型结构，如图 13-2 所示。从图中可以看出，结构树的分支实际表示的是被管对象的逻辑分组，都有一个专用名和一个数字形式的标识符。而树叶，有时候也称为节点，代表了各个被管对象。

使用这个树型分层结构，MIB 浏览器能够以一种方便而简洁的方式访问整个 MIB 数据库中的各个被管对象。例如，在图 13-2 中，iso（1）位于结构树的最上方，而 SysDescr（1）处在叶子节点的位置。若要访问被管对象 SysDescr（1），其完整的

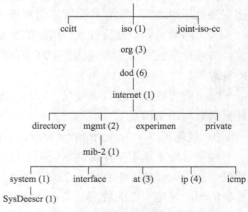

图 13-2　MIB 体系结构示意图

分支名表示方式为 iso.org.dod.internet. mgm.mib-2.system.SysDescr。被管对象也可以以另一种更短的格式表示，即用数字标识符来代替分支名的表示方式。这样，上面那种形式的标识符 iso.org.dod.internet.mgm.mib- 2.system.SysDescr（1）还可以用数字形式的标识符 1.3.6.1.2.1.1.1 来表示。这两种表达格式的作用是一样的，都表示同一个 MIB 被管对象，但数字形式的标识符看起来更简洁一些。一般而言，大多数 MIB 浏览器都允许以两者中的任何一种格式来表示被管对象。

13.3.2　MIB 的访问方式

在定义 MIB 被管对象时，访问控制信息确定了可作用于该被管对象的操作。SNMP 协议规定了如下一些对 MIB 被管对象的访问方式。

- 只读（Read-only）方式。
- 可读可写（Read-write）方式。
- 禁止访问（Not-accessible）方式。

网络管理系统无法改动只读方式的 MIB 被管对象，但可以通过 Get 或 Trap 命令读取被管对象的值。在一件产品的使用期内，某些 MIB 的信息从来不会改变。例如，MIB 被管对象 SysDescr，代表 System Description，包含了管理代理软件所需要的厂商信息。设定某些被管对象的访问方式为只读还有另一个原因，即确保有关性能的信息及其他统计数据的正确性，不至于因误操作而被改动。

13.4　SNMP

SNMP 是目前 TCP/IP 网络中应用最为广泛的网络管理协议，最初是 Internet 工程任务组（The Internet Engineering Task Force,IETF）为解决 Internet 上的路由器管理而提出的。SNMP 是一种应用层协议，是 TCP/IP 簇的一部分，并且是面向无连接的协议。其功能是使网络设备间能方便地交换管理信息，让网络管理员管理网络的性能，发现和解决网络问题及进行网络的扩充。本节将对 SNMP 协议的发展情况及工作机制进行介绍。

13.4.1　SNMP 的发展

在网络管理协议产生以前的相当长的时间里，管理者要学习各种从不同网络设备获取数据的方法。因为各个生产厂家使用专用的方法收集数据，即使是相同功能的设备，不同的生产厂商提供的数据采集方法也可能大相径庭。在这种情况下，制定一个行业标准的紧迫性越来越明显。

首先开始研究网络管理通信标准问题的是国际标准化组织，对网络管理的标准化工作始于 1979 年，主要针对 OSI 7 层协议的传输环境而设计。ISO 的成果是 CMIS（Common Management Information Service，公共管理信息服务）和 CMIP（Common Management Information Protocol，公共管理信息协议）。CMIS 支持管理进程和管理代理之间的通信要求，CMIP 则是提供管理信息传输服务的应用层协议，两者规定了 OSI 系统的网络管理标准。

后来，Internet 工程任务组（IETF）为了管理以几何级数增长的 Internet，决定采用基于 OSI 的 CMIP 协议作为 Internet 的管理协议，并对其做了修改，修改后的协议被称为 CMOT（Common Management Over TCP/IP）。但由于 CMOT 迟迟未能出台，IETF 决定把已有的 SGMP（Simple Gateway Monitoring Protocol，简单网关监控协议）进一步修改后作为临时的解决方案。这个在

SGMP 基础上开发的解决方案就是著名的 SNMP，也称 SNMPv1。SNMPv1 最大的特点是简单、容易实现，而且成本低。此外，还有以下一些特点。

- 可伸缩性——SNMP 可管理绝大部分符合 Internet 标准的设备。
- 扩展性——通过定义新的 "被管理对象"，可以非常方便地扩展管理能力。
- 健壮性——即使在被管理设备发生严重错误时，也不会影响管理者的正常工作。

近年来，SNMP 发展很快，已经超越了传统的 TCP/IP 环境，并受到了更为广泛的支持，成为网络管理方面事实上的标准。支持 SNMP 的产品中最流行的是 IBM 公司的 NetView、Cabletron 公司的 Spectrum 和 HP 公司的 OpenView。除此之外，许多其他生产网络通信设备的厂家，如 Cisco、Crosscomm、Proteon、Hughes 等也都提供基于 SNMP 的实现方法。相对于 OSI 标准，SNMP 简单而实用。如同 TCP/IP 簇的其他协议一样，开始的 SNMP 没有考虑安全问题，为此许多用户和厂商提出了修改 SNMPv1，增加安全模块的要求。于是，IETF 在 1992 年雄心勃勃地开始了 SNMPv2 的开发工作。当时宣布计划中的第 2 版将在提高安全性和更有效地传递管理信息方面加以改进，具体包括提供验证、加密和时间同步机制以及 GETBULK 操作提供一次取回大量数据的能力等。

最近几年，IETF 为 SNMP 的第 2 版做了大量的工作，其中大多数是为了寻找加强 SNMP 安全性的方法。然而不幸的是，涉及的方面依然无法取得一致，从而只形成了现在的 SNMPv2 草案标准。1997 年 4 月，IETF 成立了 SNMPv3 工作组。SNMPv3 的重点是安全、可管理的体系结构和远程配置。目前，SNMPv3 已经是 IETF 提议的标准，并得到了供应商们强有力的支持。

本节中将主要针对 SNMPv1 版本进行介绍。

13.4.2　SNMP 的设计目标

由于 SNMP 是为 Internet 设计的，而且为了提高网络管理系统的效率，网络管理系统在传输层采用了用户数据报协议（User Datagram Protocol,UDP）。针对 Internet 的飞速发展和协议的不断扩充和完善，SNMP 围绕着以下 5 个概念和目标进行设计。

（1）尽可能地降低管理代理软件的成本和资源要求。

（2）最大限度地提供远程管理功能，以便充分利用 Internet 的网络资源。

（3）体系结构必须有扩充的余地，以适应网络系统今后的发展。

（4）保持 SNMP 的独立性，不依赖于任何厂商任何型号的计算机、网关和网络传输协议。

（5）保证 SNMP 自身的安全性。

13.4.3　SNMP 的工作机制

1. SNMP 数据收集方式

SNMP 是一系列网络管理规范的集合，包括协议本身、数据结构的定义和一些相关概念。SNMP 提供了一种从网络上的设备中收集网络管理信息的方法。从被管设备中收集数据主要有两种方式：一种是轮询（Polling-only）；另一种是基于中断（Interrupt-based）的方法。

SNMP 使用嵌入到网络设施中的代理软件来收集网络的通信信息和有关网络设备的统计数据。代理软件不断地采集统计数据，并把这些数据记录到一个管理信息库（Management Information Base,MIB）中。网络管理人员通过向代理的 MIB 发出查询信号可以得到这些信息，这个过程就称为轮询。为了能全面地查看一天的通信流量和变化率，管理人员必须不断地轮询 SNMP 代理，每分钟轮询一次。这样，网络管理人员可以使用 SNMP 来评价网络的运行状况，并揭示出通信的趋势，如哪一个网段接近通信负载的最大能力等。先进的 SNMP 网络管理站甚至可以通过编程来自动关闭端口或采取其他矫正措施来处理历史的网络数据。采用轮询方法的缺陷在于信息的实时性，尤其是错误的实时性较差。多久轮询一次、轮询时选择什么样的设备顺序都会对轮询的结果产生影响。轮询的间隔太小，会产生太多不必要的通信量；间隔太大，而且轮询时顺序不对，那么关于一些大的灾难性事件的通知又会太慢，就违背了积极主动的网络管理目的。

与之相比，当有异常事件发生时，基于中断的方法可以立即通知网络管理工作站，实时性很强。但这种方法也有缺陷：产生错误或异常事件需要系统资源。如果异常事件必须转发大量的信息，那么被管设备可能不得不消耗更多的系统资源，这将会影响到网络管理的主要功能。

因此，SNMP 网络管理通常采用以上两种方法的结合：面向异常事件的轮询方法（Trap-directed Polling）。网络管理工作站轮询被管设备中的代理来收集数据，并且在控制台上用数字或图形的表示方法来显示这些数据。被管设备中的代理可以在任何时候向网络管理工作站报告错误情况，而并不需要等到网络管理工作站为获得这些错误情况而轮询时才会报告。SNMP 数据收集过程如图 13-3 所示。

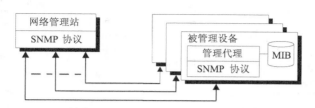

图 13-3　SNMP 数据收集示意图

2. SNMP 基本管理操作

简单地说，SNMP 协议只包含两类管理操作命令：读取 MIB 对象实例的值和重设 MIB 对象实例的值。围绕这两类命令，网络管理的流程这样进行：一方面，网络管理系统周期性地向被管设备发送轮询信息，读取网络管理代理返回的 MIB 信息，并根据该信息做出相应的动作，据此来实时监视和控制网络管理系统；另一方面，被管设备在发生故障时可主动以异常事件的方式通知网络管理系统，由网络管理系统做出相应的响应。

SNMP 协议定义了 5 种操作来完成上述工作。

（1）Get——用于管理进程从代理进程中提取一个或多个指定的 MIB 参数值，这些参数值均在 MIB 中被定义。

（2）Get Next——用来访问被管设备，从 MIB 树上检索指定对象的下一个对象实例。

（3）Set——设定某个 MIB 对象实例的值。

（4）Get Response——用于被管设备上的网络管理代理对网络管理系统发送的请求进行响应，包含有相应的响应标识和响应信息。

（5）Trap——网络管理代理使用 Trap 原语向网络管理系统报告异常事件的发生。例如，Trap 消息可以用来通知管理站线路的故障、认证失败等消息。

前面 3 个操作是管理进程向代理进程发出的，后面两个操作则是代理进程发给管理进程的，其中除了 Trap 操作使用 UDP 162 端口外，其他 4 个操作均使用 UDP 161 端口。通过这 5 种操作，管理进程和代理之间就能够进行通信了，如图 13-4 所示。

SNMP 协议的基本管理操作步骤如下。

① 网管工作站周期性地发送 Get/Get Next 报文来轮询各个代理，并获取各个 MIB 中的管理信息。

② 代理在 161 端口上（SNMP 的默认端口）循环侦听来自网络管理工作站的 Get/Get Next 报文，根据请求的内容从本地 MIB 中提取所需信息，并以 Get Response 报文方式将结果回送给网络管理工作站。

③ 与此同时，代理不断地检查本地的状态，适当地向网络管理工作站发送 Trap 报文，并记录在一个数据库中。

④ 网络管理员可以通过专用的应用软件从管理站上查看每个代理提供的管理信息。

SNMP 协议的网络管理模型如图 13-5 所示。

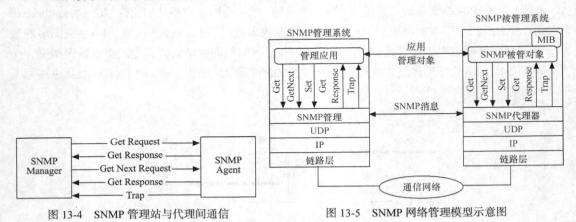

图 13-4　SNMP 管理站与代理间通信　　　图 13-5　SNMP 网络管理模型示意图

13.5　网络管理工具

在网络管理系统的体系结构中，包括管理者和管理代理两个部分，相应的网络管理产品也分成两大类：管理者网络管理平台和管理代理的网络管理工具。目前，比较流行的管理者网络管理平台包括 HP 公司的 Open View、CA 公司的 Unicent TNG、IBM 公司的 TME 10 NetView 和 SUN 公司的 NetManger 等；管理代理的网络管理工具包括 Cisco 公司的 Works 2000、3Com 公司的 Transcend 和 BAY 公司的 Network Optivity 等。

下面将对管理者平台 HP 公司的 Open View、IBM 公司的 TME 10 NetView 和管理代理网络管理工具 Cisco 公司的 Works 2000、3Com 公司的 Transcend 产品进行简要的介绍。

13.5.1　HP Open View

HP Open View 是由 HP 公司开发的网络管理平台，是目前公认的世界上最好的网络管理软件之一。Open View 集成了网络管理和系统管理的优点，形成了一个单一而完整的管理系统。Open View 解决方案实现了网络运作从被动无序到主动控制的过渡，能使 IT 部门及时了解整个网络当前的真实状况，从而实现主动控制。另外，Open View 解决方案的预防式管理工具——临界值设定与趋势分析报表，可以使 IT 部门采取更具有防御性的措施来保证全网的安全。

在 HP Open View 产品中，网络中心负责检测与控制节点和用户路由器、处理故障、收集网络流量、路由管理和安全控制。网络管理系统将对主干网络及主干与地区相连的线路流量进行统计，并实时显示流量变化曲线；提供网络当前路由信息的分析处理工具，显示当前路由信息；对网络系统操作权限设置不同的安全控制级别，提供对网络设备的访问控制机制。

在网络管理服务器上，可以通过 SNMP 管理包括路由器、访问控制器、计算机主机等所有设备。网络管理系统可以对大多数设备进行控制和修改配置，在统一的管理和监控操作下，可以对故障以不同的颜色和声音来报警，并可以进行报警功能的扩展。

总的来说，HP Open View 有以下一些基本特点。

（1）自动发现网络拓扑机构。该项功能具有较强的智能性，当 Open View 启动时，默认的网段就能被自动检测，网段中的路由器和网关、子网以图标的形式显示在图形上，其中的连接关系也自动显示。

（2）性能与吞吐量分析。Open View 中的一个应用系统 HP LAN Probe Ⅱ可用来进行性能分析。通过查询 SNMP MIB Ⅰ、Ⅱ可以监控网络接口故障，并在图中表示出来。

（3）故障警告。可以通过图形用户界面来进行警告配置。网络中任何一个支持 SNMP-Trap 协议的设备都能收到警告。

（4）历史数据分析。任何指标的数据报告都可以实时地以图标的形式显示出来。使用 RMON HP LAN Probe Ⅱ产品可以增强其分析功能。

（5）多厂商支持。任何厂商的 MIB 定义都能在运行状态被集成到 Open View 中。

13.5.2 IBM TME 10 NetView

IBM 于 1990 年获得了 HP Open View 的许可证，并以此作为 NetView 网络管理平台的基础。所以，NetView 在功能与界面风格上都与 Open View 非常相似。随后，IBM 收购了一家生产分布式系统管理产品的公司——Tivoli，并推出了 TME（Tivoli Management Environment）10 NetView，集成了网络管理与系统管理功能。

TME 是一个用于网络计算机管理的集成的产品家族，可以为各种系统平台提供管理。TME 是一个跨越主机系统、客户机/服务器系统、工作组应用、企业网络、Internet 服务的端到端的解决方案，而且将系统管理包含在一个开放的、基于标准的体系结构中。

总的来说，TME 10 NetView 具备以下一些企业资源管理功能和特点。

● 能够管理异构的、大规模的、多厂商网络环境，并能够支持众多第三方应用集成。

● 通过 NetView 提供的性能管理和配置故障功能，能够完成网络拓扑结构的发现及显示、网络运行监控、网络故障检测和网络性能评价等工作。

● 通过设备的动态发现和收集性能数据、管理事件及 SNMP 告警信息，从而监控网络的运行状况。

● 通过简单易用的用户界面和应用开发接口 API，使系统的安装和维护更加简便。

● 提供 MIB 管理工具，并能实现与关系数据库系统集成，完成真正的分布式管理和多协议监控与管理。

13.5.3 Cisco Works 2000

Cisco 利用重点开发基于 Internet 的体系结构的优势，可以向用户提供更高的可访问性，而且可以简化网络管理的任务和进程。Cisco 的网络管理策略——Assured Network Service（保证网络服务）也正在引导着网络管理从传统应用程序转向具备下列特征的基于 Web 的模型。

● 基于标准。

● 简化工具、任务和进程。

- 与网络管理系统（Network Management System,NMS）平台和一般管理产品的 Web 级集成。
- 能够为管理路由器、交换机和访问服务器提供端到端的解决方案。
- 通过将发现的设备与第三方应用集成，创建一个内部管理网。

Cisco 的系列网络管理产品包括了针对各种网络设备性能的管理、集成化的网络管理、远程网络控制和管理等功能。目前，Cisco 的网络管理产品包括新的基于 Web 的产品和基于控制台的应用程序。新产品系列包括增强的工具以及基于标准的第三方集成工具，功能上包括管理库存、可用性、系统变化、配置、系统日志、连接和软件部署以及用于创建内部管理网的工具。另外，网络管理工具还包括一些其他独立应用程序。

总的来说，Cisco 网络管理系统有如下几个方面的特点。

（1）充分利用现有的 Cisco 技术和功能。Cisco Works 2000 产品建立在现有的内置式设备技术的广泛基础上，包括 Cisco ISO、SNMP、HTTP 及 NETFLOW，便于管理。该方案确保新的技术应用程序可使用现有网络中已安装的数据资源，从而有效保护了对原有 Cisco 产品的投资。此外，由于这些大量的程序资源基于已有的业界标准，Cisco Works 2000 可与第三方集成或定制管理应用程序。

（2）独立，并排平台的集成。Cisco Works 2000 产品的设计方向为既可作为独立的管理应用程序运行，也可用于增加企业网平台产品和业务。例如，HP Open View、Solaris SunNet Manager、TME 10 NetView 和 Unicenter 所提供的在 Cisco Works 2000 自己的服务器上进行安装的可选性和灵活性，而无需网络管理平台服务器。

（3）满足未来的管理环境与现在的应用。Cisco 的内部网络管理战略使用户能建立可适合不断变化的管理要求及不断发展的管理环境的系统，使当前及未来的投资均可得到全面保护。

13.5.4　3Com Transcend

3Com 网络管理采用牢靠、全面的 3 层 Transcend 结构，从下到上依次是 SmartAgent 管理代理软件层、中间管理平台层和 Transcend 应用软件层。

SmartAgent 管理代理软件是这个结构的基础。这些代理软件嵌入到各种 3Com 产品中，可以自动搜集每个设备的信息并将这些信息有机地联系起来，同时只占用很小的网络通信开销。

中间层是针对 Windows、UNIX 平台和基于开放式的工业标准 SNMP 所开发的各种管理平台，其中包括 SunNet Manager、HP Open View 等。这些管理平台强化了 SmartAgent 的管理智能，支持高层的 Transcend 应用软件。

最上层是 Transcend 应用软件，通过简单易用的图形界面将各种管理功能集成于 SmartAgent 智能中。用户可以选用 Transcend Workgroup Manager 或 Transcend Enterprise Manager。其中，Transcend Workgroup Manager 主要用于全面控制工作组的活动；Transcend Enterprise Manager 可以全面控制企业的所有网络软件。每种 Transcend 应用软件都可以很好地适用于用户环境，但不管用户采用哪一种管理环境，Transcend 对所有应用软件和网络设备类型均提供同样的界面，这意味着管理信息的比较和分析大为简化，使用户可以更有效地进行故障诊断和网络性能的优化。

3Com Transcend 的特点可总结如下。

（1）牢固、全面的 3 层 Transcend 结构是 3Com 管理优势的根基。Transcend 结构使用户不仅能够建立新的、完善的管理系统，还可以保护原有资源，而且未来的用户也可以经济、有效地扩大其服务范围。

（2）分布的 SmartAgent 智能能为集成网络管理提供强大的功能。SmartAgent 能够远程处理网络查询、限制查询流量、减少对网络带宽和中央控制台时间的需求。与此相似，Transcend Action on Event（事变应急反应）功能可以使用户迅速确定应急处理的工作或根据预定标准去自动处理相应的任务，可以节省宝贵的管理时间和网络带宽。

（3）平稳地吸收各种新技术可最大限度地保证用户的管理环境。Transcend Networking 是 3Com 公司为了经济、高效、分阶段管理网络发展而推出的全面而又长远的解决方案。3Com 公司的各种管理软件均属于 Transcend Networking 框架的一部分，都能有效地保证用户的管理环境。

13.6　网络管理技术的发展趋势

网络管理技术的发展主要体现在以下几个方面。

1. 进一步智能化的网络管理软件

网络管理技术的发展首先体现在网络管理软件上。网络管理软件的一个发展方向是进一步实现智能化，从而大幅度地降低网络管理人员的工作压力，提高工作效率，真正体现网络管理软件的作用。智能化的网络管理软件将能实现自动获得网络中各种设备的技术参数，进而智能分析、诊断并向用户发出预警信息等。

很多传统的网络管理软件的处理方式是在网络故障或事故发生后，才能被网络管理人员发现，然后再去寻找解决方案，这显然使处理滞后且效率降低。虽然各种网络设备都有一些相应的流量统计或日志记录功能，但都必须是由操作者去索要，而且提供的内容也都是非常底层、非常技术型的数据报文或协议列表，要求有一定技术背景的人员才能看懂，没有智能地提前报警的能力，因此对网络故障或事故也难以进行及时和准确的控制。

目前，对网络管理系统的需求最为强烈的用户一般都是网络规模比较大或者核心业务建立在网络上的企业，一旦网络出现了故障，对他们的影响和损失是非常大的。所以，网络管理系统如果仅达到了"出现问题后及时发现并通知网络管理人员"的程度是远远不够的，智能化的网络管理系统具有较强的预故障处理功能，并且能够自动进行故障恢复，尽一切可能把故障发生的可能性降至最低。

2. "自动配置"的网络管理软件

自动化的网络管理能尽可能地减少网络管理人员的工作量，让网络管理人员从繁杂的事物性工作中解脱出来，有时间和精力来思考和实施网络的性能提速等疑难问题。而从网络管理软件的发展历史来看，也显现出这个趋势。

第 1 代网络管理软件必须使用常用的命令行（Command Line Interface,CLI）方式，不仅要求使用者精通网络的原理及概念，还要求使用者了解不同厂商的不同网络设备的配置方法。当然，这种方式可以带来很大的灵活性，因此深受一些资深网络工程师的喜爱，但对于一般用户而言，这并不是一种最好的方式，至少配置起来很不"轻松"。

第 2 代网络管理软件具有很好的图形化界面,用户无需过多了解不同设备间的不同配置方法，就能图形化地对多台设备同时进行配置，这大大缩短了工作时间，但依然要求使用者精通网络原理。换句话说，在这种方式中，仍然存在由于人为因素造成网络设备功能使用不全面或不正确的问题。

第 3 代网络管理软件对用户而言，能实现真正的"自动配置"。网络管理软件管理的已不是一个具体的配置，而仅仅是一个关系。对网络管理人员来说，只要把人员情况、机器情况以及人员与网络资源之间的分配关系告诉网络管理软件，网络管理软件就能自动地建立图形化的人员与网络的配置关系。不论用户身在何处，只要登录，网络管理系统便能立刻识别用户身份，并自动接入用户所需的企业重要资源（如电子邮件、Web、ERP及CRM应用等）。另外，网络管理软件还可以为那些对企业来说至关重要的应用分配优先权，同时，整个企业的网络安全也可得以保证。

3. 更加易用的网络管理系统

"集中式远程管理"是以加强网络管理系统的易用性为根本出发点的。企业可以通过一个统一的平台掌控远距离的网络设备、服务器和PC，达到简化网络管理的目的。在大型网络应用环境下，所有机房服务器和网络设备都可以通过带外管理方式到达网络运行中心，将设备维护及故障排除集中于网络管理中心平台上，从而简化运维、提高效率。在跨地区多中心的网络应用环境下，通过相对集中的控制、处理系统可实现关键设备的异地远程管理，尽可能压缩现场作业，降低设备运维成本。另一方面，对企业来说，集中化的操控平台能够实现在线调集不同地区专家资源，谋划解决设备处理问题，达到增加设备可持续运营时间的最终目的。同时，还能够带来物理安全性的提高，避免了网络管理人员来回奔波的传统作业模式，大大增强了网络管理系统的易用性。

4. 更加安全的网络管理

随着网络安全在网络中重要性的不断提升，安全管理被提到了议事日程上。今后一个重要的趋势就是安全管理与传统的网络管理逐渐融合。网络安全管理是指保障合法用户对资源的安全访问，防止并杜绝黑客的蓄意攻击和破坏。网络安全管理包括授权设施、访问控制、加密及密钥管理、认证和安全日志记录等功能。传统的网络管理产品更关注对设备、对系统、对各种数据的管理，管理系统是否在工作，网络设备中的通信、通信量、路由等是否正确，数据库是否占用了合理的资源等。但这些当中还未包含关注人们的行为，如上网行为是否合法、哪些是正常的行为、哪些是异常的行为等因素。今后，安全网络管理中将增加这些内容。

小　结

（1）网络管理是指采用某种技术和策略对网络上的各种网络资源进行检测、控制和协调，并在网络出现故障时及时进行报告和处理，从而实现尽快维护和恢复，保证网络正常、高效地运行，达到充分利用网络设施资源的目的，并保证网络向用户提供可靠的通信服务。

（2）一个典型的网络管理体系结构包括网络管理工作站、被管设备、管理信息库、代理程序和网络管理协议等基本要素。

（3）网络管理系统具有故障管理、配置管理、性能管理、安全管理和计费管理5大功能。

（4）在网络管理中，所有被管对象的集合组成了MIB。MIB是一个树型结构，包含分属于不同组的许多个被管对象。SNMP协议消息通过遍历MIB树型目录中的节点来访问网络中的被管设备。对被管对象的访问可以采用通过分支名和数字标识符两种方式。这两种表达方式作用一样，都表示同一个MIB被管对象，但数字标识符看起来更简洁。

（5）SNMP是目前TCP/IP网络中应用最为广泛的网络管理协议，是一种应用层协议，是TCP/IP簇的一部分，并且是面向无连接的协议。其功能是使网络设备间能方便地交换管理信息，让网络管理员管理网络的性能，发现和解决网络问题及进行网络的扩充。

（6）从被管设备中收集数据，SNMP定义了两种方式：一种是轮询方式，另一种是基于中断的方式。而且SNMP还定义了5种操作来完成，分别是Get、Get Next、Set、Get Response和Trap。

（7）在网络管理系统的体系结构中，包括管理者和管理代理两部分，相应的网络管理产品也分成两大类：管理者网络管理平台和管理代理的网络管理工具。目前，比较流行的管理者网络管理平台包括 HP 公司的 Open View、CA 公司的 Unicent TNG、IBM 公司的 TME 10 NetView 和 SUN 公司的 NetManger 等；管理代理的网络管理工具包括 Cisco 公司的 Works 2000、3Com 公司的 Transcend 和 BAY 公司的 Network Optivity 等。

（8）未来网络管理技术的发展趋势将主要体现在网络管理软件的自动配置和进一步智能化、网络管理系统的使用更加简单易用以及更加安全等几个方面。

习　题　13

一、填空题

1. 网络管理过程通常包括数据_____、数据处理、数据分析和产生用于管理网络的报告。
2. 在网络管理模型中，管理进程和管理代理之间的信息交换可以分为两种：一种是从管理进程到管理代理的管理操作，另一种是从管理代理到管理进程的_____。
3. OSI 网络管理标准的 5 大管理功能域为_____、_____、_____、_____和_____。
4. 故障管理的步骤一般为故障检测、故障诊断、故障_____和故障报告。
5. 目前，常用的网络管理协议是_____，该管理协议的管理模型由_____、_____和_____3 个基本部分组成。
6. _____是 SNMP 使用的数据库，维护管理一个网络所必需的信息。

二、单项选择题

1. OSI 网络管理标准定义了网络管理的 5 个功能域。例如，对管理对象的每个属性设置阈值、控制阈值检查和告警的功能属于（1）_____；接收报警信息、启动报警程序、以各种形式发出报警的功能属于（2）_____；接收告警事件、分析相关信息、及时发现正在进行的攻击和可疑迹象的功能属于（3）_____。上述事件捕捉和报告操作可由管理代理通过 SNMP 和传输网络将（4）_____报文发送给管理进程，这个操作（5）_____。

（1）A. 记账管理　　B. 性能管理　　C. 用户管理　　D. 差错管理
（2）A. 入侵管理　　B. 性能管理　　C. 故障管理　　D. 日志管理
（3）A. 配置管理　　B. 审计管理　　C. 用户管理　　D. 安全管理
（4）A. Get Request　B. Get Next Request　C. Set Request　D. Trap
（5）A. 无请求　　B. 有请求　　C. 无响应　　D. 有响应

2. 在网络管理中，通常需要监视网络吞吐量、利用率、错误率和响应时间。监视这些参数主要是_____功能域的主要工作。

A. 配置管理　　B. 故障管理　　C. 安全管理　　D. 性能管理

3. _____协议不是网络管理协议。

A. LABP　　B. SNMP　　C. SMIS　　D. CMIP

4. 以下关于 SNMP 的说法中错误的是_____。

A. SNMP 模型由管理进程、管理代理和管理信息库组成
B. SNMP 是一个应用层协议

    C. SNMP 可以利用 TCP 提供的服务进行数据传送

    D. 路由器一般都可以运行 SNMP 管理代理程序

5. 在网络管理系统中，管理对象指的是_____。

    A. 网络系统中的各种具体设备　　　　　B. 网络系统中的各种具体软件

    C. 网络系统中的各类具体人员　　　　　D. 网络系统中具体可以操作的网络资源

6. 在 OSI 的 5 个管理功能域中，_____功能是用来维护网络的正常运行的。

    A. 性能管理　　　　　B. 故障管理　　　　　C. 配置管理　　　　　D. 安全管理

7. 在 TCP/IP 簇中，SNMP 是在（1）_____协议之上的（2）_____请求/响应协议。在 SNMP 管理操作中，由管理代理主动向管理进程报告异常事件所发送的报文是（3）_____。在 OSI 参考模型基础上的公共管理信息服务/公共管理信息协议（CMIS/CMIP）是一个完整的网络管理协议，网络管理应用进程使用 OSI 参考模型的（4）_____。

（1）A. TCP　　　　　B. UDP　　　　　C. HTTP　　　　　D. IP

（2）A. 异步　　　　　B. 同步　　　　　C. 主从　　　　　D. 面向连接

（3）A. Get Request　　B. Get Response　　C. Trap　　　　　D. Set Request

（4）A. 网络层　　　　B. 传输层　　　　C. 表示层　　　　D. 应用层

三、问答题

1. 简述 OSI 网络管理标准的 5 个功能域。

2. 简述 SNMP 管理模型的基本组成部分。

3. 网络管理的主要目的是什么？

4. 简述配置管理的主要内容。

5. 故障管理的主要内容和目标是什么？可行的技术手段有哪些？

6. 安全管理的含义是什么？可以采用哪些技术来实现？

7. SNMP 消息一般是通过 UDP 协议而不是 TCP 协议传递的，为什么采用这种设计？

8. 当前流行的网络管理平台有哪些？试说明一种常用的网络管理平台的功能特点。

第 **14** 章
云计算与物联网

云计算的概念是由 Google 提出的，这是一个美丽的网络应用模式，它主要是指通过网络按需提供可动态伸缩的廉价计算服务。物联网早在 1999 年就被提出了，当时叫传感网。物联网的概念是在互联网概念的基础上，将其用户端延伸和扩展到任何物品和物品之间，进行信息交换和通信的一种网络概念。

云计算与物联网各自具备很多优势，如果把云计算与物联网结合起来，云计算其实就相当于一个人的大脑，而物联网就是其五官和四肢。云计算和物联网的结合是互联网络发展的必然趋势。

本章的学习目标：

- 理解云计算的含义、特点以及与网格计算的联系。
- 了解目前主流的云计算技术。
- 了解物联网的发展历程，理解物联网的含义、技术架构和应用领域。
- 理解云计算与物联网之间的关系；
- 理解大数据的含义、基本特征以及大数据对当今社会的重要影响。

14.1 云计算及其发展

云计算是在 2007 年第 3 季度才正式诞生的新名词，但很快其受关注的程度甚至超过了网格计算（Grid Computing）等概念。

14.1.1 云计算的概念

云计算（Cloud Computing）的概念最早是由谷歌（Google）提出的，它描述的是一种基于互联网的计算方式，通过这种方式，共享的软、硬件资源和信息可以按需提供给计算机和其他设备。"云"其实是网络、互联网的一种比喻说法，通常我们将提供资源的网络称为"云"。云计算的核心思想是，将大量用网络连接的计算资源统一管理和调度，构成一个计算资源池对用户进行按需服务，如图 14-1 所示。

云计算是继 20 世纪 80 年代大型计算机到客户端/服务器（C/S）的大转变之后的又一种巨变，它描述了一种基于互联网的新的 IT 服务增加、使用和交付模式，通常涉及通过互联网来提供动态的、易扩展的，而且常常是虚拟化的资源。

对于云计算，我们可以做一个形象的比喻：钱庄。最早人们只是把钱放在枕头底下保存，后来有了钱庄，很安全，不过兑现起来比较麻烦；现在发展到银行，人们可以到任何一个网点取钱，甚至通过 ATM，就像用电不需要家家装备发电机，直接从电力公司购买一样。云计算带来的就是这样一种变革——由谷歌、IBM 这样的专业网络公司来搭建计算机存储、运算中心，用户通过一根网线借助浏览器就可以很方便地访问，把"云"作为资料存储及应用服务的中心。

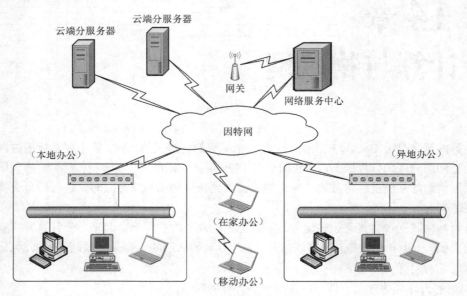

图 14-1　云计算示意图

14.1.2　云计算的特点

从研究现状看，云计算具有以下特点。

（1）超大规模。"云"具有相当的规模。Google 云计算已经拥有 100 多万台服务器，Amazon、IBM、微软和 Yahoo 等公司的"云"均拥有几十万台服务器。"云"能赋予用户前所未有的计算能力。

（2）虚拟化。云计算支持用户在任意位置、使用各种终端获取服务。所请求的资源来自"云"，而不是固定的有形体。应用在"云"中某处运行，但实际上用户无需了解运行的具体位置，只需要一台终端设备就可以通过网络来获取各种能力超强的服务。

（3）高可靠性。"云"使用了数据多副本容错、计算结点同构可互换等措施来保障服务的高可靠性。因此，可以认为使用云计算比使用本地计算机更加可靠。

（4）通用性。云计算不局限于特定的应用，同一片"云"可以同时支撑不同应用的运行，在"云"的支撑下可以构造出千变万化的应用。

（5）按需服务。"云"是庞大的资源池，用户按需购买服务，像自来水、电和煤气那样计费。

（6）极其廉价。"云"的特殊容错措施使得可以采用极其廉价的结点来构成"云"。"云"的自动化管理使数据中心管理成本大幅降低。另外，"云"的公用性和通用性使资源的利用率大幅提升。因此，"云"具有前所未有的性能价格比。

14.1.3　网格计算与云计算

网格（Grid）是 20 世纪 90 年代中期发展起来的下一代因特网核心技术。网格技术的开创者

Ian Foster 将其定义为在动态、多机构参与的虚拟组织中协同共享资源和求解问题。网格是在网络基础上基于 SOA，使用互操作、按需集成等技术手段，将分散在不同地理位置的资源虚拟成为一个有机整体，实现计算、存储、数据、软件和设备等资源的共享，从而大幅提高资源的利用率，使用户获得前所未有的计算和信息能力。

　　网格计算通常分为计算网格、信息网格和知识网格 3 种类型。计算网格的目标是提供集成各种计算资源的、虚拟化的计算基础设施。信息网格的目标是提供一体化的智能信息处理平台，集成各种信息系统和信息资源，消除信息孤岛，使用户能按需获取集成后的精确信息。知识网格研究一体化的智能知识处理和理解平台，使得用户能方便地发布、处理和获取知识。

　　国际网格界致力于网格中间件、网格平台和网格应用的建设。国外著名的网格中间件有 Globus Toolkit、UNICORE、Condor、Glite 等。其中，Globus Tookit 得到了广泛采纳。国际知名的网格平台有 TeraGrid、EGEE、CoreGRID、D-Grid、ApGrid、Grid3、GIG 等。其中，TeraGrid 是由美国科学基金会计划资助构建的超大规模开放的科学研究环境，它集成了高性能计算机、数据资源、工具和高端实验设施。目前，TeraGrid 已经集成了超过每秒 750 万亿次计算能力、30PB 数据，拥有超过 100 个面向多种领域的网格应用环境。欧盟 E-science 促成网络 EGEE(Enabling Grid for E-science)是另一个超大型、面向多个领域的网格计算基础设施。目前已有 120 多个机构参与，包括分布在 48 个国家的 250 个网格站点、68 000 个 CPU、20PB 数据资源、拥有 8 000 个用户，每天平均处理 30 000 个作业，峰值超过 150 000 个作业。就网格应用而言，知名的网络应用协同数以百计，应用领域包括大气科学、林学、海洋科学、环境科学、生物信息学、医学、物理学、天体物理、地球科学、天文学、工程学、社会行为学等。我国也有类似的研究，如中国国家网格（ Cina Natioal Grid，CNGrid）、空间信息网格（ Spatial Information Grid，SIG ）、教育部支持的教育科研网格（ ChinaGrid ）等。

　　网格计算与云计算的关系，就像 OSI 与 TCP/IP 之间的关系。国际标准化组织（ISO）制定的 OSI（开放系统互连）网络标准考虑周到，也异常庞杂，虽有远见，但也过于理想，实现起来难度和代价非常大。TCP/IP 网络标准将 OSI 的 7 层网络协议简化为 4 层，内容大大精简，迅速取得了成功。因此，可以说 OSI 是 TCP/IP 的基础，TCP/IP 又推动了 OSI，两者相互促进、协同发展。

　　没有网格计算打下的基础，云计算就不会这么快到来。网格计算以科学研究为主，非常重视标准规则，也非常复杂，实现起来难度大，缺乏成功的商业模式。云计算是网格计算的一种简化形态，可以说云计算的成功也体现了网格计算的成功。但对于许多高端科学或军事应用而言，云计算是无法满足需求的，必须依靠网格计算来解决。

14.2　主流的云计算技术

　　由于云计算是多种技术混合演进的结果，其成熟度较高，又有业内大公司推动，发展极为迅速。Google、Amazon、IBM、微软和 Yahoo 等大公司都是云计算的先行者。

14.2.1　Google 云计算

　　Google 拥有全球最强大的搜索引擎。除了搜索业务以外，Google 还有 Google 地图、Google 地球、Gmail、YouTube 等各种业务，包括刚诞生不久的 Google Wave。这些应用的共性在于数据量巨大，而且要面向全球用户提供实时服务，因此 Google 必须解决海量数据的存储和快速处理问题。Google 的诀窍在于它研发出了简单而又高效的技术，让多达百万台的廉价计算机协同工作，共同完成这些前所未有的任务，这些技术在诞生几年之后才被正式命名为 Google 云计算技术。

Google 是当今最大的云计算技术的使用者。Google 搜索引擎建立在分布的 200 多个地点、超过 100 万台服务器的支撑之上，而且这些设施的数量还在迅猛增长。Google 的一系列应用平台，包括 Google 地图、Google 地球、Gmail、Docs 等也同样使用了这些基础设施。采用 Google Docs 之类的应用，用户数据会保存在因特网上的某个位置，可以通过任何一个与因特网相连的系统十分便利地访问和共享这些数据。目前，Google 已经允许第三方在 Google 的云计算中通过 Google App Engine 运行大型并行应用程序。

Google 云计算技术包括 Google 文件系统 GFS（Google Filr System）、分布式计算编程模型 MapReduce、分布式锁服务 Chubby、分布式结构化数据存储系统 Bigtable 等。其中，GFS 提供了海量数据的存储和访问能力，MapReduce 使得海量信息的并行处理变得简单易行，Chubby 保证了分布式环境下并发操作的同步问题，Bigtable 使得海量数据的管理和组织十分方便。

14.2.2　Amazon 云计算

Amazon（亚马逊）是依靠电子商务逐步发展起来的，凭借其在电子商务领域积累的大量基础性设施、先进的分布式计算技术和巨大的用户群体，Amazon 很早就进入了云计算领域，并在云计算、云存储等方面一直处于领先地位。

Amazon 提供的云计算服务产品主要有弹性计算云（EC2）、简单存储服务（S3）、简单数据库服务（Simple DB）、简单队列服务（Simple Queue Service，SQS）、弹性 MapReduce 服务、内容推送服务（CloudFront）、AWS 导入/导出、关系数据库服务（Relation Database Service，RDS）等。这些服务涉及云计算的各个方面，用户可以根据自己的需要选取一个或多个 Amazon 云计算服务，并且这些服务具有极强的灵活性和可扩展性，当然用户经过免费体验后是要付费的。收费的服务项目包括存储服务器、带宽、CPU 资源以及月租费。月租费与电话月租费类似，存储服务器、带宽按容量收费，CPU 根据时长（小时）运算量收费。

目前，云计算也成为 Amazon 增长最快和盈利最多的业务之一。

14.2.3　微软云计算

"创办一家新的互联网企业，必备的一点是购置服务器并装在机房里。不过，在未来，这也许将成为历史。只要支付一定的费用，用户就可以轻易地从远程得到服务器的支持。创业者无需再为服务器操心，可以集中精力开发出最好的产品，以及考虑如何为这些产品带给更多的消费者。"——这正是微软"云计算"带来的美好愿景之一。2008 年 10 月 27 日，在洛杉矶的专业开发者会议上，面对 6 500 名专业开发人员，微软的首席软件架构师 Ray Ozzie 反复描绘了这一愿景，并最后宣布，微软新推出的"云计算"计划命名为"Windows Azure"。这样，继 Google、Amazon、IBM 之后，微软又推出了自己的"云计算"。

"Azure"的原意是"蓝色的天空"，因而有人戏称，微软的 Windows Azure 是想把微软从小小的视窗带到广阔的蓝天上。Azure 的底层是微软全球基础服务系统，由遍布全球的第 4 代数据中心构成。这是继 Windows 取代 DOS 之后，微软的又一次颠覆性的转型。

在 2010 年 10 月的 PDC 大会上，微软公布了 Windows Azure 云计算平台的未来蓝图，将 Windows Azure 定位为平台服务，一套全面的开发工具、服务和管理系统。它可以为开发者提供一个平台，并允许开发者使用微软全球数据中心的储存、计算能力和网络基础服务，从而开发出可运行在云服务器、数据中心、Web 和 PC 上的应用程序。

Azure 服务平台包括以下主要组件：Windows Azure；Microsoft SQL 数据库服务，Microsoft .Net 服务；用于分享、储存和同步文件的 Live 服务；针对商业的 Microsoft SharePoint 和 Microsoft Dynamics CRM 服务。

14.3　物联网及其应用

物联网（Internet of Things）的概念最早是由麻省理工学院的专家于 1999 年提出的，它的产生和发展与计算机网络的发展、互联网应用的扩展、传感技术的发展、社会需求的驱动以及政府的支持都是分不开的。

14.3.1　物联网的发展

物联网过去被称为传感网。1999 年，在美国召开的移动计算和网络国际会议上提出"传感网是下一个世纪人类面临的又一个发展机遇"。2003 年，美国《技术评论》提出传感网络技术将是未来改变人们生活的十大技术之首。

2005 年 11 月 17 日，在突尼斯举行的信息社会世界峰会（World Summit on the Information Society，WSIS）上，国际电信联盟（International Telecommunication Union，ITU）发布了《ITU 互联网报告 2005：物联网》，正式提出了"物联网"的概念。报告指出，无所不在的"物联网"通信时代即将来临，世界上所有的物体，从轮胎到牙刷、从房屋到纸巾都可以通过 Internet 主动进行信息交流。射频识别技术（Radio Frequency Identification，RFID）、传感器技术、纳米技术、智能嵌入式技术将得到更加广泛的应用。

2009 年 1 月 28 日，奥巴马就任美国总统后，与美国工商业领袖举行了一次"圆桌会议"，与会代表之一，IBM 首席执行官彭明盛向总统提出"智慧地球"这一概念，并认为"智慧地球=互联网+物联网"，建议新政府投资新一代智慧型基础设施。

2009 年 2 月 24 日，IBM 大中华首席执行官钱大群在 2009IBM 论坛上公布了名为"智慧地球"的最新策略。此概念一经提出，即得到美国各界的高度关注，甚至有分析认为 IBM 公司的这一构想极有可能上升至美国的国家战略，并在世界范围内引起轰动。

如今，"智慧地球"战略被不少美国人认为与当年的"信息高速公路"有许多相似之处，同样被他们认为能够振兴经济、确立竞争优势。竞争优势是一个企业或国家在某些方面比其他的企业或国家更能带来利润或效益的优势，源于技术、管理、品牌、劳动力成本等。

物联网产业链可以细分为标识、感知、处理和信息传送 4 个环节，每个环节的关键技术分别是 RFID、传感器、智能芯片和电信运营商的无线传输网络。EPOSS 在《Internet of Things in 2020》报告中分析预测，未来物联网的发展将经历 4 个阶段，2010 年之前 RFID 被广泛应用于物流、零售和制药领域；2010～2015 年物体互联；2015～2020 年物体进入半智能化；2020 年之后物体进入全智能化。作为物联网发展的排头兵，RFID 成为了市场最为关注的技术。

14.3.2　物联网的定义

除 RFID 之外，传感器技术也是物联网产生的核心技术，如果没有传感器技术的发展，那么我们所能谈论的只有互联网，而不可能会有物联网。早期人们使用的只是一些无线射频设备，后

263

来发明了智能传感器，这些传感器可以将一些模拟量采集转换成数据量以供人们参考分析，如光敏传感器、热敏传感器、温度传感器、湿度传感器、压力传感器等。人们将多个传感器节点按照自己定义的协议组成一个小型的网络，通过无线技术进行数据交换。这些技术结合互联网技术、通信技术等就产生了物联网。

物联网的定义目前还存在较大争议，各个国家和地区对于物联网都有自己的定义，举例如下。

美国的定义：将各种传感设备，如射频识别（RFID）设备、红外传感器、全球定位系统等与互联网结合起来而形成的一个巨大网络，其目的是让所有的物体都与网络连接在一起，方便识别和管理。

欧盟的定义：将现有互连的计算机网络扩展到互连的物品网络。

国际电信联盟的定义：任何时间、任何地点，我们都能与任何东西相连。

2010年中国第十一届人民代表大会第三次会议上对物联网的定义：通过信息传感设备，按照约定的协议，把任何物品与互联网连接起来，进行信息交换和通信，以实现智能化识别、跟踪、定位、监控和管理。它是在互联网的基础上延伸和扩展的网络。

14.3.3　物联网的技术架构

从技术架构上来看，物联网可分为3层：感知层、网络层和应用层，如图14-2所示。

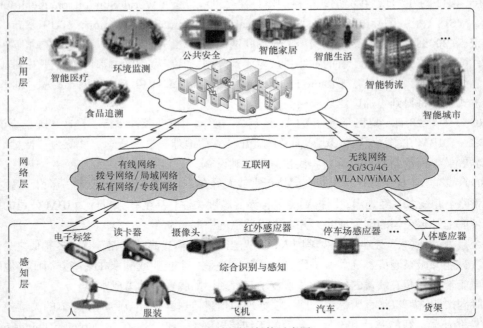

图 14-2　物联网架构示意图

感知层由各种传感器以及传感器网关构成，包括温度传感器、湿度传感器、电子标签、摄像头、红外线感应器等感知终端。感知层的作用相当于人的眼、耳、鼻、喉和皮肤等神经末梢，它是物联网识别物体、采集信息的来源，其主要功能是识别物体和采集信息。

网络层由各种有线网络、无线网络、互联网以及网络管理系统和云计算平台等组成，相当于人的神经中枢和大脑，负责传递和处理感知层获取的信息。

应用层是物联网和用户（包括人、组织和其他系统）的接口，它与行业需求相结合，实现物联网的智能应用。行业特性主要体现在应用领域内，目前智能医疗、环境监控、公共安全、智能家具、智能生活、智能交通、智能城市等各个行业均有物联网应用的尝试。

14.3.4　物联网的应用

国际电信联盟（ITU）曾经描绘过这样一幅"物联网"时代的图景：当司机出现操作失误时汽车会自动报警；公文包会提醒主人忘带了什么东西；衣服会告诉洗衣机对颜色和水温的要求；当装载货物的汽车超重时，汽车会自动告诉你超载了，并且超载多少；当搬运人员卸货时，一只货物包装可能会大叫"你扔疼我了"，或者说"亲爱的，请你不要太野蛮，可以吗？"；司机在和别人扯闲话时，货车会装成老板的声音怒吼"主人，该发车了！"等。

目前，物联网的应用已经遍及智能交通、环境保护、政府工作、公共安全、平安家居、智能消防、工业监测、老人护理、个人健康、花卉栽培、水系监测、食品溯源、敌情侦查和情报搜集等多个领域，如图 14-3 所示

图 14-3　物联网的应用领域

毫无疑问，如果"物联网"时代来临，人们的日常生活将发生翻天覆地的变化。物联网未来的发展就如同很多人所津津乐道的那样："个人电脑是 20 世纪 80 年代的标志，互联网是 90 年代的标志，下一个时代的标志将会是物联网技术无处不在。"

14.4　云计算与物联网的关系

云计算是物联网发展的基石，并且从两个方面促进物联网的实现。

首先，云计算是实现物联网的核心，运用云计算模式使物联网中以"兆"计算的各类物品的实时动态管理和智能分析变得可能。物联网通过将射频识别技术、传感技术、纳米技术等新技术充分运用在各行业之中，将各种物体充分连接，并通过无线网络将采集到的各种实时动态信息送达计算机处理中心进行汇总、分析和处理。建设物联网的 3 大基石包括：①传感器等电子元器件；②传输的通道，如电信网；③高效的、动态的、可以大规模扩展的资源处理能力。其中，第 3 个

基石正是通过云计算模式来帮助实现的。

其次，云计算促进物联网和互联网的智能融合，从而构建"智慧地球"。物联网和互联网的融合，需要更高层次的整合，需要"更透彻的感知、更安全的互联互通、更深入的智能化"。这同样也需要依靠高效的、动态的、可以大规模扩展的资源处理能力，而这也正是云计算模式所擅长的。同时，云计算的创新型服务交付模式，简化服务的交付，加强物联网和互联网之间及其内部的互联互通，可以实现新商业模式的快速创新，促进物联网和互联网的智能融合。

另外，物联网的 4 大组成部分是感应识别、网络传输、管理服务和综合应用，其中中间两个部分都会应用到云计算，特别是"管理服务"这一项。因为这里有海量的数据存储和计算的要求，使用云计算可能是最经济实惠的一种方式。

14.5　大数据时代

大数据（Big Data）在物理学、生物学、环境生态学等领域以及军事、金融、通信等行业存在已有时日，随着近年来互联网和信息行业的发展而引起人们的关注。大数据已经成为云计算、物联网之后 IT 行业又一大颠覆性的技术革命。

云计算主要为数据资产提供了保管、访问的场所和渠道，而数据才是真正有价值的资产。企业内部的经营信息、物联网世界中的商品物流信息、互联网世界中的人与人交互信息、位置信息等，其数量将远远超越现有企业 IT 架构和基础设施的承载能力，实时性要求也将大大超越现有的计算能力。如何应用这些数据资产，使其为国家治理、企业决策乃至个人生活服务，是大数据的核心议题，也是云计算内在的灵魂和必然的发展方向。

14.5.1　什么是大数据

最早提出大数据时代到来的是全球知名咨询公司麦肯锡。进入 2012 年之后，"大数据"一词越来越多地被提及，人们用它来描述和定义信息爆炸时代产生的海量数据，并命名与之相关的技术发展与创新。人们也越来越强烈地意识到数据对于各行各业发展的重要性。正如《纽约时报》2012 年 2 月的一篇专栏中所称，"大数据"时代已经降临，在商业、经济及其他领域中，决策将日益基于数据和分析而做出，而并非基于经验和直觉。

"大数据"在互联网行业中指的是这样一种现象：互联网公司在日常运营中生成、积累的用户网络行为的非结构化和半结构化数据。这些数据的规模如此庞大，以至于不能用 G 或 T 来衡量。例如，一天当中，互联网产生的全部数据可以刻满 1.68 亿张 DVD，发出的邮件有 2 900 多亿封（相当于美国两年的纸质信件数量），发出的社区帖子达 200 多万个（相当于《时代》杂志 770 年的文字量），卖出的手机为 37.8 万台（高于全球每天出生的婴儿数量 37.1 万）……

目前，数据量的衡量单位已经从 TB（1 TB=1 024 GB）级别跃升到了 PB（1 PB=1 024 TB）、EB（1 EB=1 024 PB）乃至 ZB（1 ZB=1 024 EB）级别。国际数据公司（International Data Corporation，IDC）的研究结果表明，2008 年全球产生的数据量为 0.49 ZB，2009 年数据量为 0.8 ZB，2010 年增长为 1.2 ZB，2011 年的数据量更是高达 1.82 ZB，相当于全球每人产生 200 GB 以上的数据。而到 2012 年为止，人类生产的所有印刷材料的数据量是 200 PB。IBM 的研究称，整个人类文明所获得的全部数据中，有 90% 是过去两年内产生的。而到了 2020 年，全世界所产生的数据规模将达到今天的 44 倍。

14.5.2　大数据的基本特征

大数据主要具有以下 4 大基本特征。

（1）数据量大。目前，我们对大数据的起始计量单位至少是 P（2^{10} T=1 024 T≈1 000 T）、E（2^{20} T=1 048 576 T≈100 万 T）或 Z（2^{30} T=1 073 741 824≈10 亿 T）。

（2）种类繁多。数据种类包括网络日志、音频、视频、图片、地理位置信息等，多种类型的数据对数据处理能力提出了更高的要求。

（3）价值密度低。随着今后物联网的广泛应用，信息感知无处不在，信息海量，但价值密度较低。如何通过强大的算法更迅速地完成数据的价值"提纯"，是大数据时代亟待解决的难题。

（4）速度快、实效性强。处理速度快、实效性要求高，这是大数据区别于传统数据挖掘最显著的特征。

由此可见，大数据时代对人类的数据驾驭能力提出了新的挑战，也为人们获得更为深刻、全面的洞察能力提供了前所未有的空间和机遇。

14.5.3　大数据的影响

大数据是信息通信技术发展积累至今，按照自身技术发展逻辑，从提高生产效率向更高级智能阶段的自然生长。无处不在的信息感知和采集终端为人们采集了海量的数据，而以云计算为代表的计算技术的不断发展，为人们提供了强大的计算能力，这就围绕个人以及组织的行为构建起了一个与物质世界平行的数字世界。

大数据虽然孕育于信息通信技术的日渐普遍和成熟，但它对社会经济生活产生的影响绝不限于技术层面，更本质上，它是为看待世界提供了一种全新的方法，即决策行为将日益基于数据分析而做出，而不像过去更多地凭借经验和直觉做出。

大数据可能带来的巨大价值正渐渐被人们所认可。它通过技术的创新与发展，以及数据的全面感知、收集、分析、共享，为人们提供了一种全新的看待世界的方法。更多地基于事实与数据做出决策，这样的思维方式，可以预见，将推动一些习惯于"差不多"运行的社会发生巨大变革。

小　　结

（1）云计算的概念最早是由 Google 提出的，其核心思想是将大量用网络连接的计算资源统一管理和调度，构成一个计算资源池对用户进行按需服务。云计算的特点有超大规模、虚拟化、高可靠性、通用性、按需服务、极其廉价等。

（2）网格计算与云计算的关系就像 OSI 与 TCP/IP 之间的关系。网格计算以科学研究为主，非常重视标准规则，也非常复杂，实现起来难度大，缺乏成功的商业模式。云计算是网格计算的一种简化形态。

（3）当今主流的云计算技术有 Google 云计算、Amazon 云计算、微软云计算、IBM 云计算等。

（4）物联网的概念早在 1999 年就被提出了，当时叫传感网。它是在互联网概念的基础上，将其用户端延伸和扩展到任何物品和物品之间，进行信息交换和通信的一种网络概念。

（5）从技术架构上来看，物联网可分为 3 层：感知层、网络层和应用层。目前，物联网的应用已经遍及智能交通、环境保护、政府工作、公共安全、平安家居、智能消防、工业监测、个人健康、情报搜集等多个领域。

（6）大数据是继云计算、物联网之后 IT 行业又一大颠覆性的技术革命，其主要特征有数据量大、种类繁多、价值密度低、速度快、实效性强等。

习　题　14

一、单项选择题

1. 云计算是对_____技术的发展与运用。
   A. 行计算　　　　　B. 网格计算　　　　　C. 分布式计算　　　D. 以上 3 个都是
2. 从研究现状上看，下面不属于云计算特点的是_____。
   A. 超大规模　　　　B. 虚拟化　　　　　　C. 私有化　　　　　D. 高可靠性
3. 微软于 2008 年 10 月推出的云计算操作系统是_____。
   A. Google App Engine　　　　　　　　　B. 蓝云
   C. Azure　　　　　　　　　　　　　　　D. EC2
4. 下列不属于 Google 云计算平台技术架构的是_____。
   A. 并行数据处理 MapReduce　　　　　　B. 分布式锁 Chubby
   C. 结构化数据表 BigTable　　　　　　　D. 弹性云计算 EC2
5. _____是 Google 提出的用于处理海量数据的并行编程模式和大规模数据集并行运算的软件架构。
   A. GFS　　　　　　B. MapReduce　　　　C. Chubby　　　　　D. BitTable
6. 在云计算系统中，提供"云端"服务模式的是_____公司的云计算服务平台。
   A. IBM　　　　　　B. Google　　　　　　C. Amazon　　　　　D. 微软
7. 物联网在国际电信联盟中写成_____。
   A. "Network Everything"　　　　　　　B. "Internet of Things"
   C. "Internet of Everything"　　　　　　D. "Network of Things"
8. _____针对下一代信息浪潮提出了"智慧地球"战略。
   A. IBM　　　　　　B. NEC　　　　　　　C. NASA　　　　　　D. EDTD
9. 2009 年，时任总理温家宝提出了_____的发展战略。
   A. "智慧中国"　　B. "和谐社会"　　　　C. "感动中国"　　　D. "感知中国"
10. 物联网的核心和基础是_____。
    A. 无线通信网　　B. 传感器网络　　　　C. 互联网　　　　　D. 有线通信网
11. 作为物联网发展的排头兵，_____技术是市场最为关注的技术。
    A. 射频识别　　　B. 传感器　　　　　　C. 智能芯片　　　　D. 无线传输网络
12. 3 层结构类型的物联网不包括_____。
    A. 感知层　　　　B. 网络层　　　　　　C. 应用层　　　　　D. 会话层
13. 与大数据密切相关的技术是_____。
    A. 蓝牙　　　　　B. 云计算　　　　　　C. 博弈论　　　　　D. Wi-Fi
14. 小王自驾车到一座陌生的城市出差，对他来说可能最为有用的是_____。
    A. 停车诱导系统　　　　　　　　　　　B. 实时交通信息服务

　　C．智能交通管理系统　　　　　　　D．车载网络

15．首次提出物联网概念的著作是_____。

　　A．《未来之路》　　B．《未来时速》　　C．《做最好的自己》　　D．《天生偏执狂》

二、填空题

1．云计算中，提供资源的网络被称为_____。

2．IBM 的"智慧地球"概念中，"智慧地球"等于"_____"和"_____"之和。

3．_____技术和_____技术是物联网产生的核心技术。

4．感知层是物联网体系架构的第_____层。

5．_____年，正式提出了_____的概念，并被认为是第 3 次信息技术革命。

6．大数据的 4 个基本特征分别是_____、_____、_____和_____。

7．1 ZB=_____EB=_____PB=_____TB=_____GB=_____MB。

三、问答题

1．什么是云计算？云计算有哪些特点？

2．简述云计算与网格计算的异同。

3．简述物联网的技术架构以及各个层次的基本功能。

4．简述云计算和物联网之间的关系。

5．什么是大数据？大数据有哪些基本特征？

第 15 章

网络实验

15.1 实验 1 理解网络的基本要素

15.1.1 实验目的、性质和器材

【实验目的】
- 掌握局域网的定义和特性，熟悉局域网的几种拓扑结构，通过比较理解各自的特点。
- 了解网络所使用的通信协议。

【实验性质】验证性实验。

【实验器材】计算机（安装 Windows 10）、网络适配器、双绞线、RJ-45 水晶头、交换机等。

15.1.2 实验导读

随着计算机的发展，人们越来越意识到网络的重要性。通过网络，人们拉近了彼此之间的距离，原本分散在各处的计算机被网络紧紧地联系在了一起。局域网作为网络的重要组成部分，发挥了不可忽视的作用。局域网可分为小型局域网和大型局域网。小型局域网是指占地空间小、规模小、建网经费少的计算机网络，常用于办公室、学校多媒体教室、游戏厅、网吧，甚至家庭中的两台计算机也可以组成小型局域网。大型局域网主要用于企业 Intranet 信息管理系统、金融管理系统等。

1. 网络的分类

（1）按网络的拓扑结构分类。网络的拓扑结构是指网络中通信线路和节点（计算机或网络设备）的几何排列形式。

① 星型网络：各节点通过点到点的链路与中心节点相连。星型网络的特点是在网络中增加和移动节点十分方便，数据的安全性和优先级容易控制，易实现网络监控，但中心节点的故障会引起整个网络瘫痪。

② 环型网络：各节点通过通信介质连成一个封闭的环。环型网络容易安装和监控，但容量有限，网络建成后，难以增加和移动节点。

③ 总线型网络：网络中所有的节点共享一条数据通道。总线型网络安装简单方便，需要铺设的电缆最短，成本低，某个站点的故障一般不会影响整个网络。但总线的故障会导致整个网络瘫痪，因此总线型网络的安全性较低，监控比较困难，并且增加新的节点也不如星

270

型网络容易。

　　④ 树型网络、网状型网络等其他类型拓扑结构的网络都是以上述 3 种拓扑结构为基础的。

　　（2）按服务方式分类

　　① 客户机/服务器（Client/Server Structs,C/S）网络：它不仅是客户机向服务器发出请求并获得服务的一种网络形式，也是最常用、最重要的一种网络类型。服务器是指专门提供服务的高性能计算机或专用设备，客户机是指用户计算机，多台客户机可以共享服务器提供的各种资源。这种网络不仅适合于同类计算机连网，而且也适合于不同类型的计算机连网，如 PC、Mac 机的混合连网。

　　② 对等网络：对等网络不需要文件服务器，每台客户机都可以与其他每台客户机平等对话，共享彼此的信息资源和硬件资源，组网的计算机一般类型相同。这种网络方式灵活方便，但是较难实现集中管理与监控，安全性也较低，一般适合于部门内部协同工作的小型网络。

　　2. NetBEUI、IPX/SPX 和 TCP/IP 3 种局域网通信协议

　　（1）NetBEUI 协议。用户扩展接口（NetBIOS Extended User Interface，NetBEUI）由 IBM 于 1985 年开发完成，是一种体积小、效率高、速率快的通信协议，也是微软最钟爱的一种通信协议，所以 NetBEUI 被称为微软所有产品中通信协议的"母语"。NetBEUI 是专门为由几台到百余台计算机所组成的单网段部门级小型局域网而设计的，不具有跨网段工作的功能，即 NetBEUI 不具备路由功能。如果一个服务器上安装了多个网卡，或要采用路由器等设备进行两个局域网的互连，则不能使用 NetBEUI 通信协议。否则，与不同网卡（每一个网卡连接一个网段）相连的设备之间以及不同的局域网之间无法进行通信。在 3 种通信协议中，NetBEUI 占用的内存最少，在网络中基本不需要任何配置。

　　（2）IPX/SPX 及其兼容协议。Internet 分组交换/顺序包交换（Internet Packet Exchange/Sequences Packet Exchange，IPX/SPX）是 Novell 公司的通信协议集。在设计 IPX/SPX 时，一开始就考虑了多网段问题，它具有强大的路由功能，适合于大型网络使用。当用户端接入 NetWare 服务器时，IPX/SPX 及其兼容协议是最好的选择。但在非 Novell 网络环境中，IPX/SPX 一般不使用。

　　（3）TCP/IP。TCP/IP 是目前最常用的一种通信协议。TCP/IP 具有很强的灵活性，支持任意规模的网络，几乎可连接所有服务器和工作站。在使用 TCP/IP 时需要进行复杂的设置，每个节点至少需要一个"IP 地址"、一个"子网掩码"、一个"默认网关"和一个"主机名"，对于一些初学者来说使用不太方便。不过，在 Windows Server 中提供了一个被称为动态主机配置协议（Dynamic Host Configuration Protocol，DHCP）的工具，可以自动为客户机分配连入网络时所需的信息，从而减轻了连网工作的负担，并避免了出错。当然，DHCP 所拥有的功能必须要有 DHCP 服务器才能实现。另外，同 IPX/SPX 及其兼容协议一样，TCP/IP 也是一种具有路由功能的协议。

　　（4）选择通信协议的条件。

　　① 选择适合于网络特点的协议。若网络存在多个网段或要通过路由器相连时，就不能使用不具备路由和跨网段操作功能的 NetBEUI 协议，而必须选择 IPX/SPX 或 TCP/IP 等。

　　② 尽量少地选用网络协议。一个网络中尽量只选择一种通信协议，协议越多，占用计算机的内存资源就越多，影响计算机的运行速度，不利于网络的管理。

　　③ 注意协议的版本。每个协议都有其发展和完善的过程，因而出现了不同的版本，每个版本的协议都有其最为合适的网络环境。在满足网络功能要求的前提下，应尽量选择高版本的通

信协议。

④ 协议的一致性。如果要让两台实现互连的计算机间进行对话，则使用的通信协议必须相同。否则，中间需要一个"翻译"进行不同协议的转换，不仅影响网络的通信速率，还不利于网络的安全和稳定运行。

3. IP 地址及其应用

（1）IP 地址。局域网中的每台计算机都需要安装一块网卡，并用网卡来接入网络。在接入时，每一块网卡必须分配唯一的主机名和 IP 地址。TCP/IP 是 Internet 和大多数局域网所采用的一组协议，即 TCP/IP 是由多个子协议所组成的，其中 IP 地址是其中最为重要的一个组成部分。目前所使用的 IP 地址的版本是 IP v4.0，每一个 IP 地址都由 4 个字节（每个字节的取值范围是 0～255）组成，字节之间用小圆点"."隔开。

（2）IP 地址的分类。IP 地址分为两个部分，即网络号（或称"网络 ID"）和主机号（或称"主机 ID"）。网络号用于确定某一特定的网络，主机号用于确定该网络中某一特定的主机。网络号类似于长途电话号码中的区号，主机号类似于市话中的电话号码。同一网络上所有主机需要同一个网络号，在 Internet 中是唯一的。主机号确定网络中的一个工作站、服务器、路由器、交换机或其他主机。对同一个网络号来说，主机号是唯一的。IP 地址分为 A 类、B 类、C 类、D 类、E 类5 类。

常用的 A 类、B 类和 C 类地址都由两个字段组成。A 类、B 类和 C 类地址的网络号字段分别为 1、2 和 3 字节长，在网络号字段的最前面有 1～3 位的类别比特，其数值分别规定为 0、10 和 110；A 类、B 类和 C 类地址的主机号字段分别为 3、2 和 1 字节长，如表 15-1 所示。

表 15-1　　　　　　　　　　　　A 类、B 类和 C 类地址

网络类别	最大网络数	第一个可用的网络地址	最后一个可用的网络地址	每个网络中的最大主机数
A	126	1	126	16 777 214
B	16 382	128.1	191.254	65 534
C	2 097 140	192.0.1	223.255.254	254

15.1.3　实验内容

1. 预备知识

观看和学习网络知识有关的教学片。

2. 实地考察

与当地的商业机构、学校或其他机构取得联系，参观该机构的网络，与当地网络负责人交谈，询问有关该网络的拓扑结构、硬件、操作系统和协议等方面的问题。记录有关方面的内容，画出网络拓扑结构示意图。

3. 了解网络结构

参观学校机房的物理架构，了解网络的拓扑结构、硬件、操作系统和协议等方面的问题。记录有关方面的内容，画出网络拓扑结构示意图。

4. 熟悉网络配置的基本属性以及网络的通信协议

单击"开始"按钮→单击"设置"选项→单击"网络和 Internet"→单击"更改适配器"选项→右键单击"本地连接"并选择"属性"即可查看，如图 15-1 所示。查看本地计算机所安装的网络组件，记录各组件的内容，并了解各组件的作用。

上面的这一栏是当前使用网卡的型号；下面是加载到该网卡上的各种服务和协议，默认情况下 Windows XP 操作系统自动加载 "Microsoft 网络客户端" "Microsoft 网络的文件和打印机共享" "QoS 数据包计划程序" "Internet 协议（TCP/IP）"。每个服务或协议前面都有一个选择框，用来选择是否加载该项。前面两项服务是为了访问网上的其他计算机和共享本地的文件和打印机，通常都需要加载；TCP/IP 最初应用于 UNIX 系统，现在已成为 Internet 的标准协议，另外 NetBEUI 协议一般使用在小型的局域网中，用户也可根据需要手动添加。

5. 了解本地计算机名、工作组的含义

右击 "开始" 按钮→选择 "控制面板" →单击 "系统和安全" →单击 "系统" →单击 "更改设置"，进入 "系统属性" 窗口，查看本地计算机所使用的计算机名和工作组名，记录下各名称的内容，并了解各名称的含义，如图 15-2 所示。

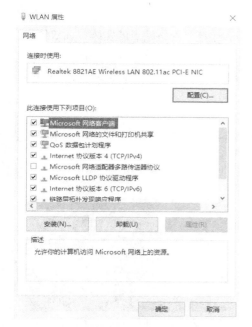

图 15-1 "本地连接 属性" 对话框

图 15-2 "计算机名" 选项卡

6. 了解局域网的硬件设备

组成小型局域网的主要硬件设备有网卡、集线器、交换机、网桥、路由器、网关等。用集线器组成的网络称为共享式网络，而用交换机组成的网络称为交换式网络。同时，集线器只能在半双工方式下工作，而交换机同时支持半双工和全双工操作。共享式以太网存在的主要问题是所有用户共享带宽，每个用户的实际可用带宽随网络用户数的增加而递减。在交换式以太网中，交换机提供给每个用户专用的信息通道，除非两个源端口企图同时将信息发往同一个目的端口，否则多个源端口与目的端口之间可同时进行通信而不会发生冲突。交换机只是在工作方式上与集线器不同，其他如连接方式、速率选择等与集线器基本相同。下面主要介绍网卡、交换机等网络设备。

（1）网卡。网卡（Network Interface Card，NIC）也称为网络适配器，是连接计算机与网络的

硬件设备。网卡插在计算机或服务器扩展槽中，通过网络传输介质（如双绞线）与网络交换数据、共享资源，如图 15-3 所示。

（2）交换机。交换机（Switch）是局域网中计算机和服务器的连接设备，是局域网的星型连接点。每个工作站通过双绞线连接到交换机上，由交换机对工作站进行集中管理。交换机如图 15-4 所示。

图 15-3　Realtek 10/100M 自适应网卡　　　　　　　　图 15-4　交换机

（3）网络传输介质。网络传输介质是网络中传输数据、连接各网络站点的实体，如双绞线、同轴电缆、光纤。除此之外，网络信息还可以利用无线电、微波和红外技术进行传输。

双绞线是局域网中最常用的网络传输介质，特别适用于短距离的信息传输。双绞线和连接双绞线的 RJ-45 水晶头分别如图 15-5 和图 15-6 所示。

7. 连线方法

采用星型网络连接，各个工作站通过双绞线连接到交换机的端口上，服务器上的网卡只需直接和交换机端口相连就可以了。下面是几个安装实例。

（1）网卡和双绞线的连接，如图 15-7 所示。

图 15-5　双绞线　　　　图 15-6　RJ-45 水晶头　　　图 15-7　网卡和双绞线的连接

（2）交换机和双绞线的连接，如图 15-8 所示。

图 15-8　交换机和双绞线的连接

15.1.4　实验作业

（1）简述计算机网络的分类以及各自的优缺点。

（2）组成局域网的主要硬件设备有哪些？各自起什么作用？

（3）局域网中所使用的通信协议有哪些？各自有什么优缺点？

15.2　实验 2　双绞线的制作与应用

15.2.1　实验目的、性质和器材

【实验目的】
- 掌握局域网中电缆线的作用。
- 掌握如何制作用于计算机与交换机连接、交换机的级联以及计算机与计算机连接的双绞线接头。

【实验性质】设计性实验。

【实验器材】双绞线、RJ-45 水晶头、双绞线剥线器等。

15.2.2　实验导读

1. 双绞线概述

双绞线是局域网布线中最常用到的一种传输介质，尤其是在星型网络拓扑中，双绞线是必不可少的布线材料。为了降低信号的干扰程度，每一对双绞线一般由两根绝缘铜导线互相缠绕而成，每根铜导线的绝缘层上分别涂有不同的颜色，以示区别。

双绞线一般分为非屏蔽双绞线（Unshilded Twisted Pair,UTP）和屏蔽双绞线（Shielded Twisted Pair,STP）两大类。每条双绞线通过两端安装的 RJ-45 连接器（俗称水晶头）与网卡和交换机相连，其最大网段长度为 100 m。如果要加大网络的范围，在两段双绞线电缆间可安装中继器（目前一般用交换机级联实现），但最多只能安装 4 个中继器，使网络的最大范围达到 500 m。

在局域网中，双绞线主要用于连接网卡与交换机或交换机与交换机，有时也可直接用于两个网卡之间的连接。

2. 双绞线连接网卡和交换机时的线对分布

在局域网中，从网卡到交换机间的连接为直通（MDI），即两个 RJ-45 连接器中导线的分布应统一。5 类 UTP 规定有 8 根（4 对线，只用了其中的 4 根，1 脚和 2 脚必须成一对，3 脚和 6 脚也必须成一对）。当 RJ-45 连接器有弹片的一面朝下，带金属片的一端向前时，RJ-45 接头中 8 个引脚的分布如图 15-9 所示。其中，脚 1（TX_+）和脚 2（TX_-）用于发送数据，脚 3（RX_+）和脚 6（RX_-）用于接收数据，即一对用于发送数据，一对用于接收数据。其他的两对（4 根）线没有使用。

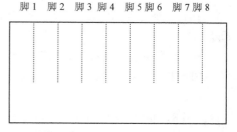

脚 1　脚 2　脚 3　脚 4　脚 5　脚 6　脚 7　脚 8

图 15-9　RJ-45 接头的引脚分布

当用双绞线连接网卡和交换机时，两端的 RJ-45 连接器中导线的分布如图 15-10 所示。

3. 双绞线连接两个交换机时的线对分布

如果是两个交换机通过双绞线级联，则双绞线接头中线对的分布与上述连接网卡和交换机时有所不同，必须要进行错线。

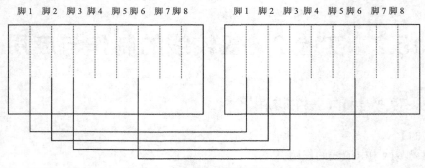

脚 1　脚 2　脚 3 脚 4　脚 5 脚 6　脚 7 脚 8　　　　脚 1　脚 2　脚 3 脚 4　脚 5 脚 6　脚 7 脚 8

图 15-10　RJ-45 连接器中导线的分布

错线的方法是：将一端的 TX₊ 接到另一端的 RX₊，一端的 TX₋ 接到另一端的 RX₋，也就是 A 端的脚 1 接到 B 端的脚 3，A 端的脚 2 接到 B 端的脚 6，连接方式如图 15-11 所示。这种情况只适用于那些没有标明专用连接端口的交换机之间的连接，而许多交换机为了方便用户提供了一个专门用来串接到另一台交换机的端口。在这个专用端口旁通常标有 "UPLINK" 或 "MDI" 的字样。由于在产品设计时，此端口已经错过线，因此对此类交换机进行级联时，双绞线不必错线，与连接网卡和交换机时相同。

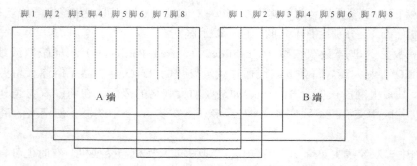

图 15-11　RJ-45 连接器的错线

4. 双绞线直接连接两个网卡时的线对分布

在进行两台计算机之间的连接时，双绞线两端必须要进行错线，其连接方式如图 15-11 所示。

5. 非屏蔽双绞线接头的制作技术

EIA/TIA 568A 连接器规范（如图 15-12 所示）：

1 T3 白绿　2 R3 绿　3 T2 白橙　4 R1 蓝　5 T1 白蓝　6 R2 橙　7 T4 白棕　8 R4 棕

EIA/TIA 568B 连接器规范（如图 15-12 所示）：

1 T2 白橙　2 R2 橙　3 T3 白绿　4 R1 蓝　5 T1 白蓝　6 R3 绿　7 T4 白棕　8 R4 棕

如果是做交换机与计算机的连接线，两端使用同一标准即可。如果是做两台计算机对接的线，则需要一端使用 EIA/TIA 568A 标准，另一端使用 EIA/TIA 568B 标准。

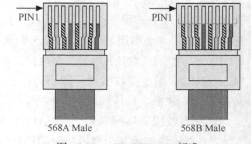

图 15-12　EIA/TIA 568 标准

15.2.3　实验内容

1. 双绞线接头的制作

制作双绞线接头时，通常以 100 Mbit/s 的 EIA/TIA 568B 作为标准规格。

（1）双绞线连接网卡和交换机时的制作方法。

步骤 1：剪下所需要的双绞线长度，至少 0.6 m，最多不超过 100 m。

步骤 2：利用双绞线剥线器将双绞线的外皮除去 2～3 cm。有一些双绞线电缆上含有一条柔软的尼龙绳，如果在剥除双绞线的外皮时，觉得裸露出的部分太短而不利于制作 RJ-45 接头，那么可以紧握双绞线外皮，再捏住尼龙线往外皮的下方剥开，得到较长的裸露线。外皮剥除后的双绞线电缆，如图 15-13 所示。

步骤 3：进行剥线的操作。将裸露的双绞线中的橙色对线拨向远离自己的方向，棕色对线拨向靠近自己的方向，绿色对线拨向左方，蓝色对线拨向右方，如图 15-14 所示。

步骤 4：将绿色对线与蓝色对线放在中间位置，而橙色对线与棕色对线保持不动，即放在靠外的位置，如图 15-15 所示。

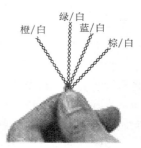

图 15-13　外皮剥除后的双绞线电缆　　图 15-14　剥线操作 1　　图 15-15　剥线操作 2

步骤 5：小心地分开每一对线，因为是遵循 EIA/TIA 568B 的标准来制作接头，所以线对颜色是有一定顺序的，如图 15-16 所示。

需要特别注意的是，绿色条线应该跨越蓝色对线。这里最容易犯错的地方就是将白绿线与绿线相邻放在一起，这样会造成串扰，使传输效率降低。常见的错误接法是将绿色线放到脚 4 的位置，如图 15-17 所示。

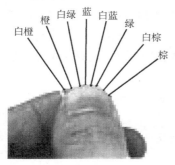
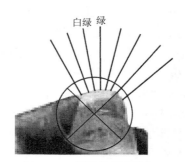

图 15-16　剥线操作 3　　　　图 15-17　错误的剥线操作

将绿色线放在第 6 只脚的位置才是正确的，因为在 100 Base-T 网络中，脚 3 与脚 6 是同一对的，所以需要使用同一对线。按照 EIA/TIA 568B 标准，线的位置左起依次为白橙/橙/白绿/蓝/白蓝/绿/白棕/棕。

步骤 6：将裸露出的双绞线用剪刀或斜口钳剪下只剩约 15 mm 的长度，之所以留下这个长度是为了符合 EIA/TIA 的标准。最后将双绞线的每一根线按顺序放入 RJ-45 接头的引脚内，脚 1 内应该放白橙色的线，其余类推，如图 15-18 所示。

步骤 7：确定双绞线的每根线已经正确放置之后，就可以用 RJ-45 剥线器压接 RJ-45 接头了，如图 15-19 所示。

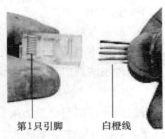

第 1 只引脚　　　白橙线

图 15-18　确定每根线放置的位置

图 15-19　剥线器

步骤 8：重复步骤 2～7，再制作另一端的 RJ-45 接头。因为工作站与交换机之间是直接对接，所以另一端 RJ-45 接头的引脚接法完全一样。完成后的连接线两端的 RJ-45 接头无论引脚和颜色都完全一样，这种连接方法适用于交换机和计算机网卡之间的连接。

（2）双绞线连接两个交换机（普通端口）时的制作方法。

步骤 1：剪下所需要的双绞线长度，至少 0.6 m，最多不超过 100 m。然后利用双绞线剥线器将双绞线的外皮除去 2～3 cm。

步骤 2：进行拨线的操作。将裸露的双绞线中的橙色对线拨向远离自己的方向，棕色对线拨向靠近自己的方向，绿色对线拨向左方，蓝色对线拨向右方。

步骤 3：将绿色对线与蓝色对线放在中间位置，而橙色对线与棕色对线保持不动，即放在靠外的位置。

步骤 4：按照 EIA/TIA 568B 标准，最好的接线方法应该是左起白橙/橙/白绿/蓝/白蓝/绿/白棕/棕；而另一端的接法应该是左起白绿/绿/白橙/蓝/白蓝/橙/白棕/棕。

（3）双绞线直接连接两个网卡时的制作方法。制作方法和双绞线连接两个交换机时的制作步骤相同，制作步骤同连接网卡和交换机的不同之处在于错线规则。

2. 交换机与交换机之间的连接

（1）一般交换机上都有一个 UPLINK 端口，这主要是方便级联的，与其相邻的普通 UTP 端口使用的是同一通道。因而，如果使用了 UPLINK 端口，另一个与之相邻的普通端口就不能再使用了。这两个端口称为共享端口，不能同时。级联的时候，用户可使用双绞线将一个交换机的普通端口与另一个交换机的 UPLINK 端口连起来。

（2）若不使用 UPLINK 端口，而要通过两个普通端口将交换机连起来，则双绞线需要一端使用 EIA 568A 标准，另一端使用 EIA 568B 标准。

（3）对于可堆叠的交换机，可通过后面的堆叠端口将交换机堆叠起来。注意：一般只有同一型号的交换机才能堆叠。

15.2.4　实验作业

（1）制作一根双绞线用于连接网卡和交换机。

（2）制作一根双绞线用于连接两个交换机（普通端口）或连接两个网卡。

15.3　实验 3　网络连接性能的测试

15.3.1　实验目的、性质和器材

【实验目的】
- 熟悉使用 Ping 命令工具来进行测试。
- 熟悉利用 Ipconfig 工具进行测试。

【实验性质】验证性实验。

【实验器材】计算机（已安装 Windows 10）。

15.3.2　实验导读

1. Ping 命令简介

互联网数据包探测器（Packet Internet Groper，PING）是 TCP/IP 的一部分，它是互联层上的一个命令，主要是用来检查网络是否通畅或测试网络的连接速度。

发送方主机运行 Ping 命令时，它首先发送一个互连网控制报文协议（Internet Control Messages Protocol，ICMP）回声请求数据包给目的地主机，然后再向发送方主机用户报告是否收到所希望的 ICMP echo（ICMP 回声应答）。按照缺省设置，Ping 命令发送 4 个 ICMP 回声请求数据包，每个大小为 32 字节。如果一切正常，发送方主机能收到 4 个回声应答。 Ping 能够以毫秒为单位显示发送回送请求到返回回声应答之间的时间间隔，如果应答时间短，表示数据包不必通过太多的路由器或网络连接速度比较快。Ping 还能显示生存时间（Time To Live， TTL）值，用户可以通过 TTL 值大致推算数据包传输的速度和时间。

2. Ipconfig 命令简介

Ipconfig 是调试计算机网络的常用命令，通常可用于显示当前 TCP/IP 的配置情况。如果用户的计算机和所在的局域网使用了动态主机配置协议（Dynamic Host Configuration Protocol,DHCP），Ipconfig 命令还可以使用户了解所使用的本地计算机是否成功地分配到一个动态 IP 地址，以及所分配到的是什么地址。另外，该命令还可以帮助用户了解计算机当前的子网掩码、默认网关和清空 DNS 缓存等。

3. Tracert 命令简介

Tracert 是一个路由跟踪的命令，用于确定 IP 数据报访问目标主机所采取的路径。Tracert 命令用 TTL（生存时间）字段和 ICMP 错误消息来确定从一个主机到网络上其他主机的路由。Tracert 先发送 TTL 为 1 的回声请求数据包，随后的每次发送过程中将 TTL 递增 1，直到目标响应或 TTL 达到最大值，从而确定路由。

15.3.3　实验内容

目前使用的 Windows 系统，都自带了大量的测试程序，如果能够掌握这些工具的功能，并熟练使用，将会帮助大家更好地使用和管理网络。

1. 使用 Ping 工具进行测试

Ping 无疑是网络中使用最频繁的小工具，主要用于测定网络的连通性。Ping 程序使用 ICMP

简单地发送一个网络包并请求应答，接收请求的目的主机再次使用 ICMP 发回同其接收的数据一样的数据，于是 Ping 便可对每一个包的发送和接收报告往返时间，并报告无响应包的百分比，这在确定网络是否正确连接以及网络连接的状况（包丢失率）时十分有用。Ping 是 Windows 操作系统集成的 TCP/IP 应用程序之一，可在"开始"菜单的"运行"中直接执行。

（1）Ping 工具的命令格式和参数说明。Ping 命令格式如下。

```
ping [-t] [-a] [-n count] [-l length] [-f] [-i ttl] [-v tos] [-r count] [-w timeout]
[destination-list]
```

主要参数说明如下。

–t：Ping 指定的计算机直到中断。

–a：将地址解析为计算机名。

–n count：发送 count 指定的 ECHO 数据包数，默认值为 4。

–l length：发送包含由 length 指定数据量的 ECHO 数据包，默认值为 32 字节，最大值是 65 527。

–f：在数据包中发送"不要分段"标志，数据包就不会被路由上的网关分段。

–i ttl：将"生存时间"字段设置为 ttl 指定的值。

–v tos：将"服务类型"字段设置为 tos 指定的值。

–r count：在"记录路由"字段中记录传出和返回数据包的路由，count 可以指定最少 1 台、最多 9 台计算机。

–w timeout：指定超时间隔，单位为毫秒。

destination list：指定要 Ping 的远程计算机。

（2）用 Ping 工具测试本台计算机上 TCP/IP 的工作情况。可以使用 Ping 工具测试本台计算机上 TCP/IP 的配置和工作情况，方法是 Ping 本机的 IP 地址。例如，Ping 192.168.1.3，如果本机的 TCP/IP 工作正常，则会出现如图 15-20 所示的信息。

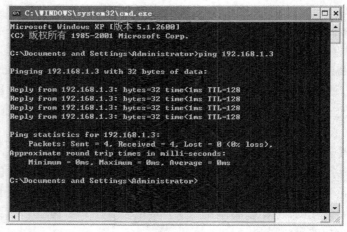

图 15-20　本机 TCP/IP 正常工作显示画面

以上返回了 4 个测试数据包（Reply from …）。其中，bytes = 32 表示测试中发送的数据包大小是 32 字节，time <1 ms 表示数据包在本机与对方主机之间往返一次所用的时间小于 1 ms，TTL=128 表示当前测试使用的 TTL（Time to Live）值为 128（系统默认值）。

若本机的 TCP/IP 设置错误，则返回如图 15-21 所示的响应失败信息。

此时需要对本机的 TCP/IP 进行检查，主要是看是否分配 IP 地址，是否将 TCP/IP 与网卡进行绑定，另外网卡的安装也必须要进行检查。

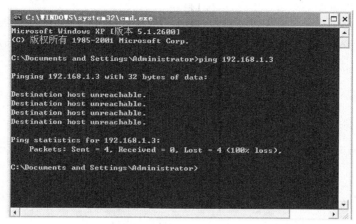

图 15-21　本机 TCP/IP 设置错误显示画面

（3）常见的出错信息。Ping 命令的出错信息通常分为 4 种情况。

① Unknown host（不知名主机），表示该远程主机的名字不能被命名服务器转换成 IP 地址。故障原因可能是命名服务器有故障，或者其名字不正确，或者网络管理员系统与远程主机的通信线路有故障。例如：

```
C:\WINDOWS>ping www.cctv.com.cn
Unknown host www.cctv.com.cn
```

② Network unreachable （网络不能到达），表示本地系统没有到达远程系统的路由，可用 netstart –rm 检查路由表来确定路由配置情况。

③ No answer（无响应），表示远程系统没有响应。说明本地系统有一条到达远程主机的路由，但却接收不到发给该远程主机的任何分组报文。故障原因可能是远程主机没有工作，或者本地或远程主机的网络配置不正确，或者本地或远程的路由器没有工作、通信线路有故障、远程主机存在路由选择问题等。

④ Timed out（超时），表示与远程主机的连接超时，数据包全部丢失。故障原因可能是到路由器的连接问题，也可能是远程主机已经停机。

（4）用 Ping 工具测试其他计算机上 TCP/IP 的工作情况。在确保本机网卡和网络连接正常的情况下，可以使用 Ping 命令测试其他计算机上 TCP/IP 的工作情况，即实现网络的远程测试。其方法是在本机操作系统的 DOS 提示符下 Ping 对方的 IP 地址，如 Ping 202.192.0.1。对测试结果的分析可以参见前面介绍的 Ping 本机 IP 地址时的情况。

（5）用 Ping 工具测试与远程计算机的连接情况。Ping 工具不仅在局域网中得到广泛应用，在 Internet 中也经常用来探测网络的远程连接情况。在平时的网络使用中如果遇到以下两种情况，就需要用到 Ping 工具对网络的连通性进行测试。

① 网页无法打开。当某一网站的网页无法访问时，可使用 Ping 命令进行检测。例如，无法访问央视网站的网页时，可使用"Ping www.cctv.com.cn"命令进行测试，如果返回类似于"Pinging.cctv.com.cn [202.198.0.17] with 32 bytes of data:…"的信息，说明对方主机已经打开；否则，可能在网络连接的某个环节出现了故障，或对方的主机没有打开。

② 发送 E-mail 之前进行连接性测试。在发送 E-mail 之前先测试网络的连通性。许多 Internet

用户在发送 E-mail 后经常收到诸如 "Returned mail:User unknown" 的信息，说明邮件未发送到目的地。为了避免此类事件的发生，可以在发送 E-mail 之前先 Ping 对方的邮件服务器地址。例如，向 zhouge@sina.com.cn 发邮件时，可先输入 "Ping sina.com.cn" 进行测试，如果返回类似于 "Bad IP address sina.com.cn" 或 "Request times out" 的信息，则说明对方的主机未打开或网络未连通。这时即使将邮件发出去，对方也无法收到。

2．用 Ipconfig 工具进行测试

利用 Ipconfig 工具可以查看和修改网络中 TCP/IP 的有关配置，如 IP 地址、网关、子网掩码等，只是 Ipconfig 并非采用图形界面显示，而是以 DOS 的字符形式显示。

 注意　在 Windows NT/2000/XP 中只能通过运行 DOS 方式下的 Ipconfig 工具来查看和修改 TCP/IP 的相关配置信息。

Ipconfig 工具的使用：Ipconfig 也是内置于 Windows 的 TCP/IP 应用程序之一，用于显示本地计算机的 IP 地址配置信息和网卡的 MAC 地址。

① 运行 Ipconfig 命令。运行 Ipconfig 命令，可显示本地计算机（即运行该程序的计算机）所有网卡的 IP 地址配置，从而便于校验 IP 地址设置是否正确。图 15-22 所示是运行 Ipconfig 命令后的显示结果，从中可以看到主机名（Host Name）、DNS 服务器地址（DNS Servers）等信息。

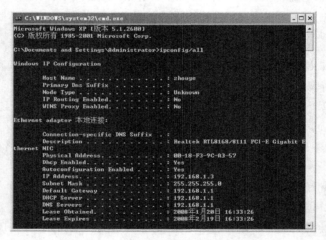

图 15-22　本地计算机配置信息显示界面

② Ipconfig 命令详解。Ipconfig 命令显示所有当前的 TCP/IP 网络配置值。该命令允许用户决定 DHCP（动态 IP 地址配置协议）配置的 TCP/IP 配置值。

Ipconfig [/all][/renew [adapter]] [/release [adapter]]的参数介绍如下。

/all：产生完整显示。在没有该开关的情况下 Ipconfig 只显示 IP 地址、子网掩码和每个网卡的默认网关值。

/renew [adapter]：更新 DHCP 配置参数。该选项只在运行有 DHCP 客户端服务的系统上可用。要指定适配器名称，可输入使用不带参数的 Ipconfig 命令显示的适配器名称。

/release [adapter]：发布当前的 DHCP 配置。该选项禁用本地系统上的 TCP/IP，并只在 DHCP 客户端上可用。要指定适配器名称，可输入使用不带参数的 Ipconfig 命令显示的适配器名称。

如果没有参数，Ipconfig 将向用户提供所有当前的 TCP/IP 配置值，包括 IP 地址和子网掩码。

该应用程序在运行 DHCP 的系统上特别有用，允许用户决定由 DHCP 配置的值。

Ipconfig 是一个非常有用的工具，尤其当网络设置的是 DHCP 时，利用 Ipconfig 可让用户很方便地了解到 IP 地址的实际配置情况。如果在 IP 地址为 192.168.1.3 的计算机上运行 "Ipconfig /all/bach wq.txt"，则运行结果可以保存在 wq.txt 文件（该文件名自定）中。打开该文本文件将会显示相关的结果。

3. 使用网络路由跟踪工具 Tracert 进行测试

网络路由跟踪程序 Tracert 是一个基于 TCP/IP 的网络测试工具，利用该工具可以查看从本地主机到目标主机所经过的全部路由。无论在局域网还是在广域网或 Internet 中，通过 Tracert 所显示的信息既可以掌握一个数据包信息从本地计算机到达目标计算机所经过的路由，还可以了解网络堵塞发生在哪个环节，为网络管理和系统性能分析及优化提供依据。

（1）跟踪路由。如果要跟踪某一台网上计算机到校园网服务器之间所经过的路由，可以直接在操作系统的 DOS 操作符下输入命令（假设网关地址为 221.178.23.45）。例如，输入 "Tracert 221.178.23.45" 命令，将显示如下信息。

```
Tracing route to WEB [221.178.23.45]
Over a maximum of 30 hops:
11ms        <13ms        <13ms        Admin [221.178.23.45]
21ms        1ms          1ms          WEB [221.178.23.45]
Trace complete.
```

从以上信息可以看出，这条线路中总共经过了两个路由器，通过查看每个路由的延时长短就可判断每一段网络连接的质量。

（2）Tracert 命令详解。

Tracert 的命令格式如下。

```
Tracert [-d] [-h maximum_hops] [-w timeout] [target_name]
```

主要参数说明如下。

–d：指定不将地址解析为计算机名。

–h maximum_hops：指定搜索目标的最大跃点数。

–w timeout：每次应答等待 timeout 指定的微秒数。

target_name：目标计算机的名称。

（3）Tracert 命令在局域网互连中的应用。在同一个局域网中发生故障时，可通过前面所讲的 Ping 命令来检测，但在跨网段或多个局域网互连的网络中，如果要精确地定位网络中的故障点，Ping 就有些无能为力了，这时可以使用 Tracert 工具。

当两个网络中的用户无法进行互访时，有时很难确定到底是哪个局域网中的路由服务出现了错误，利用 Tracert 工具可以方便地判断故障究竟出在什么地方。在其中的一个客户机上先跟踪检测本局域网服务器的主机名，比如在局域网 1 中输入命令 "Tracert pc1"，如果返回正确的信息，则说明本局域网内部的连接没有问题，然后再跟踪检测对方服务器的主机名。在局域网 1 中的用户输入命令 "Tracert admin" 检测对方服务器，如果返回出错信息，则说明故障点出现在对方的局域网中，或者连接两个局域网的线路或连接设备有问题。

15.3.4 实验作业

（1）用 Ping 工具测试本机 TCP/IP 的工作情况，记录下相关信息。

（2）使用 Ipconfig 工具测试本机 TCP/IP 的网络配置，记录下相关信息。

（3）使用 Tracert 工具测试本机到 www.sohu.com 所经过的路由数，记录下相关信息。

15.4　实验 4　交换机和路由器的基本配置

15.4.1　实验目的、性质和器材

【实验目的】
- 掌握交换机和路由器命令行各种操作模式的区别以及模式之间的切换。
- 掌握交换机和路由器的全局基本配置。
- 掌握交换机和路由器端口的常用配置参数。
- 查看交换机和路由器系统和配置信息，掌握当前交换机的工作状态。

【实验性质】配置性实验。

【实验器材】二层交换机 1 台，路由器 1 台。

15.4.2　实验导读

1. 交换机基础概念

局域网交换机（Switch）是一种工作在数据链路层的网络设备。交换机根据进入端口数据帧中所包含的 MAC 地址，过滤和转发数据帧（Frame）。交换机是基于 MAC 地址识别，完成转发数据帧功能的一种网络连接设备。它作为汇聚中心，可将多台数据终端设备连接在一起，构成星型结构的网络。使用交换机组建的局域网，是一个交换式局域网。

2. 局域网交换机的功能

局域网交换机有 3 个基本功能。

（1）建立和维护一个表示 MAC 地址与交换机端口对应关系的交换表。

（2）在发送节点和接收节点之间建立一条虚连接（源端口到目的端口之间的虚连接）。

（3）完成数据帧的转发或过滤。

3. 局域网交换机的工作原理

交换机通过一种自学方法，自动地建立和维护一个记录着目的 MAC 地址与设备端口映射关系的地址查询表。转发帧的具体操作是，在查询保存在交换机高速缓存中的交换表之后，交换机根据表中给出的目的端口号，决定是否转发和往哪里转发。如果数据帧的目的地址和源地址处于交换机的同一个端口，即源端口和目的端口相同，基于某种安全控制，数据帧被拒绝转发，交换机直接将其丢弃。否则按与目的 MAC 地址相符的交换表表项中指出的目的端口号转发该帧。在转发数据帧之前，在源端口和目的端口之间会建立一条虚连接，形成一条专用的传输通道，再利用这条通道将帧从源端口转发到目的端口，完成帧的转发。

4. 路由器的原理与作用

路由器（Router）用于连接多个逻辑上分开的网络，所谓逻辑网络是代表一个单独的网络或者一个子网。当数据从一个子网传输到另一个子网时，可通过路由器来完成。因此，路由器具有判断网络地址和选择路径的功能，它能在多网络互连环境中建立灵活的连接，可用完全不同的数据分组和介质访问方法连接各种子网。路由器只接受源站点或其他路由器的信息，属网络层的一种互连设备。

一般来说，异种网络互连与多个子网互连都应采用路由器来完成。路由器的主要工作就是为经过路由器的每个数据帧寻找一条最佳传输路径，并将该数据有效地传送到目的站点。由此可见，选择最佳路径的策略（即路由算法）是路由器的关键所在。为了完成这项工作，在路由器中保存着各种传输路径的相关数据——路由表（Routing Table），供路由选择时使用。路由表中保存着子网的标志信息、网上路由器的个数和下一个路由器的名字等内容。路由表可以由系统管理员固定设置好，也可以由系统动态修改；可以由路由器自动调整，也可以由主机控制。

5. 路由器的功能

（1）在网络间截获发送到远地网段的报文，具有转发的作用。

（2）选择最合理的路由，引导通信。为了实现这一功能，路由器要按照某种路由通信协议查找路由表，路由表列出整个互联网络中包含的各个节点，以及节点间的路径情况和与它们相联系的传输费用。如果到特定的节点有一条以上路径，则基于预先确定的准则选择最优（最经济）路径。由于各种网络段和其相互连接情况可能发生变化，因此路由情况的信息需要及时更新，由所使用的路由信息协议规定的定时更新或者按变化情况更新来完成。网络中的每个路由器按照这一规则动态地更新它所保持的路由表，以便保持有效的路由信息。

（3）路由器在转发报文的过程中，为了便于在网络间传送报文，按照预定的规则把大的数据包分解成适当大小的数据包，到达目的地后再把分解的数据包包装成原有形式。

（4）多协议的路由器可以连接使用不同通信协议的网络段，作为不同通信协议网络段间通信连接的平台。

（5）路由器的主要任务是把通信引导到目的地网络，然后到达特定的节点站地址。后一个功能是通过网络地址分解完成的。例如，把网络地址部分的分配指定成网络、子网和区域的一组节点，其余的用来指明子网中的特别站。分层寻址允许路由器对有很多个节点站的网络存储寻址信息。

6. 交换机及路由器的 4 种管理方式

（1）使用一个超级终端（或者仿终端软件）连接到交换机的端口（Console）上，从而通过超级终端来访问交换机或路由器的命令行界面（Command Line Interface,CLI）。

使用 Console 端口连接到交换机或路由器，具体步骤如下。

第 1 步：通过 Console 端口可以搭建本地配置环境。将计算机的端口通过电缆直接同交换机或路由器面板上的 Console 端口连接。

第 2 步：在计算机上运行终端仿真程序——超级终端建立新连接，选择实际连接时使用计算机上的 RS-232 端口，设置终端通信参数为 9 600 波特、8 位数据位、1 位停止位、无校验、流控为 XON/OFF。

第 3 步：交换机或路由器上电，显示交换机自检信息；自检结束后提示用户键入回车，直至出现命令行提示符“login:”；在提示符下输入“admin”，进入配置界面。

（2）使用 Telnet 命令管理交换机或路由器。交换机或路由器启动后，用户可以通过局域网或广域网使用 Telnet 客户端程序建立与交换机的连接并登录到交换机或路由器，然后对交换机或路由器进行配置。Telnet 最多支持 8 个用户同时访问交换机或路由器。

　　　　一定保证被管理的交换机或路由器设置了 IP 地址，并保证交换机或路由器与计算机的网络连通正常。

（3）使用支持 SNMP 协议的网络管理软件管理交换机或路由器。通过 SNMP 的网络管理软件管理交换机或路由器，具体步骤如下。

第 1 步：通过命令行模式进入交换机或路由器配置界面。

第 2 步：为交换机或路由器配置管理 IP 地址。

第 3 步：运行网管软件，对设备进行维护管理。

（4）使用 Web 浏览器（如 Internet Explorer）来管理交换机或路由器。如果我们要通过 Web 浏览器管理交换机或路由器，首先要为交换机或路由器配置一个 IP 地址，保证管理 IP 和交换机或路由器能够正常通信。在浏览器地址栏中输入交换机或路由器的 IP 地址，出现一个 Web 页面，我们可对页面中的各项参数进行配置。

15.4.3　实验内容

1. 交换机常用的 4 种模式

通过交换机的 Console 端口管理交换机属于带外管理，不占用交换机的网络端口，其特点是需要使用配置线缆，近距离配置。第一次配置交换机时必须利用 Console 端口进行配置。交换机的命令行操作模式主要包括用户模式、特权模式、全局配置模式、端口模式等几种。

（1）用户模式。用户模式是进入交换机后得到的第一个操作模式，该模式下可以简单查看交换机的软、硬件版本信息，并进行简单的测试。用户模式提示符为 Switch>。

（2）特权模式。特权模式是由用户模式进入的下一级模式，该模式下可以对交换机的配置文件进行管理、查看交换机的配置信息、进行网络的测试和调试等。特权模式提示符为 Switch#。

（3）全局配置模式。全局配置模式属于特权模式的下一级模式，该模式下可以配置交换机的全局性参数（如主机名、登录信息等）。在该模式下可以进入下一级的配置模式，对交换机具体的功能进行配置。全局模式提示符为 Switch(config)#。

（4）端口模式。端口模式属于全局模式的下一级模式，该模式下可以对交换机的端口进行参数配置。端口模式提示符为 Switch(config-if)#。

Exit 命令用于退回到上一级操作模式。End 命令用于使用户从特权模式以下级别直接返回到特权模式。交换机命令行支持帮助信息的获取、命令的简写、命令的自动补齐、快捷键等功能。

4 种模式的操作如下。

```
Switch>enable                              /从用户模式进入特权模式
Switch# configuration terminal             /从特权模式进入全局配置模式
Switch(config)# interface fastethernet 0/1 /从全局配置模式进入 F0/1 端口配置模式
Switch(config-if)#exit                     /从端口模式退出
```

2. 配置交换机的设备名称和描述信息

Hostname 用于配置交换机的设备名称。当用户登录交换机时，可能需要告诉用户一些必要的信息，可以通过设置标题来达到这个目的。在此可以创建两种类型的标题：每日通知和登录标题。Banner motd 配置交换机每日提示信息（message of the day，motd）。Banner login 配置交换机登录提示信息，位于每日提示信息之后。

```
Switch(config)# hostname switchA       /将交换机的名字命名为 switchA
Switch(config)# banner motd #hello#    /配置每日提示信息为 hello（以#作为分隔符）
Switch(config)#exit
Switch#exit                            /返回到用户模式查看配置好的每日提示信息
Hello                                  /返回后出现每日提示信息 hello
```

```
Switch>
```

3. 交换机的端口配置

交换机 Fastethernet 端口默认情况下使用 10 Mbit/s 或 100 Mbit/s 自适应端口，双工模式也为自适应。默认情况下，所有交换机端口均开启。交换机 Fastethernet 端口支持端口速率、双工模式的配置，配置示范如下。

```
Switch(config-if)# speed 10        /将端口的速率设置为 10 Mbit/s
Switch(config-if)# speed 100       /将端口的速率设置为 100 Mbit/s
Switch(config-if)# speed auto      /将端口的速率设置为自适应模式
Switch(config-if)#shutdown         /关闭此端口
Switch(config-if)#no shutdown      /开启此端口
Switch(config-if)#duplex auto      /设置此端口双工模式为自适应
Switch(config-if)#duplex full      /设置此端口双工模式为全双工
Switch(config-if)#duplex falf      /设置此端口双工模式为半双工
```

4. 查看交换机的系统和配置信息命令

查看交换机的系统和配置信息命令要在特权模式下执行。

Show version 用于查看交换机的版本信息，可以查看到交换机的硬件版本信息和软件版本信息，以之作为交换机操作系统升级时的依据。如图 15-23 所示，交换机为 Cisco 2950，IOS 为 C2950-I6Q4L2-M，版本信息为 Version 12.1（22）EA4。

```
Switch#show version
Cisco Internetwork Operating System Software
IOS (tm) C2950 Software (C2950-I6Q4L2-M), Version 12.1(22)EA4, RELEASE SOFTWARE(
fc1)
Copyright (c) 1986-2005 by cisco Systems, Inc.
Compiled Wed 18-May-05 22:31 by jharirba
Image text-base: 0x80010000, data-base: 0x80562000
```

图 15-23　交换机的版本信息

Show mac-address-table 用于查看交换机当前的 Mac 地址表信息，包括 VLAN、MAC Address、Ports 的对应关系，如图 15-24 所示。

Show running-config 用于查看交换机当前生效的配置信息。如图 15-25 所示，包括交换机基本信息版本以及所有端口配置等信息，自 F0/5 之后的信息未完全显示，要想完全查看，按空格键即可继续。

```
Switch#show mac-address-table
        Mac Address Table
-------------------------------------------

Vlan    Mac Address      Type        Ports
----    -----------      --------    -----

  1    00d0.9732.c318    DYNAMIC    Fa0/24
Switch#
```

图 15-24　交换机的 Mac 地址表信息

```
Switch#show running-config
Building configuration...

Current configuration : 1086 bytes
!
version 12.2
no service timestamps log datetime msec
no service timestamps debug datetime msec
no service password-encryption
!
hostname Switch
!
!
!
interface FastEthernet0/1
!
interface FastEthernet0/2
!
interface FastEthernet0/3
!
interface FastEthernet0/4
!
interface FastEthernet0/5
--More--
```

图 15-25　交换机当前生效的配置信息

5. 路由器常用的4种模式

路由器的管理方式基本分为两种：带内管理和带外管理。通过路由器的 Console 端口管理属于带外管理，不占用路由器的网络端口，但特点是线缆特殊，需要近距离配置。第一次配置路由器时必须利用 Console 进行，使其支持 telnet 远程管理协议。

路由器的命令行操作模式主要包括用户模式、特权模式、全局配置模式、端口模式等几种。

（1）用户模式。用户模式是进入路由器后得到的第一个操作模式，该模式下可以简单查看路由器的软、硬件版本信息，并进行简单的测试。用户模式提示符为 Router>。

（2）特权模式。特权模式是由用户模式进入的下一级模式，该模式下可以对路由器的配置文件进行管理、查看路由器的配置信息、进行网络测试和调试等。特权模式提示符为 Router#。

（3）全局配置模式。全局配置模式属于特权模式的下一级模式，该模式下可以配置路由器的全局性参数（如主机名、登录信息等）。在该模式下可以进入下一级的配置模式，对路由器具体的功能进行配置。全局模式提示符为 Router(config)#。

（4）端口模式。端口模式属于全局模式的下一级模式，该模式下可以对路由器的端口进行参数配置。提示符为 Router(config-if)#。

Exit 命令用于退回到上一级操作模式，end 命令用于直接退回到特权模式。路由器命令行支持帮助信息的获取、命令的简写、命令的自动补齐、快捷键等功能。

4种模式的操作如下。

```
Router>enable                              /从用户模式进入特权模式
Router# configuration terminal             /从特权模式进入全局配置模式
Router(config)# interface fastethernet 0/1 /从全局配置模式进入 F0/1 端口配置模式
Router(config-if)#exit                     /从端口模式退出
```

6. 配置路由器的设备名称和描述信息

必须在全局配置模式下才能配置路由器。Hostname 配置路由器的设备名称（即命令提示符）的前部分信息。

当用户登录路由器时，如需要告诉用户一些必要的信息，可以通过设置标题来达到这个目的。你可以创建两种类型的标题：每日通知和登录标题。

```
Banner motd                                /配置路由器每日提示信息（message of the day, motd）
Banner login                               /配置路由器远程登录提示信息，位于每日提示信息之后
Router(config)# hostname switchA           /将路由器的名字命名为 switchA
Router (config)# banner motd #hello#       /配置每日提示信息为 hello（以#作为分隔符）
Router (config)#exit
Router #exit                               /返回到用户模式查看配置好的每日提示信息
hello                                      /返回后出现每日提示信息 hello
Router >
```

7. 路由器的端口配置

路由器端口 FastEthernet 端口默认情况下使用 10 Mbit/s 或 100 Mbit/s 自适应端口，双工模式也为自适应，并且在默认情况下路由器物理端口处于关闭状态。

路由器提供广域网端口（serial 高速同步端口），使用 V.35 线缆连接广域网端口链路。在广域网连接时一端为 DCE（数据通信设备），一端为 DTE（数据终端设备），必须在 DCE 端配置时钟

频率（clock rate）才能保证链路的连通。

　　在路由器的物理端口上可以灵活配置带宽，但最大值为该端口的实际物理带宽。

```
Router(config)#interface serial 2/0          /进入该端口的配置模式
Router(config-if)#bandwidth 100              /配置该端口带宽为100Mbit/s
Switch(config-if)#shutdown                   /关闭此端口
Switch(config-if)#no shutdown                /开启此端口
Router(config)#clock rate 64000              /在路由器 DCE 端配置时钟频率
```

8. 查看路由器系统和配置信息

　　掌握当前路由器的工作状态。查看路由器的系统和配置信息的命令要在特权模式下执行。

　　Show version 用于查看路由器的版本信息，可以查看到路由器的硬件版本信息和软件版本信息，如图 15-26 所示，以之作为路由器操作系统升级时的依据。

```
Router#show version
Cisco IOS Software, 2800 Software (C2800NM-ADVIPSERVICESK9-M), Version 12.4(15)T
1, RELEASE SOFTWARE (fc2)
Technical Support: http://www.cisco.com/techsupport
Copyright (c) 1986-2007 by Cisco Systems, Inc.
Compiled Wed 18-Jul-07 06:21 by pt_rel_team

ROM: System Bootstrap, Version 12.1(3r)T2, RELEASE SOFTWARE (fc1)
Copyright (c) 2000 by cisco Systems, Inc.
```

图 15-26　路由器版本信息

　　Show ip route 用于查看路由表信息，如图 15-27 所示。

```
Router#show ip route
Codes: C - connected, S - static, I - IGRP, R - RIP, M - mobile, B - BGP
       D - EIGRP, EX - EIGRP external, O - OSPF, IA - OSPF inter area
       N1 - OSPF NSSA external type 1, N2 - OSPF NSSA external type 2
       E1 - OSPF external type 1, E2 - OSPF external type 2, E - EGP
       i - IS-IS, L1 - IS-IS level-1, L2 - IS-IS level-2, ia - IS-IS inter area
       * - candidate default, U - per-user static route, o - ODR
       P - periodic downloaded static route

Gateway of last resort is not set

C    192.168.1.0/24 is directly connected, FastEthernet0/0
C    192.168.2.0/24 is directly connected, FastEthernet0/1
S    192.168.3.0/24 [1/0] via 192.168.1.2
```

图 15-27　路由表信息

　　其中：

　　C　192.168.1.0/24 is directly connected, FastEthernet0/0 表示直连路由，且该路由器 f0/0 直连的网络地址为 192.168.1.0。

　　C　192.168.2.0/24 is directly connected, FastEthernet0/1 表示直连路由，且该路由器 f0/1 直连的网络地址为 192.168.2.0。

　　S　192.168.3.0/24 [1/0] via 192.168.1.2 表示静态路由，且指明了该路由器到目标网络地址为 192.168.3.0 的路径的地址为 192.168.1.2。

　　Show running-config 用于查看路由器当前生效的配置信息，如图 15-28 所示，包括路由器基本信息版本以及所有端口配置信息等，"--more--" 之后的信息未完全显示，若需完全查看，按空格键即可继续。

```
Router#show running-config
Building configuration...

Current configuration : 524 bytes
!
version 12.4
no service timestamps log datetime msec
no service timestamps debug datetime msec
no service password-encryption
!
hostname Router
!
```

```
interface FastEthernet0/0
 ip address 192.168.1.1 255.255.255.0
 duplex auto
 speed auto
interface FastEthernet0/1
 ip address 192.168.2.1 255.255.255.0
 duplex auto
 speed auto
interface Vlan1
 no ip address
 shutdown
!
ip classless
ip route 192.168.3.0 255.255.255.0 192.168.1.2
--More--
```

图 15-28　路由器当前生效的配置信息

15.4.4　实验作业

（1）在交换机的 4 种配置模式下进行切换。
（2）在路由器的 4 种配置模式下进行切换。

15.5　实验 5　交换机 VLAN 技术的配置

15.5.1　实验目的、性质和器材

【实验目的】
- 掌握 Port Vlan 的配置。
- 掌握同交换机划分 VLAN 的方法。
- 理解跨交换机之间 VLAN 的特点。
- 掌握跨交换机划分 VLAN 的方法及网络构造。

【实验性质】配置性实验。

【实验器材】二层交换机 2 台，PC 机 3 台。

15.5.2　实验导读

1.　VLAN 的概念

虚拟局域网（Virtual Local Area Network，VLAN）是指在一个物理网段内进行逻辑划分，划分成的若干个虚拟局域网。VLAN 最大的特性是不受物理位置的限制，可以进行灵活的划分。VLAN 具备了一个物理网段所具备的特性。相同 VLAN 内的主机可以互相直接访问，不同 VLAN 间的主机之间互相访问必须经路由设备进行转发。广播数据包只可以在本 VLAN 内进行传播，不能传输到其他 VLAN 中。同一个 VLAN 中的所有成员共同拥有一个 VLAN 地址，组成一个虚拟局域网络；同一个 VLAN 中的成员均能收到其他成员发来的广播包，但收不到其他 VLAN 中发来的广播包；不同 VLAN 成员之间不可直接通信，需要路由支持，而同一 VLAN 中的成员通过 VLAN 交换机可以直接通信，不需路由支持。

2.　Port Vlan

将 VLAN 交换机上的物理端口和 VLAN 交换机内部的永久虚电路（Permanent Virtual

Circuit,PVC）端口分成若干组，每组构成一个虚拟网，相当于一个独立的 VLAN 交换机。这种按网络端口来划分 VLAN 成员的配置过程简单明了，因此，它是最常用的一种方式。其主要缺点在于不允许用户移动，一旦用户移动到一个新的位置，网络管理员必须配置新的 VLAN。

Port Vlan 是实现 VLAN 的方式之一，利用交换机的端口进行 VLAN 的划分，一个端口只能属于一个 VLAN。

交换机所有的端口在默认情况下属于 ACCESS 端口，可直接将端口加入某一 VLAN。利用 switchport mode access/trunk 命令可以更改端口的 VLAN 模式。

VLAN1 属于系统默认的 VLAN，不可以被删除。

删除某个 VLAN，使用 no 命令。例如：switch(config)#no vlan 10。

删除当前某个 VLAN 时，注意先将属于该 VLAN 的端口加入其他的 VLAN，再删除该 VLAN。

3. Tag VLAN

Tag VLAN 是基于交换机端口的另外一种 VLAN 类型，主要用于使交换机的相同 VLAN 内主机之间可以直接访问，同时对不同 VLAN 的主机进行隔离。Tag Vlan 遵循 IEEE802.1q 协议的标准。在利用配置了 Tag Vlan 的端口进行数据传输时，需要在数据帧内添加 4 个字节的 802.1q 标签信息，用于标识该数据帧属于哪个 VLAN，以便对端交换机接收到数据帧后进行准确的过滤。

VLAN 交换机从工作站接收到数据后，会对数据的部分内容进行检查，并与一个 VLAN 配置数据库（该数据库含有静态配置的或者动态学习而得到的 MAC 地址等信息）中的内容进行比较后，确定数据去向。如果数据要发往一个 VLAN 设备（VLAN-aware），一个标记（Tag）或者 VLAN 标识就被加到这个数据上，根据 VLAN 标识和目的地址，VLAN 交换机就可以将该数据转发到同一 VLAN 上适当的目的地；如果数据发往非 VLAN 设备（VLAN-unaware），则 VLAN 交换机发送不带 VLAN 标识的数据。

两台交换机之间相连的端口应该设置为 Tag Vlan 模式。Trunk 端口在默认情况下支持所有 VLAN 的传输。

15.5.3　实验内容

1. 交换机端口隔离

假设交换机是宽带小区城域网中的 1 台楼道交换机，住户 PC1 连接在交换机的 0/5 端口；住户 PC2 连接在交换机的 0/15 端口，现要实现各家各户的端口隔离，如图 15-29 所示。

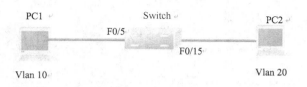

图 15-29　端口隔离拓扑图

（1）按照图 15-29 进行网络的连接。使用直通双绞线将交换机的 F0/5 端口与 PC1 的网络端口进行连接，交换机的 F0/15 端口与 PC2 的网络端口进行连接。

（2）进入交换机的配置界面，对交换机命名。

```
Switch(config)# hostname Switch
```

（3）新建两个 VLAN（VLAN10 和 VLAN20）。

```
Switch(config)# vlan 10
```

```
Switch（config）# vlan 20
```

可通过指令 Switch（config）#show vlan 查看新建 VLAN 的信息。

（4）进入 Switch 相应端口的端口配置模式，建立端口与 VLAN 的对应关系。

```
Switch（config）# interface fastEthernet 0/5        /进入 F0/5 端口模式
Switch（config-if）# switchport access vlan 10        /将 F0/5 划入 VLAN10
Switch（config）# end
Switch（config）# interface fastEthernet 0/15       /进入 F0/15 端口模式
Switch（config-if）# switchport access vlan 20       /将 F0/15 划入 VLAN20
```

通过指令 Switch（config）#show vlan   /查看端口与 VLAN 的对应关系

（5）验证结果。以使用软件 Cisco Packet Tracer 为例，进入计算机 IP 地址配置界面，分别配置两台计算机的 IP 地址（假如使用 C 类 IP 地址），界面如图 15-30 和图 15-31 所示。

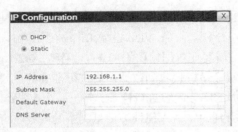

图 15-30　PC1 的配置界面

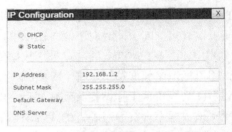

图 15-31　PC2 的配置界面

PC1：IP 地址为 192.168.1.1，子网掩码为 255.255.255.0。

PC2：IP 地址为 192.168.1.2，子网掩码为 255.255.255.0。

测试两台计算机的连通性：在 PC1 的 DOS 模式下输入"ping 192.168.1.2"或在 PC2 的 DOS 模式下输入"ping 192.168.1.1"。

若结果显示超时，如图 15-32 所示，则证明两台 PC 无法通信，已成功实现交换机端口隔离功能。

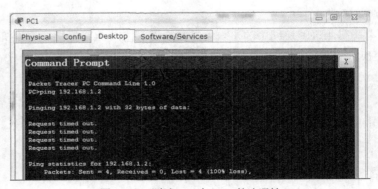

图 15-32　测试 PC1 与 PC2 的连通性

2. 交换机端口隔离参考配置

```
switch#show running-config
Building configuration... Current configuration : 162 bytes  version 1.0
hostname Switch
interface fastEthernet 0/5
switchport access vlan 10
```

```
interface fastEthernet 0/15
switchport access vlan 20
end
```

3. 跨交换机实现 VLAN

假设某企业有两个主要部门：销售部（VLAN10）和技术部（VLAN20），其中销售部门的个人计算机系统分散连接，它们之间需要相互进行通信（如 PC1 和 PC3），如图 15-33 所示。为了数据安全，销售部和技术部之间需要进行隔离。为了使在同一 VLAN 里的计算机系统能跨交换机进行相互通信，而在不同 VLAN 里的计算机系统不能进行相互通信，现需要在交换机上进行配置来实现。

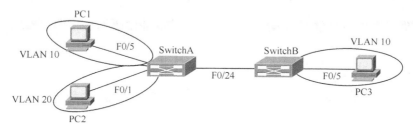

图 15-33　跨交换机实现 VLAN 拓扑图

（1）按照图 15-45 进行网络的连接。

① 使用直通双绞线将交换机 SwitchA 的 F0/5 端口与 PC1 的网络端口进行连接，F0/15 端口与 PC2 的网络端口进行连接。

② 使用直通双绞线将交换机 SwitchB 的 F0/5 端口与 PC3 的网络端口进行连接。

③ 使用直通双绞线将交换机 SwitchA 的 F0/24 端口与 SwitchB 的 F0/24 端口进行连接。

（2）进入交换机的配置界面，分别对交换机命名。

```
Switch（config）# hostname SwitchA
Switch（config）# hostname SwitchB
```

（3）在 SwitchA 中新建两个 VLAN（VLAN10 和 VLAN20）。

```
SwitchA（config）# VLAN 10
SwitchA（config）# VLAN 20
```

（4）在 SwitchB 中新建 1 个 VLAN（VLAN10）。

```
SwitchB（config）# VLAN 10
```

可通过指令 switch（config）#show vlan 查看新建 VLAN 的信息。

（5）进入 SwitchA 相应端口的端口配置模式，建立端口与 VLAN 的对应关系。

```
SwitchA（config）# interface fastEthernet 0/5        /进入 F0/5 端口模式
SwitchA（config-if）# switchport access vlan 10       /将 F0/5 划入 VLAN10
SwitchA（config）# end
SwitchA（config）# interface fastEthernet 0/15       /进入 F0/15 端口模式
SwitchA（config-if）# switchport access vlan 20       /将 F0/15 划入 VLAN20
```

通过指令 Switch（config）#show vlan 查看端口与 VLAN 的对应关系。

（6）进入 SwitchB 相应端口的端口配置模式，建立端口与 VLAN 的对应关系。

```
SwitchB（config）# interface fastEthernet 0/5        /进入 F0/5 端口模式
SwitchB（config-if）# switchport access vlan 10       /将 F0/5 划入 VLAN10
```

（7）配置 Tag Vlan，需要分别将两台交换机连接的端口配置成 Trunk 模式。

```
SwitchA (config) # interface fastEthernet 0/24    /进入 F0/24 端口模式
SwitchA (config-if) # switchport mode trunk       /将 F0/24 设为 TRUNK 模式，支持 TAG VLAN
SwitchB (config) # interface fastEthernet 0/24    /进入 F0/24 端口模式
SwitchB (config-if) # switchport mode trunk       /将 F0/24 设为 TRUNK 模式，支持 TAG VLAN
```

（8）验证结果。进入计算机 IP 地址配置界面，分别配置 3 台计算机 PC1、PC2、PC3 的 IP 地址（假如使用 C 类 IP 地址），界面分别如图 15-34～图 15-36 所示。

PC1: IP 地址为 192.168.1.1，子网掩码为 255.255.255.0。

PC2: IP 地址为 192.168.1.2，子网掩码为 255.255.255.0。

PC3: IP 地址为 192.168.1.3，子网掩码为 255.255.255.0。

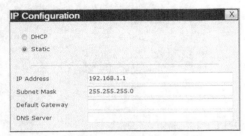
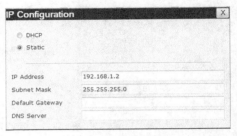

图 15-34　PC1 的配置界面　　　　　　　　　　图 15-35　PC2 的配置界面

分别验证 PC1 与 PC2、PC1 与 PC3、PC2 与 PC3 两两之间的连通性：在 PC1 的 DOS 模式下输入 "ping 192.168.1.2"，在 PC1 的 DOS 模式下输入 "ping 192.168.1.3"，在 PC2 的 DOS 模式下输入 "ping 192.168.1.3"。若配置正确，则 PC1 与 PC2 连接超时，如图 15-37 所示；PC1 与 PC3 能够通信，如图 15-38 所示；PC2 与 PC3 连接超时，如图 15-39 所示。

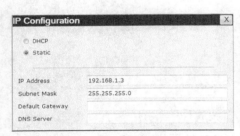
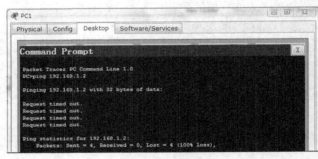

图 15-36　PC3 的配置界面　　　　　　　　　　图 15-37　测试 PC1 与 PC2 的连通性

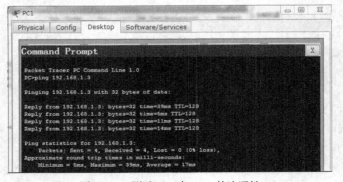

图 15-38　测试 PC1 与 PC3 的连通性

图 15-39　测试 PC2 与 PC3 的连通性

结果证实，通过跨交换机的 VLAN 技术，使在同一 VLAN 里的计算机系统能跨交换机进行相互通信，而在不同 VLAN 里的计算机系统不能进行相互通信。

4. 跨交换机实现 VLAN 参考配置

```
SwitchA#show  running-config                          /显示交换机 SwitchA 的全部配置
  Building configuration... Current configuration : 284 bytes version 1.0
  hostname SwitchA vlan 1
  vlan 10                                             /创建 VLAN10
  vlan 20                                             /创建 VLAN20
interface fastEthernet 0/5  switchport access vlan 1  /将 F0/5 加入 VLAN10
interface fastEthernet 0/15 switchport access vlan 20 /将 F0/15 加入 VLAN20
interface fastEthernet 0/24  switchport mode trunk    /将 F0/24 设为 TRUNK 模式，
                                                      支持 TAG VLAN
  end
SwitchB#show  running-config                          /显示交换机 SwitchB 的全部配置
Building configuration... Current configuration : 284 bytes version 1.0
  hostname SwitchB vlan 1
  vlan 10                                             /创建 VLAN10
interface fastEthernet 0/5  switchport access vlan 10 /将 F0/5 加入 VLAN10
interface fastEthernet 0/24  switchport mode trunk    /将 F0/24 设为 TRUNK 模式，
                                                      支持 TAG VLAN
  end
```

15.5.4　实验作业

（1）设计一个单交换机的网络，使用相应配置让处于同一 VLAN 的计算机能通信，处于不同 VLAN 的计算机不能通信。

（2）设计一个多交换机的网络，使用相应配置让处于同一 VLAN 的计算机能通信，处于不同 VLAN 的计算机不能通信。

15.6　实验 6　路由器的基本配置及静态路由

15.6.1　实验目的、性质和器材

【实验目的】
● 掌握路由器各级命令行模式的配置。

- 掌握路由器的基本配置。
- 掌握通过静态路由方式实现网络的连通性。

【实验性质】验证性实验。

【实验器材】思科路由器 Cisco1841 两台、计算机（已安装 Cisco Packet Tracer 网络模拟器）两台。

15.6.2　实验导读

路由器（Router）又称网关设备（Gateway），用于连接多个逻辑上分开的网络，而逻辑网络代表一个单独的网络或者一个子网。当数据从一个子网传输到另一个子网时，可通过路由器的路由功能来完成。因此，路由器具有判断网络地址和选择 IP 路径的功能，它能在多网络互连环境中，建立灵活的连接，可用完全不同的数据分组和介质访问方法连接各种子网。路由器只接受源站或其他路由器的信息，属网络层的一种互连设备。

1. 路由器的基本配置

路由器的基本配置包含路由器的口令配置、登录提示文字配置、设备名称配置及各种检查 show 命令的输出配置。

（1）路由器的口令配置主要针对以下 3 种口令。

① 使能加密口令。该口令主要针对登录路由器的用户设定，具体配置步骤如下。

```
Router（config）#enable  password  password      /使能加密口令为明文
Router（config）#enable  secret  password        /使能加密口令为暗码
```

② 控制台口令。该口令主要针对通过 Console 端口对路由器进行带外管理的用户设定，具体配置步骤如下。

```
Router（config）#line  console  0                 /进入路由器 console 端口配置模式
Router（config）#password  password               /配置控制台口令
Router（config）#login
```

③ 远程登录口令。该口令主要针对通过 telnet 对路由器实现远程登录访问的用户设定，具体配置步骤如下。

```
Router（config）#line  vty  0  4                   /进入路由器 telnet 端口配置模式
Router（config）#password  password                /配置远程登录口令
Router（config）#login
```

（2）登录提示文字配置。当用户登录路由器时，如需要告诉用户一些必要的信息，可以通过设置标题来达到这个目的。可以创建两种类型的标题：每日通知和登录标题。

Banner motd 配置路由器每日提示信息（message of the day，motd）。

Banner login 配置路由器远程登录提示信息，位于每日提示信息之后。

具体配置步骤如下。

```
Router（config）#banner  motd  #  message  #
Router（config）#banner  login  #  message  #
```

（3）设备名称配置。配置路由器的设备名称（即命令提示符）的前部分信息，方便网络管理员对设备进行访问和管理。具体配置步骤如下。

```
Router（config）#hostname  name
```

（4）各种检查 show 命令的输出配置。这类命令用于查看路由器系统和配置信息，以便掌握当前路由器的工作状态。

查看路由器的系统和配置信息命令要在特权模式下执行。

Show　version 用于查看路由器的版本信息，可以查看到交换机的硬件版本信息和软件版本信息，以之作为交换机操作系统升级时的依据。

Show　ip　route 用于查看路由表信息。

Show　running-config 用于查看路由器当前生效的配置信息。

2. 静态路由的配置

路由器属于网络层设备，能够根据 IP 包头的信息，选择一条最佳路径，将数据包转发出去，实现不同网段的主机之间的互相访问。路由器是根据路由表进行选路和转发的。路由表由一条条的路由信息组成，产生方式一般有以下 3 种。

（1）直连路由。给路由器端口配置一个 IP 地址，路由器自动产生本端口 IP 所在网段的路由信息。

（2）静态路由。在拓扑结构简单的网络中，网管员通过手工的方式配置本路由器未知网段的路由信息，从而实现不同网段之间的连接。

（3）动态路由协议学习产生的路由。在大规模的网络或网络拓扑相对复杂的情况下，通过在路由器上运行动态路由协议，可以使路由器之间互相自动学习从而产生路由信息。

普通路由器和主机直连时，需要使用交叉线，R1762 的以太网端口支持 MDI/MDIX，使用直连线也可以连通。

如果两台路由器通过端口直接相连，则必须在其中一端设置时钟频率（Data Circuit terminating Equipment,DCE）。

15.6.3　实验内容

1. 查看实验拓扑图及网络编址表

（1）本实验网络拓扑图如图 15-40 所示。

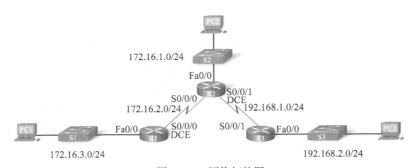

图 15-40　网络拓扑图

假设 R1 是某高校校园网内部路由器，负责内部校园网和外部网络的交互。与之相连接的 R2 是网络供应商提供的数据交互路由器。R3 是另外一所高校的路由器，同样承载着连接内部校园网和外部网络的功能。

（2）本实验网络编址表如表 15-2 所示。

表 15-2　　　　　　　　　　　　静态路由实验网络编址表

Device	Interface	IP Address	Subnet Mask	Default Gateway
R1	Fa0/0	172.16.3.1	255.255.255.0	N/A
	S0/0/0	172.16.2.1	255.255.255.0	N/A

续表

Device	Interface	IP Address	Subnet Mask	Default Gateway
R2	Fa0/0	172.16.1.1	255.255.255.0	N/A
	S0/0/0	172.16.2.2	255.255.255.0	N/A
	S0/0/1	192.168.1.2	255.255.255.0	N/A
R3	Fa0/0	192.168.2.1	255.255.255.0	N/A
	S0/0/1	192.168.1.1	255.255.255.0	N/A
PC1	NIC	172.16.3.10	255.255.255.0	172.16.3.1
PC2	NIC	172.16.1.10	255.255.255.0	172.16.1.1
PC3	NIC	192.168.2.10	255.255.255.0	192.168.2.1

根据实验背景描述，明确本次实验需要实现以下目标：通过在 R1、R2 和 R3 上分别配置静态路由来实现 PC1、PC2 和 PC3 之间的相互通信。

2. 静态路由配置规则及原理

（1）静态路由配置规则。

配置指令：ip route。

配置规则：Router（config）#ip route network-address subnet-mask {ip-address ‖ exit-interface}。

各配置参数含义如表 15-3 所示。

表 15-3　　　　　　　　　　　　　　　配置参数含义表

参数	描述
network-address	要加入路由表的远程目的网络的地址
subnet-mask	要加入路由表的远程网络的子网掩码
ip-address	一般指下一跳路由器的 IP 地址
exit-interface	将数据包转发到目的网络时使用的输出端口

（2）静态路由配置原理。静态路由配置的原理主要有以下 3 条。

① 每台路由器根据其自身路由表中的信息独立做出决策。

② 一台路由器的路由表中包含某些信息并不表示其他路由器也包含相同的信息。

③ 有关两个网络之间路径的路由信息并不能提供反向路径（即返回路径）的路由信息。

3. 静态路由具体配置过程

（1）路由器 R1 的配置。从拓扑图中可以看出，R1 分别连接到 R2 和 R3 所在的局域网，网段分别为 172.16.1.0/24 和 192.168.2.0/24。根据静态路由配置规则，具体配置指令如下。

```
R1(config)#ip route 172.16.1.0 255.255.255.0 172.16.2.2
R1(config)#ip route 192.168.1.0 255.255.255.0 172.16.2.2
R1(config)#ip route 192.168.2.0 255.255.255.0 172.16.2.2
```

由于 R1 到达 R3 所在局域网经过了两台路由器，所以需要配置两条不同的静态路由来完善 R1 到达 R3 的路由表信息。

（2）路由器 R2 的配置。从拓扑图中可以看出，R2 分别与 R1 和 R3 相连，R1 和 R3 所处的网段分别为 172.16.3.0/24 和 192.168.2.0/24。根据静态路由配置规则，具体配置指令如下。

```
R2(config)#ip route 172.16.3.0 255.255.255.0 172.16.2.1
R2(config)#ip route 192.168.2.0 255.255.255.0 192.168.1.1
```

（3）路由器 R3 的配置。从拓扑图中可以看出，R3 分别连接到 R1 和 R2 所在的局域网，网段
分别为 172.16.3.0/24 和 172.16.1.0/24。这两
个网段都属于 B 类网段，并且前 16 位二进
制编码相同，也就是说这两个网段的网络位
是相同的，因此可以采取汇总静态路由的形
式来进行静态路由的配置，因为汇总静态路
由能够将多条路由化为一条路由，这样可大
大减小路由表的长度。

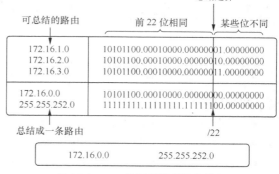

图 15-41　R3 的汇总静态路由信息

R3 的汇总静态路由信息如图 15-41 所示。

根据汇总静态路由信息，R3 的静态路由
配置指令如下。

```
R3(config)#ip route 172.16.0.0 255.255.255.0 Serial0/0/1
```

值得一提的是，因为采用的是汇总静态路由，所以在指令的最后需要加入 exit-interface，即
将数据包转发到目的网络时使用的输出端口，而不是 ip-address（下一跳路由器的 IP 地址）。

4. 实验结果的验证

经过对 R1、R2 和 R3 的静态路由进行配置后，还需要通过测试计算机的连通性来进行验证。
在 3 台计算机之间相互使用 ping 指令，通过响应时间验证配置步骤和配置指令是否有误。最终的
验证结果如图 15-42 所示（以 PC1 为例）。

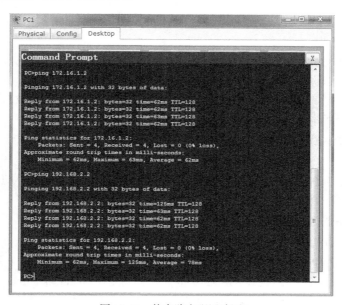

图 15-42　静态路由配置验证

15.6.4　实验作业

（1）完成 R1、R2 和 R3 的口令配置。
（2）根据网络编址表完成所有设备及端口的 IP 地址及子网掩码配置。
（3）完成 R1、R2 和 R3 的静态路由配置。
（4）尝试对 R1 的静态路由信息进行汇总。

15.7　实验 7　路由器动态路由协议的配置

15.7.1　实验目的、性质和器材

【实验目的】
- 掌握在路由器上配置 RIP 协议的方法。
- 掌握在路由器上配置 OSPF 单区域的方法。
- 掌握路由器连接网络架构及动态 RIP 路由的配置方法。
- 掌握路由器连接网络架构及动态 OSPF 路由的配置方法。

【实验性质】验证性实验。

【实验器材】思科路由器 Cisco18413 3 台、思科三层交换机 3 台、计算机（已安装 Cisco Packet Tracer 网络模拟器）3 台。

15.7.2　实验导读

在大规模的网络或网络拓扑相对复杂的情况下，通过在路由器上运行动态路由协议，可以使路由器之间互相自动学习从而产生路由信息。目前主流的动态路由协议有 RIP 协议（分为 RIP v1 和 RIP v2 两个版本）、OSPF 单区域路由协议以及思科私有的动态路由协议 EIGRP 协议等。

1. RIP 协议

RIP（Routing Information Protocols，路由信息协议）是应用较早、使用较普遍的 IGP（Interior Gateway Protocol，内部网关协议），适用于小型同类网络，是典型的距离矢量（distance-vector）协议。通常将 RIP 协议的跳数作为衡量路径开销的标准，RIP 协议里规定最大跳数为 15。

RIP 协议有两个版本 RIP v1 和 RIP v2。

RIP v1 属于有类路由协议，不支持 VLSM（变长子网掩码），以广播形式进行路由信息更新，更新周期为 30 s。

RIP v2 属于无类路由协议，支持 VLSM（变长子网掩码），以组播形式进行路由信息更新，组播地址是 224.0.0.9。RIP v2 还支持基于端口的认证，可提高网络的安全性。

2. 配置 RIP 协议时应注意的问题

在配置 RIP 协议时，有以下问题需要注意。

（1）在端口上配置时钟频率时，一定要在电缆 DCE 端的路由器上配置，否则链路不通。

（2）No auto-summary 功能只有 RIP v2 支持，交换机没有 no auto-summary 命令。

（3）主机网关一定要指向直连端口 IP 地址，即主机网关指向与之直连的三层交换机端口所处的 VLAN 的 IP 地址。

3. OSPF 协议

OSPF（Open Shortest Path First，开放式最短路径优先）协议，是目前网络中应用最广泛的路由协议之一，属于内部网关路由协议，能够适应各种规模的网络环境，是典型的链路状态（link-state）协议。OSPF 路由协议通过向全网扩散本设备的链路状态信息，使网络中每台设备最终同步一个具有全网链路状态的数据库（Link State DataBase,LSDB），然后路由器采用 SPF 算法，以自己为根，计算到达其他网络的最短路径，最终形成全网路由信息。OSPF 属于无类路由协议，

支持 VLSM（变长子网掩码）。OSPF 是以组播的形式进行链路状态的通告的。

　　在大模型的网络环境中，OSPF 支持区域划分，将网络进行合理规划。划分区域时必须存在 area0（骨干区域），其他区域和骨干区域直接相连或通过虚链路方式连接。

4. 配置 OSPF 协议时应注意的问题

在配置 OSPF 协议时，有以下问题需要注意。

（1）实现网络的互连互通，从而实现信息的共享和传递。

（2）在端口上配置时钟频率时，一定要在电缆 DCE 端的路由器上配置，否则链路不通。

（3）在申明直连网段时，注意要写该网段的反掩码。

（4）在申明直连网段时，必须指明该网段所属的区域。

15.7.3　实验内容

1. 查看实验拓扑图及网络编址表

（1）本实验网络拓扑图如图 15-43 所示。

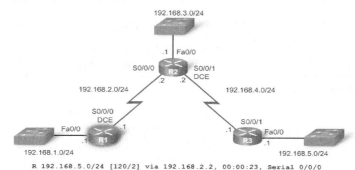

```
R 192.168.5.0/24 [120/2] via 192.168.2.2, 00:00:23, Serial 0/0/0
```

图 15-43　动态路由实验网络拓扑图

　　假设路由器 R2 位于某企业在北京的总部，R1 和 R3 分别是其位于上海和成都的分公司。R1、R2 和 R3 之间通过网络供应商提供的 VPN 进行连接。

　　根据实验背景描述，可以明确本次实验需要实现以下目标：通过在 R1、R2 和 R3 上分别配置动态路由协议来实现 PC1、PC2 和 PC3 之间的相互通信。

　　在 R1 中输入 show ip route 指令后，会出现图 15-43 最下方所示的一段文字，此段文字的解释如图 15-44 所示。

输出	说明
R	标识路由来源为 RIP。
192.168.5.0	指明远程网络的地址。
/24	指明远程网络的子网掩码
[120/2]	指明管理距离（120）和度量（2 跳）
via 192.168.2.2	指定下一跳路由器 (R2) 的地址以便向远程网络发送数据
00:00:23	指定路由上次更新以来经过的时间量（此处为 23 秒），下一次更新应该在 7 秒后开始
Serial0/0/0	指定能够到达远程网络的本地接口

图 15-44　show ip route 命令的解释

（2）本实验网络编址表如表 15-4 所示。

表 15-4 动态路由实验网络编址表

Device	Interface	IP Address	Subnet Mask	Default Gateway
R1	Fa0/0	192.168.1.1	255.255.255.0	N/A
	S0/0/0	192.168.2.1	255.255.255.0	N/A
R2	Fa0/0	192.168.3.1	255.255.255.0	N/A
	S0/0/0	192.168.2.2	255.255.255.0	N/A
	S0/0/1	192.168.4.2	255.255.255.0	N/A
R3	Fa0/0	192.168.5.1	255.255.255.0	N/A
	S0/0/1	192.168.4.1	255.255.255.0	N/A
PC1	NIC	192.168.1.10	255.255.255.0	192.168.1.1
PC2	NIC	192.168.3.10	255.255.255.0	192.168.3.1
PC3	NIC	192.168.5.10	255.255.255.0	192.168.5.1

2. 动态路由 RIP 配置规则

配置指令如表 15-5 所示。

表 15-5 配置指令表

指令	含义
router rip	在路由器上启动 RIP 路由协议
no auto-summary	关闭路由协议的自动汇总功能
network network-address	需要路由器自主学习并加入路由表的远程目的网络的地址

RIP 命令集如表 15-6 所示。

表 15-6 RIP 命令集

命令	作用
R(config)#router rip	启动 RIP 路由协议
R(config-router)#network network-address	指定路由器上哪些端口将启用 RIP
R#debug ip rip	用于实时查看路由更新
R(config-router)#passive-interface fa0/0	防止此端口发布更新
R(config-router)#default-information originate	发布默认路由
R#show ip protocols	显示计时器信息

3. 动态路由协议 RIP 的具体配置过程

（1）路由器 R1 的配置。从拓扑图可以看出，与 R1 相连接的网络一共有两个，分别为 192.168.1.0/24 和 192.168.2.0/24 网段。根据动态路由 RIP 的配置规则，首先需要在路由器 R1 上开启动态路由 RIP，然后将需要 R1 自主学习的两个网络加入到 R1 的路由表中。主要配置步骤如下。

① R1(config)#router rip　　　　　　　　/开启路由器的动态路由 RIP

② R1(config-router)#network 192.168.1.0 /指定网络 192.168.1.0/24 需要 R1 自主学习并将其加入 R1 的路由表中

③ R1(config-router)#network 192.168.2.0 /指定网络 192.168.2.0/24 需要 R1 自主学习并将其加入 R1 的路由表中

④ R1(config-router)#no auto-summary　/关闭 R1 的路由协议自动汇总功能

（2）路由器 R2 的配置。从拓扑图可以看出，与 R2 相连接的网络一共有 3 个，分别为 192.168.2.0/24、192.168.3.0/24 和 192.168.4.0/24 网段。根据动态路由 RIP 协议的配置规则，首先需要在路由器 R2 上开启动态路由 RIP 协议，然后将需要 R2 自主学习的 3 个网络加入到 R2 的路由表中。主要配置步骤如下。

① R2(config)#router　rip　　　　　　/开启路由器的动态路由 RIP

② R2(config-router)#network　192.168.2.0 /指定网络 192.168.2.0/24 需要 R2 自主学习并将其
加入 R2 的路由表中

③ R2(config-router)#network　192.168.3.0 /指定网络 192.168.3.0/24 需要 R2 自主学习并将其
加入 R2 的路由表中

④ R2(config-router)#network　192.168.4.0 /指定网络 192.168.4.0/24 需要 R2 自主学习并将其
加入 R2 的路由表中

⑤ R2(config-router)#no　auto-summary　/关闭 R2 的路由协议自动汇总功能。

（3）路由器 R3 的配置。同理，可以从拓扑图上得出与 R3 相连接的网络一共有两个，分别是
192.168.4.0/24 和 192.168.5.0/24 网段。根据动态路由 RIP 协议的配置规则，首先需要在路由器 R3 上开
启动态路由 RIP 协议，然后将需要 R3 自主学习的 3 个网络加入到 R3 的路由表中。主要配置步骤如下。

① R3(config)#router　rip　　　　　　/开启路由器的动态路由 RIP

② R3(config-router)#network　192.168.4.0 /指定网络 192.168.4.0/24 需要 R3 自主学习并将其
加入 R3 的路由表中

③ R3(config-router)#network　192.168.5.0 /指定网络 192.168.5.0/24 需要 R3 自主学习并将其
加入 R3 的路由表中

④ R3(config-router)#no　auto-summary　/关闭 R3 的路由协议自动汇总功能。

通过对 R1、R2 和 R3 的动态路由 RIP 的配置，使得这 3 台路由器都可以自主学习与之相连
接的 5 个网段的路由信息，从而保障北京总公司与上海、成都分公司的网络互通。当然，以上的
配置均为主要配置，在具体实验中还需要对计算机、网络设备各端口的 IP 地址进行配置，甚至需
要对路由器进行口令等常规配置，从而保证网络的安全性。

4. 实验结果的验证

完成对 R1、R2 和 R3 的动态路由配置后，还需要通过测试计算机的连通性来进行验证。在 3
台计算机之间相互使用 ping 指令，通过响应时间验证配置步骤和配置指令是否有误。最终的验证
结果如图 15-45 所示（以 PC1 为例）。

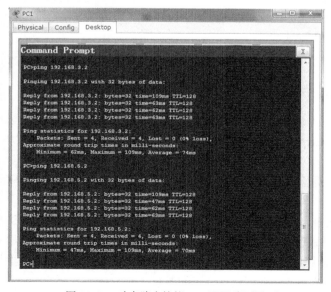

图 15-45　动态路由协议 RIP 配置验证图

15.7.4　实验作业

（1）完成对 R1、R2 和 R3 的口令配置。

（2）根据网络编址表完成所有设备及端口的 IP 地址及子网掩码配置。

（3）根据如图 15-46 所示的拓扑图完成所有路由器动态路由 RIP 的配置，并验证连通性。

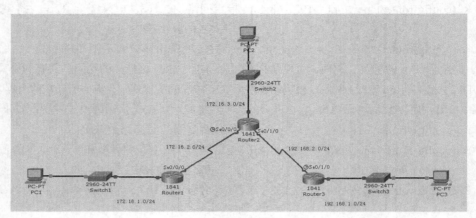

图 15-46　实验作业拓扑图

15.8　实验 8　WWW 服务

15.8.1　实验目的、性质和器材

【实验目的】

● 通过使用 WWW 服务，充分了解与 WWW 相关的概念和协议，如 HTTP、URL 等。

● 熟练使用 WWW 浏览器，并掌握 WWW 的浏览技巧。

【实验性质】验证性实验。

【实验器材】连接 Internet 的计算机（已安装 Windows XP 和 Internet Explorer）。

15.8.2　实验导读

WWW 的简称是 Web，也称为"万维网"，是一个在 Internet 上运行的全球性的分布式信息系统。WWW 是目前 Internet 上最方便和最受欢迎的信息服务系统，其影响力已远远超出了专业技术范畴，并且已经进入广告、新闻、销售、电子商务与信息服务等各个行业。WWW 把 Internet 上不同地点的相关数据信息有机地组织起来，可以看新闻、炒股票、在线聊天、玩游戏和进行查询检索等。

在 WWW 系统中，需要有一系列的协议和标准来完成复杂的任务。这些协议和标准就称为 Web 协议集，其中一个重要的协议集就是 HTTP。HTTP 负责用户与服务器之间的超文本数据传输。HTTP 是 TCP/IP 簇中的应用层协议，建立在 TCP 之上，其面向对象的特点和丰富的操作功能可以满足分布式系统和多种类型信息处理的要求。

在 Internet 中有众多的 WWW 服务器，每台服务器中又包含很多网页，这时就需要一个统一资源定位器（Uniform Resource Locator,URL）。URL 的构成如下。

信息服务方式://信息资源的地址/文件路径。

例如，电子科技大学的 WWW 服务器的 URL 为 "http://www.uestc.edu.cn/index.htm"。其中，"http" 指出要使用 HTTP，"www.uestc.edu.cn" 指出要访问的服务器的主机名，"index.htm" 指出要访问的主页的路径及文件名。

15.8.3　实验内容

（1）熟悉 IE 浏览器的界面、菜单功能和工具栏中各按钮的功能以及高版本 IE 浏览器的新增功能。

（2）使用 IE 浏览器保存网页中的各种信息，包括文字、图像、音频和视频数据等。

（3）使用一种支持断点续传、多线程的下载工具软件，如迅雷、电驴等，下载 WWW 上的资源。

（4）使用浏览器的收藏夹、历史记录、分类查询、组合查询等功能实现对 Internet 资源的高效浏览。

15.8.4　实验作业

（1）使用 IE 浏览器浏览新浪网站（www.sina.com.cn），并选择一篇新闻网页保存到本地计算机硬盘上。

（2）使用 FlashGet 下载工具下载一首 mps 格式的音乐，保存到本地计算机硬盘上。

（3）使用 IE 浏览器的收藏夹功能收藏网页，并清除最近浏览的历史记录。

15.9　实验 9　使用电子邮件

15.9.1　实验目的、性质和器材

【实验目的】
- 了解电子邮件常用的协议。
- 掌握申请免费 E-mail 地址的方法。
- 掌握 Outlook Express 常用的设置方法。
- 掌握如何利用 Outlook Express 进行邮件的撰写、发送和接收。

【实验性质】验证性实验。

【实验器材】连接 Internet 的计算机（已安装 Microsoft Office Outlook）、Internet 中有效的电子邮箱。

15.9.2　实验导读

对于大多数用户而言，E-mail 是 Internet 上使用频率最高的服务系统之一。与传统的邮政邮件相比，电子邮件的突出优点是方便、快捷和廉价。收发电子邮件无需纸笔、不上邮局、不贴邮票，坐在家里即可完成，前提条件是用户必须知道收件人的电子邮箱地址。发送一封到美国、欧洲的电子邮件只需几秒到几分钟，费用只是发送邮件所用的上网费用，比发送本地的普通邮件还便宜。使用电子邮

件，无论将发送到何处，比传统邮件的费用都低得多，并且速度快得多。虽然其实时性不及电话，但信件送达收件人信箱后，收件人可随时上网收取，无需收件人同时开机守候，这一点又比普通电话优越。这些突出的优点使其成为一种新的、快捷而廉价的信息交流方式，极大地方便了人们的生活和工作，成为最广泛使用的电子通信方式。E-mail 改变了许多企业做生意的方式，也改变了成千上万人购物和从事金融活动的方式，还成为远隔千里的家人之间经常保持联系的最佳途径。

1. 电子邮件的地址格式

电子邮件服务器其实就是一个电子邮局，全天候开机运行着电子邮件服务程序，并为每一个用户开辟一个电子邮箱，用以存放任何时候从世界各地寄给该用户的邮件，等候用户任何时刻上网索取。用户在自己的计算机上运行电子邮件客户程序，如 Microsoft Outlook Express、FoxMail 等，用以发送、接收和阅读邮件。

要发送电子邮件，必须知道收件人的 E-mail 地址（电子邮件地址），即收件人的电子邮件信箱所在。这个地址是由 ISP 向用户提供的，或者是 Internet 上的其他某些站点向用户免费提供的，但是不同于传统的信箱，而是一个"虚拟信箱"，即 ISP 邮件服务器硬盘上的一个存储空间。在日益发展的信息社会，E-mail 地址的作用越来越重要，并逐渐成为一个人的电子身份，如今许多人都在名片上赫然印上 E-mail 地址。报刊、杂志、电视台等单位也经常提供 E-mail 地址以方便用户联系。

E-mail 标准地址格式如下。

用户名@电子邮件服务器域名

例如，zhou-ge@163.com。

其中，用户名由英文字符组成，不分大小写，用于鉴别用户身份，又称为注册名，但不一定是用户的真实姓名。不过在确定自己的名字时，不妨起一个自己好记，又不容易与他人重名的名字。"@"的含义和读音与英文介词"at"相同，是"位于"之意。电子邮件服务器域名是用户的电子邮件信箱所在的电子邮件服务器的域名。在邮件地址中不分大小写。整个 E-mail 地址的含义是"在某电子邮件服务器上的某人"。

2. 常用的电子邮件协议

常用的电子邮件协议有 SMTP（简单邮件传输协议）、POP3（邮局协议）、IMAP（Internet 邮件访问协议）。这几种协议都是由 TCP/IP 簇定义的。

（1）SMTP。SMTP（Simple Mail Transfer Protocol，简单邮件传输协议），主要负责底层的邮件系统如何将邮件从一台机器传至另外一台机器。

（2）POP。POP（Post Office Protocol，邮局协议），目前的版本为 POP3。POP3 是把邮件从电子邮箱中传送到本地计算机的协议。

（3）IMAP。IMAP（Internet Message Access Protocol，Internet 邮件访问协议），目前的版本是 IMAP4，是 POP3 的一种替代协议，提供了邮件检索和邮件处理的新功能，用户不必下载邮件正本就可以看到邮件的标题摘要，从邮件客户端软件就可以对服务器上的邮件和文件夹目录等进行操作。IMAP 协议增强了电子邮件的灵活性，也减少了垃圾邮件对本地系统的直接危害，同时相对节省了用户查看电子邮件的时间。除此之外，IMAP 协议可以记忆用户在脱机状态下对邮件的操作（如移动邮件、删除邮件等），在下一次网络连接的时候会自动执行。

15.9.3 实验内容

1. 申请免费的 E-mail

① 进入提供免费邮箱的网站。例如，在 IE 浏览器地址栏中输入"www.163.com"，进入网易网站。

② 通过免费邮箱连接进入到免费邮箱申请页面，如图 15-47 所示。

图 15-47 网易免费邮箱申请页面

③ 根据提示填写个人申请信息，如用户名、密码等，如图 15-48 所示。

图 15-48 免费邮箱注册界面

④ 申请成功，出现"申请成功"的提示界面，如图 15-49 所示。

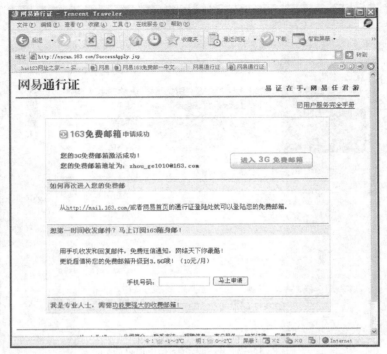

图 15-49　免费邮箱申请成功提示界面

⑤ 利用申请的用户账号和密码登录邮箱，如图 15-50 所示。

图 15-50　登录免费邮箱

2. 设置 Outlook 邮件账号

① 打开 Outlook Express 软件，在"工具"菜单中选择"电子邮件账户"选项，打开"电子邮件账户"对话框，如图 15-51 所示。

② 选中"添加新电子邮件账户"单选项，单击"下一步"按钮。在"服务器类型"界面中选中"POP3"单选项，如图 15-52 所示。

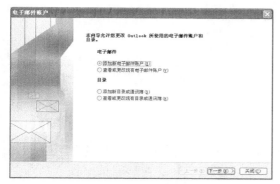

图 15-51 "电子邮件账户"对话框

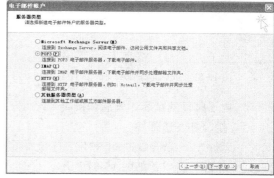

图 15-52 设置电子邮件服务器类型

③ 单击"下一步"按钮，在"Internet 电子邮件设置（POP3）"界面中输入如图 15-53 所示的用户信息、登录信息和服务器信息。

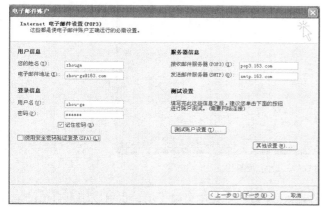

图 15-53 Internet 电子邮件设置

图 15-54 "发送服务器"选项卡

注意
　　接收邮件服务器地址（POP3），如 pop3.163.com；发送邮件服务器地址（SMTP），如 smtp.163.com；"用户名"就是用户免费邮件地址"@"前面的部分，如 "zhou-ge"；"密码"就是用户注册免费电子邮件时所设置的登录密码，不要选中"使用安全密码验证登录"复选项。

④ 单击"其他设置"按钮，进入"Internet 电子邮件设置"对话框，选择"发送服务器"选项卡，选中"我的发送服务器（SMTP）要求验证"复选项，如图 15-54 所示。此项必须选择，否则无法正常发送邮件，单击"确定"按钮，返回"电子邮件账户"对话框，再单击"下一步"按钮。

⑤ 单击"完成"按钮保存设置，如图 15-55 所示。

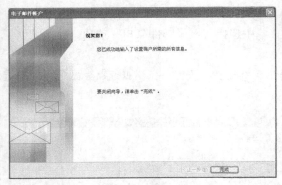

图 15-55　完成电子邮件账户的设置

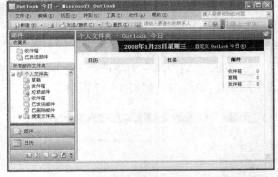

图 15-56　Microsoft Outlook 主窗口

3. 电子邮件的撰写、发送和接收

（1）撰写和发送邮件。

① 运行 Microsoft Outlook 软件，打开如图 15-56 所示的窗口。单击工具栏中的"新建"按钮，打开建立新邮件窗口，如图 15-57 所示。

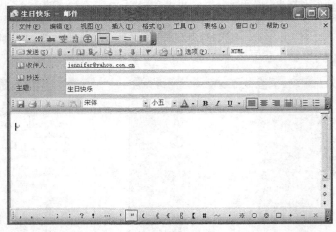

图 15-57　建立新邮件

在出现的对话框中填写"收件人"邮件地址；"抄送"栏中可以不填，也可以填上自己的地址以验证邮箱是否可以接收邮件；还要填写这封信的主题，以便让收信人能快速地了解信件的内容；信的正文撰写在最下面的文本框处。

② 写好信后，单击工具栏上的"发送"按钮便可发送邮件。

（2）接收邮件。单击如图 15-68 所示工具栏上的"发送/接收"按钮可以接收邮件。

（3）阅读邮件。选择如图 15-68 所示左栏"个人文件夹"中的"收件箱"选项，在窗口右边就可以看到邮箱中的邮件，刚收到的邮件都以粗体显示，标识出这封信还没有阅读。单击这封信就可以看到信件的内容。

15.9.4　实验作业

（1）在网易网站上申请一个免费的 E-mail 地址。

（2）利用 Outlook Express 撰写一封邮件，并将该邮件发送到其他 E-mail 地址中。

15.10　实验 10　DHCP 服务器的安装与配置

15.10.1　实验目的、性质和器材

【实验目的】
- 掌握 DHCP 服务在网络管理中的作用。
- 掌握在 Windows Server 2003 上安装 DHCP 服务器并启动服务的方法。
- 掌握 DHCP 服务器与 DHCP 客户端的配置。

【实验性质】验证性实验。

【实验器材】计算机（已安装 Windows Server 2003）。

15.10.2　实验导读

1. DHCP 概述

在使用 TCP/IP 的网络上，每一台计算机都拥有唯一的计算机名和 IP 地址。IP 地址及其子网掩码主要用于鉴别所连接的主机和子网，当用户将计算机从一个子网移动到另一个子网时，一定要改变该计算机的 IP 地址。如果采用静态 IP 地址的分配方法就将增加网络管理员的负担，而 DHCP 可以让用户将 DHCP 服务器中的 IP 地址数据库中的 IP 地址动态地分配给局域网中的客户机，而不必由管理员为网络中的计算机一一分配 IP 地址，从而减轻网络管理员的负担。

DHCP 是一个简化的主机 IP 地址分配管理的 TCP/IP 标准协议，用户可以利用 DHCP 服务器管理动态的 IP 地址分配及其他相关的环境配置工作（如 DNS、WINS、Gateway 等的设置）。

在使用 DHCP 时，整个网络中至少有一台服务器上安装了 DHCP 服务，其他要使用 DHCP 功能的工作站设置成利用 DHCP 获得 IP 地址。使用 DHCP 可以有效地避免手工设置 IP 地址及子网掩码所产生的错误，同时也避免了把一个 IP 地址分配给多台工作站所造成的地址冲突，从而降低了管理 IP 地址设置的负担。

2. DHCP 的常用术语

（1）作用域。作用域即一个网络中所有可分配的 IP 地址的连续范围，主要用来定义网络中单一物理子网的 IP 地址范围。作用域是服务器用来管理分配给网络客户的 IP 地址的主要手段。

（2）超级作用域。起级作用域即一组作用域的集合，能用来实现同一个物理子网中包含多个逻辑 IP 子网的情况。在超级作用域中只包含一个成员作用域或子作用域的列表，然而超级作用域并不用于设置具体的范围。子作用域的各种属性需要单独设置。

（3）排除范围。排除范围为不用于分配的 IP 地址序列，保证在这个序列中的 IP 地址不会被 DHCP 服务器分配给客户机。

（4）地址池。在用户定义了 DHCP 范围及排除范围后，剩余的地址就成了一个地址池，地址池中的地址可以动态地分配给网络中的客户机使用。

（5）租约。租约即 DHCP 服务器指定的时间长度，在这个时间范围内客户机可以使用所获得的 IP 地址。当客户机获得 IP 地址时租约被激活。在租约到期前客户机需要更新 IP 地址的租约。

（6）保留地址。用户可以利用保留地址创建一个永久的地址租约。保留地址保证子网中的指定硬件设备始终使用同一个 IP 地址。

（7）选项类型。DHCP服务器给DHCP服务工作站分配服务租约时分配的其他客户配置参数。经常使用的选项包括默认网关的IP地址、WINS服务器及DNS服务器。一般在DHCP服务器为客户分配IP时被激活。DHCP管理器允许设置应用于服务器上所有范围的默认选项。大多数选项都是通过RFC 2132预先设定好的，但用户可以根据需要利用DHCP管理器定义及添加自定义选项类型。

（8）选项类。选项类是服务器进一步分级管理提供给客户的选项类型的一种手段。在服务器上添加一个选项类后，该选项类的客户可以在配置时使用特殊的选项类型。

15.10.3 实验内容

1. 安装DHCP服务器

① 进入"控制面板"，打开"添加或删除程序"窗口，如图15-58所示。

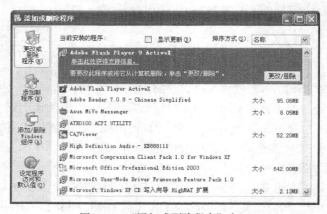

图15-58 "添加或删除程序"窗口

② 单击"添加/删除Windows组件"按钮，打开"Windows组件向导"对话框，在组件列表中选中"网络服务"复选项，如图15-59所示。

③ 双击打开"网络服务"对话框，选中"动态主机配置协议（DHCP）"复选项，如图15-60所示，单击"确定"按钮。

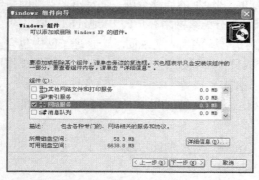

图15-59 "Windows组件向导"对话框

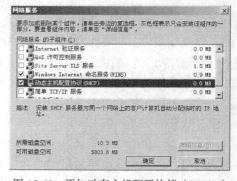

图15-60 添加动态主机配置协议（DHCP）

④ 单击"下一步"按钮，系统提示插入Windows Server 2003安装光盘。插入光盘后，按提示完成DHCP服务的安装。

⑤ 单击"完成"按钮，返回"添加/删除程序"对话框，单击"关闭"按钮。安装完毕后在管理工具中多了一个 DHCP 管理项。

2. 在 DHCP 服务器中添加作用域

① 选择"开始"→"程序"→"管理工具"→ "DHCP"选项，启动 DHCP 服务器，如图 15-61 所示。在 DHCP 控制台中，右击要添加的作用域的服务器，选择快捷菜单中的"新建作用域"选项。

② 单击"下一步"按钮，在"名称"文本框中输入新建 DHCP 作用域的域名，如"MyDHCP"，如图 15-62 所示。

③ 单击"下一步"按钮，输入作用域将分配的地址范围及子网掩码。例如，可分配"192.168.0.10 ~ 192.168.0.244"，则设置"起始 IP 地址"为"192.168.0.10"，"结束 IP 地址"为"192.168.0.244"，"子网掩码"为"255.255.255.0"，如图 15-63 所示。

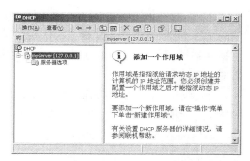

图 15-61　DHCP 控制台

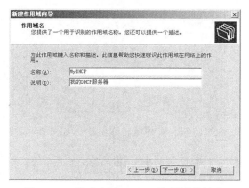

图 15-62　输入新建 DHCP 作用域的域名

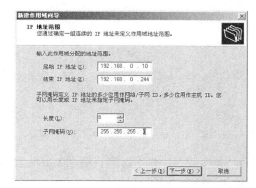

图 15-63　设置 DHCP 作用域的 IP 地址范围

④ 单击"下一步"按钮，在"新建作用域向导"对话框的"添加排除"界面中输入需要排除的地址范围后单击"添加"按钮，如图 15-64 所示。

⑤ 单击"下一步"按钮，打开"新建作用域向导"对话框的"租约期限"界面，设置租约期限，如图 15-65 所示。

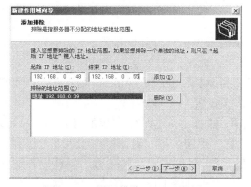

图 15-64　设置排除 IP 地址范围

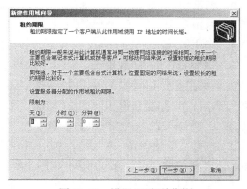

图 15-65　设置 IP 租约期限

⑥ 单击"下一步"按钮，打开"新建作用域向导"对话框的"配置 DHCP 选项"界面，选中"是，我想现在配置这些选项"复选项，如图 15-66 所示。

⑦ 单击"下一步"按钮，在打开的"新建作用域向导"对话框的"路由器（默认网关）"界面中，根据网络情况输入网关 IP 地址后单击"添加"按钮，如图 15-67 所示。

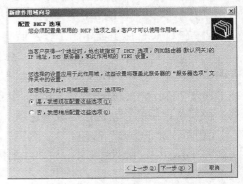

图 15-66　配置 DHCP 选项

⑧ 单击"下一步"按钮，在打开的"新建作用域向导"对话框的"域名称和 DNS 服务器"界面中，根据实际情况输入域名称、DNS 服务器名称和 IP 地址，单击"添加"按钮，如图 15-68 所示。

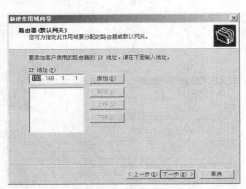

图 15-67　配置路由器（网关）IP 地址

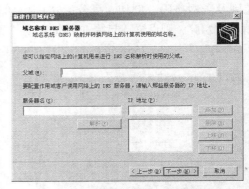

图 15-68　配置域名称和 DNS 服务器

⑨ 单击"下一步"按钮，添加 WINS 服务器的地址（根据具体情况设置），然后单击"下一步"按钮，选择激活作用域。

⑩ 在 DHCP 控制台中出现新添加的作用域，如图 15-69 所示。在 DHCP 控制台右侧窗格的状态栏中显示"活动"，表示作用域已启用。

设置完毕后，当 DHCP 客户机启动时，可以从 DHCP 服务器获得 IP 地址租约及选项设置。

同时，在 DHCP 控制台中作用域下多了以下 4 项。

- 地址池：用于查看、管理现在的有效地址范围和排除范围。
- 地址租约：用于查看、管理当前的地址租用情况。
- 保留：用于添加、删除特定保留的 IP 地址。
- 作用域选项：用于查看、管理当前作用域提供的选项类型及其设置值。

3. 保留特定的 IP 地址

如果用户想保留特定的 IP 地址给指定的客户机（如 WINS Server、IIS Server 等），以便客户机在每次启动时都能获得相同的 IP 地址，可按以下步骤设置。

① 启动 DHCP，右键单击左窗格中的"保留"选项，选择"新建保留"选项，如图 15-70 所示。

② 打开"新建保留"对话框，如图 15-71 所示。在"保留名称"对话框中输入客户名称，如"Server"。此名称只是一般的说明文字，无实际意义，并不是用户账号的名称，但此处不能为空白。在"IP 地址"文本框中输入要保留的 IP 地址，如"192.168.1.18"。在"MAC 地址"文本框中输入上述 IP 地址要保留给哪一个主机的 12 位十六进制网卡号，每一块网卡都有一个唯一的

MAC 地址，可在 Windows Server 2003 计算机的 DOS 界面下利用 ipconfig/all 命令查看。如果需要可在"描述"文本框中输入一些描述此客户的说明性文字。

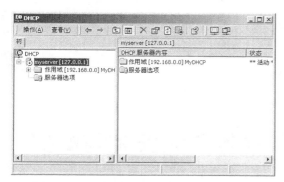 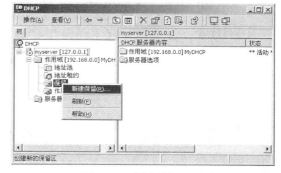

图 15-69　新添加了作用域的 DHCP 控制台　　　　图 15-70　新建保留 IP 地址

③ 选中"支持的类型"区域中的 3 个单选项之一后，单击"添加"按钮。如果需要添加其他保留地址，则重复上述步骤。

④ 单击"关闭"按钮，添加保留后的 DHCP 控制台，如图 15-72 所示。

 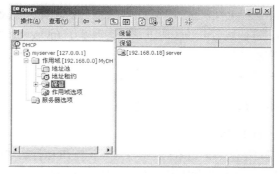

图 15-71　"新建保留"对话框　　　　图 15-72　添加保留后的 DHCP 控制台

4. DHCP 客户机的配置

客户机要从 DHCP 服务器获得 IP 地址必须进行相应的配置，配置过程如下。

① 在"网上邻居"图标上右击，选择"属性"选项，打开"网络连接"对话框。

② 在"本地连接"上右击，选择"属性"选项，打开"本地连接 属性"对话框。

③ 选中"Internet 协议（TCP/IP）"复选项，单击"属性"按钮，打开"Internet 协议（TCP/IP）属性"对话框，选择"常规"选项卡，选中"自动获得 IP 地址"单选项，如图 15-73 所示。

④ 单击"确定"按钮，即可完成客户端的配置。

图 15-73　DHCP 客户端的配置

⑤ 将客户机重新启动，在 DOS 命令窗口中输入"ipconfig/all"，查询客户机的 IP 配置情况。DHCP 服务器的地址应该是刚才配置的地址，若不是，则说明本网上有多台工作的 DHCP 服

务器。IP 地址是 DHCP 服务器从激活的作用域地址池中选取的当时尚未分配的一个地址。"获得租用权"（Lease Obtained）是指使用开始时间；"租期已到"（Lease Expires）是指 IP 地址合法使用的结束时间，到期后计算机会重新续订。

15.10.4 实验作业

（1）在 Windows Server 2003 上安装 DHCP 服务器。
（2）配置 DHCP 服务器与 DHCP 客户端。

15.11 实验 11 DNS 服务器的安装与配置

15.11.1 实验目的、性质和器材

【实验目的】
- 掌握 DNS 服务在网络管理中的作用。
- 掌握在 Windows Server 2003 上安装 DNS 服务器并启动服务的方法。
- 掌握 DNS 服务器与 DNS 客户端的配置，实现网内计算机的域名解析功能。
- 进行域名申请注册工作，实现基于 Internet 环境的 DNS 解析。

【实验性质】验证性实验。
【实验器材】计算机（已安装 Windows Server 2003）。

15.11.2 实验导读

1. DNS 概述

在网络上，用 32 位 IP 地址表示源主机和目的主机是最简单、高效、可靠的方法，但要求用户记住复杂的数字并不是一个好办法，因为这一连串数字并没有实际意义。数字带来的感觉不直观，而且也不易管理。DNS 是一种采用客户机/服务器机制实现名称与 IP 地址转换的系统。通过建立 DNS 数据库，记录主机名称与 IP 地址的对应关系，并驻留在服务器端，为客户提供 IP 地址解析服务。当某台主机要与其他主机通信时，可以利用本机名称服务系统向 DNS 服务器查询所访问主机的 IP 地址。获得结果后，再通过 IP 地址访问远程主机。整个域名系统包括以下 4 个部分。
- DNS 域名称空间：指定组织名称的域的层次结构。
- 资源记录：将 DNS 域名映射到特定类型的信息数据，以供在名称空间解析时使用。
- DNS 服务器：存储和应答记录的名称查询。
- DNS 客户机：用来查询服务器，将名称解析为查询中指定的信息数据记录类型。

2. 域名解析方式

无论是 DNS 客户机向 DNS 服务器查询，还是一台 DNS 服务器向另一台 DNS 服务器查询，都采用以下 3 种解析方式。
- 递归查询：无论是否查到 IP 地址，服务器明确答复客户机是否存在。
- 迭代查询：DNS 服务器接到查询命令后，若本地数据库中没有匹配的记录，则会告诉 DNS 客户机另一个 DNS 服务器的地址，然后由客户机向另一台 DNS 服务器查询，直至找到所需的数据。如果最后一台 DNS 服务器中也没有所需数据，则宣告查询失败。

● 反向查询：由 IP 地址查询对应的计算机域名。在名称查询期间使用已知的 IP 地址查询对应的计算机名称。

3. 域名注册

用户想在 Internet 上使用任何网络实体都必须有一个注册名，该注册名最终由 InterNIC 注册，并最终通过根域服务器被其他人访问。在实际操作过程中的网络域名管理的授权机制下，用户并不需要直接在 InterNIC 注册，可以通过 InterNIC 授权的域管理机构或注册服务提供商申请。一般情况下，申请机构会授权提供给企业一组连续的 IP 地址，并返回所申请的合法域名。在此基础上，可配置自己的 DNS 服务器及 IP 地址，并将 DNS 服务器的 IP 地址上报给 NIC，因为用户的 DNS 是 Internet 域名体系的一部分，其他人可通过此 DNS 访问用户域中的计算机，同样，用户本身可以在自己的域下建立新的子域（由自己的 DNS 负责解析）。需要注意的是，如果想改变域名 DNS 服务器的地址，必须向相应的 NIC 重新注册，否则会造成 DNS 工作错误。当然，也可以由 ISP 提供域名服务器服务并通过 ISP 进行相关的 DNS 配置工作。

15.11.3　实验内容

1. DNS 的安装

在以下实验中，DNS 服务器的计算机名为 MyDNS，IP 地址为 192.168.1.5，配置的 DNS 名为 mydomain.edu.cn。

（1）在选定的安装域名系统的服务器上，打开"控制面板"窗口→双击"添加或删除程序"图标→单击"添加/删除 Windows 组件"按钮→在组件列表中选择"网络服务"。

（2）双击打开"网络服务"对话框，选中"域名系统（DNS）"复选项，如图 15-74 所示。然后单击"确定"按钮。

（3）单击"下一步"按钮，系统提示插入 Windows Server 2003 安装光盘，插入光盘后，按提示完成 DNS 服务的安装。

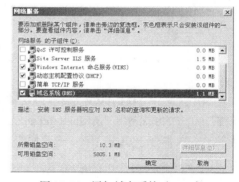

图 15-74　添加域名系统（DNS）

（4）单击"完成"按钮，返回"添加/删除程序"对话框后单击"关闭"按钮。安装完毕后在管理工具中多了一个 DNS 管理项。

配置的第一步就是新建区域。Windows Server 2003 支持以下 4 种区域。

① 主要区域：保存的是各台计算机 Resource Record 的正本数据（Master Copy），主要区域的正本数据可以复制到辅助区域中，可以在这个服务器上直接更新。

② 辅助区域：保存在另外一台服务器上的区域副本，副本数据是从主要区域的正本数据复制而来的，不可以直接修改。其主要作用是平衡主服务器的查询负担，并提供容错功能，在主服务器死机的时候由辅助区域服务器提供查询。

③ 存根区域：只保存名称服务器（Name Server，NS）、起始授权机构（Start of Authoriby，SOA）和粘连主机（Address，A）记录，含有存根区域的服务器对该区域没有管理的权力，仅仅作为备份使用。

④ 在 Active Directory 中的存储区域：在 Windows Server 2003 中，规定此区域只有在 DNS 服务器是域控制器的时候才可以使用。

2. DNS 正向区域的配置

正向查找区域是将 DNS 名称转换为 IP 地址，并提供可用网络服务的信息。在 DNS 中新建正向区域的步骤如下。

（1）新建正向区域文件。

① 选择"开始"→"程序"→"管理工具"→"DNS"选项，打开 DNS 控制台，展开服务器 MYDNS。右击 MYDNS 下的"正向查找区域"项，选择"新建区域"选项，如图 15-75 所示。打开"欢迎使用新建区域向导"对话框，单击"下一步"按钮。

② 选中"标准主要区域"单选项，如图 15-76 所示，单击"下一步"按钮。

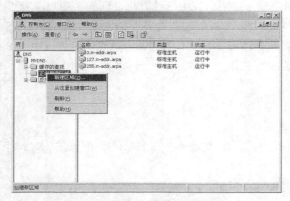
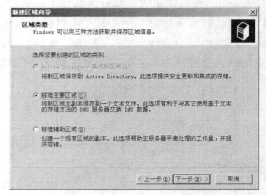

图 15-75　选择"新建区域"选项　　　　　　图 15-76　选择区域类型

③ 输入区域名称，如输入区域名称"mydomain.edu.cn"，如图 15-77 所示，单击"下一步"按钮。

④ 创建一个新的区域文件，系统默认命名为新建区域名加后缀 dns，以"."连接。例如，这里新建的 DNS 名称是"mydomain.edu.cn"，则默认新建区域文件的名称为"mydomain.edu. cn.dns"，如图 15-78 所示，单击"下一步"按钮。

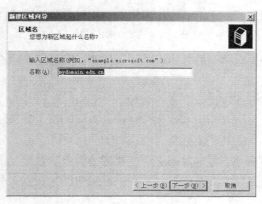
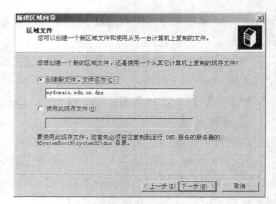

图 15-77　输入区域名称　　　　　　图 15-78　创建新区域文件

⑤ 选择区域更新的方式，这里出于安全考虑，将其设置为"不允许动态更新"，单击"下一步"按钮。

⑥ 完成区域的新建，对话框中会显示新建区域的设置，如果有什么需要改动可以单击"上一步"按钮更改，确认无误后单击"完成"按钮，如图 15-79 所示。

（2）增加区域文件记录。新建区域后可以在该区域中建立数据 RR（Resource Records，资源记录）。由于 RR 类型众多，在此仅介绍最常用的主机记录、别名记录和邮件交换器。

增加主机记录就是建立计算机的 DNS 名称与 IP 地址的对应关系，步骤如下。

① 在 DNS 控制台左窗格中右击"mydomain.edu.cn"项，选择"新建主机"选项，如图 15-80 所示。

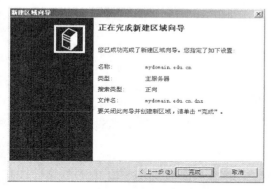

图 15-79　完成新建区域向导

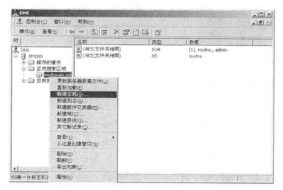

图 15-80　选择"新建主机"选项

② 按如图 15-81 所示的格式填写要添加的主机信息。添加了一个主机记录后的 DNS 控制台如图 15-82 所示。

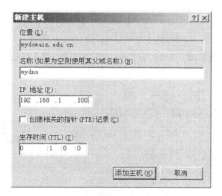

图 15-81　添加新建主机信息

图 15-82　添加主机记录后的 DNS 控制台

③ 以相同的方式可以添加其他计算机的主机记录或其他记录类型（主要有邮件交换器记录，方法同主机记录），如图 15-83 所示。

④ 如果 mydns 作为 mydomain.edu.cn 域的 Web 服务器，可以为其起一个别名 www。方法与新建主机类似，在新建资源记录时，选择"新建别名"选项即可，如图 15-84 所示。

⑤ 单击"确定"按钮返回 DNS 控制台，显示已配置了一个主机记录、一个别名记录（www 对应于 MYDNS）、一个邮件交换器（Mail Exchange, MX）用于邮件系统，如图 15-85 所示。

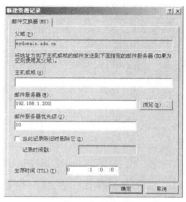

图 15-83　新建邮件交换器记录

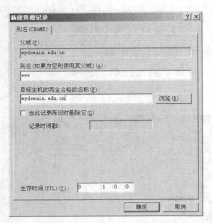

图 15-84　新建别名 www 主机记录　　　　　图 15-85　新建主机后的 DNS 控制台

3. 反向查找区域配置

反向查找区域是将 IP 地址转换为域名名称。建立反向查找区域可以让用户通过计算机的 IP 地址反向查询 DNS 名称，一般与正向区域数据相对应，步骤如下。

（1）新建反向查找区域文件。

① 在 DNS 控制台左窗格中右击"反向查找区域"项，选择"新建区域"选项，打开"欢迎使用创建新区域向导"对话框。

② 单击"下一步"按钮，选择新建一个主要区域。

③ 单击"下一步"按钮，输入要反向查询的"网络 ID"，如图 15-86 所示。

④ 单击"下一步"按钮，创建一个新的区域文件，系统默认命名为反向查询的网络 ID 加后缀 in-addr.arpa.dns，以"."连接，如图 15-87 所示。

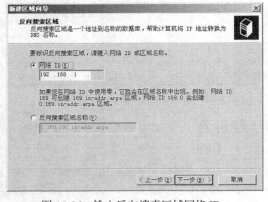
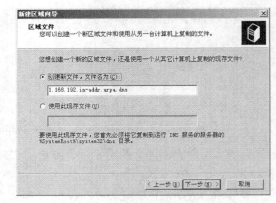

图 15-86　输入反向搜索区域网络 ID　　　　　图 15-87　创建新区域文件

⑤ 单击"下一步"按钮，选择区域更新的方式。这里出于安全的考虑，设置为"不允许动态更新"。

⑥ 单击"下一步"按钮，完成反向查找区域的新建。对话框里会显示此区域的设置，核对信息完整无误后单击"完成"按钮，如图 15-88 所示。

反向查找区域建立完成后的 DNS 控制台如图 15-89 所示。

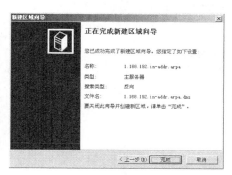

图 15-88　完成新建区域向导

图 15-89　建立反向查找区域后的 DNS 控制台

（2）添加指针记录。在 DNS 中建立反向查找区域后，还要求用户增加指针记录（PTR）RR，这种 RR 用于在反向查找区域中创建 IP 地址与域名的映射，反向查找区域对应于其正向区域中的主机 RR，这里以 msdn（192.168.1.300）为例进行说明。

添加指针记录的操作步骤如下。

① 在 DNS 控制台中，右击新建的反向查找区域名称 1.168.192.in-addr.arpa.dns，选择"新建指针（PTR）"选项。

② 在打开的"新建资源记录"对话框中，在"主机 IP 号"文本框中输入希望作为反向查找区域主机的 IP 号，如"300"。然后，用户还必须在"主机名"文本框中输入该主机的名称，这里输入的是"mydns.mydomain.edu.cn"。另外，用户还可以通过"浏览"按钮直接在域中指定主机，如图 15-90 所示。

③ 单击"确定"按钮，系统将自动为反向查找区域创建指针记录。完成后的 DNS 控制台如图 15-91 所示。

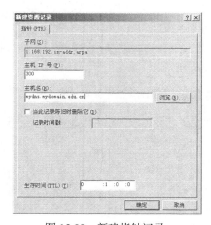

图 15-90　新建指针记录

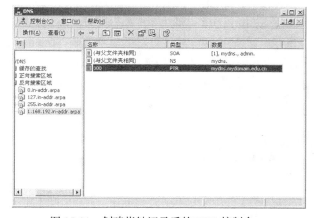

图 15-91　创建指针记录后的 DNS 控制台

如果需要在反向区域中添加其他记录，方法同上。

4.　添加子域

如果 mydomain.edu.cn 域中包含 inf、art 等系名，在不建立新区域的前提下，希望能从计算机的 DNS 名称看出该主机属于 inf 系还是 art 系，则可以在 mydomain.edu.cn 区域中建立子域。

建立子域的步骤如下。

① 在 DNS 控制台窗中右击已建立的区域名称"mydomain.edu.cn"，选择"新建域"选项，如图 15-92 所示。

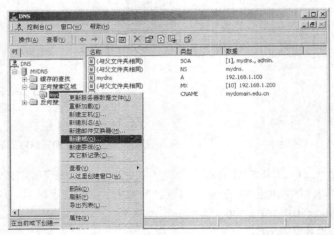

图 15-92　选择"新建域"选项

② 在打开的"新建 DNS 域"对话框中输入子域的名称，这里输入的是"art"。

③ 单击"确定"按钮，系统将在 mydomain.edu.cn 区域中添加 art 的子域，建立子域后的 DNS 控制台如图 15-93 所示。

④ 建立子域后，可以在其中添加各种记录。

5. DNS 客户机的配置

客户端只有正确地指向 DNS 服务器才能查询到所要的 IP 地址。配置 DNS 客户端的步骤如下。

① 在桌面上右击"网上邻居"图标，选择"属性"选项，打开"网络连接"窗口。选中"本地连接"，右击并选择"属性"选项，打开"本地连接　属性"对话框。

② 在"本地连接　属性"对话框中选中"Internet 协议（TCP/IP）"复选项，单击"属性"按钮，打开"Internet 协议（TCP/IP）属性"对话框，如图 15-94 所示。

图 15-93　建立子域后的 DNS 控制台

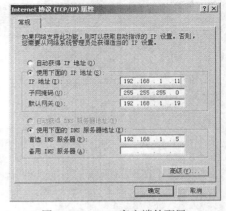

图 15-94　DNS 客户端的配置

③ 输入 DNS 服务器的 IP 地址，然后单击"添加"按钮就可以添加 DNS 服务器到服务器清

单中，添加所有的 DNS 服务器以后单击"确定"按钮完成客户端的设置。在服务器清单中，最上面的 DNS 服务器拥有询问的优先级。

15.11.4　实验作业

（1）在 Windows Server 2003 上安装 DNS 服务器。

（2）配置 DNS 服务器与 DNS 客户端。

参考文献

[1] 谢希仁. 计算机网络（第 7 版）[M]. 北京：电子工业出版社，2017.

[2] 谢钧，谢希仁. 计算机网络教程（第 4 版）[M]. 北京：人民邮电出版社，2015.

[3] 杜煜，等. 计算机网络基础（第 3 版）[M]. 北京：人民邮电出版社，2015.

[4] James F Kurose, Keith WRos. 计算机网络自定向下方法教程[M]. 北京：高等教育出版社，2014.

[5] 周舸. 计算机网络技术基础（第 4 版）[M]. 北京：人民邮电出版社，2015.

[6] 周舸，等. 计算机导论 [M]. 北京：人民邮电出版社，2016.

[7] 陆魁军. 计算机网络基础与实践教程 [M]. 北京：清华大学出版社，2013.

[8] Andrew S.Tanenbaum.Computer Networks(3rd ed).[M].Prentice—Hall Inc,2011.

[9] Steve McQuery.Interconnecting Cisco Networks.Cisco Press,2010.